Les réacteurs se déchaînent, poussent le vaisseau à la limite même de la vitesse de la lumière. Ses gorges magnétiques rident l'immaculé du champ dipolaire.

– flèche qui déchire le noir –

– vapeurs d'échappement blanc bleuté de l'hydrogène sifflant –

– astéroïde grisâtre monté sur un chalumeau hurlant –

Il aspire les poussières interstellaires. Mitonne un cocktail d'isotropes. Et recrache derrière lui, jet d'ultraviolets qui se perd dans les abysses.

À l'intérieur, Nigel Walmsley dégustait des huîtres.

À TRAVERS LA MER DES SOLEILS

Du même auteur

Dans la collection Folio-SF :
Un paysage de temps

Dans la collection Présence du Futur
Contre l'infini

Dans l'océan de la nuit et *À travers la mer des soleils* se rattachent au cycle du Centre galactique composé dans l'ordre de :
Dans l'océan de la nuit
À travers la mer des soleils
La Grande Rivière du ciel (Le Livre de poche)
Marées de lumière (Le Livre de poche)
Les Profondeurs furieuses (Robert Laffont, à paraître au Livre de poche)
Sailing Bright Eternity (inédit en français)

Pour la réédition de l'ouvrage *À travers la mer des soleils* dans la collection Lunes d'encre, les chapitres 7 et 8 de la dernière partie ont été retraduits par Gilles Goullet puisque modifiés par l'auteur en 1989, donc après la première édition dans la collection Présence du Futur.

GREGORY
BENFORD

À TRAVERS LA MER DES SOLEILS

ROMAN TRADUIT DE L'ANGLAIS (U.S.)
PAR WILLIAM DESMOND ET GILLES GOULLET

LUNES D'ENCRE
DENOËL

Collection LUNES D'ENCRE
sous la direction de Gilles Dumay

Titre original : ACROSS THE SEA OF SUNS,
(Timescape Books, New York)

Nouvelle édition, 2001

9, rue du Cherche-Midi, 75006 Paris
ISBN 2-207-25199-3
B 24199-6

Pour David Hartwell

Après l'ultime non, vient le oui
Et de ce oui dépend l'avenir du monde.
Le non était la nuit. Le oui, c'est ce soleil si présent.

WALLACE STEVENS

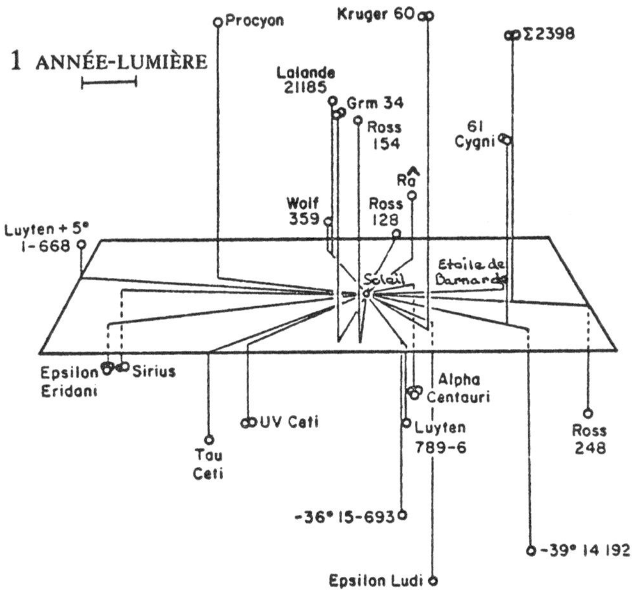

LES ÉTOILES PROCHES

PREMIÈRE PARTIE

Râ 2056

1.

Les réacteurs se déchaînent, poussent le vaisseau à la limite même de la vitesse de la lumière. Ses gorges magnétiques rident l'immaculé du champ dipolaire.

– flèche qui déchire le noir –

– vapeurs d'échappement blanc bleuté de l'hydrogène sifflant –

– astéroïde grisâtre monté sur un chalumeau hurlant –

Il aspire les poussières interstellaires. Mitonne un cocktail d'isotopes. Et recrache derrière lui, jet d'ultraviolets qui se perd dans les abysses.

À l'intérieur, Nigel Walmsley dégustait des huîtres.

Le dernier vin, pensa-t-il, morose, les yeux fixés sur le fond du verre. C'était exact. Personne n'avait apporté plus d'une bouteille avec lui, et les réserves s'étaient épuisées au cours des deux dernières années.

Il fit tourner le breuvage au fond du verre et avala l'ultime gorgée. Le pinot chardonnay supprimait le goût quelque peu métallique des huîtres, pour ne laisser que les parfums de la mer, le velouté de la matière. Un souvenir de la Terre. Il but le liquide frais au fond des coquilles et s'en délecta. À huit années-lumière de la Terre, l'écho du Gulf Stream s'affaiblissait.

« C'est terminé, murmura Nigel.

– Quoi ? »

Il se rendit compte qu'il avait négligé son hôte. Ted était arrivé à l'improviste, après tout, et juste à l'heure du dîner, pour ne rien arranger. « Je serais étonné de pouvoir retrouver du chardonnay de Californie. Quant aux huîtres...

– Oui, cela m'étonnerait. Au fait... tu es sûr que les huîtres étaient encore bonnes ? » Ted Landon se trémoussait d'un air étrange.

« Compte tenu du fait qu'elles sont sous vide depuis des années, c'est cela ? » Nigel haussa les épaules. « Nous le verrons bien. » Il s'allongea sur le tatami, manquant au passage renverser une lampe laquée. Sa nudité gênait Ted, c'était évident. Il se déplaça à nouveau, s'assit en tailleur et rectifia la position. Après tout... Nigel n'avait pas encore eu le temps de se procurer des chaises à la menuiserie.

Ted sortit une blague à tabac. « Tu permets ? » Nigel hocha la tête. Au cours des repas, cela le dérangeait, mais il est probable que Ted le savait déjà. Il savait tout, en fait. Même stocké dans de la ferrite, le profil de personnalité de Nigel mesurait bien un mètre de long. Il avait pu le vérifier par lui-même.

Bourrage lent et méticuleux de la pipe. « Tu sais, quand j'ai appris que tu te creusais un appartement dans le secteur inférieur de récré, j'ai pensé que tu devais être installé de façon spartiate. En fait, ce n'est pas mal du tout. »

Nigel hocha la tête et examina son séjour, essayant de le voir avec les yeux de Ted.

... un vase écarlate, des fleurs jaune pâle, une coupelle avec un peu d'encens brasillant, des murs en papier fin comme de la gaze, des rayons obliques de lumière jaune où des grains de poussière volettent dans l'air brassé... attendre que Ted ait besoin de se soulager et trouve le petit coin pour se libérer, un trou bordé de porcelaine venue tout droit de Corée, avec un rabat de bois, et de part et d'autre, des pierres en forme de pied pour les novices : asseyez-vous et poussez, pourquoi se cacher pour l'un des meilleurs moments de la journée ?

« Que me vaut ? » demanda Nigel en style abrégé « Transat ».

Ted lui jeta un regard froid, l'air encore un peu crispé. « Je réorganise les équipes.

– Ah ! c'est toi le nouveau répartiteur des tâches !

– Ce n'est pas le terme exact, mais... tu sais, Nigel, les choix sont parfois douloureux.

– C'est vrai. »

Ted lui adressa un sourire, rassurant et sincère, mais capable de disparaître en un clin d'œil, aussi rapidement qu'il était né.

« Jusqu'ici, tu as travaillé aux OpEx, n'est-ce pas ?

– Par grille interposée, oui. » Nigel était trop âgé pour se charger directement du travail, à la seule force de ses muscles. Mais ses capacités de coordination et ses réflexes renforcés par un traitement médical permanent étaient toujours bons. On le reliait par interface aux robots assurant le service à l'extérieur du vaisseau.

« Le problème, vois-tu, c'est qu'il y a une grosse liste d'attente pour ce type de boulot. Et tu es...

– Trop âgé, dit Nigel sans ménagements.

– Eh bien, c'est ce que pensent beaucoup de gens. Lors du vote de la communauté – pour savoir qui ferait quoi dans l'espace d'Isis –, tu as eu beaucoup de suffrages contre toi.

– Ça ne m'étonne pas.

– Je suis ici pour te demander de démissionner. Laisse tomber les OpEx.

– Non.

– Quoi ? »

Pas difficile de répéter une chose aussi simple. « Non.

– Les votes communautaires sont pratiquement contraignants tu sais.

– Non, ils n'ont qu'un rôle indicatif. Mes compagnons de voyage ne peuvent pas me balancer comme ça, d'un simple claquement de doigts. Ted, c'est *toi* le responsable de la structure de commandement. Tu sais certainement que tu as le dessus sur toutes les décisions, sauf celles qui ont été prises à la majorité absolue.

– Bien sûr...

– Avec 1 226 votants, je doute qu'une majorité ait voulu me virer de mon poste. La plupart ne savent même pas ce que je fais, ou bien ils s'en foutent. »

Ted avait une sorte de tic. Il serra un peu les mâchoires et pinça les lèvres. Nigel ne les vit même pas pâlir. Puis il frotta ses dents, méthodiquement, comme s'il voulait les aiguiser. Il vit frémir les muscles des maxillaires.

« Techniquement parlant, il n'y a rien à redire.

– Eh bien, tout est parfait.

– Ton sens de la communauté doit toutefois te faire comprendre que l'opposition active d'une minorité importante est, disons, contraire aux intérêts à long terme de notre mission et...

– Bon Dieu ! »

Ted s'aiguisa à nouveau les dents, les muscles de la mâchoire bandés. « Le poste que je te propose te plaira certainement.

– C'est quoi ?

– La fonderie de matériel lourd. »

Fusion des roches des astéroïdes, moulage des poutres métalliques, travail au laser et au faisceau d'électrons. « Branché ?

– Euh, oui, bien sûr. »

On vous coince dans l'énorme engin, vous êtes relié par les hanches et les genoux, par les coudes et les poignets, les interfaces électroniques sont en contact direct avec vos nerfs. Et vous sentez la machine, vous l'éprouvez, vous la faites fonctionner, vous la servez, vous êtes la machine. « Non.

– C'est un mot que tu emploies beaucoup, ces temps-ci, Nigel.

– C'est terriblement économique. »

Ted soupira – spontanément, avec préméditation ? difficile à dire – et posa ses grandes mains bien à plat sur ses genoux. Cette posture zazen lui était inconfortable, même sans chaussures. Pour quelque raison inconnue, la plupart des invités adoptaient cette attitude, même si Nigel était habituellement vautré sur ses coussins. Peut-être pensaient-ils que la simplicité rectangulaire de cette pièce orientale impliquait une certaine raideur vertébrale de la part de ses occupants. Pour Nigel, en tout cas, c'était exactement le contraire.

« Nigel, je sais que tu n'as pas envie de quitter les opérations extérieures, mais une fois que tu seras passé à la fonderie, tu te sentiras...

– Comme un timbre oblitéré. »

Le visage de Ted s'empourpra soudain. « Bon Dieu, j'attends de chacun une certaine dose de sacrifice ! Quand je te demande de changer de boulot, il me semble que... »

Nigel lui fit signe de se taire. Il savait qu'un geste particulièrement vif et un index tendu mettaient pratiquement toujours un terme aux attaques de Ted. Un atout de son côté. « Et si je n'obtempère pas ? Encuvage dans la Trappe ? »

Nigel avait fait son effet. Parler de la Trappe semait toujours la confusion ; cela bouleversait les habitudes des administrateurs – et cela rappela aussi à Ted que Nigel avait travaillé au développement de la Trappe en se proposant comme cobaye. Et ce n'était pas une expression vaine que de dire qu'il avait déjà payé de sa personne.

« Nigel... », fit Ted d'une voix traînante tout en secouant doucement la tête. « Je suis étonné de t'entendre parler ainsi. Aucun membre du *Lancer* ne souhaite te mettre dans une boîte à sommeil. Tes amis essayent tout simplement de te dire qu'il est peut-être temps que tu renonces à des tâches exigeant des réflexes, des aptitudes, une certaine énergie – autant de choses que tu commences à perdre. Il faut voir les choses en face. Tous ici, nous...

– Compris. En d'autres termes, ils ont toujours pensé que mon boulot aux OpEx était une sorte de banane diplomatique lancée à un vieux singe.

– Tu es dur, Nigel. Et en plus, tu as complètement tort. »

Nigel sourit et mit ses mains sous sa nuque ; il se pencha en arrière, coudes relevés, pour relâcher la tension des muscles de ses reins. « Ce n'est pas si éloigné de la réalité que tu pourrais le croire, fit-il, presque rêveur. Non, ce n'est pas si éloigné... » Des images anciennes passèrent dans son esprit : l'incursion extraterrestre dans le système solaire, la sphère nacrée du Dahu, ce vaisseau d'exploration qu'il n'avait entrevu que quelques instants, bien au-delà de la Lune ; l'épave de Mare Marginis, coquille d'œuf brisée, tombée des étoiles un million d'années auparavant ; la logique complexe de l'ordinateur de Marginis, qui leur avait appris à construire le *Lancer.* Il avait été là, il avait vu tout cela, mais voici que les images s'estompaient.

Ted prit un ton solennel : « J'avais espéré t'impressionner avec le poids de l'opinion que dissimule ce suffrage. Nous entrerons dans quelques mois dans l'espace d'Isis. Les équipes de surface doivent commencer à s'y mettre pour de bon. Il m'est parfaitement impossible...

– Je ferai partie de la réserve, dit Nigel avec une certaine désinvolture.

– Quoi ?

– Mets-moi dans les équipes d'exploration, mais dans la réserve. Il y aura sûrement des temps morts quand on sera en surface. De ces moments où la majeure partie de l'équipage dort ou est occupée à autre chose. Tu ne veux pas que les modules automatiques restent inactifs, n'est-ce pas ? Je maintiendrai la position, j'ouvrirai l'œil jusqu'à ce que l'équipe reprenne son service.

– Hum... ce n'est pas exactement ce que j'avais...

– Si tu veux mon avis, je me fous complètement de tes projets. Ce que je t'offre là, c'est un compromis.

– La réserve, ce n'est pas un poste à plein temps.

– Je ferai des petits boulots à côté.

– Tout de même...

– Du jardinage, pourquoi pas. Je crois que ça me plairait. »

Il vit Ted sourire. Il se comportait devant cette idée comme avec un petit animal, pas vraiment menaçant, mais imprévisible, aussi susceptible de vous enfoncer les crocs dans le pouce que de fuir à toute allure. Seulement, Nigel n'était ni poisson ni serpent, et Ted détestait tout ce qui n'avait pas d'étiquette. Derrière la politique collective officielle du *Lancer* se dissimulaient toutes sortes de petits chefs aux instincts vieux comme le monde.

Le sourire de Ted réapparut tout à coup. « C'est parfait, Nigel, parfait. Je suis heureux que tu aies pu adopter notre point de vue.

– Certes.

– Nigel. »

Un silence pesant. « Il y a autre chose, Ted ?

– Oui, il y a autre chose. Je crois que tu devrais te rendre compte que tu te montres assez... distant... avec les autres membres de l'équipage. Cela a peut-être joué contre toi lors du vote.

– Question de générations. »

Ted regarda les surfaces plates et nues de la pièce. La plupart des intérieurs du *Lancer* étaient couverts d'images en technicolor représentant des forêts, des océans, des montagnes. Ici, il n'y avait que des angles droits, et pas le moindre substitut du monde extérieur. Ted semblait trouver cela inquiétant. Nigel le vit changer une fois de plus de position et tenta de deviner ce qu'il pensait en cet instant. Il avait de plus en plus de mal à comprendre les gens comme Ted sans en passer par les éprouvantes techniques d'une immersion totale dans leur personnalité. Et puis, Ted était américain. Nigel avait passé une bonne partie de sa vie aux Etats-Unis, mais il conservait une tournure d'esprit anglaise. La plupart des postes clefs du *Lancer* étaient tenus par d'affables cadres américains, du genre de Ted, et la différence d'âge n'était pas le seul obstacle dressé entre eux.

« Ecoute, reprit Ted d'une voix calme et résolue, nous savons tous que tu... euh, que ton activité neuronique a été d'une certaine façon maximisée par l'ordinateur de Marginis. Tes données sensorielles, ta manière de traiter ou de relier les informations – elles peuvent se situer à des niveaux très différents. En simultané, mais avec acuité.

– Hum hum.

– Cela peut te faire paraître un peu étrange. » Il sourit d'un air vainqueur. « Mais faut-il pour autant rester à l'écart ? Je veux dire, si tu essayais seulement de nous expliquer un peu comment cela se passe, il me semble...

– Tanaka, Xiaoping, Klein, Mauscher... » Nigel égrena ces noms comme un leitmotiv. Ces hommes avaient également fait l'expérience du réseau informatique de Marginis. Tous avaient été transformés, tous pensaient différemment, tous disaient voir le monde avec une intensité sans pareille.

« Oui, je connais leurs travaux, l'interrompit Ted. Malgré tout...

– Tu as lu leurs descriptions, tu as vu les bandes.

– Naturellement, mais...

– Si cela peut te rassurer, je t'avouerai que je n'en tire personnellement pas grand-chose.

– Vraiment ? Je pensais que vous aviez beaucoup de choses en commun.

– C'est vrai. Par exemple, nous n'aimons pas beaucoup parler de ce que nous avons vécu.

– Mais pourquoi ?

– À quoi cela servirait-il ?

– Les 3-D de Xiaoping, nous leur accordons beaucoup d'intérêt. Si tu...

– Moi, ils ne m'intéressent pas. Et cela, c'est autrement plus important que tout ce que je pourrais te dire.

– Si tu voulais seulement...

– Très bien. Je vais t'expliquer les quatre états de la conscience. Il y a *Oh* , *Ah !* et *Ouais !* mais la plupart du temps, c'est *Moui...* » Nigel souriait à belles dents.

« O.K., O.K., j'aurais dû m'en douter. » Ted ébaucha un sourire. Il but les dernières gouttes de son thé. Nigel changea de position pour alléger un peu la partie noueuse du bas de sa colonne vertébrale. Son appartement était assez éloigné de l'axe de rotation du *Lancer,* de sorte que la force centrifuge locale était plus élevée que dans son ancien terrier près du dôme. Tandis qu'il bougeait, sa peau se froissa et se replia comme un sac trop longtemps utilisé. Il était encore tout en nerfs et tendons, mais il savait mieux que quiconque que ses muscles se raidissaient, qu'ils devenaient noueux et incertains. Il contempla les petites taches rougeâtres qui parsemaient ses mains et se laissa aller à soupirer. Ted en donnerait certainement une interprétation fausse, mais cela n'avait aucune importance.

Ted se mit à rire : « Il faudra que je note ça... *Moui...* Tu sais », dit-il vivement en se préparant à partir, « ta réponse à propos du travail... tu as été super. Je suis content qu'on ait réglé ce problème avant... avant qu'il ne s'envenime. »

Nigel lui sourit. Il savait qu'ils n'avaient absolument rien réglé.

2.

« À ton avis, qu'est-ce que Ted a vraiment derrière la tête ? » lui demanda Nikka.

Ils suivaient un chemin qui parcourait tout le périmètre intérieur du dôme. La partie la plus agréable traversait une forêt d'une centaine de mètres de long, riche en chênes, en pins et en broussailles touffues. Peut-être n'était-ce que le fruit de son imagination, mais ici l'air paraissait plus agréable, moins confiné.

« Probablement rien de plus que ce qu'il a dit. Pour l'instant, tout au moins.

– Tu crois qu'ils vont me faire la même chose ? »

Une brume légère recouvrait la cime des arbres et dissimulait à leur vue les champs qui s'étendaient juste au-dessus de leur tête. Au loin, dans la direction de l'axe, Nigel parvenait à entrevoir l'autre côté du dôme. Des nuages cotonneux s'agglutinaient tout le long de l'axe à gravité zéro, mais il aperçut tout de même une sorte de tapis de verdure, si lointain qu'on n'en distinguait que le tracé euclidien des sillons : la zone maraîchère.

« Il n'en a rien dit. » Nigel se tourna vers elle, mains écartées. « Et puis, quel en serait l'intérêt ?

– Après toi, je suis le plus vieux membre de l'équipage.

– C'est ridicule ! Tu n'es pas *vieille.*

– Nigel, nous avons vingt ans de plus que le plus vieux de tous les autres équipiers. »

Il haussa les épaules. « Mon travail exige des capacités motrices que je n'ai plus. Je me sens gauche, raide. Mais toi, tu n'as pas ce type de spécialisation. Il n'y a pas...

– Les années que tu as passées en cuve ont retardé tout ça.

– En partie seulement. »

Nikka pressa le pas. Son énergie se révélait à la manière irritée bien particulière qu'elle avait de balancer les hanches. Elle était encore en merveilleuse condition, se dit-il. Ses cheveux sombres étaient tirés en arrière, fourreau sévère auréolant son visage ouvert, pour retomber en une longue queue de cheval qui cascadait jusque dans le milieu de son dos. Nigel s'obligea à l'observer comme si elle n'était qu'une étrangère, à adopter le point de vue de Ted. Avec l'âge, la peau de ses pommettes hautes s'était tendue et resserrée. Elle n'avait plus toute sa force, certes, ou l'éclat de sa maturité. Mais son corps souple et mince ne présentait pas le moindre signe de tassement, de retour à la Terre.

Elle humait l'air avec un plaisir évident. C'était là l'endroit le plus agréable, tout près des plantes et des bacs à algues. En fermant les yeux, on pouvait très facilement se croire dans une forêt véritable. Et oublier le grondement sourd, incessant, de la fusion.

« Nigel, cela fait *si longtemps* », dit-elle soudain, d'un air plaintif.

Il hocha la tête. Cela faisait douze ans que le *Lancer* avait mis à feu ses fusées pour s'acheminer péniblement vers la vitesse de la lumière. Il lui prit la main et la serra entre ses doigts. Ils avaient meublé tout ce temps de leurs travaux, de leurs études, d'expériences telles que celle de la Trappe, de leurs observations astronomiques. Mais cela n'empêchait pas le poids et la présence des années.

Le projet *Lancer* avait été lancé en catastrophe.

En 2021, un gigantesque réseau radio, tendu de l'autre côté de la Lune, capta un signal étrange. C'était un motif mouvant, assez faible, à amplitude variable. Il émettait sur 120 mégahertz, en plein milieu de la bande radio commerciale. À l'origine, le quadrillage radio avait été effectué dans le but de mener des études astrophysiques dans les fréquences assez basses, jusqu'à 10 kilohertz environ. Les concepteurs de Gladstone, Bonn et Beijing avaient récemment ajouté un équipement susceptible de faire fonctionner tout le système dans la gamme mégahertzienne ; les bandes commerciales étaient devenues si encombrées que toute recherche astrophysique de qualité était impossible depuis la surface terrestre. La Lune constituait un bouclier des plus efficaces.

Le motif émis possédait, selon le jargon en cours, d'appréciables éléments non aléatoires. Les motifs se détachaient du fond radio galactique puis la rumeur électromagnétique s'apaisait, avant même que la séquence de modulations d'amplitude pût former un schéma cohérent.

L'explication la plus probable était qu'il s'agissait d'un processus naturel intermittent, quelque chose comme les sursauts décamétriques de Jupiter. Ce rayonnement a pour origine des nuées d'électrons présents dans les ceintures magnétiques de Jupiter. En franchissant les ceintures, les ondes agglutinent les électrons, qui émettent alors à l'instar d'une antenne naturelle. Les émissions de Jupiter ont des longueurs d'onde de plusieurs centaines de mètres de long, bien en dessous, donc, de la gamme mégahertzienne. Pour expliquer ces nouvelles émissions, les astronomes imaginèrent une planète géante gazeuse pourvue de champs magnétiques bien supérieurs ou de densités électroniques très élevées.

Ils repérèrent la source du rayonnement. Le modèle semblait correspondre à la réalité. Il s'agissait de BD + 36° 2147, étoile rouge terne située à 8,1 années-lumière de la Terre et semblait-il accompagnée d'une grosse planète. Voilà qui était plutôt embarrassant.

L'ASI, l'organisme responsable, se demanda pourquoi une étoile aussi voisine n'avait pas été étudiée de manière systématique dans le cours du programme de recherche d'émissions inhabituelles. La vérité, c'est que les recherches et les crédits portaient plutôt sur les objets spectaculaires, hautement énergétiques – les pulsars, les quasars, les radio-sources. Les petites étoiles rouges avaient quelque chose d'ennuyeux. On avait du mal à les voir et elles menaient des vies plutôt ternes. BD + 36° 2147 n'avait jamais reçu de nom. Cette suite de lettres et de chiffres signifiait tout simplement que cette étoile était apparue pour la première fois au XIXe siècle, dans le catalogue de Bonner Durchmeisterung. L'angle de déclinaison est de + 36° et 2147 n'est qu'un numéro de série par rapport à l'ascension droite de l'étoile.

La faible oscillation de l'étoile avait permis de déduire qu'un objet gros et sombre décrivait une orbite autour d'elle. C'était un candidat idéal pour le superjovien. Les télescopes optiques en orbite avaient déjà repéré quelque quatre cents compagnons gravitant autour des étoiles proches, montrant que les systèmes planétaires étaient quelque chose d'assez courant et mettant ainsi un terme à une querelle séculaire.

Le premier fait troublant se manifesta lorsque l'ASI se plongea dans les anciens rapports de fonctionnement des radiotélescopes terrestres. BD + 36° 2147 avait déjà été observée, à plusieurs reprises de surcroît. Aucune émission n'avait été détectée. Les ondes radio actuelles avaient été émises au cours des trois dernières années.

La seconde surprise arriva quelques mois plus tard. Un motif ondulatoire puissant se manifesta au cours d'une séquence qui dura deux minutes. Ce signal à modulation d'amplitude était en fait une onde porteuse, tout comme une radio commerciale en A.M. Filtré, accéléré et passé sur une sortie radio, le signal correspondait clairement au mot « et ». Sans plus. Une semaine plus tard, une séquence de trois minutes donna le mot « Nil ». La grande oreille fut tournée en permanence vers BD + 36° 2147. Sept mois plus tard, elle saisit le mot « après ».

Les mots continuèrent de parvenir avec une effarante lenteur. Quelques radio-astronomes dirent que c'était peut-être là un moyen de réduire les frais. L'auditeur éventuel pouvait reconnaître un mot sans pour autant entendre l'intégralité du son. Mais cette théorie ne disait pas pourquoi le signal se déplaçait et se brouillait de manière si énervante. On eût dit que la lointaine station commençait à transmettre un mot, puis passait à un autre mot avant d'avoir achevé le premier.

Les signaux se poursuivirent, lâchant occasionnellement un mot, un fragment, une syllabe – jamais assez, en tout cas, pour que ce fût clair. Malgré tout, ils ne pouvaient qu'être artificiels. Voilà qui allait à l'encontre de la théorie de la magnétosphère superjovienne. En revanche, ils conservaient une fréquence assez élevée, ce qui allait se révéler utile par la suite.

Huit mois d'observations acharnées permirent de distinguer un décalage Döppler dans la fréquence. Le phénomène se répétait tous les vingt-neuf jours. L'explication logique voulait que les pulsations fussent émises par une planète, et que celle-ci s'éloignât ou se rapprochât de la Terre tandis qu'elle tournait autour de la naine rouge. Les observations optiques précisèrent la luminosité de l'étoile, ce qui permit d'en déduire une théorie assez fiable pour déterminer la masse probable. Il s'agissait d'une étoile de type M 2, avec une masse solaire de 0,32. Etant donné la longueur de l'« année » – vingt-neuf jours – et la masse de la naine, les lois de Newton permirent de déduire que la distance de la planète à l'étoile était neuf fois inférieure à celle de la Terre au Soleil.

C'est pratiquement tout ce que l'on put tirer des observations menées dans la banlieue de la Terre. Les équipes radio passèrent plusieurs années à tenter de découvrir un décalage Döppler dans la révolution de la planète. Ils n'aboutirent à rien, ce qui ne surprit personne. Une planète si voisine de son étoile lui présente pratiquement toujours la même face, et ce à cause des forces d'attraction qui les unissent. Après tout, la Lune et les satellites galiléens sont étroitement unis à la Terre ou à Jupiter. Sans la force d'attraction des autres planètes, Mercure présenterait toujours la même face au soleil.

Les satellites privés de rotation étaient des astres morts, tout le monde le savait. L'une des faces était brûlante, et l'autre glacée. Qui pourrait survivre dans un tel endroit et y installer un émetteur radio ? Ces êtres ne vivaient-ils que dans la zone crépusculaire ?

La seule manière de le savoir était d'aller se rendre compte sur place. En 2029, l'ASI lança de petites sondes chargées de pratiquer une reconnaissance approchée de BD + 36° 2147. L'une d'elles périt dans un flot de rayons gamma, à 1,36 année-lumière de la Terre. Les ordinateurs de bord donnèrent de précieux renseignements sur l'explosion survenue dans le système de fusion, peu avant que le vaisseau ne se désintégrât. L'ASI modifia le brûleur de la deuxième sonde, qui put foncer vers BD + 36° 2147 à la vitesse de 0,99 fois la vitesse de la lumière.

Elle découvrit une géante gazeuse tout à fait capable de provoquer les oscillations de l'étoile. Mais le murmure radio était originaire d'un corps gros comme la Terre, plus proche de l'étoile. La sonde avait été programmée pour passer à côté de la géante gazeuse ; son orbite pouvait, en effet, être déduite du rythme de BD + 36° 2147. L'autre planète se trouvait très exactement de l'autre côté de la naine rouge lors du passage de la sonde ; dans leur effort frénétique pour se réajuster, les systèmes automatiques ne recueillirent pas beaucoup de renseignements.

Petites et rapides, les sondes étaient aussi bon marché. L'Agence spatiale internationale les appréciait beaucoup. Seulement, leurs réactions manquaient de souplesse, et la théorie des jeux montrait qu'elles constituaient un mauvais choix stratégique lorsque les risques n'étaient pas mesurés.

La meilleure tactique à adopter, d'après les polémologues, était celle de la reconnaissance en force. C'est ainsi que le *Lancer* naquit. Les trois super-puissances consacrèrent toute leur énergie à la modification d'un projet qu'elles venaient d'achever, la colonie Libration. L'ASI installa la zone vitale à l'intérieur de l'astéroïde, creusa de nouveaux tunnels dans la roche et ajouta des chambres de poussées en duralithe capables de recevoir une torche à fusion. Les plans furent copiés, avec succès, sur ceux de l'épave de Mare Marginis. On y rendit la terre fertile, on y planta des végétaux ; on creusa des salles, on retailla la roche, et on mit au point une écologie miniature, une fois évidé le grand dôme ellipsoïdal.

Tous ces efforts pour filer à une vitesse frôlant de peu la vitesse de la lumière, en direction du faisceau rouge de BD + 36° 2147, désormais rebaptisé Râ. Le mot « Nil » de la transmission avait beau paraître absurde et n'être peut-être qu'une faute de décodage (dont le taux d'erreur restait élevé), on le prit comme prétexte pour invoquer la mythologie égyptienne. La planète d'où provenait l'émission reçut donc le nom d'Isis, déesse de la fertilité, et la géante gazeuse celui de son fils, Horis. La communauté scientifique mit deux ans à prendre sa décision, et la controverse anima le courrier des lecteurs de tous les grands journaux. Les constructeurs, pour leur part, s'en moquaient éperdument.

Ils marchaient dans les champs, et le bruissement des blés faisait penser au Kansas, par une belle journée d'automne. Nigel se protégea les yeux de l'éclat trop vif des lampes à phosphore. D'immenses carrés étaient installés dans le sol incurvé du dôme, d'où ils illuminaient les champs situés de l'autre côté et contribuaient ainsi à l'écologie du *Lancer*. Un éclairage enveloppant. La torche à fusion des entrailles du *Lancer* fournissait en abondance l'électricité des panneaux à phosphore ; pour Nigel, ce n'était rien de plus qu'un formidable gaspillage de photons.

Nikka l'interrompit dans ses réflexions. « Quelle est notre meilleure tactique, selon toi ?

– Euh...

– Nous ne devons pas tomber sous le coup des critiques, être accusés de...

– De déchéance physique.

– C'est cela.

– Dans ce cas, nous devrions accepter des postes modestes. Adopter une attitude modérée.

– Jusqu'à ce que nous ayons atteint Isis.

– Et là... nous manœuvrons pour obtenir un travail intéressant.

– Il ne faut pas qu'ils nous coincent dans des emplois de bureau.

– Non. Nous devrons peut-être nous contenter de surveiller des robots. C'est acceptable. Mais surtout...

– Pas de paperasserie.

– Et en attendant...

– Méfiance et prudence ! »

Elle sourit et répéta avec un certain soulagement : « Oui, méfiance et prudence. »

Quelques mois plus tôt le *Lancer* avait largué un immense filet radio, qu'il traînait depuis dans son sillage. Prisonniers d'un cocon de plasma ionisé, ils ne pouvaient établir de cartes radio à haute résolution.

Une fois le filet déployé, Alex assura le minutieux contrôle à distance des antennes, qui fournirent des cartes synthétiques du système de Râ. L'étoile brillait avec éclat, des langues de feu montaient haut dans sa couronne. Il fallut un peu plus de temps pour obtenir une carte détaillée de leur objectif, Isis.

Nikka réveilla doucement Nigel lorsqu'une sonnerie retentit dans leur appartement. « Laisse-moi, grognait-il.

– Arrête de faire ton numéro. C'est l'heure de la première étude cartographique d'Isis. Tu voulais y assister.

– Eh bien, voyons cela. »

Nikka pianota sur son poignet et l'écran mural s'alluma. Elle coupa les explications données par Alex et procéda à l'agrandissement de la carte. Nigel contempla l'image ronde. Le disque d'Isis ne présentait qu'une multitude de lignes entremêlées.

« De l'acné planétaire, dit-il.

– Regarde là, fit Nikka, on dirait un système fluvial, la vallée d'une rivière.

– Impossible. C'est sûrement une illusion d'optique. Ce n'est pas une image radar, souviens-toi. Ils captent les transmissions d'Isis.

– Comment peuvent-elles provenir de toute la planète ?

– C'est *impossible,* dit-il en jetant un rapide coup d'œil. Une antenne fixe, c'est le moyen le plus efficace pour transmettre sur des distances interstellaires.

– Oui... » De la main, elle ramena ses cheveux en arrière. « Du moins, c'est ce que nous croyons.

– Les ondes électromagnétiques ne dépendent pas des cultures. Cela ne sert à rien d'utiliser des antennes multiples. »

Sans quitter son lit, il passa sur le mode interactif. Aucune idée intéressante ne se manifesta. « Attends que l'on soit un peu plus près. »

Nikka passa en agrandissement maximal. « En tout cas, je trouve toujours que cela ressemble à une vallée de rivière. »

3.

Isis était une planète rouge. *Aux allures martiennes*, se dit Nigel. Mais riche en air, toutefois, et couverte de nuages.

Une face était tournée en permanence vers Râ, prisonnière de l'attraction ; l'autre face contemplait, glaciale, la nuit éternelle. La terre y gémissait sans cesse sous de vastes glaciers bleus. La moitié de la planète était recouverte de glaces.

Les vents en provenance de la zone crépusculaire soufflaient leur haleine humide sur les masses blanchâtres des montagnes assoupies. Sur la ligne de l'aube éternelle, marquée par des lueurs rose pâle, la glace vêlait ses icebergs dans un océan de couleur rouge. La mer faisait le tour d'Isis, d'un pôle à l'autre, et séparait les glaces des terres. D'un rose lumineux, elle était égratignée par les vents et parsemée de nuages jaune orangé.

Du côté ensoleillé, de vastes déploiements de vagues attaquaient à la base des parois escarpées en silex. La mer s'agrippait aux remparts de ce continent unique aux teintes brunâtres, marqué de marbrures.

Des doigts liquides s'enfonçaient dans la terre, en direction de Râ. Des vallées creusaient le granite, elles se refermaient sur la face de cette planète comme pour l'attirer vers le feu. Des doigts, tendus vers l'Œil.

Canal # 11 : « Ouais, cette structure, elle colle parfaitement avec la théorie. C'est un modèle parfait, les résistances et les failles sont normales aux pôles. »

Canal # 20 : « Une seconde, s'il te plaît, il n'y a pas le moindre pôle, et si j'en crois ton calc, ton équilibre est faux dès le début... »

Canal # 5 : « Seigneur, passez aux relevés chimiques, j'ai... »

Canal # 11 : « Non, je dispose de toute une collection d'équilibres théoriques, et celui-ci fait partie de la liste ; tout fonctionne si nous disons qu'Isis s'est formée par rotation, avec un renflement équatorial. C'est le mouvement de Râ qui a libéré l'énergie centrifuge ; Isis a essayé de remodeler sa surface pour se débarrasser de ce bourrelet et il y a eu fracture au niveau global... »

Canal # 5 : « ... trop d'absorption dans les océans, et puis il y a des raies bizarres, tenez, j'ai des pointes qui font dans les 5 480 angströms, ce n'est pas... »

Canal # 18 : « C'est drôle, les lacs d'altitude, ceux qui sont en dehors de l'Œil, ils sont bleus, mais l'océan est *rose.* Je pense que ce qui... »

Canal # 5 : « Les précipitations des cols montagneux, la neige fondue, c'est de l'eau douce – elles *devraient* avoir l'air bleu... »

Canal # 11 : « ... cela libère totalement l'équateur, tu comprends ? les poussées fracturent la structure en dôme et l'énergie est canalisée vers les bords... »

Canal # 20 : « Bon, il n'y a pas de pôles, le calc a relevé une couche limite, c'est ce qui l'a fait réagir. Les parois des vallées encaissées, tu les vois ? Je suis sûr qu'elles prouvent qu'il y a eu une sorte de relâchement de la croûte qui, en se ralentissant, a déclenché tout un processus tectonique... »

Canal # 5 : « ... la structure 5480 est en retrait des collines, Nigel, c'est sûrement parce qu'elle appartient au groupe des silicates de fer, en tout cas, c'est drôlement sombre là-dessous... »

Canal # 11 : « ... ce sont les réseaux de compression qui te donnent toutes ces erreurs latérales, j'en ai la preuve avec mon agrandissement aux I.R... toutes ces failles... toute une morphologie s'est mise en place quand la planète a cessé sa rotation... »

Canal # 3 : « ... d'accord, mais c'est quoi ces pics au beau milieu du schéma de polarisation ? Tu ne vas quand même pas me faire croire qu'une boue plate peut produire ces pics, non ? c'est *la mer* la responsable, il faut qu'il y ait la présence d'oxydes de fer, des raies spectrales suffisantes... »

Canal # 18 : « ... La couleur bleue des lacs signifie que ce qui rend la mer rouge *n'agit pas* en altitude... »

Canal # 5 : « ... Bouillie pour les chats, on ne peut avoir un effet d'altitude avec un gradient aussi faible, ça ne peut pas supporter... »

Canal # 18 : « O.K., il est temps de passer aux relevés chimiques, comme ça, quand les pluies auront atteint les zones basses... »

Canal # 29 : « ... tu comprends, il s'est gouré deux fois, mais je me suis contenté de hausser les épaules, je m'en fous que tu n'aies rien à dire, mais essaye de ne pas le dire trop fort, alors ce salaud s'est rendu tout droit chez Gulvinch et... »

Canal # 20 : « ... tout intensité jusqu'aux strates du dôme – ouais, c'est ça – elles ne peuvent pas supporter la moindre pression, alors c'est la rupture, je parie que tout se ramène sous la glace de l'autre hémisphère, oui, et il doit y avoir un drôle de cycle dans les matériaux de surface, les couches doivent être dénudées toutes les centaines de milliers d'années, imaginez ce que cela doit produire dans l'atmosphère quand le fer se trouve tout à coup exposé... »

Canal # 5 : « Il y a une chose dont nous sommes *sûrs* : regardez un peu le spectre, avec tout ce fer, on devrait avoir une atmosphère réductrice, seulement le niveau d'oxygène ne cesse de remonter, même s'il n'atteint que les 2 pour cent, 2 pour cent d'O_2, ce n'est pratiquement rien, c'est rien en comparaison de la Terre, mais je vous parie que c'est le même processus, c'est comme ça que notre air s'est créé par réduction il y a quelques milliards d'années, le problème, c'est qu'ici, il n'y a pas beaucoup d'O_2. Pas question d'aller y respirer, en tout cas. »

Canal # 6 : « Il se présente sous *deux* formes différentes, c'est évident, l'une au-dessus de l'autre, ça crève les yeux... »

Canal # 3 : « Oui, ferreux et ferrique, les deux sont bien là. Il y a beaucoup d'oxygène, autant que sur Terre en fait, mais il est retenu par le fer. »

Canal # 29 : « ... tout ce que je pourrais dire... »

Canal # 20 : « ... ça correspond avec ce que les gugusses ont raconté, le fer est traité sans arrêt, l'air ne peut pas contenir l'oxygène, les eaux sont précipitées à chaque fois qu'il pleut et la mer, c'est rien de plus qu'une solution ferreuse, c'est là que se trouve tout l'O_2, c'est moi qui vous le dis... »

Canal # 56 : « Il a plutôt de drôles d'idées, celui-là, à croire que tout est en fer, mais écoutez un peu ça, sur la grosse tache, là, vous voyez le volcan ? c'est du soufre, pas moyen de s'y tromper, ça sort par bouffées à intervalles réguliers, il y a du soufre au beau milieu de l'Œil... avec les vents, l'atmosphère tout entière serait imprégnée en deux ou trois ans. Non, ce qu'on a en fait, c'est de l'oxyde de soufre, c'est de cela que l'Œil est fait, ce ne sont pas des dunes de sable, pas du bioxyde de silicium, mais du *bioxyde de soufre...* »

L'image s'affina quand les ordinateurs supprimèrent les zones aléatoires de réfraction de l'air épais. Isis se rapprochait.

Jaune. Un jaune sec, ancien. Des étendues sablonneuses, étincelantes, parsemées de crêtes rocheuses bistre et usées. L'Œil contemplait Râ, suspendu éternellement dans le ciel. Du centre carbonisé du point subsolaire soufflaient des vents chargés de poussières acides, corrosives. Poussées par les vents, des dunes formaient un front d'une centaine de kilomètres de long. Puis elles se désagrégeaient sous l'action des courants aériens, le sable revenait jusqu'à la pupille gonflée de l'Œil, et le cycle recommençait.

La bordure de l'Œil se fondait dans les roux, puis dans les bruns. Une trace d'humidité, une maigre végétation. Des collines rouges froissées formaient un cercle concentrique : l'orbite de l'Œil. De la neige blanchissait le sommet des pics. Les vallées d'altitude conservaient de l'air frais au-dessus de l'éclat bleu acier des lacs.

La caresse constante des vents venus de l'Œil avait aplani le paysage. La brise soulevait une poussière rosée, des couches épaisses se déposaient sur le flanc des montagnes, à l'extérieur de l'Œil, et emplissaient les vallées de volutes de brume. Ce n'est qu'aux endroits instables où la poussière ne recouvrait pas le sol, qu'à cette distance les télescopes pouvaient entrevoir les plaines arides et les vallées profondes d'Isis.

La chaîne de montagnes, unique, immense, concentrique, était complexe et coupée de ravins. Des rivières boueuses couraient le long des pentes, loin de l'Œil, en direction de la mer qui faisait tout le tour de la planète. Plus loin encore, le sol se couvrait d'un paillasson végétal. Une herbe brunâtre. Quelque chose qui ressemble à des arbres. Des couleurs allant du brun au rose, du gris à l'orange pâle.

Une légère poussière en suspension troublait les images optiques, leur volait de la définition. Ce n'est que dans l'infrarouge que l'on parvenait à distinguer des objets de moins de cinq mètres. Une flore importante. Toute une végétation qui longeait les méandres des rivières.

L'I.R. scruta le paysage et en saisit les détails. De larges bancs de vie végétale au fond de la mer, des pâturages. Et puis, du mouvement.

« ReppleDex, ici Commandement. Votre système est installé, ou faut-il vous botter les fesses ?

– *Nous avons une bonne définition radio, Ted. Jetez-y...*

– Je suis dessus, Alex. Nous voudrions que l'interféromètre...

– Ce sont des sources ponctuelles, non ?

– Nigel, c'est Ted. Libère la ligne, je t'en prie.

– N'oublie pas que je suis consultant, je laisse traîner une oreille, c'est tout.

– D'accord, tant que tu ne te mêles pas de... Eh, R.D., quand va-t-on avoir...

– Il a raison, Ted, nous ne parvenons pas encore à obtenir une bonne résolution des sources. Elles sont minuscules. Il n'y a vraiment rien de visible à une U.A., Mais je crois que nous allons...

– D'accord, c'est très intéressant, mais...

– ... *quant à la raison pour laquelle nous n'avons jamais pu capter les signaux, je crois que nous avons la solution à présent...*

– Qu'est-ce que c'est ?

– Ce sont bien ces sources ponctuelles, il y en a peut-être un million, mais elles ne transmettent pas ensemble. Je veux dire, elles ne sont pas synchrones. Toutes les sources s'efforcent d'émettre le même message, mais elles sont toutes un peu en avance ou un peu en retard les unes par rapport aux autres, c'est pour ça que tout est brouillé.

– Ça me dépasse, ça ! Pourquoi choisirait-on cette méthode pour assurer une communication interstellaire ?

– Alex, sur quelle longueur les signaux sont-ils en corrélation ?

– Nigel, on t'a déjà demandé...

– Lâche-moi un peu, hein ? Alex ?

– Attends que je vérifie... Oui, la corrélation se situe aux environs d'une trentaine d'impulsions, peut-être un petit peu plus.

– À quel point ça colle avec la topographie ?

– Ted, branche-moi sur le canal multiple – oui, j'y suis.

– Est-ce que cela suit le profil des vallées ?

– *Euh, oui. En quelque sorte. Les sources sont disséminées le long des vallées. Il n'y en a pas beaucoup dans les montagnes.*

– C'est dans les vallées qu'il y a les meilleures conditions de vie. L'eau. À toi, Ted.

– Merci beaucoup, Nigel, c'est agréable de t'entendre de temps en temps. Alex, soyons sérieux. Si vous faites un balayage de la vallée à l'interféromètre, vous voyez que les signaux sont cohérents. Toutes les sources ponctuelles émettent en simultané ?

– *Correct.*

– Si vous passez à une autre vallée, les sources émettent un peu en avance ou un peu en retard par rapport à la première vallée ?

– *Oui, et c'est ça qui est vraiment bizarre. Le taux d'émission est très bas. Et puis, les sources ne sont pas stables.*

– Comment cela ?

– *Eh bien, il y en a une qui lâche de temps en temps. Une nouvelle source la remplace presque aussitôt, de sorte que leur nombre est toujours constant.*

– Ecoute, Alex, j'ai demandé la grande oreille. Tu devais être en ligne à 14 heures, mais c'est passé. On en a absolument besoin pour la définition nécessaire, et il nous la faut *tout de suite.*

– Ça peut attendre, Ted.

– Nigel, je croyais que tu...

– Je ramène un peu ma fraise, c'est tout. Je suis persuadé qu'Alex y verra un peu plus clair si tu cesses de le tanner. Je voulais prendre un instant pour revoir tout cela, Ted. Tu as les profils optiques et I.R. devant toi, n'est-ce pas ?

– Oui, tu peux descendre jusqu'au poste de commandement si tu veux te rendre compte par toi-même.

– C'est déjà fait. Je suis collé à la console, avec les programmes automatiques. Le poste est bondé, par ailleurs.

– Bon, bon, si tu veux attendre les données comme tout un chacun...

– J'étais en train de me demander si tu avais envisagé toutes les implications, Ted. Pas de traces de ville. Pas de zones urbaines. Pas de grandes caractéristiques évidentes, champs ou routes. De plus, les transmissions E.M. sont faibles, en dehors du signal interstellaire.

– Oui, drôlement bizarre. À moins qu'ils ne vivent sous terre, que le sol ne leur serve qu'à l'agriculture et qu'ils utilisent des câbles pour le transfert d'informations. Après tout, c'est ce qu'on fait sur Terre. Ce n'est qu'au début de la radio et de la télé qu'on a gaspillé de l'énergie à transmettre dans l'atmosphère.

– À cette distance, toute activité agricole se trahit ; on devrait voir des champs cultivés.

– Possible...

– J'ai comparé les relevés des radio-sources d'Alex – les points E.M., comme il dit, pour « électromagnétiques » avec les I.R. Quelqu'un a déjà fait ça au Commandement ?

– Euh, je ne...

– Je voudrais vérifier mes calculs. Il y a des problèmes dus au rapport signal-bruit et j'ai utilisé les sous-programmes automatiques.

– Ecoute, Nigel, on était trop pris pour essayer tout cela. À mon avis, tu devrais...

– Ce que je veux dire, c'est que certains points E.M. et certains points I.R. correspondent parfaitement.

– Lesquels ?

– Voilà le hic. On dirait qu'il s'agit des sources I.R. mobiles.

– Celles qui ont reçu des variables fixes ? Je ne vois pas du tout...

– Ce que je veux dire, Ted, c'est que les radioémetteurs libèrent aussi de la chaleur. Et surtout, qu'ils se déplacent.

– Franchement, je ne...

– Hé, nous avons tout installé, mais vous feriez bien de rester alignés avec nous, sinon on n'aura que dalle à vous montrer quand...

– Alex, c'est Ted, fais-nous un rapport sur tes relevés. Je veux les comparer avec…

– *Avec les I. R. ?*

– Euh, oui.

– *Nigel m'a déjà cassé les pieds avec ça. Il voulait les résultats en priorité. J'ai repris les calculs et vérifié les points qui l'intéressaient. Ils sont bien variables. Ils sont lents, mais ils se déplacent.*

– Tu en es sûr ?

– *Oui. Les points I. R. sont très faibles, ils disparaissent presque sur l'arrière-plan thermique. Jenkins m'a dit qu'il s'agit probablement de petites cheminées volcaniques…*

Invraisemblable !

– Depuis quand t'y connais-tu en géologie ? Avec la poussière et toute la rocaille, personne ne peut être sûr des relevés I.R.

– Tu as raison. Il n'y a qu'à aller voir sur place.

– C'est un peu prématuré, Nigel. Nous devons rester à distance raisonnable. Passer tout de suite en expédition de surface irait à l'encontre de nos directives, tu le sais aussi bien que moi.

– Oh ! oui, je le sais, mais c'est pourtant ce qu'il va falloir faire. »

4.

Ted arriva un peu en retard à l'appartement de Nigel et Nikka. Il avait avec lui son éternel bloc-notes déjà bourré de signes et de chiffres. Nigel le conduisit d'abord au bar, puis vers les coussins épais de leur nouveau divan. Ted s'y installa comme s'il doutait de sa solidité ; ses pieds inclinés et ses jointoyages en oblique lui donnaient un air bancal. Nigel l'avait conçu en fonction de la faible gravité de leur appartement, utilisant pour ce faire le bois de son lot personnel. Il était la seule personne du *Lancer* à posséder du chêne de qualité supérieure ; il avait mis beaucoup de soin à le tailler et l'avait poli à l'huile de coude.

« On aimerait bien que tu viennes jusqu'au poste de commandement, dit Ted.

– Il y a foule, là-bas.

– Oui, c'est plutôt la cohue. Pas étonnant que tu restes chez toi, c'est calme, il n'y a pas beaucoup de gravité... »

Alex frappa à la porte ; Nigel lui fit signe d'entrer. Alex était un homme lourd atteint d'un début de calvitie, au visage assombri par la fatigue. Il s'affala sur le divan, comme s'il se débarrassait d'un fardeau. Les muscles de ses épaules frémirent, il chercha à prendre une attitude rigide, mais le divan de Nigel n'était pas du tout conçu pour ça, et Alex finit par se détendre.

« Pfou ! souffla-t-il. Cela fait des heures que je suis comme un enfant de chœur à prier devant ces consoles.

– Un verre ?

– Ça m'assommerait.

– Tu les as tout de même apportées avec toi ? s'inquiéta Ted.

– Oui. Je les ai entrées sur ton système, Nigel. Elles attendent sur ton écran. »

Nigel prononça un vague « merci » et pianota sur quelques touches. Une grille apparut sur l'écran. De petits points blancs parsemaient le fond de couleur verte. « Ce sont tes cartes évolutives ? demanda Nigel.

– Oui, sur des semaines. Tu parlais du rythme lent d'émission... »

Ted sourit et posa les mains sur les genoux. « C'est vraiment un super-boulot que tu as fait là, Alex, d'un bout à l'autre. »

Nikka prit place au côté de Nigel, adopta une posture zazen et observa les deux hommes. « Et le message ? demanda-t-elle. C'est ce que tout le monde attend, un signal assez cohérent pour...

– Nous l'avons, dit-il d'un ton sec et fatigué.

– *Vous l'avez ?* fit Nigel, surpris.

– Oui. Ce n'est pas si difficile, dès l'instant où l'on admet qu'il y a peut-être un ou deux millions de sources simultanées. Chacune d'elles émet par intermittence, mais elles ne font qu'essayer d'amplifier le signal en lançant chacune le leur.

– Nous n'avons pas encore diffusé l'information, intervint Ted avec une certaine gêne. Elle est assez, disons, euh, troublante. Et pourtant on a la certitude qu'Alex ne s'est pas trompé. À moins que...

– C'est une émission d'Arthur Godfrey, datant de 1956, fit Alex, non sans une certaine emphase.

– Quoi ? lança Nikka. Vous voulez dire... mot pour mot ?

– Oui. Il s'agit de la diffusion, extrêmement lente, d'une émission de radio du XXe siècle.

– Seigneur ! s'exclama Nigel avec une certaine délectation.

– Nous avons tenté de la replacer dans son contexte, commença Ted, afin de comprendre...

– Et nous sommes donc venus... » Nigel éclata de rire. Stupéfaits, clignant des yeux, les autres se figèrent. Il rugissait littéralement de joie, au point que des larmes lui coulèrent. Tout le monde observa un moment de silence embarrassé, avant de changer de position, l'air plutôt gauche, et d'échanger des regards sans savoir quelle contenance prendre. Nikka ébaucha un sourire timide, et Nigel se calma progressivement, comme s'il reprenait conscience de leur présence.

« L'hypothèse de Bracewell !

– Nous sommes quelques-uns à l'avoir envisagée, dit Ted, mais il est encore trop tôt...

– Ça crève pourtant les yeux, non ? Ces pauvres bougres sont intelligents, il n'y a pas d'erreur possible !

– Pas autant que le Dr Bracewell, en tout cas, intervint Nikka.

– Exact, fit Nigel, parce qu'ils ont eu la même idée que lui. » Il écarta les mains, paumes en l'air. « Ils ont capté des signaux radio que nous avons nous-mêmes émis. Ils ont bien réfléchi à la question et ils se sont dit que le meilleur moyen d'attirer notre attention était de nous les renvoyer tels quels. Ils n'ont pas pris un code mathématique complexe ou des images télé – ils ne sont pas capables de les capter, encore moins la tri-D.

– En vérité... » Ted se cala parmi les coussins. « Nous avons comparé avec les bandes récréatives – il y en a un stock énorme. Le profil vocal est bien celui d'Arthur Godfrey : c'était l'animateur américain le plus populaire dans les années 1950.

– Et voilà, dit Nigel. Une minable petite émission de radio. D'une banalité à pleurer. Quelque chose que nous serions capables de reconnaître. » Il éclata à nouveau de rire. « Ah ! Bracewell, si tu pouvais être des nôtres aujourd'hui !

– Je trouve ça un peu déprimant, grogna Alex. Faire tout ce chemin pour découvrir que c'est nous-mêmes que nous écoutons.

– Ecoute, c'est une découverte fantastique, dit Ted en tapotant l'épaule musclée d'Alex. Tu es un peu fatigué, c'est tout.

– Oui, peut-être, soupira Alex.

– Il y a autre chose, Alex ? demanda Nigel d'une voix douce.

– Euh, oui, répondit-il avec une certaine vivacité. J'ai tenté de pister des sources individuelles pour repérer une phase. Autant les suivre toutes, je me suis dit, c'est juste un problème statistique : pister ces émetteurs en fonction d'un découpage temporel.

– Voilà. » Ted pianota sur sa commande de poignet et l'écran s'anima soudain. Les points blancs se mirent à bouger ; quelques-uns s'éteignaient, d'autres s'allumaient. « Ces E.M. sont également de puissantes sources d'infrarouges. Cela doit venir de leur chaleur corporelle. Ils sont vivants et, apparemment, chacun d'eux porte un émetteur.

– C'est peut-être une culture nomade ? demanda Nikka.

– Eh bien, nous y avons pensé. Ils n'ont pas d'émetteurs fixes, c'est une chose assurée, mais de là à...

– Non, l'interrompit Alex, j'en ai quelques-uns qui ne bougent pas.

– Vraiment ? demanda Ted, interloqué. Tu crois que ta résolution est assez bonne...

– Oui. Tiens, regarde-moi ça. » Alex se redressa et se dirigea vers l'écran. Il indiqua un amas de points qui ne participaient pas au tourbillon neigeux général. « Ceux-là ne vont nulle part. Je ne peux pas être très précis, leur signature individuelle est minuscule sur le spectre radio. Il y a de petites variations de fréquence ou d'amplitude, rien de plus. »

Nikka regarda les points effectuer de petits sauts chaotiques. « Certains demeurent immobiles. Ils sont peut-être trop vieux pour participer au cycle du nomadisme ?

– Je ne crois pas qu'il s'agisse de nomades, dit Nigel. Ils ne se déplacent pas de conserve. Remarquez leur espacement. Ils ne s'agglutinent pas.

– Correct, fit Ted en hochant la tête. Alex pense qu'ils se déplacent le long des vallées. De temps à autre, ils suivent les nuages de poussière.

– On a une image optique ? demanda Nigel.

– De la poussière, des nuages, un foutu éclairage voilé, rien de plus... » Ted secoua la tête.

« Quelle est la prochaine étape ? demanda Nikka d'un ton ferme. Nous n'allons pas rester éternellement dans l'ignorance.

– Eh bien, dit Ted, nous pensons...

– Vous ne croyez pas qu'il serait temps d'envoyer les sondes de surface ? » dit Nikka avec douceur.

Précis, impeccables, les vaisseaux furent largués. Les vents les échauffèrent, les parachutes gonflés ralentirent leur chute. En dessous d'eux, la planète ensommeillée couverte de nuages avait une apparence mouchetée et grumeleuse. Dans quelques vallées bigarrées dominait la sécheresse de la poussière de soufre. Une zone d'étangs saumâtres reçut la première sonde.

Dans les vallées plus arrosées, la poussière roulait au-dessus d'une couche d'air chargé d'humidité. La boue tombait du ciel, obstruant parfois les rivières les plus paresseuses. Des plantes jaunâtres se tordaient sur les berges. De petites créatures curieuses s'abritèrent en hâte lorsque la deuxième sonde émit un bruit sec en étirant une sorte de pelle cliquetante destinée à gratter le sol.

La troisième sonde rencontra la verdure, en un endroit où l'eau avait remporté une victoire permanente. Les poussières voletaient dans les cols voisins mais ne retombaient pas ici.

Pour la sonde sphérique d'investigation, le festin de la vie fut autrement plus riche. Comme l'était la terre à proximité de la mer.

Les sondes avaient pour instructions de foncer vers la planète et d'effectuer des prélèvements, mais aussi de remettre à feu leurs moteurs dès qu'elles apercevraient un objet de quelque importance. C'est ainsi que la cinquième sonde ne fit qu'entrevoir l'E.M. qui avait été attiré par le sifflement de sa chute. L'image fut pourtant très nette : une chose énorme, nue, parcheminée. Trois bras minces dressés au-dessus d'un fouillis de jambes raides. Une tête effrayante.

La créature ne portait rien. Ni arme ni émetteur radio.

Elle n'avait pas d'yeux.

Rien qu'une sorte de fente rectangulaire dans une tête énorme, d'un mètre de diamètre. Elle se tourna vers la sonde, au moment même où la remise à feu des tuyères propulsa le cylindre noir vers le ciel. La radio de la sonde enregistra un craquement sec, très sonore. Puis le paysage rétrécit, et les nuages roses et épais d'Isis engloutirent la créature électromagnétique.

En tout cas, ce qui était sûr, c'est que la variation brutale du spectre radio avait été provoquée par la créature.

5.

Les explorations préliminaires se traînaient. Nigel s'efforça bien de faire accélérer les choses, mais il y avait longtemps qu'il savait combien il était futile de vouloir imposer la manière anglaise à l'univers.

Il se tourna donc vers le travail dans les champs et les bacs à algues, faisant pousser les légumes à lipides sous la lumière du phosphore riche en ultraviolets. Les plantes caoutchouteuses s'étiraient, non pas sous la rude contrainte de la compétition naturelle, mais grâce à un A.D.N. de qualité, enfant adoptif des laboratoires. Il se déplaçait au milieu de ces arbres géants, utilisables à 99 pour cent par l'homme, d'un pas lent et tranquille, économisant son énergie. Les autres membres hommes et femmes de l'équipe Agri travaillaient au contraire vite et avec efficacité, mais commençaient à se traîner en fin de quart, davantage sous l'effet de l'ennui que de la fatigue. Si Nigel procédait sans se presser, c'est qu'il aimait les parfums musqués qui montaient du sol humide, le bruit cliquetant de la binette, et soulever bien haut une gerbe de tiges sèches et craquantes.

C'était ce que lui avaient apporté les étrangers. Cette aptitude, cette sensibilité curieusement orientée était déjà en lui – comme elle était en chacun – mais les instants d'aveuglante paralysie pendant lesquels il avait été en contact direct avec l'ordinateur de l'épave étrangère de Mare Marginis l'avaient libéré. Auparavant, le filet d'eau babillard qui tombait d'une fontaine de pierre moussue n'était rien d'autre qu'un spectacle agréable et reposant. Après l'expérience de Mare Marginis, ce même filet d'eau était devenu quelque chose de merveilleux, riche de sens multiples. Et maintenant, au moins, c'était redevenu le filet d'eau babillard coulant d'une fontaine de pierre moussue.

Il lui était arrivé d'en parler, de temps en temps, mais les mots avaient vu leur signification travestie, éclatée, avant de se perdre dans l'oubli. Lui savait – mais les autres l'ignoraient – qu'il ne pouvait pas réellement parler au nom de quelqu'un d'autre, qu'il n'était pas capable d'explorer complètement son expérience afin que d'autres la partagent. Les choses nous arrivent, et nous nous enrichissons de nos expériences, mais prétendre qu'existe un paysage intérieur commun qu'il serait possible de cartographier était absurde. Rien ne pouvait le capter. Il avait consulté la brochette habituelle de savants, avec leurs formules toutes faites, mais ils ne lui parurent pas différents. Il se mit à l'écoute des phrases énigmatiques tirées du Tao et du bouddhisme zen, des phrases comme de grands blocs de granite bleu-blanc et lumineux traversés de pâles rayons de lumière, froides et lointaines, justes et vraies pour l'éternité, aussi immuables et utiles que les statues d'albâtre au fond du square d'une ville assoupie.

C'est pourquoi il s'était senti soulagé quand on avait fini par le laisser tranquille. Il avait travaillé, il s'était soumis au passage dans les boîtes à sommeil – la cuve, ou encore la Trappe –, ainsi qu'aux tests d'essai avec le flegme d'un animal domestique. Quant au jargon alphabétique des différents organismes – ASI, puis ASDUN, puis PAND – c'était des machines, pas des gens. Et les machines n'avaient pas besoin d'oublier. Il était à leurs yeux une sorte de merle blanc, jouissant d'une certaine célébrité mais dont la gloire s'estompait. Il servait dans l'agence spatiale depuis ses vingt ans ou presque. Il avait pris part à la série des travaux qui avaient conduit à la découverte de l'épave étrangère dans la plaine lugubre de Mare Marginis, et au contact avec son ordinateur. Citer son nom était de la plus grande utilité pour l'ASI.

Cela voulait aussi dire qu'ils avaient été obligés de l'accepter sur le *Lancer*. Il avait travaillé pendant des années à la mise au point de la Trappe, y consacrant dix-sept ans de son espérance de vie. Il l'avait fait pour les besoins de la cause, bien entendu, afin que les étoiles devinssent à portée de l'homme grâce au prolongement artificiel de sa durée de vie. Mais s'il avait passé des années à flotter dans les liquides laiteux enrichis, c'était aussi pour retarder son propre vieillissement, afin que les organismes alphabétiques ne pussent se servir de son âge comme d'une arme contre lui.

La faiblesse de ce raisonnement, comprenait-il, tenait à ce qu'après le départ, les responsables du *Lancer* pourraient faire ce qu'ils voudraient en ce qui concernait la répartition des tâches. Il devait donc manœuvrer.

Il savait ce qu'il était, et qu'il fallait éviter d'être changé en statue de saint en céramique... L'illusion, néanmoins, avait ses avantages. Il jouissait d'un domaine privé plus vaste que celui habituellement dévolu aux autres membres de l'équipage. On les avait autorisés, Nikka et lui, à se creuser un nouvel appartement dans la roche qui constituait le vaisseau. Son indépendance lui avait donné le temps de réfléchir.

En train de jardiner, Nigel se redressa. Il ressentit un élancement dans le dos, suivi d'une vive et soudaine douleur. Il en laissa échapper les trois tomates qu'il venait de cueillir. La souffrance le fit grimacer, mais il retrouva son masque d'impassibilité avant d'avoir été vu par qui que ce fût. La douleur s'estompa. Il se pencha avec précaution pour ramasser les tomates recouvertes de poussière. Le long de sa colonne vertébrale, les muscles qui l'avaient trahi s'étirèrent en protestant. Il laissa la douleur l'envahir complètement, l'éprouvant dans son intégralité et de ce fait la désarmant. Assez pour aujourd'hui. Un mythe vivant ne devait pas faire état de lombalgie s'il pouvait faire autrement.

DEUXIÈME PARTIE

La Terre 2061

1.

Warren regarda couler le *Manamix.* L'océan l'emplissait et ne tarderait pas à noyer les moteurs, réduisant le navire au silence. Les feux des superstructures brillaient encore dans la pluie et la brume.

Il s'était couché sur tribord, la proue plus enfoncée que la poupe, et la houle s'était emparée de lui, cognant dessus à coups sourds. Les lanières lancées par les Essaimeurs s'étaient enroulées autour des passerelles, des affûts de canon et des hommes qui les servaient.

Les longs filaments vert et jaune continuaient à ramper sur les ponts et à y adhérer, filés par les poches abdominales gonflées des Essaimeurs. Leurs corps verdâtres s'agglutinaient dans les eaux sombres à hauteur de l'étrave.

Un craquement, la longue zébrure d'un éclair tropical éclaire violemment l'espace qui sépare les lourds nuages plombés, échevelés, et la surface plissée et percée des pointes d'aiguille de la pluie de l'océan. Les extraterrestres chatoient dans son éclat.

Essayant de ne pas faire de bruit, Warren se mit à bouger dans l'eau pour flotter. Un filament se rapprocha, glissa contre lui, mais il ne ressentit aucune irritation. Sans doute l'Essaimeur dont il provenait était-il mort et en train de couler. Mais ils étaient encore nombreux dans le bouillonnement écumeux des vagues, et il pouvait entendre les hurlements des autres matelots passés par-dessus bord en même temps que lui.

Les bossoirs de bâbord se balançaient, sur le pont supérieur, leurs cordages emmêlés, les chaloupes inutiles pendant de travers. Warren avait essayé d'en mettre une à l'eau, mais les câbles s'étaient coincés dans le treuil et il avait dû en fin de compte faire comme les autres et sauter par-dessus bord.

Les feux de position clignotèrent, puis redevinrent normaux. Les filaments formaient maintenant un véritable filet qui enserrait les différents ponts du navire. Une fois qu'ils avaient paralysé un homme, le venin jaunâtre et collant ne coulait plus et l'effet irritant s'arrêtait. Tandis qu'il regardait, bouchonnant sur les vagues, l'un des extraterrestres géants situés près du milieu du bateau enroula son filament et entraîna un corps par-dessus le bastingage. L'homme était mort, et il y eut un bouillonnement d'écume lorsque le cadavre toucha l'eau.

Des torsades de vapeur montaient de l'écoutille donnant sur la salle des machines. Il crut entendre encore le gémissement des diesels. L'hélice bâbord, sortie de l'eau, tournoyait comme une fleur de métal. Il pouvait apercevoir sur les flancs du navire les trous noirs, déchiquetés, ouverts par les hordes d'Essaimeurs. Il se remplissait maintenant de plus en plus vite.

Warren savait que les avions à réaction promis au capitaine par les Philippins ne viendraient jamais jusqu'ici. La tempête était trop puissante et brutale, et il aurait fallu voler dangereusement bas pour pouvoir lancer les conteneurs à poison qui auraient tué les Essaimeurs. Les Philippins ne prendraient pas ce risque.

Le navire s'enfonça d'un seul coup, sans prévenir. La houle recouvrit complètement l'étrave, et la cheminée se mit à pencher à toute vitesse. Les eaux noires s'y engouffrèrent ainsi que dans les hautes manches à air des ventilateurs, et les lumières commencèrent à s'éteindre les unes après les autres.

La coursive sombre de la promenade avant se remplit, et la vapeur jaillit des écoutilles, comme les exhalaisons d'un géant.

Il se raidit pour lui, pensant aux machines qu'il avait entretenues, puis ce fut la sourde explosion des chaudières au contact de l'eau de mer. Le bateau coula alors à pic. La foudre tomba, et se refléta en myriades de miroirs brisés par les vagues. Les eaux l'accueillirent, et la dernière chose qu'il vit fut un énorme nuage de vapeur enroulé autour de la proue.

Dans le calme relatif qui suivit, il entendit, portés par les rafales, des cris et des appels. Tant d'hommes avaient sauté à l'eau depuis le pont arrière que les Essaimeurs ne les avaient pas tous capturés. Ils avaient maintenant enroulé leurs filaments et ne tarderaient pas à les trouver, lui comme les autres. Il commença à battre des pieds, nageant sur le dos et s'efforçant de rester silencieux.

Quelque chose vint lui caresser la jambe. Il fit le mort.

De nouveau, l'horrible caresse.

Il lutta contre sa peur, il la repoussa loin de lui. La chose se cachait là dans les ténèbres, ne voyant que par les bandes phosphorescentes qui suivaient le dessin de ses mâchoires. Si elle prenait conscience du moindre mouvement...

Une vague le fit tourner sur lui-même. Il flottait la tête en bas, mais ne fit rien pour changer de position. Une autre vague le fit tanguer, puis une autre, et son visage resta assez longtemps hors de l'eau pour qu'il pût avaler une bouffée d'air. Puis il laissa le courant le faire pivoter sur lui-même vers la gauche jusqu'à ce que le coin de sa bouche sortît de l'eau, lui permettant d'aspirer de petites bouffées d'air.

Le contact froid le toucha au pied. À la hanche. Il attendit. Quelque chose de gluant frotta contre lui. Sa gorge commença à se contracter. Sa tête revint sous l'eau et il se sentit sans poids, prisonnier des ténèbres ; puis il aperçut une faible lueur, quelque chose comme la traînée blanchâtre de la Voie lactée – et il se rendit compte qu'il contemplait le sourire phosphorescent plaqué sur la mâchoire de l'Essaimeur.

Le feu dans sa gorge et ses poumons devenait de plus en plus intense, et il dut lutter pour réprimer un spasme. Le sourire phosphorescent se rapprocha. Quelque chose de froid le toucha à la poitrine, le poussa du museau, recommença...

Une grosse vague s'effondra sur lui, l'emporta, et il se retrouva le visage à l'air, haletant, des tintements dans les oreilles. La vague était très creuse, et il eut le temps de prendre deux grandes bouffées d'air avant que l'eau ne se refermât de nouveau sur lui.

Il ouvrit les yeux dans l'eau noire. Rien. Pas la moindre lumière. Il ne prit cependant pas le risque de donner des coups de pied pour remonter à la surface et attendit que cela se fît tout seul. Cette fois-ci, il se retrouva près de quelque chose chevauchant la vague à côté de lui : un bateau de sauvetage.

Il fit un lent mouvement de brasse dans sa direction. Rien ne vint le toucher. Si l'Essaimeur avait déjà mangé, peut-être était-il simplement curieux. À moins qu'il ne fût pas revenu.

Une vague, une brasse, une vague – il s'étira et réussit à agripper l'amarre qui traînait de la poupe. Il s'en servit pour se hisser à bord, se coula sur un banc et posa les rames sur le plat-bord. D'un mouvement lent et régulier, il avança vers les cris qui allaient faiblissant. Puis le courant le fit obliquer à tribord. Il n'avait pas glissé les rames dans les tolets de peur qu'elles ne fissent trop de bruit. Il rama comme il put en direction des cris, mais il les distinguait de moins en moins. Le brouillard remplaçait peu à peu la pluie.

Il y avait bien trente centimètres d'eau dans le canot et son bordage était enfoncé à l'endroit où un Essaimeur l'avait heurté. Une caisse de secours se trouvait toujours arrimée sous le plat-bord.

Un moment plus tard, il crut distinguer une tache de jaune. C'était la femme, Rosa, accrochée à un gilet de sauvetage qu'elle avait mis à l'envers. Il était resté jusque-là couché dans le bateau, les yeux au ras des dames de nage pour ne pas être vu des Essaimeurs, mais il ne réfléchit pas et l'aida à se hisser à bord.

Elle était journaliste, et il l'avait aperçue à plusieurs reprises sur le *Manamix*. Elle couvrait la traversée pour la télé brésilienne, et avait choisi cette étape Taiwan-Manille. Elle avait dit tenir absolument à assister à la destruction d'un Essaim, et son équipe de cameramen restait en permanence sur le pont, constituant une gêne constante pour les matelots.

Elle alla se pelotonner à l'arrière et commença à parler au bout d'un moment. Il lui couvrit la bouche. Ses yeux roulèrent d'un côté à l'autre, fouillant la surface de l'eau. Warren se remit à ramer, avec lenteur. Il portait des jeans et une chemise à manches longues qui, même mouillés, le protégeaient de la fraîcheur nocturne. Le brouillard était de plus en plus épais. Ils entendirent quelques clapotements lointains, puis un coup de feu. Le brouillard étouffait tous les bruits.

Ils mangèrent quelque chose tiré des provisions quand il fit assez clair pour voir. Warren sonda le bordage pour se rendre compte de l'état de la fuite ; il eut l'impression qu'elle empirait.

Avec l'aube revint la chaleur. Des débris dérivaient tout autour d'eux. Il y avait également des arbres déracinés, sans doute poussés au large par la tempête. La pluie s'était mise à tomber au moment où ils étaient entrés en contact avec les premiers Essaims. Les atteindre à coups de fusil automatique depuis le pont avait été rendu plus difficile, et Warren avait la conviction qu'ils ne l'ignoraient pas.

Il y avait dans l'eau des espars, reste des autres canots, du fil à voile, des gilets de sauvetage, des bouteilles. Personne n'avait jamais vu les Essaimeurs s'intéresser aux débris flottant sur l'eau ; seules les proies les attiraient. Ces êtres ne possédaient aucun outillage. Ils n'avaient certainement pas construit les vaisseaux spatiaux qui les avaient largués dans l'atmosphère pour ensemencer les océans. Il aurait été passionnant d'examiner de près ces appareils, mais ils s'étaient brisés au contact de la surface de l'eau, et avaient coulé par le fond avant de pouvoir être récupérés.

Les débris du naufrage n'attireraient pas spécialement les Essaimeurs, mais peut-être suivraient-ils le courant, à la recherche de survivants. Warren était sûr qu'aucun banc d'Essaimeurs ne se trouvait à proximité, car ils venaient toujours en surface lorsqu'ils se déplaçaient en essaim, et on pouvait apercevoir leur masse de loin. Restait le risque, néanmoins, de rencontrer un Essaimeur isolé – ceux qui, pour certains, jouaient le rôle d'éclaireurs. Personne n'en savait rien, en réalité, mais ils étaient tout aussi dangereux que les autres.

Il n'arrivait pas à se diriger assez bien à la rame pour pouvoir récupérer les débris intéressants. Le bateau prenait de plus en plus l'eau, et il estimait qu'ils disposaient de moins en moins de temps. Ils avaient absolument besoin de quelques-uns de ces espars à la dérive, et il allait devoir nager pour les récupérer. Il dut se mettre à l'eau par cinq fois, et par cinq fois lutter contre la terreur qui s'emparait de lui, tandis qu'il s'éloignait du canot d'un mouvement de brasse aussi coulé et calme que possible ; puis la peur devint trop forte, et il ne fut plus capable de la surmonter.

Il dépouilla deux gros troncs de leur écorce, à l'aide du couteau qui se trouvait dans la boîte de secours, et en fit des sortes de tresses. Le canot embarquait de plus en plus d'eau avec chaque vague qui le faisait rouler. Aidé de Rosa, il tailla, coupa, consolida, construisit. Lorsqu'ils eurent un cadre fait de troncs, ils finirent de briser le canot et utilisèrent les planches du bordage pour faire le pont de leur radeau. Le canot partit par le fond avant que tout le bois en fût récupéré, mais la boîte à provisions se trouvait déjà sur le radeau.

Il arracha quelques clous sur les espars à la dérive. Sa vue commençait à se brouiller tant la réverbération était forte, et il devenait de plus en plus maladroit. Ils dégagèrent un espace sur le radeau pour pouvoir s'y allonger, et Rosa s'endormit tandis qu'il clouait les dernières planches. Tout ce qu'il faisait, maintenant, se passait à l'autre bout d'un tunnel ; il regardait ses mains à travers des jumelles tenues à l'envers, ses mains de plus en plus gourdes et épaisses, comme s'il avait porté des gants. Il amarra la caisse de secours et les morceaux de bois restant, puis passa un bras sous un élément de l'armature pour éviter de passer par-dessus bord. Il s'endormit le visage enfoui dans son autre bras.

2.

Le jour suivant, tandis qu'il récupérait d'autres fragments d'épave et en consolidait son radeau, il ressentit en lui une sorte de colère impuissante et cuisante. Il aurait pu tout aussi bien rester à terre et vivre de l'assurance-chômage. Il connaissait les risques encourus lorsqu'il avait signé le rôle d'équipage comme ingénieur.

Cela faisait maintenant six ans que l'on avait aperçu les extraterrestres pour la première fois. Depuis, davantage de bateaux avaient sombré chaque année, percés en dessous de la ligne de flottaison, sans pouvoir être protégés du haut des airs. Les premiers à avoir été attaqués avaient été les petits bâtiments, comme ceux des pêcheurs. L'impact de cette première vague de naufrage ne fut pas très important. Puis les Essaimeurs commencèrent à se multiplier – d'où leur nom – et les cargos à couler par le fond. Le commerce maritime devint rapidement impossible.

Océanographes et biologistes prétendirent alors avoir une idée sur le mode de reproduction des Essaimeurs et leurs méthodes d'attaque. Travail de recherche qui n'avançait qu'avec lenteur : il était dangereux d'aller les étudier en pleine mer. Capturé, un Essaimeur se jetait sur les parois de son conteneur jusqu'à ce qu'il se fracassât les os frontaux, dont les éclats pénétraient dans son cerveau.

Puis les Essaimeurs se mirent à s'attaquer aux plus gros

vaisseaux. Ils trouvèrent le moyen de travailler en équipe et de perforer la coque des pétroliers géants eux-mêmes.

Les rangs des océanographes s'éclaircissaient aussi : beaucoup avaient péri dans leur navire à coque pourtant renforcée. Les Essaimeurs étaient devenus capables de couler n'importe quelle unité, et personne ne pouvait dire comment ils avaient mis leur tactique au point. Leur cerveau n'avait rien de remarquable.

Les témoignages parlaient d'Essaimeurs à l'aspect étrange, de créatures ayant perdu leur essaim, et d'Essaimeurs capables d'envoyer un vaisseau par le fond en quelques minutes. C'est alors que parurent les premières photographies d'une nouvelle forme, complètement différente, que l'on appela les Raseflots, qui bondissaient sur l'eau, plongeaient très profondément et étaient plus petits que les Essaimeurs. Quelques spécimens avaient été tués par des bathyscaphes automatiques à des profondeurs de plus de deux cents brasses, où on n'avait jamais rencontré d'Essaimeurs.

À cette époque, on ne disposait que de deux méthodes pour étudier ces créatures : les stations automatiques et les chasseurs. Les gros cargos ne pouvaient plus voyager en sécurité. Le pétrole ne pouvait plus quitter la Chine, l'Antarctique ou le Labrador. Les nations productrices de blé croulaient sous leurs stocks. La complexe organisation économique de la planète se trouva complètement paralysée.

Warren s'était ainsi retrouvé sans travail sur le pavé de Tokyo ; la ville était alors en plein chaos. Sa femme l'avait quitté quelques années auparavant, et il n'avait aucune raison particulière d'aller dans un endroit ou un autre. Il signa son engagement sur le *Manamix* lorsqu'il apprit qu'il était équipé d'une coque spécialement renforcée et d'artillerie. La paye était élevée, et il n'y avait de toute façon aucun autre travail offert à la mer. Il aurait certes pu trouver un petit boulot sur les hovercrafts qui traversaient comme des flèches les détroits de Taiwan et de Corée, mais ces vaisseaux n'avaient pas besoin d'ingénieur : si jamais leurs moteurs tombaient en panne, ils étaient perdus d'avance, le bruit de leurs puissants moteurs attirant toujours des bancs d'Essaimeurs dans leur sillage.

Warren était ingénieur, et tenait beaucoup à son statut, qu'il n'avait acquis qu'au prix d'un travail acharné. Les lourds blindages lui avaient paru solides ; ils n'en avaient pas moins plié en moins d'une demi-heure.

Dans les premiers temps, l'aide de Rosa lui fut précieuse. Ils ne découvrirent aucun autre survivant du naufrage. Ils récupérèrent encore d'autres fragments d'épaves et en renforcèrent leur radeau ; accrochés à des planches, ils trouvèrent un rouleau de fil de fer et des montants en aluminium. Grâce à ces matériaux, il put construire un abri pour les protéger du soleil.

Ils commencèrent par dériver en direction du nord-ouest. Puis les courants changèrent, et ils mirent le cap plein est. Il se demanda si les patrouilles de secours en tiendraient compte, et pourraient les trouver.

Une nuit, il fit l'amour à Rosa avec une énergie et une confiance en soi qu'il n'avait pas connues depuis des années, depuis l'époque de son mariage. Il en fut étonné.

Ils se nourrissaient des conserves de la caisse de provisions ; utilisant les restes comme appâts, il réussit à attraper quelques poissons, mais ils étaient petits. Rosa savait comment tresser le fil à voile de façon serrée ; il en profita pour se fabriquer un arc et des flèches, et l'arme était assez précise pour lui permettre d'atteindre les poissons qui s'approchaient du radeau.

C'est l'eau douce qui commença à leur faire défaut la première. Rosa avait installé la réserve à l'abri de l'auvent ; au septième jour, Warren se rendit compte qu'il n'en restait presque plus. Elle avait bu davantage que sa part.

« Il le fallait », pleurnicha-t-elle en s'accroupissant loin de lui. « Je n'arrive pas à le supporter... Ça va si mal... Et le soleil, il est trop chaud, je... »

Il aurait voulu se retenir, mais il en fut incapable, et il la frappa à plusieurs reprises, sans en éprouver la moindre satisfaction.

Rosa passa tout l'après-midi recroquevillée dans un coin du radeau, tandis que Warren restait couché sous l'auvent, plongé dans ses réflexions. Il trouva une sorte de paix à méditer dans les limites étroites et clairement définies du problème. Il restait accroupi sur sa planche, bercé par la houle, mais à l'intérieur de lui-même, là où il avait de plus en plus vécu pendant ces dernières années, le monde ne se réduisait pas au gargouillis des vagues, à l'effet décapant du soleil et du sel. À l'intérieur se trouvaient les livres, les équations et tout ce qu'il avait appris. Il s'efforça d'y mettre de l'ordre.

Réactions chimiques. Il ouvrit une petite fente dans le bouchon de caoutchouc d'une bouteille d'eau, qu'il fit descendre dans l'eau à l'extrémité d'un long fil destiné à la pêche.

En profondeur, l'eau était plus froide. Il remonta la bouteille, et la plaça dans un récipient plus grand. Elle se mit à fumer comme un seau à champagne. Les gouttes de condensation commencèrent à couvrir l'extérieur de la bouteille ; le grand récipient recueillit ces gouttes. Elles ne contenaient pas de sel, mais il y en avait bien peu.

Au neuvième jour, il ne restait plus du tout d'eau potable. Rosa se mit à pleurer. Warren essaya de trouver un moyen d'améliorer son système de condensation, mais ils n'avaient pas assez de récipients. Ils n'arrivaient à récolter qu'une gorgée d'eau par jour, environ.

Vers la fin de l'après-midi de ce neuvième jour, Rosa se mit tout d'un coup à le frapper en le couvrant d'injures ordurières. Elle ajouta qu'il était marin, qu'il devait trouver de l'eau, trouver la terre, et que quand ils seraient finalement sauvés, elle dirait à tout le monde le mauvais marin qu'il était et comment ils avaient failli mourir parce qu'il était incapable de s'orienter.

Il la laissa parler jusqu'à épuisement et se tint à l'écart. Si jamais elle l'égratignait de ses ongles longs, les écorchures risquaient de s'infecter, et il n'y avait aucune raison de courir ce risque supplémentaire. Cela faisait plusieurs jours qu'ils n'avaient pas attrapé le moindre poisson, et ils commençaient à s'affaiblir tous les deux. Le seul fait d'avoir à remonter les bouteilles de l'eau faisait trembler ses bras.

Le temps se gâta le jour suivant. Le radeau se mit à gémir, se soulevant paresseusement pour retomber avec brutalité. Les vagues brisantes les recouvraient, les unes après les autres, et il était impossible de dormir ou même de se reposer. À la tombée de la nuit, Warren s'aperçut que l'écume des vagues emportait avec elle des espèces d'hippocampes translucides de la grosseur d'un doigt, en laissant quelques-uns sur le radeau. Il les contempla en essayant de se rappeler ses cours de biologie.

S'ils avalaient quoi que ce fût avec un taux de salinité élevé, la fin viendrait vite. Mais il fallait bien prendre quelque chose. Il en mit quelques-uns sur la langue, pour essayer, et attendit leur désagrégation. Les créatures avaient un goût de poisson, mais elles étaient moins salées que l'eau de mer. L'impression d'humidité et de fraîcheur était agréable à sa gorge. Il en parla à Rosa et lui montra comment en rassembler quelques poignées avant que la nuit fût complète.

Au onzième jour, il n'y eut plus d'hippocampes, tandis qu'un soleil de plomb pesait sur leur tête. À l'aide de pans de tissus et de toile récupérés du naufrage, Rosa avait confectionné des chapeaux pour tous les deux. Ils leur permettaient de tenir pendant les heures les plus chaudes de la journée, heures pendant lesquelles Warren était cependant obligé de rester sous l'auvent les yeux fermés à cause de la réverbération – explorant avec soin tous les recoins de son esprit.

La tentation de boire de l'eau de mer devenait de plus en plus forte, et envahissait peu à peu, insidieusement, les espaces de lucidité qu'il s'était ménagés dans son esprit ; et il s'obligeait à se répéter l'enchaînement des causes et des effets pour conserver son intégrité mentale.

S'il buvait de l'eau de mer, il ingérerait en même temps une certaine quantité de sel dissous. L'organisme n'avait besoin que de peu de sel, et il lui faudrait donc se débarrasser du surplus. Ses reins se chargeraient de le filtrer, puis de l'expulser. Mais pour cela, ils auraient besoin d'eau – près d'un litre par jour.

Les vagues bouillonnaient autour de lui ; il sentait le radeau qui se balançait, et il transformait ce balancement en une mélopée.

Hypothèse : on boit un demi-litre d'eau dans une journée. L'organisme en tire vingt centimètres cubes d'eau douce.

Mais les reins ont besoin de plus de vingt centimètres cubes d'eau douce pour évacuer le sel. Ils réagissent. Pour cela, ils pompent l'eau des tissus du corps.

Le corps se met à se dessécher. La langue noircit. Nausées. Fièvre. Agonie et mort.

Il resta ainsi assis des heures, à se répéter le processus, affinant son texte autour de quelques mots clefs, le rendant d'une parfaite concision. Il le récita à Rosa qui n'y comprit rien. Mais c'était tout aussi bien.

Au cours du long après-midi, il resta les yeux constamment plissés à cause de l'éclat de la lumière, et le monde se réduisit bientôt à un ensemble de sons. Le raclement des récipients se détacha sur le murmure incessant de la mer, et le clapotement creux des vagues contre le dessous du radeau. Puis il y eut un coup sourd. Il regarda à tribord ; vit un remous dans l'eau. Rosa se redressa. Il lui fit signe de garder le silence. Le jeu de planches et de poutres grinça et travailla sous la pression du coup suivant.

Il leur était déjà arrivé d'entendre les dauphins cogner contre le radeau, mais ce n'était pas le même genre de coups donnés par jeu. Warren rampa hors de l'auvent, en pleine lumière, et vit émerger quelque chose d'imposant, qui les regardait d'un œil unique et protubérant. Sa gueule était comme la trace d'un coup de fouet sur son museau grossier. Les dents étaient petites, aiguës.

Rosa se mit à pousser des hurlements de terreur ; l'Essaimeur parut l'entendre, et se mit à suivre sa course désordonnée le long du radeau. Elle redoubla de cris et courut plus vite, mais l'énorme créature, agitant sa queue, n'eut pas de mal à la suivre.

Toute l'attention de Warren se concentra sur un unique problème, dont l'axe géométrique était les cercles de plus en plus étroits décrits par l'Essaimeur autour du radeau. S'ils lui laissaient le choix du moment de l'attaque, il bousculerait le radeau et les cueillerait en plein déséquilibre ; soit il les projetterait à l'eau, soit il romprait le radeau.

La silhouette verte se tourna et plongea sous l'embarcation.

« Rosa ! cria Warren en déchirant sa chemise. Viens ici ! Agite-la dans l'eau de ce côté. » Il s'accroupit le long du bord, et plongea la chemise dans l'eau. « Comme ça.

– Je... mais... non, je, fit-elle en battant en retraite.

– Nom d'un chien ! Je l'arrêterai avant qu'il ne te touche ! »

Elle resta à le regarder, bouche bée, tandis que l'Essaimeur émergeait de l'autre côté du radeau. Il roulait lourdement sur lui-même, comme s'il éprouvait des difficultés à comprendre comment il fallait attaquer quelque chose d'aussi petit par rapport à un bateau normal, étant seul.

Rosa s'empara de la chemise en lambeaux d'une main hésitante. Warren l'encouragea. Elle se pencha sur le bord, et en fit plonger une extrémité. « Bien ! »

Il s'empara alors de la flèche grossière qu'il avait taillée dans une latte d'un centimètre d'épaisseur du canot de sauvetage. Il l'avait effilée et dotée d'un clou en guise de dard. Il encocha la flèche dans la tresse de son arc et l'essaya ; elle était équipée d'un fil et ne volait pas très droit. Rien de très efficace, en vérité.

Les yeux plissés à cause de la réverbération, il se mit à

scruter le creux des vagues ; l'eau faisait encore des remous à l'endroit où la bête avait disparu. Warren avait l'impression qu'elle avait maintenant pris leur mesure et que, se coulant dans l'ombre du radeau, elle s'apprêtait à faire une passe finale. Elle ne verrait la chemise que quand elle se serait retournée – ce qui devrait l'attirer à proximité de l'endroit où Warren l'attendait, un peu en avant de Rosa. Il commença à bander lentement son arc, plissant les yeux, tirant, plissant les yeux...

C'est Rosa qui aperçut la première la forme sombre. D'un mouvement affolé, elle retira la chemise de l'eau. Warren vit quelque chose bondir, quelque chose qui avait l'air de venir du plus profond de l'océan, réfléchissant la lumière réfractée par les vagues.

Rosa hurla et bondit en arrière. Un museau fendit l'eau, et une gueule comme une blessure ouverte se mit à ricaner ; Warren laissa filer sa flèche. Mais il la suivit et se retrouva à quatre pattes sur le radeau. Le dard s'était fiché en dessous des ouïes, et tandis que le monstre roulait sur le côté, ses nageoires gonflaient et se mettaient à battre spasmodiquement.

Warren voulut s'emparer du fil de la flèche et le manqua.

« Attrape le bout ! » cria-t-il. La flèche était suffisante pour étourdir l'Essaimeur, mais pas davantage. Le clou s'était profondément enfoncé et il était pour l'instant sonné, mais Warren ne voulait pas se contenter de le tuer, et il se mit à moitié à l'eau pour tirer le mufle hors de l'eau. Il réussit à s'emparer d'une nageoire ventrale glissante, de couleur bleuâtre. La gueule claqua, la bête donna un violent coup de reins, et Warren profita du mouvement pour la tirer sur le pont du radeau, s'écorchant la hanche contre le rebord en la faisant passer par-dessus. Rosa eut le réflexe de s'emparer d'une nageoire et de tirer. Utilisant les inégalités du pont du radeau comme points d'appui, il fit enfin tourner le monstre sur le côté. Warren sortit son couteau, et tandis que la bête glissait loin de lui, il la larda de coups, fouillant les tissus les plus mous pour atteindre la colonne vertébrale. Enfonçant une dernière fois sa lame, il sentit l'Essaimeur se convulser dans les spasmes de l'agonie ; il s'immobilisa, se raidit, et parut devenir plus petit.

Les deux naufragés eurent un mouvement de recul instinctif, tout en continuant de regarder le corps écailleux et verdâtre, qui mesurait environ trois mètres de long. Son poids faisait s'enfoncer le radeau, qui, déséquilibré, fut pris d'un mouvement de giration dans la houle.

Quelque chose de gluant commença à s'écouler de la profonde blessure. Warren s'empara d'un récipient et recueillit le liquide poisseux, couleur jaune pâle. Il ne fit pas attention à Rosa qui s'approchait de lui d'un pas incertain et gémissait quelque chose, et porta le récipient à ses lèvres.

Il huma un instant le goût légèrement âcre du liquide frais. Puis il ouvrit la bouche pour l'avaler. Du revers de la main, Rosa fit tomber le récipient, qui roula sur le pont, bruyamment.

Son coup de poing la fit tomber à genoux.

« Mais pourquoi ? cria-t-il. Qu'est-ce que ça peut te faire ?

– C'est mal, hoqueta-t-elle. Horrible ; ce ne sont pas... ce n'est pas... quelque chose de normal à manger.

– N'as-tu pas soif ? Ne veux-tu pas vivre ? »

Elle secoua la tête, clignant des yeux.

« Non... euh, oui... Mais pas ça. Peut-être... »

Il la regarda froidement tandis qu'elle s'éloignait de lui à genoux. Le fluide poisseux continuait de dégoutter de la carcasse ; il la coinça contre une poutre, et plaça une boîte de conserve en dessous du filet liquide. Il but la première pendant que se remplissait la seconde, qu'il vida aussi.

Les nageoires dorsales et ventrales pendaient mollement, sans vie. Dans l'eau elles lui avaient paru aussi immenses que des ailes. La boîte crânienne bossue et les yeux exorbités semblaient déplacés, même dans cette gueule étrange à l'apparence écrasée. Le reste du corps était élancé comme celui d'un poisson. Il se souvint avoir entendu dire que les lois de l'évolution avaient imposé le même profil hydrodynamique à tout ce qui allait vite dans les océans, sous-marins compris.

L'Essaimeur présentait des ronds écailleux autour de ses nageoires antérieures et de chaque nageoire ventrale. On aurait dit que sa peau s'épaississait et durcissait. Warren ne se souvenait pas d'avoir remarqué ce genre de détails dans les photographies de cadavres d'Essaimeurs qu'il avait pu voir, mais les derniers articles qu'il avait pu consulter, comme les derniers films, dataient tous d'au moins un an. Ils ne cessaient pas de changer.

Rosa alla se rencogner sous l'auvent de fortune. Une fois, pendant qu'il buvait, elle avait craché un mot qu'il n'avait pas compris.

Il disposa la troisième boîte pleine à mi-distance entre elle et lui. Puis il se mit à tailler dans la carcasse et repéra les endroits mous vulnérables aux flèches ; il étudia les veines et les artères, les tendons et les muscles. Il y avait de grands creux dans la tête ayant sans doute quelque chose à voir avec l'ouïe. La poche stomacale était plissée et maintenue par des sortes de muscles bleus. Autour des nageoires, aux endroits où la peau devenait écailleuse, il trouva des petits os et des cartilages qui paraissaient n'avoir aucune utilité.

Rosa se rapprocha pendant qu'il s'escrimait. La chaleur l'accablait manifestement. Elle léchait ses lèvres parcheminées ; finalement, elle but.

3.

Il comptait les jours en pratiquant chaque matin une encoche dans un tronc d'arbre. Cet entaillage rituel devint quelque chose de crucial, un aspect du combat qu'il menait. La démangeaison des embruns salés et la chaleur écrasante du soleil brouillaient tout. Dans le simple fait de compter, il retrouvait un certain ordre, la beauté des nombres qui existaient indépendamment du frottement régulier des eaux vertes, toujours identiques.

Pour les deux naufragés, la mise à mort des Essaimeurs devint également un rituel. Les éclaireurs se présentaient à intervalles irréguliers, sans toutefois qu'il se passât plus de trois jours avant qu'ils entendissent les coups sourds maintenant familiers sous le radeau. Rosa s'inclinait alors sur le bordage et agitait la chemise dans l'eau. La créature faisait en général un passage d'observation, se retournait pour attaquer, arrivant de la partie du radeau qui remontait, et Warren lui décochait une flèche dans les parties molles.

Rosa allait toujours s'accroupir à ce moment-là sous le refuge, et attendait qu'il eût saigné la bête et vidé les poches contenant le fluide translucide ; finalement, elle buvait l'espèce de sirop qui venait de derrière les yeux.

Il en apprenait davantage à chaque fois. Ils déchirèrent des morceaux de tissu pour en faire des sortes de petits sacs dans lesquels ils plaçaient les meilleurs morceaux de la carcasse, qu'ils mâchaient ensuite entièrement. Cela les rendait parfois malades. Après cela, ils tordaient des lambeaux de viande dans un sac de chiffon et les laissaient sécher à l'air. Ce n'était pas si mauvais que ça. Ils dévoraient de gros morceaux de chair, mais c'était du liquide qu'ils avaient le plus besoin.

À chaque bête abattue, Rosa devenait un peu plus distante. Elle s'asseyait au milieu de leur îlot de planches, et se balançait en rêvant, fredonnant une chanson pour elle-même, repliée sur son monde intérieur. Warren travaillait et réfléchissait.

Au vingt et unième jour de leur dérive, elle le réveilla ; il quitta à contrecœur son état de somnolence vague, les plongées qu'il faisait dans le sommeil. Elle était en train de crier.

Quelque chose de mince et bleu filait dans l'aube grise ; ça sautait en l'air, puis plongeait dans un grand jaillissement d'écume, pour bondir hors de la pente d'une vague l'instant suivant, et tourner sous les premiers reflets du soleil. « Un Raseflots », dit-il doucement. C'était le premier qu'il voyait.

Rosa cria de nouveau.

Warren scruta les collines et les vallées mouvantes des vagues, clignant des yeux pour suivre la direction de son doigt. Un cylindre gris, de la taille d'une main d'homme, flottait à une dizaine de mètres.

Il prit le mince tronc d'arbre dont il se servait comme calendrier. L'humidité avait fait gonfler ses mains, et les fragments d'écorce restants les lui écorchaient. Aucune forme verdâtre ne se profilait sous les eaux. Se balançant au gré de la houle, il attendait que le hasard d'un courant le rapprochât de l'objet.

Un long moment passa ; il bouchonnait sur place, paresseusement. Warren se pencha tant qu'il put pour essayer de l'atteindre, mais il lui manquait un bon mètre.

Il se redressa, se décontracta, et laissa s'effacer la tension musculaire. Ses bras tremblaient. En quelques brasses, il aurait pu le rejoindre et le ramener...

Non. S'il se laissait aller ainsi, il finirait par se retrouver prisonnier du même labyrinthe sans issue que celui dans lequel Rosa tournait. Il devait absolument s'accrocher. Et ne prendre aucun risque.

Il fit un pas en arrière. Il n'y avait qu'une chose à faire : attendre et voir si l'objet...

Un geyser d'écume blanche monta en face de lui. La forme élancée bondit en l'air, et Warren roula sur le radeau ; quand il se redressa il tenait son couteau à la main.

Mais le Raseflots s'éloigna du radeau ; la courbe de sa trajectoire le conduisit dans une vague dont il jaillit un instant plus tard pour s'emparer du cylindre avec sa gueule oblique. Puis il fit un tonneau en l'air, eut comme un claquement de bec et le cylindre tomba bruyamment sur le pont. Le Raseflots fit un nouveau bond, et sa silhouette bleu-blanc disparut dans les facettes en perpétuel changement du marbre vert des eaux.

Rosa s'était recroquevillée sous l'auvent. Warren ramassa le cylindre avec précaution. Il était lisse et régulier, mais quelque chose, dans son apparence, lui donnait l'impression qu'il n'avait pas été fabriqué avec des outils. Sa texture grise un peu écumeuse et douce au toucher présentait des défauts, comme des taches sur un fruit talé. L'une de ses extrémités était froncée, comme si une houppe y avait été attachée.

Il frotta l'objet, tira dessus, examina ses deux extrémités – avec un petit bruit d'éclatement humide, il s'ouvrit en deux. À l'intérieur, se trouvait une feuille épaisse faite de la même matière grise résistante. Il la déroula.

SECHTON XMENAPU DE AN LANSDORFKOPPEN
W ABLE SAGON MXIL VESSE L ANSAGEN
MANLATS WIR UNS ? FTH ASDLENGS ERTY
EARTHN PROFUILEN CO NISHI NAGARE
KALLEN KOPFT EARTHN UMI

Il étudia les combinaisons de lettres pour tenter de leur donner un sens, en trouver la logique. Il avait le sentiment qu'il ne s'agissait pas d'un code. Certains des mots étaient allemands, d'autres anglais, d'autres japonais. L'essentiel était toutefois dépourvu de signification, ou alors appartenait à une langue qu'il ne connaissait pas. VESSE L pouvait vouloir dire *vaisseau.* ANSAGEN *dire,* peut-être ? Il aurait aimé se souvenir un peu mieux des quelques notions d'allemand qu'il avait acquises dans la marine marchande.

Les mots étaient imprimés en majuscules d'imprimerie et gravés comme au fer chaud dans la feuille.

Il ne pouvait rien en tirer d'autre. Rosa ne voulut même pas examiner le message. Il la força, mais elle secoua la tête, non, elle ne trouvait pas d'autres mots que lui.

Un Essaimeur s'approcha un peu plus tard, ce même jour. Rosa ne recula pas assez vite, quand la masse énorme jaillit des profondeurs, refermant ses mâchoires sur la chemise. La flèche de Warren fit faire un mouvement brutal en arrière à la grosse tête, mais Rosa ne s'y attendait pas et se trouva propulsée dans l'eau. L'Essaimeur essaya de se dégager, pour porter une attaque à Rosa, au moment où Warren la rattrapait et la faisait remonter sur le pont. Pour cela, il avait dû lâcher son arc. La bête roula sur elle-même, entraînant l'arme dans l'eau, mais sa nageoire caudale se prit dans l'un des jointoyages du radeau, et c'est elle-même qui, par ses mouvements désordonnés, se jeta sur le pont. Warren se mit à la frapper avec son tronc-calendrier.

L'Essaimeur continua à s'agiter, mais les coups l'étourdissaient ; Warren attendit le moment favorable, et plongea brusquement son couteau le plus profondément possible dans les parties tendres, loin de la gueule menaçante. La bête s'immobilisa.

Rosa l'aida à la débiter. Elle commença à parler tandis qu'il cherchait son arc des yeux. Il voulait voir s'il ne flottait pas à proximité et tout d'abord il ne remarqua pas qu'elle faisait autre chose que grommeler. Il aperçut son arme et réussit à la récupérer. Rosa était en train de parler des Essaimeurs d'un ton calme et sans passion qu'elle n'avait jamais pris jusqu'ici.

« Le plus important c'est de n'en laisser échapper aucun, concluait-elle.

– Je l'aurais parié, fit Warren.

– S'ils sont mis au courant du radeau, les Essaims arrivent.

– Oui, s'ils peuvent nous trouver.

– Ils envoient ceux-là en éclaireurs. Le banc suivrait.

– On les aura.

– Toujours ? Non. Il n'y a qu'une solution, la terre.

– Il n'y en a pas en vue. Nous dérivons vers l'ouest, peut-être que...

– Je croyais que tu étais marin.

– Autrefois, oui.

– Eh bien, navigue jusqu'à la terre.

– Ce n'est pas si simple », répondit-il. Il tenta alors de lui expliquer combien il était difficile de contrôler le déplacement d'un radeau, que de toute façon il ignorait tout de leur position, et où se trouvait la terre la plus proche par rapport à eux. Elle eut un reniflement de mépris à ces nouvelles. « Trouve une île, alors » répéta-t-elle à plusieurs reprises. Warren discuta, non pas pour quelque raison bien précise, mais parce qu'il avait appris à survivre dans ces conditions, et qu'il ressentait une peur vague à l'idée de la terre. Rosa parlait maintenant sans contrainte, avec facilité ; elle pensait vite, elle était sûre d'elle-même. Il finit par renoncer à lui répondre et se mit à ranger les tranches de chair de L'Essaimeur. Cette conversation l'avait troublé.

Le lendemain un autre Raseflots surgit en bondissant près du radeau, et un nouveau cylindre fit son apparition. Flèche d'un bleu argenté, la créature fila aussitôt, mi-nageant, mi-volant. Warren lut le message.

GEFAHRLICH GROSS HIRO ADFIN SOLID MNX 8 SHIO NISHI. KURO NAGARE. ANAXLE UNS NORMEN 286 W SCATTER PORTLINE ZERO NAGARE. NISHI.

Il n'y trouva aucun sens. Rosa s'y essaya sans faire beaucoup d'efforts, et haussa les épaules. Il essaya de graver quelque chose sur l'étrange parchemin, mais il n'y avait pas moyen d'y imprimer quoi que ce fût. Impossible d'envoyer un message.

Un Essaimeur fit surface à l'ouest, le jour suivant. Rosa poussa un cri. La bête décrivit deux tours avant de se jeter sur l'appât de Rosa. Warren tira sa flèche, mais trop en arrière. La pointe s'enfonça sans effet à un endroit où il n'y avait, comme il le savait, que des tissus adipeux. L'Essaimeur essaya d'attraper Rosa ; mais celle-ci était prête, et elle recula du bord à temps. Warren tira sur la ligne et libéra la flèche. L'Essaimeur eut un sursaut et roula loin du radeau. Puis il plongea et disparut.

« Ne le laisse pas filer ! cria Rosa.

– Il ne remonte pas.

– Tu l'as touché au mauvais endroit.

– Elle s'est tout de même bien enfoncée. Il mourra sans doute avant d'avoir rejoint son banc.

– Tu crois ? »

Warren ne le pensait pas, mais il répondit tout de même : « Peut-être.

– Mon vieux, il ne te reste plus qu'une chose à faire, nous trouver une île. VITE.

– J'estime toujours que nous sommes en sécurité ici.

– C'est incroyable ! Tu n'es qu'un marin d'eau douce et tu ne veux même pas l'admettre. Tu as peur d'avouer que tu es incapable de trouver la terre.

– De la merde. Je... »

Mais elle lui coupa la parole d'un déluge verbal auquel il ne put tenir tête. Il l'écouta jusqu'au bout, acquiesçant du bonnet, sans savoir pourquoi il tenait tant à rester sur le radeau, en mer. Il s'y sentait mieux, c'était tout, et il ne voyait pas comment le lui expliquer.

Lorsque l'altercation prit fin, il retourna à ses réflexions sur le deuxième message. Une partie était en allemand, mais il ne connaissait qu'à peine cette langue, et ignorait le sens de ces mots en particulier. Bien qu'ayant vécu quelque temps à Tokyo, il ignorait tout du japonais.

Le lendemain matin, il s'éveilla brusquement à l'aube avec l'impression qu'il y avait quelque chose près du radeau. La houle n'était pas très forte, et flamboyait sous les premiers rayons du soleil. Tout d'abord, il ne vit rien à la surface brillante des flots. Il avait très faim, et pensait à l'Essaimeur de la veille. Il avait utilisé la chair de ses prises précédentes pour appâter ses lignes, mais rien n'avait mordu. Il se demandait si cela tenait à ce que les poissons n'aimaient pas la chair des Essaimeurs, ou simplement à ce qu'il n'y avait pas de poissons à cet endroit. Les extraterrestres avaient modifié la chaîne alimentaire des océans, avait-il lu quelque part.

Puis il vit le point gris flotter au loin. Le radeau se dirigeait vers lui, et quelques minutes plus tard, il avait récupéré l'objet. Le message disait :

CONSQUE KPOF AMN SOLID. DA ØLEN MACHEN SMALL YOUTH SCHLECT UNS. DERINGER CHANGE DA. UNS B WSW. SAGEN ARBEIT BY MOUTH. SHIMA CIRCLE STEIN NONGO NONGO UMI DRASVITCH YOU.

Il examina chaque mot... accroupi sur le pont, il sentait les minutes passer, interminables. Si seulement il pouvait...

« Warren ! Wa-rren ! » cria Rosa. Des yeux, il suivit son geste.

Une ligne incertaine à l'horizon, qui disparaissait et réapparaissait avec la houle. Warren prit une profonde inspiration.

« La terre ! »

Les yeux de Rosa s'agrandirent, et elle laissa échapper un rire aigu et caquetant. Ses lèvres étirées en devinrent toutes blanches tandis qu'elle hurlait : « Ouais ! Ouais ! La terre ! »

Warren cligna des yeux, et tenta d'estimer la vitesse du courant par rapport à l'angle sous lequel se présentait la tache brune étirée ; il eut la certitude qu'ils ne l'atteindraient pas en se laissant dériver.

Il se mit aussitôt au travail.

Il s'empara du tronc-calendrier et abattit les éléments qui soutenaient l'auvent. Il prit des mesures en se servant de ses mains, agenouillé au milieu du radeau, et ménagea un trou entre deux planches. Le tronc, pas très gros, pouvait y tenir. À l'aide de morceaux d'écorce, il fabriqua un collier. Le tronc était tordu, mais il faisait un mât acceptable.

Il prit ensuite le morceau de contre-plaqué de l'auvent et l'attacha au mât improvisé. À l'aide de son couteau, il perça des œillets dans le contre-plaqué. Le fil de fer qui maintenait ensemble les troncs du radeau aurait été parfait, mais il n'était pas question de prendre le risque d'affaiblir la structure. Au lieu de cela, il se servit de ce qui leur restait du fil à voile dont il fit des écoutes. Le morceau de contre-plaqué, dressé le long du tronc, prenait le vent comme une voile, maintenant. Il pouvait l'orienter en tirant sur ses écoutes de fortune. Le radeau encaissait très mal la houle par le travers, mais en jouant sur sa voile de contre-plaqué, il réussit à déplacer les contraintes des parties les plus faibles du radeau.

Le vent tourna à l'est en fin de matinée. Ils n'avançaient guère, et la terre n'était toujours qu'une barre sombre posée sur l'horizon. Warren rompit alors un gros morceau de bois, sur l'un des angles du radeau. Il se mit à le tailler avec son couteau. Un Essaimeur fit surface à proximité, et Rosa se mit à pousser son cri habituel. Il la frappa et continua à retailler son morceau de bois, mais sans jamais quitter la créature de l'œil. L'Essaimeur fit un tour de radeau, puis repartit en direction du sud.

Il en avait fini avec la pièce de bois. Il aménagea alors un emplacement pour la loger, à l'aide de morceaux d'écorce qui restaient. La pièce de bois taillé tenait de façon précaire à l'arrière du radeau, mais sa partie la plus large plongeait bien dans l'eau ; il pouvait maintenir son angle en pesant de tout son poids sur la partie haute. Il demanda à Rosa de maintenir deux autres morceaux de bois de façon à caler cette partie émergée et à en faire une sorte de gouvernail rudimentaire. Le radeau obliqua au sud, vers la terre.

Midi passa. Warren luttait contre le vent, contre son gouvernail, et essayait d'estimer la distance qu'il restait à franchir, le temps qu'il leur faudrait. Si la nuit tombait avant qu'ils eussent atteint la terre, il leur serait impossible de lutter contre le vent si les courants les faisaient passer au large. Cela faisait maintenant tellement de temps qu'il n'avait pas mis le pied sur la terre ferme que le désir qu'il en éprouvait était plus puissant que sa faim. Le balancement du radeau pompait toute énergie, jour et nuit ; il était impossible de dormir dès que la mer était un peu mauvaise, et on aurait fait n'importe quoi pour avoir quelque chose de solide sous les pieds, pour...

Solide.

Le message disait « solide ». Cela signifiait-il la terre ?

« Gefahrlich gross » [quelque chose] « solide ».

« Gefahrlich » évoquait quelque chose dont il fallait se méfier, de dangereux, sans doute. « Gross » voulait dire « grand ». Cette partie du message pouvait-elle se lire « Dangereuse grande » [un mot] [un mot] terre ? Puis venait du japonais et d'autres trucs, puis enfin « scatter portline zero. scatter ». Eloignez-vous ?

Warren transpirait tout en réfléchissant. Rosa lui apporta un vieux morceau d'Essaimeur, mais il lui fut impossible de l'avaler. Il ne cessait de penser aux termes du message, certain qu'ils avaient une clef, leur trouvant une certaine beauté.

Le gouvernail craquait contre ses accotoirs. La terre faisait maintenant une tache brune, et Warren était à peu près convaincu qu'il s'agissait d'une île. Le vent forcit. Il se levait avec la fin de l'après-midi.

Rosa allait et venait sur le radeau quand il n'avait pas besoin d'elle, fredonnant pour elle-même, comme si elle avait oublié les Essaimeurs, mangeant les morceaux de viande à demi desséchés qui restaient. Il n'essaya pas de l'en empêcher, même si elle prenait plus que sa ration ; il avait surtout besoin de réfléchir.

Ils se dirigeaient vers la côte nord ; il allait tâcher de la frôler afin de pouvoir l'étudier avant d'y atterrir. Le courant leur était défavorable, mais le panneau de contre-plaqué suffisait à leur faire garder le cap au sud.

Le sud... Cela lui disait quelque chose.

WSW ! Ouest-sud-ouest ?

UNS B WSW.

Uns voulait dire « nous » en allemand, cela, il en était sûr. « Nous sommes au WSW ? Sur la partie WSW de l'île ? Ou bien au WSW de l'île ? Nous – les Raseflots. »

Il s'aperçut que Rosa s'était accroupie à l'avant du radeau, tendue, le poids de son corps faisant s'enfoncer le bordage dans la houle vert-bleu ; une eau écumeuse envahissait le pont. Elle n'avait pas l'air de s'apercevoir que ça les ralentissait. Il ouvrit la bouche pour lui crier de dégager, mais il la referma. S'ils allaient lentement, il disposerait de davantage de temps.

Il n'y avait que les Raseflots auxquels il pouvait se raccrocher, et ils avaient essayé de lui dire...

« Portline. » Port, c'était bâbord, gauche. Une ligne à gauche ?

Dans la mesure où il pouvait en juger, ils arrivaient du nord-est. En obliquant à gauche il prendrait la direction du sud-ouest. Ou WSW.

L'île paraissait maintenant grossir rapidement, alors que le soleil s'apprêtait à se coucher derrière. L'éclat aveuglant des vagues obligeait Warren à plisser des yeux. Il y avait quelque chose entre eux et l'île. Il scruta les flots du sommet d'une vague, et aperçut une ligne sombre en avant de la couleur claire du sable de la plage. Les rouleaux s'y brisaient dans un bouillonnement d'écume.

Un récif. L'île allait être difficile à accoster. Il allait lui falloir chercher un passage pour le radeau ; sinon ils s'échoueraient sur les brisants et devraient pénétrer à la nage dans le lagon, s'il n'y avait aucune ouverture dans le cercle...

« Circle stein nongo. » Il ignorait ce que voulait dire « stein », quelque chose dans quoi on buvait ou peu importait, mais le reste pouvait bien vouloir dire « ne pas aller dans le cercle ».

Warren poussa le gouvernail à fond ; il se mit à grincer, et faillit bien sortir de son logement, mais Warren s'arc-bouta dessus et le maintint en place.

Rosa poussa un grognement et lui jeta un regard meurtrier. Le bateau vira sur bâbord. Il tira sur son écoute et serra davantage le vent.

« Small youth schlect uns. » Les Essaimeurs étaient plus gros que les Raseflots, mais il pouvait s'agir d'une autre signification de la notion de « plus petit ». Plus petit développement ? Plus petit cerveau ? « Schlect uns. » Quelque chose en rapport avec les Essaimeurs et nous. S'ils étaient plus jeunes que les Raseflots, peut-être leur croissance restait-elle à faire. Quelque chose lui disait que « schlect » était un mot comme « gefahrlich », mais il ne savait pas quelle était la différence exacte. Les Essaimeurs dangereux pour nous ? Rien n'indiquait de quel « nous » il s'agissait. « Nous » comprenait-il aussi Warren et Rosa ?

Celle-ci venait en trébuchant vers lui. La houle arrivait maintenant par le travers, et elle dut s'accrocher à lui. « Qu'est-ce qu'y a ? La terre ! Vas-y ! »

Il se frotta les yeux et accommoda sur son visage ; dans la lumière déclinante, il lui parut soudain différent. Il se rendit compte qu'en dépit du nombre de jours qu'ils venaient de passer ensemble, il ne l'avait jamais vraiment regardée. Son visage n'était qu'un visage. Il n'y avait jamais eu assez d'échanges entre eux pour qu'il devînt autre chose. Il...

Le vent tourna et il revint à son écoute pour y adapter le panneau de contre-plaqué. Puis il se mit à étudier la masse vert sombre qui s'élevait par tribord. Elle était couverte d'une forêt épaisse, avec quelques endroits dénudés, et présentait une plage. Il distinguait parfaitement bien, maintenant, l'ourlet écumeux des brisants. Le récif, noir, épais...

Des choses bougeaient sur la plage.

Il pensa tout d'abord qu'il s'agissait de bois mort, de troncs jetés là par une tempête. Puis l'une d'elles se déplaça nettement, puis une autre ; le sable était couvert de corps de couleur verte. Ils rampaient vers l'intérieur des terres ; quelques-uns avaient déjà atteint la lisière de la forêt.

« Petits jeunes. » Les jeunes en cours de croissance.

Abasourdi, il regardait l'île se rapprocher. Il sentit vaguement Rosa en train de lui marteler la poitrine et les épaules. « Vire de bord ! Tu m'entends ? débrouille-toi pour que ce truc...

– Que... quoi ?

– Tu as peur des rochers, hein, c'est ça ? » fit-elle en crachant des injures en espagnol ou en portugais, d'un ton coléreux et plein de mépris. Ses yeux étaient exorbités de façon anormale.

« La ferme », il sentait l'épaisseur de ses lèvres. Ils fonçaient maintenant le long de l'île, entraînés par un courant rapide.

« Espèce de cinglé, nous allons la manquer !

– Regarde, mais regarde donc ! Les Raseflots nous ont dit de ne pas y aller. Regarde !

– Regarder quoi ?

– Les choses. Sur la plage. »

Elle suivit la direction de son doigt. Elle scruta la plage, secoua la tête, et aboya d'un ton féroce : « Et alors ? Rien que des troncs d'arbre. »

Warren plissa de nouveau les yeux, et vit des troncs recouverts d'une mousse verte. Les vagues qui brisaient sur la plage les faisaient parfois rouler, et on pouvait avoir l'impression d'un animal marin en train de nager.

« Je ne... je... », commença-t-il.

Rosa eut un mouvement de tête impatient, se pencha, et attrapa une grosse planche qu'elle entreprit de détacher du radeau. Warren étudiait toujours la plage, et vit des chicots là où se trouvaient auparavant des nageoires. Mais ils se mirent de nouveau à bouger et à s'enfoncer dans le sable. Les troncs remuèrent.

« Tu peux bien rester là-dessus et crever, lui lança Rosa, sans moi ! »

La barre des récifs n'était plus qu'à quelques mètres du radeau, maintenant, battue par les vagues dans un grondement incessant. Les strates de corail gris plongeaient dans l'eau ; puis leur masse diminua, et un trou plus clair et sablonneux apparut. Un passage. Peu important, mais peut-être suffisamment grand pour...

« Attends... » Warren scrutait toujours la plage. Et s'il s'était trompé ?... Les troncs exhibaient maintenant des chicots charnus qui s'enfonçaient dans le sable, et ils remontaient la plage. Ce qu'il avait pris pour des emplacements de nœuds dans le bois était autre chose. Des plaies ? Il plissait douloureusement les yeux.

Rosa plongea vers la passe dans le récif, d'un mouvement impeccable, et se hissa sur sa planche. Elle se mit à battre résolument des jambes dans l'eau, luttant contre les remous qui s'agitaient dans l'ouverture.

« Attends ! Je crois que les Essaimeurs sont... » Mais elle ne pouvait l'entendre au milieu des grondements des vagues.

Comme un souvenir lointain des longues journées lui vint à l'esprit... Les Raseflots...

« Attends ! » lança-t-il à nouveau. Mais déjà elle avait franchi la passe et s'engageait dans les eaux plus calmes, au-delà. « Attends ! » elle poursuivit son chemin.

Là où il ne voyait que des souches un instant auparavant, il apercevait maintenant des choses bouffies, grotesques, maladives. Il secoua la tête. Sa vision s'éclaircit – du moins en eut-il l'impression, il n'était pas très sûr. Il n'aurait plus pu dire ce qui attendait Rosa sur le sable étincelant.

Il la perdit de vue quand les courants de convexion qui entouraient l'île l'entraînèrent. Le vent dominant fraîchissait. Il le sentit sur sa peau, comme un signal. À l'ouest, une boule incandescente plongeait à l'horizon. D'un geste automatique, il se dégagea du récif et mit le cap sur ouest-sud-ouest : WSW.

Lorsqu'il se retourna pour regarder dans la lumière du crépuscule, il eut du mal à distinguer les formes qui se débattaient comme d'énormes protoptères et se dirigeaient vers leurs nouveaux territoires. Sous les rais obliques de lumière, l'eau qu'agitait le vent se changeait en une multitude de miroirs huileux qui semblaient refléter l'image brisée du ciel, transformé en fournaise ardente. Il ne pouvait détacher ses yeux des miroirs.

Les souches de la plage... Il sentit la traction de l'écoute dans sa main, et dut changer l'angle du panneau de contreplaqué.

Il prit de la vitesse. Lorsque derrière lui monta du crépuscule un cri à peine perceptible, il ne se retourna pas.

TROISIÈME PARTIE

2056 Râ

1.

Nigel observait Nikka, en train de passer son kimono avec des gestes délicats. Il était brodé de motifs bleu et brun et, comme le voulait la tradition, était trop long de plus de dix centimètres. Nikka le souleva jusqu'à ce que la couture fût à la hauteur de ses chevilles – une première fois, une deuxième, mais il cessa de compter à partir de la cinquième, se contentant de l'admirer avec tendresse tandis qu'elle se présentait au miroir d'acier poli sous tous ses profils. Elle enroula un cordon de soie rouge autour de sa taille et égalisa les plis du kimono. Puis vint l'obi : un large bandeau de tissu raide, d'au moins cinq mètres de long, qu'elle enroula à la hauteur de sa poitrine ; elle eut une moue en se voyant, et recommença l'opération. À chaque fois qu'il assistait à cette cérémonie, Nigel la trouvait un peu plus subtile, davantage révélatrice des fluctuations de sa pensée. Il murmura un compliment élaboré, et le reste d'incertitude qu'elle éprouvait se trouva dissous ; elle noua strictement les deux cordelettes qui maintenaient l'obi. L'opération de mise en place du kimono terminée, ses plis parfaitement disposés, elle essaya une boucle de fermeture en cuivre ; autre moue ; essai d'un fermoir en onyx. Elle se tourne, juge de l'effet ; plonge un peigne d'ivoire dans son chignon *chocho mage* en ailes de papillon ; puis un autre d'écaille claire ; enfin un jaune éclatant ; pour revenir, finalement, à celui d'ivoire. Il aimait ces instants d'hésitation et de réflexion, dans lesquels elle lui révélait ce qu'elle avait gardé en elle de frivole et d'enfantin. La discipline du *Lancer* avait tendance à éliminer ce genre d'interludes gracieux, se dit-il, pour les remplacer par des certitudes bien définies évacuant toute indécision.

« Tu dois avoir la garde-robe la plus imposante de tout le vaisseau, remarqua-t-il.

– Certaines choses valent la peine de faire un effort », dit-elle en ajustant un *zori* de paille tressé, lissé par l'usage. Puis elle sourit, sachant qu'il sentait très bien ce qu'avait d'important pour elle le respect de ces anciennes traditions.

On frappa à la porte. Nigel alla ouvrir, sûr de trouver Bob Millard et Carlotta Nava derrière, comme toujours un peu en avance. Le multip devait commencer dans dix minutes, un temps consacré à la convivialité.

Le vaisseau était organisé selon les normes alors en vigueur. Chaque fois que c'était possible, les décisions relatives au travail étaient prises à l'échelon le plus bas, avec consultation du plus grand nombre possible de travailleurs. La structure complexe du tissu composé des forces sociales et politiques était la lointaine descendante d'une très ancienne revendication : *que la propriété des moyens de production passe aux travailleurs !* – mais dépourvue des génuflexions et de l'autoritarisme du modèle marxiste original. Cette structure était souple ; elle permettait par exemple à Nigel de s'intéresser à tel document astronomique ancien, pourvu qu'il fît sa part des corvées quand elles se présentaient. Le détail des tâches était fixé par de petites cellules de travail.

Afin de faire se dissoudre avant même leur formation les raideurs de la hiérarchisation, les Echanges sociaux multipoles étendus à tout le vaisseau servaient à mélanger tous les travailleurs sans distinction, en abolissant toutes notions de classe et de statut. Les distinctions de classe étaient d'ailleurs déjà réduites au minimum : les officiers qui commandaient le vaisseau consommaient la même nourriture standardisée que tout le monde, et se faisaient une raison de son insipidité. Ils portaient les mêmes salopettes bleues et ne jouissaient d'aucun privilège particulier. Seul son âge, très au-dessus de la moyenne générale, et non son rang, valait à Nigel quelques petites faveurs ; quant aux grades, ils étaient uniquement fonction de critères d'efficacité. Ted Landon, par exemple, présidait l'assemblée générale du vaisseau, mais son vote n'avait pas plus de poids que celui d'un simple technicien.

Nigel aimait bien ça : un socialisme pot-au-feu, sans véritable recherche d'un profit, étant donné que pour être un succès, la mission du *Lancer* devait revenir sur Terre. Voilà qui simplifiait les analyses sociométriques ; les communautés fondées sur le consensus, comme le disait le jargon spécialisé, étaient notoirement stables. Nigel en ignorait d'autant plus les sollicitations les plus sérieuses qu'il y participait davantage. Il aimait sincèrement la communauté conviviale tout en se méfiant de son apparence trop urbaine, de sa sollicitude un peu exagérée. L'exubérance communicative du multip arrivait toutefois à l'entraîner et à le faire sortir de sa réserve habituelle. Tous ces jeunes gens, brillants et énergiques, ne manquaient pas de ressource.

« Salut ! »

Carlotta l'embrassa. « Tu t'es encore fait remonter la peau du cou, on dirait !

– Pas du tout. J'ai brûlé cette étape et je me suis fait embaumer. Pas mal, non ?

– C'est donc toi, chéééri ! Sont-ce des pattes-d'oie, ou un projet d'irrigation ? »

Bob lui secoua énergiquement la main, parfait dans son rôle de bon gars. « À ton avis, les distractions valent-elles le coup, aujourd'hui ?

– La deuxième à gauche au fond du couloir pour les séances de sexe libre, répondit Nigel en allant leur chercher un verre.

– Te fatigue pas à le chercher là-bas, ironisa Carlotta. Nigel est déjà épuisé rien qu'à l'idée de lutter avec la tentation.

– Espèce de gamine excitée ! rétorqua Nigel en lui tendant son verre, je parie que tu vas jouer ce soir au docteur avec un vrai toubib !

– Gagné ! Je te trouve beaucoup plus d'esprit lorsque j'ai pris quelques verres.

– Dites, tous les deux, lança Nikka, on ne dirait jamais que vous avez passé une nuit ensemble.

– Simple rituel d'accouplement chez les primates supérieurs », répondit Carlotta, ingurgitant une bonne rasade. Elle effleura le kimono de Nikka. « *Madre !* Tu portes ça de façon délicieuse. C'est très attirant. »

Nigel se demanda pourquoi c'étaient les femmes qui faisaient ce genre de remarques ; les hommes auraient dû être mieux placés pour faire des compliments. Ils employaient rarement « attirant », par exemple ; curieux. Cette généralisation abusive se retourna aussitôt contre lui ; une simple poignée de main avait suffi à recréer entre elles une sensualité paresseuse et familière.

Il observa Carlotta en train de manœuvrer autour de Nikka, parlant rapidement, d'un ton approbateur, s'éloignant d'elle et se rapprochant tour à tour, comme un pêcheur qui rend de la ligne, dans un jeu inconscient pour tenter de la séparer des autres. La lourde chevelure ondulée de Carlotta accompagnait tous ses mouvements. Contraste saisissant avec ses yeux qui ne suivaient pas du tout ce pas de deux du rituel social. Il aimait la rigueur de son regard, et la façon sans vergogne qu'elle avait de le poser sur tout ce qui l'intéressait, intensément, comme si rien d'autre n'existait au monde.

Intensité sans doute trop forte pour l'humeur de Nikka, si peu de temps après les hésitations durant l'essayage du kimono. Nikka s'échappa vers la cuisine, sous prétexte d'en ramener les amuse-gueule. Carlotta tendit la main comme pour la retenir puis interrompit son mouvement en s'apercevant qu'elle avait involontairement créé un léger malaise. Elle fit demi-tour, faisant flotter son ample jupe longue écarlate, et se mit à étudier un *surimono* monté en triptyque. Nigel vit ses yeux s'étrécir, comme sous quelque effort intérieur ; elle puisait dans des réserves d'émotion que Nigel n'aurait pas soupçonnées. Quelque chose de profond, un autre des axes de sa personnalité. Ce qui prouvait une fois de plus qu'il ne suffisait pas de coucher avec une femme pour la comprendre totalement, quels que fussent les efforts déployés.

Bob entreprit de discuter de la politique de distribution des tâches à bord, et Nigel, heureux de la diversion, lui donna la réplique. Puis on entendit carillonner un thème musical : le multip.

« Au fait », murmura Carlotta en se tournant vers Nikka dans une nouvelle tentative, « la rotation des tâches t'amène à faire quoi, en ce moment ? (Un sujet relativement neutre.)

– Petits travaux divers ici et là », fit Nikka, s'abritant derrière la courtoisie d'une réponse neutre. Nigel reconnut là une ancienne habitude, courante chez les Japonais, avec laquelle Nikka avait renoué seulement depuis quelques années, pour en faire une sorte de tampon dans ses rapports quotidiens avec les gens à bord. Dans ce cas précis, elle était mal à l'aise, car sa réponse comportait une petite tromperie. Elle s'était mise d'accord avec Nigel, mais sans que cela se sût, pour que chacun remplaçât l'autre dans les domaines où leurs compétences étaient médiocres. Cela les aidait à conserver leur taux de rendement respectif au-dessus du minimum prescrit. Tactique apparemment avisée de la part des deux membres les plus vieux de l'équipage. « Et toi ? reprit-elle.

– Eh bien, analyse de systèmes sur l'inventaire de microbiologie, bien entendu, à partir de la première sonde aller et retour.

– Et pas question de se poser tant que tu n'auras pas terminé ? » intervint Nigel.

Carlotta se mit à rire, ses yeux allant de l'un à l'autre avec aisance. « Ça fait une semaine que nous avons Bob sur le dos, en train de trépigner en attendant le feu vert. Nous avons beaucoup de résultats...

– Si l'on veut », grommela Bob.

Carlotta eut un froncement de sourcils. Y aurait-il une controverse entre les départements sur la date de l'atterrissage ? « Toujours est-il que nous disposons de tant de données biochimiques à mettre en corrélation que je ne vois pas comment nous pourrions comprendre ce système en termes de relations avec les processus terrestres, alors que nous n'avons eu que quelques semaines pour... »

On frappa de nouveau à la porte. Nigel alla ouvrir. Oui, il aurait dû laisser dilaté le diaphragme de la porte, se dit-il. Il ne pouvait s'empêcher de trouver la chose étrange, mais il fallait bien reconnaître que des questions aussi épineuses que la date du premier atterrissage pouvaient être réglées et faire l'objet d'un consensus pendant un multip – et cela, sans la moindre tension. Désarmant. Les psychologues avaient découvert qu'en réalité la plupart des questions se réglaient de cette manière, et que les procédures officielles ne faisaient qu'entériner des décisions déjà prises. La démocratie électronique en chemise à col ouvert. Quelque chose de désarmant, oui, pour ceux qui avaient été formés à l'époque des structures pyramidales de responsabilité.

C'est à peine s'ils connaissaient les trois personnes qui se tenaient à la porte ; elles débordaient de bonne humeur, et étaient prêtes à faire grossir la rumeur allant crescendo qui emplissait déjà les corridors, alors qu'arrivaient d'autres visiteurs... l'éternel mélange de cris et de chuchotements des primates, les voix du vaisseau...

– Aiguise-toi les dents là-dessus, le Rouquin du Nebraska, les moments angulaires de ces machins...

– Ces microbes, jamais rien vu de pareil. Des cherche-poussières. Des petits trucs, pas plus gros que des paramécies.

– Il a dit que si elle n'aimait pas ça, qu'est-ce que ça pouvait foutre, elle n'avait qu'à se faire refaire la mâchoire, il s'en fichait comme de l'an quarante. Elle l'a perdu lorsque cette manille a cassé, tu sais, cette malfaçon en bas, dans la soute C, qui a tué Jake Sutherland et qui lui a démoli tout le côté jusqu'à l'œil, il y avait même des esquilles dans la cornée...

– On trouve répétées des milliers de fois dans la biosphère d'Isis les mêmes formules chimiques, c'est exactement comme l'orientation à gauche ou à droite de nos sucres ou de nos chaînes de molécules. Tu comprends, il y a tellement de structures atomiques dans l'univers dont il faut tenir compte, de toute façon, non ? C'est pourquoi ce ne serait pas si étonnant, au fond, que les combinaisons chimiques de base sur Isis – un sucre à cinq carbonates, avec un phosphate de plus en support au lieu des trois que nous connaissons – soient identiques, je veux dire, il n'y a pas de quoi se frapper. Une base sur quoi tout est édifié, en somme. Une altération simple et évidente par rapport à notre schéma, bougrement voisine des structures terrestres, mais on peut facilement voir la différence.

– Bon sang, j'ai cru qu'elle allait faire pipi dans sa culotte lorsque le taux A_4 n'est pas apparu dans la cellule, elle s'est mise à hurler à mort contre le confab suivant, mais bordel on n'en avait pas un seul et c'est comme ça qu'elle est revenue sur les autolathes. J'ai horreur de ça. Ruby a attrapé l'A_4 et j'ai dit bon, car cette salope...

– T'as ce truc qui s'accroche sur la poussière de l'air comme un ivrogne à son bar. Des bouffe-poussières. L'épine dorsale de l'écosystème. Les flagelles s'y enfoncent, et hop ! ils te pompent les sulfates à l'état minéral, direct ! Pas besoin de solution liquide !

– Terminées, ces histoires de la vie-qui-a-besoin-del'eau.

– Ouais, au fond, et pourquoi, puisqu'un martini n'en a pas besoin ?

– Alors mes trucs, ils passent toute leur vie sans boire un seul coup. Il y a de l'eau, c'est sûr, mais pas à proximité de l'Œil. C'est comme ça que la biosphère se procure son énergie à partir des sulfates... Les pauvres cloches, vivre de poussière !

– Ces morpions doivent se démener comme des beaux diables pour produire ne serait-ce qu'un dyne.

Il battit en retraite devant la marée montante des discussions techniques et se mit à étudier Carlotta, ses yeux qui se plissaient, et souhaita faire quelque chose pour les voir se détendre. Comme tout serait plus facile, bien plus facile, s'ils avaient pu se laisser aller à pantoufler, se satisfaisant de l'écho allant s'amenuisant de la passion initiale qu'ils avaient vécue ensemble. Elle se tourna, manifestement en train de préparer quelques bonnes répliques – sourcils froncés, lèvres resserrées, le bout du nez contracté –, et Nikka s'approcha d'elle ; rapide comme vif-argent, l'onde du changement parcourut son visage ; elles se touchèrent négligemment, et Nigel se souvint combien elles avaient été tout de suite proches, avaient partagé leurs tâches et avaient vécu ensemble pendant que Nigel faisait son temps de Trappe. Elles échangèrent deux mots, Carlotta jeta un coup d'œil à Nigel et fit ce mouvement de décontraction familier, celui qu'elle lui avait appris pour dénouer ses muscles tendus, avec une grâce liquide ; Nigel comprit alors pourquoi, avec les années, il avait peu à peu renoncé à utiliser son aptitude à lire dans les autres. Tout simplement parce que c'était trop dur, maintenant, trop exigeant. Pour Nikka et Carlotta, d'accord ; mais la seule idée de pénétrer ainsi les pensées de Ted, d'Alex ou des autres lui répugnait. Trop intense, trop épuisant. Il avait acquis ce don dans l'épave de Mare Marginis, et s'en était servi pour parcourir les labyrinthes byzantins de l'ASI : en disant exactement ce qu'il fallait quand il fallait aux décideurs, en sentant aussitôt ce que voulaient dire les ingénieurs du *Lancer* par rapport à leur discours concret, et en leur donnant les attributs de cosmonautes confirmés qu'ils désiraient tant. Il avait excellé dans cet art, il avait aimé le pratiquer. Pendant des années, il s'était rappelé la bouille illuminée du moindre inspecteur de soudure. Mais maintenant – il sentait monter en lui des réserves vis-à-vis de ça ; il était incapable d'y avoir recours pendant un multip, même pour un séminaire. Mais il ne pouvait s'empêcher d'avoir des bouffées de « voyance » à l'intérieur des gens, de temps en temps, et sa sensibilité devenait douloureuse quand elle se frottait aux mystères abrasifs qu'ils portaient en eux. Carlotta tapota Nikka distraitement sur le bras, son attention tournée vers une conversation en jargon passant à sa portée, et Nikka vint vers lui...

Carlotta s'est montrée abominablement caustique en arrivant.

Fâchée à cause de quelque chose, peut-être.

Il ne se passe rien entre elle et Bob, si c'est bien à ça que tu penses.

En vérité, je ne pense même pas.

Je ne crois pas qu'elle sache elle-même ce qui l'ennuie ; elle n'est pas capable d'en parler, mais regarde comment elle rit d'une façon forcée, sans arrêter de regarder vers nous.

Essaye de voir les choses avec ses yeux ; on est ensemble

tous les deux depuis le pléistocène ; elle sera éternellement la dernière arrivée, le chiffre impair.

Marrant, c'est plus facile de parler d'elle ici que quand nous sommes tout seuls.

Ce bon vieux multip, ça te fait tout sortir...

Et toi, là, toujours en train de fouiner, de tourner en rond, sans but...

Tourner en rond, oui, mais sans but, non

Espionnage ?

J'aime fouiner.

– Le truc, c'est tout ce chemin qu'il faut parcourir en termes biochimiques, en ne se servant que de ce que l'on peut obtenir lorsque la lumière solaire s'est éparpillée dans toute cette poussière. Il n'y a pas le moindre U.V., par exemple, pour atteindre la surface. Cette malheureuse biosphère se contente d'empiler les photons les uns sur les autres pour finir par dégager un peu d'énergie, avant de s'attaquer à l'eau à proximité de l'océan, où elle réduit l'oxygène, bon sang, tu parles d'un boulot !

– Petrovsky a calculé que cette biosphère était plus ancienne que notre système solaire ; elle est vraiment vieille, tu vois, ça fait CINQ milliards d'années et des poussières qu'elle mijote, penses-y un peu ! Il a trouvé ça à partir de l'abondance des éléments lourds...

– La poussière transfère l'énergie vers les formes de vie plus complexes, en se servant pour l'essentiel de donneurs – des électrons de sulfite –, un sacré truc, quand on y pense.

– Emportés par les vents, bouffant leurs foutues poussières, les avortons de microbes cheminent de l'Œil jusqu'à la mer...

– Toujours convaincu que tu as le plus beau cul de tous les types en salopette de travail, mon chou...

– On dirait que vous commencez à connaître sacrément bien cette biosphère, les gars ; j'arrive pas à piger pourquoi on ne passe pas à la phase atterrissage, qu'on nous laisse un peu faire.

– Mais Bob ça n'est pas si simple...

– Ecoute, mon vieux, si on laisse les spécialistes couper les cheveux en quatre tant qu'ils veulent, on les aura tout gris avant d'avoir posé le pied là en bas !

– Réfléchis une minute et regarde ce qui se passe...

– C'est de l'écologie de terrain qu'il faut faire, de terrain ! Ce coin devrait être aussi crevard que Mars avec même moins de lumière solaire et d'atmosphère. Les biologistes vendraient leur âme au diable pour voir ce qui traîne sous cette poussière.

– C'est trop tôt pour le dire ; on ne voit pas assez bien pour pouvoir faire une estimation sérieuse de la pyramide biologique.

– De la merde, tout ce qu'il y a à boire, on ferait mieux de le balancer chez N'Guyen.

– À le voir, on se demande comment peut marcher un multip avec des gens qui picolent et se tapent même des drogues sur un vaisseau.

– Lui ? Elles sont auto-annulantes, tu piges pas ? Il laisse les choses aller comme elles veulent, si bien que lorsque arrive le moment de voter, ils sont bien trop ronds pour faire attention...

Observe une paramécie ou encore l'un de tes propres spermatozoïdes, quand ils ont encore leur petit fouet

Non merci, c'est pas mon truc

mais si, avec leur flagelle, au fond de tes couilles fameuses à juste titre, mon bon

se tortillant vers l'amont comme des saumons... l'histoire de ma vie, en somme !

Si tu voulais bien me laisser finir ? Il y a neuf fibres à l'extérieur de ce fouet pour chaque fibre à l'intérieur

Elle est sensationnelle, vous savez, une sacrée fille qui n'a pas sa pareille pour foutre en l'air tout romantisme

et ce pourcentage de un à neuf est le même dans des milliers d'organismes sur toute la Terre et personne n'a la moindre idée

un Dieu dépourvu d'imagination, voilà l'explication ; il en avait marre, c'est tout

Tu pourrais pas grommeler à voix plus basse ? J'entends encore ce que tu dis

d'accord, d'accord, vas-y avec ton pourcentage de un à neuf

On n'a trouvé aucun avantage appréciable du point de vue de la sélection naturelle à ce rapport, mais qui sait, c'est peut-être qu'au début, à la naissance des étoiles, il a été tiré par le hasard et depuis il est resté

Vite, embrasse-moi, je suis aussi un un pour neuf

Déjà un peu trop sniffé, toi, non ?

Aime-moi, aime-moi et mon un pour neuf

Vous la faites fermer à cette tête de lard, qu'on s'entende au moins quand les adultes parlent

Oyez, oyez sa majesté parle !

C'est pourquoi la première chose que j'ai cherchée, dans les bébêtes de la poussière d'Isis, ç'a été ces flagelles et vous pouvez me croire – merci pour le rhum – j'ai écarquillé les yeux dans mon microscope électronique ; eh bien, il y a des petits fouets, agités comme c'est pas possible, sauf que lorsque j'en ai découpé quelques-uns le rapport était de sept à un, et non de neuf à un. La question est donc : qu'y a-t-il de magique dans les pourcentages impairs ?

Deux cas seulement, mon chou, statistiquement ça ne prouve rien

Je trouve quand même ça bizarre

Peut-être qu'un nombre impair leur donne un truc à quoi s'accrocher ?

Et alors, quel est l'avantage, si on compare ?

Plus d'énergie avec un chiffre impair ? la tâche est peut-être rendue plus facile si la dame se fait un peu trop prier ?

Tu parles d'un anthropocentrisme !

Ils ont peut-être besoin d'une bonne prise, qu'est-ce que tu en penses, Nigel ?

Je me refuse à spéculer sur la pornographie extra-terrestre

En tout cas, ils se servent de quelque chose pour s'accrocher à leurs poussières tandis que les vents les emportent de l'Œil, vers les montagnes puis vers la mer, tandis qu'ils se bourrent d'électrons de sulfite de leurs donneurs

et alors, quand ces vents venus de l'Œil arrivent près de la mer et se transforment en cyclones, c'est là que les poussières tombent

Incroyable la vitesse à laquelle cette petite tête

s'éclaircit, j'arrive presque à le suivre

Mais avons-nous besoin de tout savoir de ces mécanismes avant de déposer des hommes à la surface ?

Il y a tellement d'études de biochimie à effectuer que l'on pourrait y passer un an, facile

Sans moi ! Ça fait des mois que nous sommes en orbite, ras le bol

J'aime beaucoup ce bon vieux Bob mais j'ai davantage confiance dans le jugement de Nigel

Merci mais n'est-ce pas à ça que sert le multip ?

Foutues poussières ! Si seulement on pouvait en voir davantage. La troisième sonde a trouvé des tas de bouffe-poussières tombant près de la mer, mais je ne peux pas m'empêcher de penser

Ouais, comme si ces bestioles constituaient un système d'alimentation à l'échelle de la planète pour les formes de vie supérieure ; on devrait donc chercher à savoir

Tu veux dire que leur fonction est de transporter de

l'énergie chimique, c'est tout ?

Exactement ; ils ont pompé des photons dans l'Œil et ont créé les bons composés oxydo-carbonés

qui sont ensuite déversés dans les vallées de montagne où se promènent les

E.M.

Tout juste

Rien moins que bizarre, comme porteur d'énergie. Il est difficile de se figurer comment une telle biosphère a pu évoluer

Ce n'est pas la Californie, mon lapin

J'avais remarqué

Un processus au rendement bougrement faible, tout de même, avec en plus un budget énergie étranglé

Dieu est malin, il a simplement travaillé plus longtemps dans le coin

Une biosphère âgée de cinq milliards d'années de quoi se demander ce qui se passerait si

Pourquoi n'iriez-vous pas tous les deux glisser un mot à Bob en faveur d'une exploration humaine, si vous avez une minute ?

Sûr ! Viens donc, mon âme
sœur

Nom de Dieu, j'ai dû sniffer
un sacré truc. C'était quoi,
au juste ?

Tu me laisses parler, t'en-
tends ?

Nigel, Nigel, laisse-moi
t'expliquer, je crois que tu
pourrais faire quelque chose,
mon Dieu, j'étais tellement
cinglé j'avais l'impression de
passer sur un crapaud avec
une tondeuse à gazon...

Tu ferais mieux d'aller te
plaindre à Ted, moi je ne
peux pas faire grand-chose

D'accord, mais le truc dit
juste au bon moment

Je peux rien promettre
mais si c'est une oreille
amicale que tu cherches

Allons donc, tu peux avoir
son boulot quand tu veux
on voterait tous pour toi.

Foutaises ! Amène-toi par
ici, le bruit est épouvan-
table. Bon qu'est-ce que ce
truc...

Il adorait plus que tout ces avalanches d'impressions ; il naviguait le long des corridors taillés dans le roc, entrait et sortait des pièces, sans jamais s'attarder longtemps.

– Oui, je le connais, il est du GEM, il travaille avec Ted, un gentil garçon mais popote en diable...

– Moche comme ça, c'est le contraceptif inventé par la nature, j'imagine. Oublie-la. Si tu as quelqu'un d'autre en tête, la nuit est jeune, et moi pas...

– Elle s'est approchée de moi et m'a tout déballé dans un murmure sans reprendre son souffle, ce qui ne manque pas de mérite, quand on y pense, venant de la part d'une femme qui ne doit rien avoir au monde méritant d'être raconté à voix basse...

– L'évolution emprunte toutes sortes de chemins, c'est pourquoi je ne crois pas possible de décrypter ces radio-sources simplement en analysant les éléments biochimiques de base, surtout avec la résolution abominable que l'on obtient à travers toute cette poussière. Je veux dire qu'il peut y avoir toutes sortes de raisons à la base d'une sélection, non ? Nous sommes myopes, toi et moi, parce que les mâles myopes ne pouvaient pas chasser aussi bien que les autres, alors ils restaient à la maison pendant que les gros bras allaient au casse-pipe. Ils traînaient dans leurs grottes, faisaient quelques peintures et tiraient leur coup en douce avec la voisine au plus chaud de la journée. T'occupe donc pas de toutes ces histoires de paires indissociables qu'on nous raconte ; le fait est que l'on ne sait jamais qui est le père, et c'est pourquoi la stratégie masculine consistant à disséminer au maximum est la plus payante. C'est pour ça qu'elle a été sélectionnée. Bon Dieu, ça tient debout, je le sens – c'est un signe qui ne trompe pas ; l'évolution n'a pas lu nos manuels pour travailler, elle se débrouille très bien toute seule...

– As-tu ton compte ? La couleur du rhum, le parfum du rhum, mais c'est de la toxamarine, et tu commences à ressembler à un homard...

– Il faut faire davantage de reconnaissances là en bas pour mieux piger ces conneries biochimiques...

– Ouais d'accord, si j'ai bien compris, il y a abondance de génies et pénurie de mecs avec des couilles au cul, dans le coin...

– Un cycle oxydation-réduction, voilà, c'est tout ce qu'il y a là en bas, ta poussière joue au même jeu antique que nous, mais en moins marrant. Après les bouffe-poussières, un peu plus haut dans la chaîne, il doit bien y avoir quelque chose qui produit de l'amidon à partir de cette lumière solaire miteuse ; avec de l'oxygène comme déchet, et c'est ce que respirent les E.M., mais que le grand cric me croque si j'ai jamais entendu parler de quelque chose pouvant vivre de ça...

Je ne comprends pas pourquoi elle voulait m'arracher les yeux simplement pour avoir renversé une bouteille d'échantillon...

Si tu nous as contaminés avec les spores d'Isis, je te fais passer par le sas sans tenue spatiale illico...

Mais ce n'est pas ma faute ! Pourquoi aurais-je dû vérifier ? Je ne comprends pas que tu puisses dire simplement comme ça

Je veux bien, moi, mais il y a forcément quelqu'un qui a enlevé les scellés...

– Alors ne me regarde pas quand...

– Parfait, appelle ça un multip, cela peut t'aider à voter, mais personne ne parle de ce que moi je veux...

– Le premier problème, c'est de déterminer où se trouve le foutu problème, si tu veux bien m'écouter...

– Je disais justement que les petits animaux respirent au travers d'une espèce de sac, comme un filtre à air, qui séparerait la poussière de l'air, avant qu'ils l'avalent d'un coup de poumon...

– Vraiment lent, deux bouffées à la minute, j'ai pu voir...

– Pas plus grosses que ton petit doigt, des petites choses compliquées, une structure sacrément élaborée juste pour dévorer ces bouffe-poussières ; puis il y a ceux gros comme ton poing, qui se tapent les bestioles de la taille de ton doigt...

– Lui ? Juste une passade, bonjour bonsoir, c'est tout...

– Allons, Elinor, une femme civilisée ne regrette jamais son plaisir, et ça va être...

– Autrement dit pendant que vous autres tenez le haut du pavé avec la reconnaissance, il y en a d'autres qui sortent les poubelles, font les repas après avoir fait pousser la bouffe, bref tout le sale boulot, à ramer, et c'est pourquoi on aimerait bien être un peu dans le coup au lieu de montrer nos couilles dans les hebdos que vous balancez vers la Terre...

– Je te dis qu'avec un bon paquet de crédits de bord, tu peux te faire refaire la queue à neuf comme lui, suffit de donner le truc habituel à Dexter au médicentre, on te fera passer, rien de plus qu'une cicatrice grosse comme un cheveu, qui verrait ça dans l'obscurité ?

Il se faufila au milieu du groupe qui entourait Ted Landon et attendit qu'il se fît un silence. Il était encore sous l'impression des voix se superposant les unes aux autres, si bien que même la sienne lui parut jaillir involontairement et faire simplement partie du courant.

– Nous devons descendre, Ted, et aller voir ça de près.

– Du calme, du calme, Nigel ; ce n'est pas l'endroit pour parler des détails techniques. Si tu assistais aux comités express tu aurais tout loisir de faire accélérer...

– Ils durent trop longtemps ; je n'ai jamais compris pourquoi on les appelait « express ». Mais je parcours les enregistrements.

– Content de l'apprendre. Nous faisons une étude de toutes les implications, et cherchons la manière la plus sûre de procéder.

– Ça tombe sous le sens, non ?

– Eh bien, certains recommandent un mode de reconnaissance actif – tu sais, là où nous nous servons des radars à longue portée pour sonder la biochimie interne des E.M...

– Ça m'a l'air horrible !

– Oui, mais il y a une solution de rechange : la méthode passive (que je soutiens, soit dit en passant). Il s'agit de déposer des yeux asservis dans des endroits bien abrités et d'observer les E.M. qui passent à côté. La réunion que nous avons eue là-dessus a donné de bons résultats.

– Rien que des yeux ? Il faut utiliser des mobiles ; nous devons pouvoir nous déplacer.

– À terme, oui. Des mobiles, nous en avons en stock ; Seigneur ! Nous sommes équipés en fonction de tout ce que l'on a pu imaginer sur terre. On a même des sous-marins dans la réserve, au cas où Isis aurait été une planète océan.

Bob fit son apparition aux côtés de Ted, approuvant de vigoureux hochements de tête.

– Des mobiles ? Ça me plaît davantage que de faire le poireau.

– Je crois qu'il est techniquement possible d'installer une couverture radio-réfléchissante, Ted. On pourrait en placer au-dessus des mobiles standard.

– Qu'en penses-tu, Bob ?

– Tout à fait possible. Je suppose que tu les voudrais calibrées de façon qu'elles réfléchissent les propres signaux des E.M. ?

– Exactement ; mais tout en dispersant les impulsions latéralement, comme le font les rochers ordinaires.

– Mieux que de s'empoisonner là en bas à attendre que ces messieurs veulent bien passer.

– Ne pourrait-on pas programmer la couverture de façon qu'elle évolue avec le temps ? De cette manière les E.M.

n'auraient pas l'impression d'être toujours suivis par le même objet.

– C'est pas impossible. Je dois étudier les spécifications.

– Formidable ! Toutes mes connaissances sont à ta disposition.

– Oh ! là, Nigel, c'est le domaine de Bob, ça. Je ne peux pas...

– Alors c'est parfait. Je suis volontaire pour la première fournée, Bob.

– Un instant, mon vieux...

– C'est mon idée, les gars. J'ai bien le droit de participer à l'action, non ?

– Pour ce qui est de l'équipe au sol, je ne sais pas. Je pense aux travaux d'approche. J'ignore si physiquement tu remplis les conditions, Nigel.

– Pas le moindre doute. Mais la plupart de ces mobiles sont asservis, je crois ?

– Exact. Il fallait bien. On n'a pas les moyens d'envoyer beaucoup d'hommes à terre. Les études opérationnelles de Ted ont montré...

– Ça va, Bob, inutile de casser les pieds à Nigel avec les détails.

– Les systèmes de surveillance doivent être en alerte permanente, Ted. C'est ce qu'ont montré tes propres recherches.

– Et comment as-tu pu lire ce texte ? Il ne devait pas être distribué avant...

– Oh ! un simple bruit de couloir, je t'assure !

– Ouais. On dirait bien qu'il y a une grosse fuite quelque part, Bob. Bon, d'accord, puisque de toute façon tu es au courant... Nous enverrons suffisamment de gars à terre pour assurer le fonctionnement du matériel, puis nous mettrons ici des équipes asservies à la quincaillerie. Grosse économie de problèmes logistiques. Quarts de cinq heures.

– Bon. Mais il y aura des temps morts ici. Personne ne peut supporter bien longtemps d'être ficelé dans une machine, surtout avec un circuit aussi long, surface-vaisseau. Prévois donc des quarts très courts pour des bons à rien comme moi. On montera la garde ; on se contentera de voir s'il ne se passe rien de bizarre. Simple boulot de surveillance.

– Euh, je ne sais pas trop si...

– C'est une idée, Ted. Tant qu'il ne fait que rester là à surveiller, rien de spécial...

– Mille fois merci, Bob, j'apprécie.

– Trop aimable, mon vieux.

– Nigel on est déjà à court de rhum et...

– Ce n'est pas du rhum mais de la toxamarine.

– Eh bien, dites donc...

– De toute façon on est à sec et si tu pouvais...

– Mais certainement. Subtile diversion. On dirait que c'est le régime sec chez toi, Bob ; déplorable. Le temps de faire un saut et je vous trouve...

– Oui mais...

– Pas de problème, je t'assure ; tu devrais venir, Ted, et prendre un peu de cette...

– Mais...

2.

Les démangeaisons provoquées par les senso-mécanismes dans lesquels il se trouve corseté font s'agiter Nigel sans arrêt. Branché sur le réseau électro-neuronique, il ne ressent que faiblement l'exiguïté de la capsule encombrée.

Il attend de sentir Isis s'ouvrir en lui. *Ça y est,* ça commence. Il ne pourra plus sortir de la poigne étouffante de la machine tout au long de l'expédition, mais il est prêt à oublier tout cet aspect déplaisant pour l'expérience qu'elle va lui permettre de faire. *Ça y est.*

Il sort d'un pas lourd de l'abri qui sert de remise et de local d'entretien, dans les grincements et les claquements métalliques de l'appareil. Les systèmes hydrauliques chuintent ; il marche sur la surface craquante d'Isis.

Rien que des bruns et des roses flous, les rafales de poussière se soulevant encore brutalement tandis que s'apaise peu à peu la tempête, et que le cyclone né autour de l'Œil perd de son énergie après trois jours de rage. Une sorte de manteau rose recouvre tout. Il peut voir à quelque chose comme dix mètres avec le système optique, à environ trente mètres aux infrarouges et pas plus loin que ses gants avec les ultraviolets.

Où sont passés les E.M. ? Dans cette direction, lui répond l'écran de tête pulsatile. Au-delà des balises de référence laissées par les équipes précédentes, phares lançant leur *bip-bip* dans le brouillard. Il se revectorise. Le mécanisme oscille, faisant comme d'habitude un mouvement trop ample ; ses énormes pattes viennent mordre dans les silicates recuits, et les protections de céramique des bras et des jambes jouent en grinçant dans le silence oppressant.

Nigel reçoit des fragments de signaux des deux mondes auxquels il participe. Prisonnier du module silencieux à bord du *Lancer,* il éprouve les subtiles réactions des flexibles asservis à ses membres, amplifiant tous ses mouvements. Simultanément, au-delà d'une vaste étendue d'espace, les récepteurs et les exosens lui renvoient les frictions et les grincements du robot d'hydracier, tandis qu'il marche sur les roches et les tas de pierres : ses deux locomotrons avancent, ses deux stabilisateurs assurent leur prise sur le sol friable. Toutes ces sensations s'enregistrent en même temps que les données et les repères topologiques – des points maintenant bien connus du central mais qui lui parviennent dans toute leur nouveauté, car c'est la première fois qu'il parcourt ce domaine des tempêtes.

Le monde de la rouille. Emportées par le vent, des particules de fer viennent frotter sur ses lentilles, cependant que du dioxyde de soufre laisse ses traces blanches dans l'espèce de saumure rougeâtre – tant d'oxygène éternellement prisonnier de cette terre, que les vents ne font que déplacer. Une soudaine explosion d'infrarouges se produit sur la ligne de crête de la pente que Nigel est en train de gravir ; il commande l'amplification et les sondes à lumière rassemblent les photons, les interprètent tout en filtrant les turbulences de l'air et les bouffées de poussière, puis réduit le cône de perception et l'échelle : il sait que ce trou dans les nuages ne sera que passager, et qu'il ne dispose que de quelques instants pour enregistrer une vue plus générale. Il aperçoit la vallée telle qu'il l'a mémorisée, en contrôle l'exactitude par les images qui défilent sur l'écran de tête, suivant ses mouvements sagittaux : au loin, comme une lame ébréchée, se dresse l'escarpement sous lequel s'écoule en éventail le flot de basalte noir, tandis que des buissons hirsutes parsèment les ravins autour de paillassons d'herbes marron, accrochés au lourd terreau que le vent ne peut arracher.

Il tangente vers le bas de la pente, les bottes d'hydracier sonnent sur les pierres riches en métaux, tandis que l'éternel flamboiement de Râ fait pendant un instant réverbérer le ciel, comme en écho, de la même nuance fraise écrasée que le sol. Sur sa gauche, un panache de fumée s'élève du flanc même de la montagne. Il aperçoit la chaleur qui couve dans le massif épaulement rocheux situé à l'est, la fournaise d'où peuvent monter, par à-coups, des torrents de lave et l'ammoniaque bouillant ; des vapeurs fusent des caldeira, et cette humidité, mouillant les vents, ira précipiter le flux des poussières jailli de l'Œil. Il continue d'avancer. Soudain, se produit un changement dans le chantonnement monotone et insistant auquel il ne prêtait guère attention, et dans les crachotements de la radio. Il s'agit d'une vague chromatique, au moins a-t-on appris cela, non pas quelque chose comme les tonalités diatoniques de la musique occidentale, et c'est pourquoi Nigel ne peut entendre de la musique dans les rafales espacées d'impulsions, même s'il peut les rassembler dans son esprit en éliminant les longs silences qui les séparent. Il a néanmoins perçu qu'un changement s'était produit. Le bourdonnement dans le spectre radio – il enclenche un graphique temporel, suit son évolution – va s'accélérant, et des pulsations en modulation d'amplitude s'ajoutent au thème régulier.

Où se trouvent-ils ? Enterrés dans des failles pour échapper à l'attention des E.M., les détecteurs locaux le bombardent d'informations. Ici : un petit groupe d'E.M., en pleine activité, lançant vers le ciel, vers la Terre, lointaine et invisible, mais non masquée par Râ, leurs signaux élaborés. D'autres, la majorité, sont au repos ; leurs marqueurs sont immobiles, même si quelques-uns se montrent animés de mouvements paresseux sur la projection topologique en tri-D. Nigel pianote un projet d'itinéraire pour sa reconnaissance, veillant à rester à l'écart des créatures E.M. pendant les prochaines heures, puis, sans hésiter, il prend son élan, le système asservi multipliant son effort, bondit par-dessus un gros rocher gris et atterrit de l'autre côté de la crête crevassée. Les gyroscopes l'empêchent de perdre son assiette, il écrase le sol, bondit à nouveau, faisant des sauts suffisamment bas pour ne pas attirer l'attention du central, mais se déplaçant rapidement, toute son attention tournée vers la bouillie devant lui tandis que la poussière se referme sur lui, et que défilent les plantes tendineuses et trapues. Par-dessus le grondement éternel des vents qui sont la respiration de l'Œil, il entend comme un pépiement, le bruissement de course précipitée de petites choses se dispersant devant lui. Elles ne courent que sur quelques mètres, épuisées, à l'écoute, sans toucher aux réserves de leurs muscles tout en pompant l'air chargé de poussières à la recherche d'oxygène. La récente tempête chargée de soufre descendue de l'Œil a fait baisser le taux d'oxygène de l'air en dessous de la normale, et la vie, sous la bourrasque, s'est ralentie aux limites de l'hibernation. Frôlant le sol, il court. Il passe au-dessus de l'un de ces étranges monticules, cairns faits de pierres taillées en dents de scie, ne représentant rien d'identifiable pour un être humain, mais bâtis par les E.M. : de cela on était sûr. Plusieurs créatures se sont rassemblées autour du cairn et redisposent les pierres en murmurant dans les longueurs d'onde ultracourtes.

Il bondit parmi les collines tourmentées, dépensant sans compter ses réserves d'énergie, il court dans un tintamarre métallique et râpeux, et sonde constamment la purée de pois couleur de rouille devant lui. Les éructations de la radio cliquettent, la mélopée se transforme. Au-dessus, un jet doré brillant fuse de l'escarpement : la lave. Son éclat perce le manteau de poussière. Nigel halète, les lourdeurs de la fatigue commencent à s'immiscer partout dans son corps tandis qu'il trottine le long de la pente d'un ravin pour atteindre une vallée ravagée par le soufre. Une ombre s'estompe, puis reparaît ; il se fige sur place, à moitié caché par un pan de rocher. Un étrange picotement se met à le parcourir, cependant qu'il surveille l'ombre à travers le voile de poussière, une ombre bleu pâle qui s'avance sur quatre pattes, oui, l'impérieuse nécessité de la quadrupédie, comme l'a expliqué l'un des biomécaniciens du bord. Et l'extraterrestre surgit du brouillard soudain dissipé par une rafale de vent. Enorme. Silencieux. Immobile. Pourtant, monte de lui une pulsation d'ondes ultracourtes, claire et nette, et sa longue tête rectangulaire se tourne avec des soubresauts, comme une roue sur un engrenage denté, s'éloignant de Nigel pour faire face à la base de l'escarpement. Il présente une peau cireuse et rude, en dessous de laquelle la structure osseuse est tellement apparente que Nigel a l'impression de voir l'intérieur de cet être qui est un émetteur radio, le jeu des articulations, le fragile encagement qui contient l'abdomen, les os des jambes, longues et raides, animées de brusques mouvements comme la chose cherche son chemin au milieu des rochers que la chaleur a fait éclater, avançant avec précaution, au toucher. Nigel la laisse s'éloigner jusqu'à ce qu'elle ne soit plus qu'un mirage indistinct dans la brume rosée, puis lui emboîte le pas. Au-dessus, des filets jaunes coulent le long de la paroi. Le système acoustique lui retransmet le bouillonnement du volcan, torrent de lave paresseux qui s'écoule à quelques centaines de mètres. Les exosens enregistrent une élévation de la température. Nigel suit l'E.M. Soudain, sur sa gauche, surgit une tache qui se met à grandir, à prendre un contour précis en devenant énorme, et le domine de toute sa taille dans les rousseurs fluctuantes du demi-jour. Il s'accroupit, réduit au silence tous ses murmures mécaniques et retient même sa respiration...

« *Nigel ! Qu'est-ce que tu fais loin de ton itinéraire de reconnaissance ? Je viens juste de faire une vérification générale de toutes les stations ; Ramakristen dit que tout le monde attend la fin de la tempête et toi...*

– Tais-toi, Bob, je t'expliquerai plus tard.

– *Qu'est-ce que ça veut dire,* PLUS TARD *? Bon sang, tu es à trois sigmas de ta route.*

– Mode contact, Bob. Signale ma sortie à T'ang. »

Il retourne aussitôt au brouillard de poussière rose et roussâtre, ce sont maintenant deux ombres qui se déplacent ensemble, longues jambes minces tressautantes, plus vite que ce qu'il a jamais vu à la tri-D. Les têtes rectangulaires se tournent et il entend un crachotement, comme une éructation harmonique sur toute la largeur de la bande des ondes ultracourtes.

« *Seigneur, tu es complètement entouré d'*E.M.*, Nigel – Mais comment t'es-tu fichu là au milieu et nom de Dieu,* POURQUOI *?* »

Nigel actionne l'image de la situation en couleurs codées, et voit les points converger, autant de vecteurs intégrés fonçant dans une même direction : Lui. Mais non, pas lui, convergeant vers un point à une centaine de mètres à l'est de l'endroit où il s'est immobilisé. « Il y a quelque chose qui se passe.

– *Justement ! Il ne devrait* RIEN *se passer. Tu es là-dedans pour rester en position, et non pour faire...*

– Qu'est-ce que dit la carte radio ? » murmure Nigel, pour faire dévier le sujet, tout en se déplaçant avec les plus grandes précautions pour passer derrière les ombres mouvantes qui vont s'estompant dans l'air épaissi.

« *Je viens de l'obtenir, Alex est en ligne, mais je dois transmettre ça à Ted, Nigel, tu viens de foutre en l'air toutes les directives tactiques.* »

Nigel ne répondit rien, et resta à l'écoute des hurlements caverneux du vent qui balayait les fragments déjetés des rochers éclatés et de tout ce qui pouvait émaner acoustiquement des E.M. Mais rien ne vint, comme rien n'était jamais venu. Les manifestations vocales leur étaient vraisemblablement interdites. En plus ils étaient aveugles ; ils n'entraient en contact les uns avec les autres que par les gros émetteurs radio logés dans leur tête massive. Leur chant s'éleva et s'éparpilla selon une échelle diatonique. Il se rapprocha un peu. Ils appartenaient aux plus volumineux, avec leurs quatre mètres de haut, et ils faisaient des embardées inquiétantes lorsqu'ils cherchaient un nouvel appui sur le sol inégal.

Un grondement sourd roula comme un coup de tonnerre dans le demi-jour éternel noyé de poussières.

« *Eh ! Sors d'ici d'urgence, je viens juste de capter un signal...*

– Le volcan, c'est tout.

– *Mais tu es coincé au sommet d'un...*

– Je peux courir plus vite qu'un flot de lave.

– *Et s'il se produit un glissement de terrain ? Il y en a constamment par ici...*

– Tais-toi.

– *Va te faire foutre, Nigel tu n'es...*

– Et qu'est-ce qu'Alex a dit ? » (Devant de nouvelles silhouettes s'agitaient.)

« *Euh, tous les E.M. font silence radio. Ils ont arrêté il y a une minute, tous...*

– Tais-toi. »

Les sifflements montant de la lave en fusion viennent de plus loin ; il les entend parfaitement bien par les exosens acoustiques. Devant lui, les formes s'inclinent et se posent. Rechercheraient-elles la chaleur ? Ça pourrait leur être utile ; leur taux de métabolisme est très lent, et, tout en n'étant pas reptiliennes, ces créatures pouvaient économiser leur énergie en se réchauffant à proximité de sources dangereuses, certes, mais efficaces.

Nigel se réfugia lentement dans une faille rocheuse. Six d'entre elles se dirigeaient vers une sorte de replat grossier, où des points vert-bleu émaillaient la roche fragmentée. Elles se déplaçaient maladroitement, leur corps volumineux oscillant constamment, et elles se posèrent lentement sur le sol, les protubérances noires et noueuses de leur abdomen projetées en avant – brièvement, Nigel eut l'impression de quelque chose de sexuel – et s'étalant sur le rocher nu. Il se rapprocha de nouveau. Pas le moindre signal radio. Elles pouvaient tout aussi bien être endormies. Si elles avaient eu des yeux, elles auraient très bien pu le voir dans la faible lumière rosâtre, mais elles ne bougèrent pas. Nigel attendit. Toujours rien. Puis, lentement, leur peau se mit à tressaillir ; sa couleur fonça et des ondulations colorées comme des arcs-en-ciel se mirent à le parcourir rapidement. Les créatures elles-mêmes sont inertes, mais leur peau cireuse et brillante danse dans une débauche chromatique. Au loin, le volcan gronde toujours, et envoie ses éclairs dorés. Quelque chose se passe, quelque chose de paisible et d'important, et s'il pouvait en saisir le sens...

« *Nigel. C'est Ted qui te parle. Tu as l'ordre de revenir sur-le-champ. Je ne veux pas...*

– Mais certainement. »

On peut sentir une pointe de colère dans le ton sec et précis de Ted. Nigel se rend compte qu'il a usé de son temps de veille jusqu'à la limite de ce qu'ils peuvent tolérer pour cette fois. Mieux valait battre en retraite. Mais aussi, il était fatigué, plus fatigué que ce qu'il aurait cru. L'intensité de ce qui se passait et les efforts qu'il faisait pour comprendre l'ont épuisé.

« Je rentre, Ted. »

Il s'éloigne. Il transpire dans son harnais asservi, et espère que les mouchards ne mesureront pas l'intensité exacte de sa fatigue. Il ne se pressera pas pour rentrer. Le simple fait de revenir à l'abri sera en lui-même un vif plaisir. Il sait profiter de ce genre d'immersion. Les pieds d'hydracier frottent sur le sable jaune citron ; peu à peu, les E.M. s'estompent et disparaissent. Il s'enfonce au milieu des hurlements perpétuels des vents, dans les courants sans fin de ce monde de rouille ancien, cloué à son étoile.

3.

Ted se trouvait à la porte de son bureau au moment où Nigel passait dans le couloir. « Tu n'aurais pas une seconde, par hasard ?

– Bien sûr. » Il fit halte dans l'entrée, qui faisait face à la fosse du Contrôle général. Toutes sortes de consoles et d'écrans activés encombraient l'endroit, et les rangées des différentes sous-sections faisaient comme des allées au milieu d'une forêt électronique. Partout s'agitait du personnel ; on n'entendait néanmoins qu'un léger murmure, paraissant venir de nulle part, un mélange fait de la frappe des imprimantes, des voix humaines et d'un grondement régulier qui semblait monter de partout à la fois, et qui venait de la roche elle-même. Un peu fatigué, Nigel s'appuya contre le montant de la porte. Ici, la paroi brute avait été recouverte d'un revêtement de plastimère.

« Entre donc. »

Le bureau lui-même de Ted avait du faux bois sur ses murs. Nigel s'était une fois demandé pourquoi, tant qu'à faire, n'avoir pas employé du noyer authentique, dont le poids était à peine plus élevé que l'agglo.

« On te voit souvent dans la salle du Contrôle central », fit Ted, sur le ton de la conversation.

Nigel sourit à cet inévitable préliminaire : il fallait bien dire quelque chose pour remplacer les considérations sur la pluie et le beau temps, avant d'en arriver aux choses sérieuses. « J'aime bien venir tous les jours. Ça leur prend parfois pas mal de temps, pour trier les dernières données entrées.

– Ouais, acquiesça Sage. Ils ne peuvent s'empêcher de revenir sur leurs cartes radio jusqu'à ce qu'elles ressemblent à des Picasso, et pendant ce temps, les gars de ton genre trépignent pour voir de quoi ça a l'air... Différence de style, je crois. »

Nigel hocha la tête ; cela faisait longtemps qu'il s'était fait une raison de ce genre de décalage. « Y a-t-il quelque chose de nouveau ? lança-t-il.

– Regarde donc ça. » Ted alluma un écran mural d'un mètre, et pianota des ordres. Isis apparut. L'image grandit, se concentra sur une zone délimitée et s'arrêta sur un minuscule point lumineux. Dans le coin en bas à gauche, défilaient des coordonnées. Le point lumineux se déplaçait au-dessus des étendues rose et roux des hautes terres d'Isis.

« Un satellite !

– Ouais. En orbite polaire. Il passe un peu à l'est du centre de l'Œil. Voici une image grossie. »

Nigel vit un rocher de forme irrégulière, gris pâle, avec un réseau de points noirs éparpillés à sa surface. « Etrange, fit-il. Ces points... ça ne vient pas d'interférences optiques ?

– Non. C'est ce que tout le monde a d'abord cru. Une coquille dans le programme. Mais non, ils sont bel et bien là.

– Un satellite artificiel.

– Sans doute un astéroïde reconverti. Il y en a même un second.

– Oh ? » L'image changea de nouveau. Un deuxième point apparut, se déplaçant sur une orbite équatoriale, tandis que l'écran égrenait les secondes. Vue rapprochée : un autre bloc rocheux grisâtre avec son réseau de points noirs. « En somme, reprit Nigel, ils peuvent surveiller jusqu'au dernier centimètre carré d'Isis. Ils ont le minimum pour assurer une couverture complète.

– C'est bien ça. Nous avons remonté l'histoire de ces orbites sur près d'un million d'années. Elles sont restées stables pendant tout ce temps ; si les satellites ont été mis avant, ils ont cependant dû subir des corrections de trajectoires pour s'y retrouver. » Ted s'inclina en avant, les coudes sur son bureau, les doigts croisés. « Des commentaires ?

– Comment se fait-il que l'information n'ait pas été publiée dans les rapports journaliers ?

– Ecoute, les technos travaillent plus vite s'ils n'ont pas tout l'équipage en train de regarder par-dessus leur épaule.

– Ouais. » Nigel contemplait toujours la surface rugueuse de l'objet. « On trouve encore des traces d'activité volcanique, presque complètement effacées. Sont-ce des failles ici ? Ce qui reste d'anciennes collisions, peut-être ? On voit bien que les trucs noirs ont été disposés bien après. Qu'est-ce que donne le grossissement maximal, dessus ?

– Regarde. » L'écran redevint noir pendant un instant, puis apparut une couronne brillante de rochers, avec un vide au milieu. « C'est tout ce qu'on peut faire ; il s'agit peut-être simplement de trous.

– A-t-on envoyé une sonde d'exploration ?

– Non, pas encore, mais Alex...

– N'envoyez rien.

– Hein ? Et pourquoi ? Alex dit qu'il pourra probablement avoir une bonne image, cette nuit. Il peut obtenir par interférométrie jusqu'à vingt et peut-être même trente pixels dans ce trou. Après...

– Vous risquez de frapper à la porte de quelqu'un sans savoir qui est dedans.

– Dedans ? Mais enfin, Nigel ?

– Je conseille vivement la prudence. Il s'agit du premier témoignage d'une technologie extraterrestre que nous trouvons dans l'espace d'Isis.

– Certes, mais...

– Etudions-en tout d'abord la surface à fond.

– Mais bon sang, il ne reste plus rien là en bas, rien. L'érosion est trop puissante. Et notre expert en décomptage de cratères, à savoir Fraser, prétend qu'il y a eu une période, il y a environ un million d'années, d'intenses bombardements de météorites. Le ménage a été fait à fond, sans rien laisser – en tout cas sans laisser quelque chose qui aurait eu les moyens de construire ces satellites.

– Aucune trace de villes ?

– Pas encore. Dans la mesure où on peut voir quelque chose, c'est le désert. C'est pourquoi il me semble que nous devrions examiner ce qui reste en orbite. Ces deux satellites sont probablement les seuls artefacts anciens du coin. Quand nous aurons compris leur usage, peut-être ces créatures à émetteur seront-elles alors moins mystérieuses, et pourrons-nous...

– Je n'ai pas encore regardé les informations sur le volcanisme, le coupa Nigel en l'observant attentivement. À quoi ça ressemble ? »

Ted eut un geste de la main, l'esprit manifestement ailleurs. « Fraser est toujours en train de s'escrimer sur le rapport entre la taille des cratères et les courbes de fréquence. Il doit tout calculer en fonction de la rapidité de l'érosion, en tenant compte des variations par époque.

– Et combien de périodes volcaniques compte-t-on, jusqu'ici ?

– Fraser pense qu'il y a eu une période initiale tout à fait semblable à celle de notre système solaire, mais bien longtemps auparavant. Ses informations proviennent de la sonde envoyée sur les lunes qui tournent autour de la géante gazeuse : la première vague de volcanisme se serait arrêtée il y a cinq milliards d'années. Puis il y a eu cette deuxième période, en réalité un bombardement de météorites, dont on voit les résultats sur les hautes terres d'Isis. Une avalanche de détritus tombant partout.

– Il y a un million d'années ?

– Oui, pourquoi ?

– Bougrement bizarre. À un moment où les planètes auraient dû avoir balayé depuis longtemps tous les débris sur leur orbite et dégagé tous les déchets nés de la formation du système de Râ... la formation de cratères aurait dû s'arrêter, non ?

– Ecoute, Nigel... », fit Ted en s'adossant de nouveau à sa chaise, une main distraitement occupée à jouer avec un stylo. « Isis a été arrachée à Râ par la force centrifuge ; qui sait comment cela a pu influer sur les bombardements ? Je veux dire qu'on se trouve en face d'un tout autre jeu de boules, ici, et que les règles que nous connaissons ne s'y appliquent pas forcément.

– Précisément, répondit Nigel, d'un ton bref, méditatif.

– C'est-à-dire ?

– Pourquoi supposer que les satellites seraient la dernière chose produite par la technologie des E.M. ? Leur âge en orbite coïncide avec la dernière période de bombardement météoritique ; coïncidence n'est pas synonyme de causalité.

– On en saura davantage si on trouve des restes d'urbanisme, peut-être.

– On peut toujours l'espérer, répondit Nigel avec un haussement d'épaules, se levant pour partir. Les E.M. n'ont peut-être jamais bâti de villes. »

Il y avait pourtant des villes.

Ou du moins, des bâtiments. L'équipe de Site n° 6 trouva des tracés circulaires, à l'aide des infrarouges, sur un haut plateau. Il y avait des indices de périodes précédentes, où dominaient d'importantes formations de dunes de poussière ; un changement dans les vents issus de l'Œil avait fini par décaper une plaine qui, d'après la datation isotopique, était âgée de 893 000 ans. Un ensemble de dépressions aux courbes adoucies entourait un point central plus élevé, une ancienne colline usée. Des sentiers en partaient, comme les rayons d'une roue. Des fouilles permirent de découvrir les constructions à quinze mètres sous le sol sec et raboté par le vent. Les anciennes pierres étaient rectangulaires, et portaient des signes presque complètement effacés. Les anthropologues du *Lancer* n'en tirèrent pas grand-chose. On pouvait faire le plan des rues, du système d'irrigation et du cours d'une rivière. On ne trouva aucune trace de métaux ayant été travaillés ou fondus, mais on ne s'y attendait pas. Ce que la rouille n'avait pas désagrégé, le vent l'avait entraîné.

4.

Nigel regarda un moment le sang qui s'écoulait de son corps et bâilla. En général, ces séances lui donnaient toujours sommeil. Pendant longtemps, il s'était évanoui à chaque fois.

« Au fait, je ne vous ai pas demandé si vous ne préféreriez pas vous allonger.

– J'y inclinerais volontiers », fit Nigel mais la techno-médic ne sourit pas. Elle se contenta d'abaisser le dossier du fauteuil d'un mouvement rapide et professionnel du poignet. Nigel continua à observer le tuyau qui emportait sa coulée de plasma rose vers le monithé – le moniteur thérapeutique.

La volumineuse machine cliqueta et passa à l'analyse d'un autre échantillon.

« Du travail de précision », murmura la techno-médic. Nigel aurait volontiers hoché la tête pour approuver, si ce n'était que tout le haut de son corps – bras, poitrine et cou – était paralysé, débranché. Le monithé devait entre autres veiller au maintien d'un rythme cardio-vasculaire normal en dépit de la baisse de pression sanguine, et il s'en tirait mieux si le patient était sans réaction. Il pouvait cependant bouger les lèvres.

« Oui, mais que quelque chose aille de travers, et on aurait bien besoin de vous, vous le savez. C'est comme les pilotes...

– J'en ai aussi reçu l'entraînement. Je pourrais faire partie de l'équipage. J'étais ingénieur ; mais il y en avait de meilleurs, et je n'étais pas dans la bonne catégorie pour le genre de tâches du bord. Il se trouve que je suis tombée sur ce boulot, et je me suis dit que je ne risquais rien. »

Nigel eut un mouvement de la bouche pour exprimer son accord. Il se mit à observer le visage fin, trahissant l'ennui, de la techno-médic, et essaya de mieux saisir son état d'esprit. Cet exercice eut au moins l'avantage de lui faire presque oublier la désagréable sonnerie qui carillonnait dans ses oreilles chaque fois que le monithé se mettait à pomper plus fort, filtrant le plasma et ne conservant que ses globules rouges. La machine avait beau lui injecter en même temps un plasma de synthèse, le tintement se produisait toujours. Avec le plasma qui sortait, partaient aussi les cellules sanguines endommagées. Des antioxydants venaient réduire les radicaux libres. Des microenzymes se chargeaient de couper les chaînes d'A.D.N. anciennes et malformées, ou emmêlées. Et il recevait des accélérateurs immunologiques. Des agents filtrants qui détruisaient les cellules vieillies, incapables de se reproduire correctement. Le cocktail antisénescence.

« Un boulot plutôt barbant, en somme, remarqua Nigel avec prudence.

– Très barbant, oui, répondit-elle avec une certaine amertume. Ça paraît difficile à croire, mais il y a eu une époque où c'était les médecins eux-mêmes qui faisaient le travail. Ce n'était pas une mince affaire.

– Vraiment ? » Nigel s'efforça de mettre une note d'intérêt dans sa voix, même s'il se souvenait parfaitement de l'époque où les médecins faisaient encore des piqûres et proclamaient qu'il était malsain de consommer de la viande.

« C'est maintenant tout juste un boulot de plombier, ouais...

– De l'entretien ?

– Exactement. Vous comprenez, j'aime travailler de mes mains, sur quelque chose de solide ; mais ce bidule – sans vouloir vous offenser, je sais bien que vous en avez besoin – c'est à peu près comme être shampouineuse dans un salon de coiffure.

– Et pourtant, vous étiez ingénieur ?

– Eh oui. Maintenant, je relève les itinéraires de la plasmaphérèse, et je colle des traceurs sur des hormones.

– Ça vous plairait, de faire un tour dans les tubes de pilotage ? »

Elle interrompit l'énumération de ses corvées et le regarda. Jusque-là, il n'avait été qu'un client comme les autres, un individu anonyme de plus branché sur le moniteur thérapeutique. « Eh bien, merde ! Ça, oui alors, mais...

– Je crois pouvoir vous faire mettre sur la liste d'équipage.

– Ne me dites pas...

– Je vous le dis. Je réglerai ça avec Ted Landon.

– Vous pourriez vraiment faire ça ?

– Bien sûr. Je vois bien que vous faites un boulot d'un ennui mortel. Insupportable, en particulier avec des gars dans mon genre, les vieux débris qu'il faut brancher sur la machine.

– Bien vu. » Son expression changea du tout au tout, et se fit très intéressée. « Vous pourriez me faire travailler avec cette équipe ? Je veux dire... même simplement nettoyer les tubes, pas mal de travail sur le terrain, des trucs de labo, je crois que...

– Parfait. Vous ne m'avez pas l'air du genre à rester ici à s'embêter. » Il aurait bien voulu appuyer cette déclaration d'un geste, mais son bras resta parfaitement immobile. « Je me sens comme un zombi » ajouta-t-il.

« Voilà, nous avons presque terminé. » Elle actionna quelque chose, et il retrouva l'usage de son bras droit.

« Ça me paraît tout de même idiot que je sois obligé de prendre du temps à quelqu'un pour faire ça – les branchements, les contrôles.

– Ouais. Vous devriez pouvoir vous débrouiller tout seul. Mais au fait, pourquoi n'êtes-vous pas en self-service ?

– Une manie de Ted. Il veut pouvoir surveiller tous les vieux machins comme moi.

– Seigneur ! C'est du boulot en plus, c'est tout.

– Exactement.

– Si vous pouviez me mettre sur l'équipe des motoristes...

– Vous pourriez me mettre en self-service ? Je veux dire, c'est un tel gaspillage...

– Je crois que oui.

– Bon. Dans la mesure où il s'agit de ma santé, je ne risque pas de faire d'erreur, après tout.

– Ça tombe sous le sens.

– Merci, merci bien. »

Il se détendit. Des relais tombèrent, et il sentit ses bras et sa poitrine reprendre vie. Il avait en horreur ce genre de négociation de marchand de tapis, mais il fallait bien parfois savoir en passer par là.

Nigel était de bonne humeur. Il avait passé la soirée en compagnie de Nikka et de Carlotta, à jouer au sambau sur un échiquier traditionnel. Il avait perdu presque tout le temps, et devait un mois de corvées domestiques à Nikka et quelques crédits de bord à Carlotta. C'est avec le calme le plus parfait qu'il avait tiré une série de pions invraisemblablement mauvaise.

« Qu'est-ce qui t'arrive ? lui demanda Carlotta. Tu t'es encore empiffré de drogues interdites, je parie ?

– Rien d'aussi terre à terre. » Il cligna des yeux et se tapa la poitrine. « Vous avez devant vous un enfant d'Angleterre revitalisé. » Il s'arrêta, se demandant s'il devait ou non continuer. Puis : « Je suis passé en self-service.

– Ah ! très bien ! fit doucement Nikka.

– En clair : plus personne ne saura à quelle cadence Monsieur tombe en morceaux, commenta Carlotta.

– Tout juste ! Le taux d'enzymes de Monsieur ne regarde pas les directeurs de programmes et autre fouille-merde.

– Et comment y es-tu arrivé ? demanda Carlotta.

– Question d'opportunité. J'ai réussi à convaincre la techno-médic de service.

– Tiens ! Mais c'est vrai ; les techno-médics ont le droit – décentralisation des décisions, etc. – mais il suffira d'un simple contrôle des systèmes...

– C'est là où tu interviens, Carlotta », fit Nigel qui la regardait, dans l'expectative, tandis qu'elle soulevait un sourcil. « Ce ne sont pas les petits copains qui te manquent dans le service. Tu peux certainement m'éviter leurs inquisitions tatillonnes. »

Les deux femmes échangèrent un regard et se mirent à rire. « C'était donc ça ! s'exclama Carlotta.

– Ce n'est pas aux vieux singes..., fit-il sans terminer sa phrase.

– Te rends-tu compte, Nigel, que tu veux me faire introduire des informations fausses dans le système ?

– La vérité n'est qu'une opinion qui a survécu aux autres.

– Mais il s'agit de falsifier des données !

– Exact, les sacro-saintes données.

– Tu abuses de mon, de ma...

– Oh ! allez, nous ne sommes plus des enfants de chœur, assis en train de manger des crêpes et de lire *Les Voyages de la petite otarie bleue.* Elles vont aller moisir dans les filières, ces données.

– Tu demandes beaucoup, Nigel, remarqua Nikka d'une voix douce.

– L'amour éternel survit à tout et tout le tremblement, mais la vanité est moins épineuse. Je ne vais pas rester dans l'appartement, assis à étudier des rapports et à ne rien faire.

– Si tu n'es pas capable physiquement...

– Mais ne vois-tu pas que c'est une épée de Damoclès sur ma tête ? Si Ted...

– Je ne peux pas. C'est malhonnête, gémit Carlotta.

– Malhonnête ? N'exagérons rien. Ça ressemble plutôt à

ce que les Américains appellent avec délectation une zone d'ombre. »

Nikka se tourna vers Carlotta et dit lentement : « Cela signifie beaucoup pour lui. Sans ça, il perdra son travail.

– Ce qui veut dire quoi, au juste ? répliqua-t-elle. Plus de travail asservi en surface. »

Nikka se pencha en avant et prit un ton sérieux pour remarquer : « C'est extrêmement important pour lui.

– Lui, toujours lui !

– Nous devons nous entraider, fit remarquer Nikka avec une certaine raideur.

– *Mierda seca.*

– Je suppose que ça veut dire...

– Ce que je veux dire, moi, c'est que nous sommes toutes les deux en orbite autour de lui. Ne comprends-tu pas ? »

Nikka cilla, mais le reste de son visage ne bougea pas. « Il y a inévitablement des inégalités...

– D'accord, on ne peut arriver à un équilibre parfait, personne ne le peut. Mais nous... nous sommes en compétition pour Nigel, et c'est ça qui ne va pas.

– C'est vrai, ça ne va pas, intervint Nigel. Je ne vois cependant pas les choses comme un concours. Tu...

– Moi si, le coupa Carlotta.

– Et moi, non, dit Nikka. Je dis simplement que Nigel a besoin d'aide. »

D'une voix douce, Nigel reprit alors la parole. « J'aimerais descendre là en bas en personne. Il n'y a aucune chance qu'on m'y autorise. Je n'ai qu'un moyen de voir quelque chose d'Isis : les systèmes asservis. »

Carlotta regarda tour à tour Nigel et Nikka, le doute s'insinuant sur son visage. Nigel se tut ; il valait mieux ne plus s'en mêler pour l'instant.

Carlotta était issue des quartiers pauvres, pourrissant au soleil, de Los Angeles. Elle était cuirassée de compétence en tant que patron. Elle survolait avec une grâce toute féminine les milliers de détails dont étaient composés les univers des systèmes d'analyse.

Sa carrière comportait quelques heurts violents avec des patrons, des changements de boulot, des heures supplémentaires. La tendance naturelle, lorsqu'on entreprenait une carrière technique, était de passer par différents stades de responsabilité pour finir directeur de programme ou chef d'inter-secteur, si l'on naviguait bien. Elle avait résisté. Elle voulait rester en contact avec le travail.

Elle finit par se tailler la réputation d'une terrifiante empêcheuse de danser en rond, ne supportant pas les imbéciles, en particulier quand c'étaient des patrons. Elle s'en tenait à ses propres normes, ce qui l'avait rendue intouchable. Tant que le *Lancer* n'en avait été qu'aux essais, en orbite autour de la Terre, elle s'était contenue. D'emblée, Nikka l'avait appréciée, cependant, et tous trois avaient peu à peu développé des relations plus étroites au cours des premières et difficiles années, pour finir par vivre dans une confortable intimité.

Mais tout système dynamique à trois pôles subit inévitablement des tensions, ne serait-ce qu'à cause des comparaisons avec le modèle bipolaire classique, lequel paraît alors l'enfance de l'art. Quel degré de loyauté exigeait en réalité leur douillet petit abri ? se demandait Nigel tout en observant Carlotta.

« Je... je suppose que je pourrais... pendant un certain temps. Tant que nous serons dans l'espace d'Isis, mais c'est tout.

– Superbe ! Je savais bien que tu comprendrais qu'un vieux machin n'a pas à rendre compte de la moindre courbature. »

Sa jovialité était forcée et personne ne l'ignorait, mais elle permit aux deux femmes de se renfoncer dans leur siège tandis qu'il se lançait dans une description enthousiaste du travail en surface. Tout en parlant, Nigel étudiait l'expression pensive de Carlotta. Elle souriait automatiquement à ses plaisanteries, mais ne pouvait s'empêcher de lancer ici et là des coups d'œil interrogatifs à Nikka, comme si elle cherchait son approbation. Il comprit que c'était davantage pour Nikka que pour lui-même qu'elle avait accepté ce compromis. Très bien. Il avait supplié, et il avait obtenu ce qu'il voulait. Inutile de s'appesantir sur les raisons.

Nous sommes en compétition pour Nigel, avait-elle dit. Peut-être bien. Il devait s'avouer ne pas détester cela, et qu'il avait toujours été attiré par ce genre de situation, déjà en Californie, à l'époque de Shirley et d'Alexandra...

Il secoua brusquement la tête, pour arrêter le flot de ses pensées. Les deux femmes lui jetèrent des coups d'œil intrigués. Il reprit une expression détendue et distante.

Il n'aimait pas trop se mettre à penser à sa première triade, ni à la façon dont elle s'était terminée. Laisser le passé venir de cette manière s'immiscer dans le présent avait quelque chose de malsain ; il devait s'efforcer de voir Nikka et Carlotta telles qu'elles étaient, et non pas en fonction de son expérience.

Il ne pouvait cependant pas se permettre d'ignorer l'autre aspect du problème ; en contrepoint de cette compétition dans laquelle elles étaient pour lui, elles étaient aussi en compétition avec lui l'une pour l'autre.

La manœuvre réussit. Il conserva lui-même son dossier médical, et put en faire disparaître raideurs et douleurs temporaires. Il se maintenait ainsi sur le tableau de service, mais cela ne l'aidait pas pour autant à obtenir le travail qu'il aurait voulu faire. Il fallut des semaines avant qu'une nouvelle mission de surface intéressante fût entreprise, et Nigel n'était pas chargé de sa composition.

Le but était de récupérer intacte l'une de ces créatures à antenne. Avec la grande antenne radio, Alex en suivait des milliers à la fois. Dans un système de vallées à proximité de l'Œil, les signaux en provenance des E.M. avaient commencé à faiblir. Puis l'un d'eux s'était complètement interrompu.

« Mort ? lui avait demandé Nigel.

– Probablement. Cela fait dix jours qu'il n'a pas bougé ; puis le signal s'est arrêté, en tout cas nous l'avons perdu. Il est au moins très faible.

– La chaleur de son corps était-elle lisible aux infrarouges ?

– Elle l'était. Elle ne l'est plus. »

5.

Il fallut une semaine pour obtenir un consensus de l'ensemble de vaisseau. Il en fallut une autre pour mettre le raid au point. La petite escouade de volontaires alla toucher terre, s'empara de l'extraterrestre et regagna le bord – le tout en moins de deux heures.

On déposa le grand sac de polyflex dans la soute stérile. La créature à émetteur gisait comme le bricolage monstrueux d'un savant fou, allongée sur le côté, ses membres faisant des angles impossibles. Dans la lumière aveuglante de la soute, elle apparaissait sans ombre, parfaitement immobile. Les seize technos de l'équipe déplacèrent lentement le véhicule spécialement conçu pour l'occasion, afin de le mettre en position au milieu de tout un attirail d'appareils de chirurgie et de thérapie.

À travers le grand hublot donnant sur la soute, Nigel ne perdait rien de la scène. Il reconnut Nikka, en dépit de sa tenue hermétique d'un blanc éclatant. Elle fit pivoter la plate-forme du véhicule, et la créature se présenta sous un angle plus favorable à l'examen. Toute l'équipe, parfaitement entraînée, agissait avec rapidité et précision. En quelques instants, tous les instruments étaient en place autour de l'E.M. On ouvrit alors le sac.

Au fur et à mesure que la lame s'y enfonçait, une brume légère sortait de l'ouverture. L'équipe eut un mouvement de recul, puis observa sans bouger la poussière qui se déposait lentement sur le sol. L'air de la soute était le même que celui d'Isis, les brouillards riches en soufre en moins. Nikka détacha complètement une partie du sac, puis fit passer le morceau de polyflex à un aide derrière elle. *J'espère qu'il n'a pas besoin du vent et de cette poussière pour vivre,* dit-elle dans son micro, branché sur le circuit général.

Cette créature est morte depuis un bon moment, fit une autre voix, venue de la soute. Les spécialistes se mirent au travail. Cela faisait des années qu'ils attendaient cet instant ; sous la lumière crue de la soute, la peau cireuse de l'extraterrestre luisait. Un murmure montait de leur petit groupe.

Nigel soupira profondément, sans prêter attention à la foule qui s'était massée autour de lui. Dans le corridor, l'air était aussi pur et stérile que dans la soute ; les biologistes avaient exigé un équilibre des pressions de la soute avec tous les endroits qui l'entouraient, « au cas où ». Portant la main à son oreille, il enclencha le circuit qui lui donnait accès à tous les canaux employés dans la zone de travail.

Doucement, doucement, Andreov. Pèle-moi ce dos comme s'il s'agissait de l'hymen de ta fille.

C'est peu dire qu'il a la peau dure, regarde-moi cette semelle de godillot !

Bonne image aux rayons X. Structure osseuse plutôt compliquée, on dirait.

Une espèce de moelle épinière trifide se prolonge jusque dans son bas-ventre, regarde, mais qu'est-ce que c'est que ce long truc, ici, ça doit être dans la tête

ouais, c'est le parabolique, c'est ce que nous a déjà dit Jeffreys pendant la remontée, une antenne parabolique longitudinale, placée dans cette espèce de cadre rectangulaire dans la tête, qui lui permet de capter les ondes ultracourtes tout le long de l'axe

c'est à ça que doit servir l'os, contenir les terminaisons

nerveuses de réception radio, qui sont analysées quelque part ailleurs, par là, avant d'être retransmises à ce cerveau marrant

ouais-ouais, le truc est canalisé par ces tissus ; rien de bien gigantesque, mais qu'est-ce que c'est fibreux

les chimistes prétendent que la chose là, sur le premier échantillon, c'est cette bonne vieille hémoglobine avec du fer réducteur d'oxygène, juste enveloppée dans une couverture de corpuscules, le même brevet biochimique qu'exploite la lignée des vertébrés sur Terre

ces trucs sont des chromatophores, exactement ce que je disais, McWilliams s'est complètement planté, tu te souviens de ce qu'il racontait, regarde, ça réagit

bon sang, regarde-moi ça passer du stade mou à la rigidité, comme des papilles de la peau

ça aide peut-être à chasser la poussière

sans doute un réflexe inconscient, comme lorsque nous frissonnons

ne me cassez pas le cul avec ça, je vais, oh ! dites donc, regardez-moi ça, nous en avons bien pour une demi-heure avec ces incisions, il faudra attendre que Kovaldy ait terminé pour avoir tes échantillons

je sais bien que nous devons faire vite et je ne peux même pas dire si cette chose est cliniquement morte, après tout, dire qu'on a répété tout ça déjà, mais bon Dieu d'être devant la créature elle-même c'est vraiment impressionnant, quelle taille, la Tri-D n'arrive pas à le faire sentir, je crois que nous devrions attendre, jusqu'à ce que l'équipe dermato ait fini, nous ne savons rien du système nerveux sur lequel nous allons tomber

hé, on dirait une sorte de sac, là

l'équipe A dit qu'il y a plein de liquide là où ils ont incisé

vas-y en douceur, je n'arrive pas à comprendre regarde donc ce pH

j'ai jamais rien vu de pareil toute une poche de sel métallique en dessous de ce regarde ça !

l'aiguille, là, parfait

des tissus normaux ici, aptes à une grande rétention d'eau comme on s'y attendait

non, personne ne touche à la tête ou à la moelle épinière pour l'instant, n'étiez-vous pas d'accord avec

passe-moi l'autre je n'arrive pas à couper ces trucs comme des ailerons de cuir, regarde tout autour de la fente, tu peux voir avec les rayons X, moi à mon avis c'est une bouche, ces trucs ce sont des lèvres, il y a des dents là-bas derrière

de vrais rasoirs, mais qu'est-ce qu'il bouffait donc

Avery, débrouille-toi pour que ces guiboles soient bien calées, non on n'y va pas encore, je ne veux pas qu'on le déplace, dis à Kajima que nous sommes bientôt prêts

nettoie donc ça avant de

mets tes lentilles là-dessus je vais faire une incision comme ça en montant

tiens le bol au cas où

Nikka as-tu une main de libre

quelque chose de résistant ici, j'ai l'impression hé là

Seigneur !

c'est tout ce que tu veux sauf un tissu vivant, mon vieux Sam

des sortes de fils, là, j'ai cru que nous étions tombés sur des nerfs cette fois, mais ce truc, bon sang, prends des échantillons

drôlement dur là-dedans

attrape ça

tu sais ce que c'est, de la silicone, mon vieux, des fils de silicone avec du bore entre autres

je n'y arrive pas regarde c'est tout emmêlé à des tissus vivants ici c'est peut-être une excroissance comme un cancer ?

hé, Singh, on est en train de capter un bruit électroneuronique en provenance de la tête je crois qu'on ferait mieux d'arrêter jusqu'à il porte des ganglions, cette silicone, une partie de l'ossature, peut-être ?

il y a ici quelque chose comme un ventre, laisse-moi regarder par l'endoscope, oui, c'est vide, regarde, ça maintient juste la pression, observe comme c'est relié à ce fouillis de trucs, c'est un intestin à tous les coups, disposé de façon marrante, toute régulière, une structure parfaite pour avoir le maximum de surface digestive en fonction de l'espace disponible, concentrique

ouais des coques sphériques au lieu des sacs de nœuds que nous avons dans le ventre

drôlement plus au point, si tu veux mon avis

non il faut avoir des échantillons différents de chacun, je sais bien qu'ils arrivent vite, il n'y a qu'à les congeler ou les dessécher sous vide, un sur deux si tu veux, mais ne prends pas de retard, j'avais pourtant dit à Ladunda qu'il nous fallait une assistance plus importante, mais bien entendu il n'en a pas été question, fais ce que tu

taux de métabolisme très bas, avec un truc comme ça tu serais déjà mort

celui-là l'est déjà

oui, d'accord, mais pas à cause de ça, il y a quelque chose d'autre

il s'est arrêté de bouger, exactement comme les autres dans cette vallée

merde alors, regarde donc, à quatre centimètres de ce fil de bore-silicone, là, oui, c'est du phosphore, à tous les coups, des masses de phosphore, tout mélangé avec la silicone

je crois que nous devrions ne pas aller plus loin tant qu'on n'y verra pas un peu plus clair

il doit déjà être en train de se décomposer, si tu veux péter ta tenue et en prendre une bouffée vas-y donc allons !

il faudra t'évacuer sous vide après ça, bien sûr, mais tu seras fier en pensant à la science arrête de bayer aux corneilles, Kafafahin, et arrange-moi ça

si l'on induit une chute de potentiel on a des résultats assez marrants regarde

qu'est-ce que tu fabriques, Jeffreys ?

les caractéristiques électriques de ces fils, eh bien, elles sont ahurissantes, pour tout avouer, je dirais que ce sont des transistors si on me le demandait, il y en a des tas

ouais, c'est ce qui donne de la flexibilité aux fils, regarde, c'est fait de petites pastilles reliées ensemble, à peine deux millimètres de long avec un peu de jeu

n'y touche pas

c'est un réseau neuronique transistorisé, c'est pourquoi on ne trouve pas le moindre nerf dans ces tissus, ce ne sont pas des os ou ce que tu veux, rien qu'un foutu paquet de puces qui font passer l'information dans un sens et dans l'autre

les vaisseaux sanguins sont tellement minces qu'ils ne risquent pas d'apporter beaucoup d'oxygène au tissu

nous ne sommes qu'à quelques centimètres ne va

des pastilles, tu te rends compte, des pastilles de silicone, mon Dieu c'est délirant imaginer de la silicone dans un organisme

mais avec l'A.D.N. c'est évident qu'il peut y avoir des tas de façons de transférer l'information de l'acide nucléique en structure protéinique et de construire des structures inorganiques en parallèle si le code est conçu pour ça

un bout de chaque, il me faut un bout de chaque tranche, demande à Hendricks de t'aider, comment veux-tu que j'y arrive dans toute cette bousculade, et quand est-ce que ça va arrêter de jacasser, on est là pour bosser pas pour raconter sa vie

c'est l'occasion ou jamais

ce sont des plaquettes électriques, à coup sûr, du bore pour des transistors de type P, du phosphore pour ceux de type N, stimulées par des ajustements de potentiel dans les tissus eux-mêmes, comme dans nos nerfs mais je dirais avec davantage de contrôle, c'est comme la différence entre un semi-conducteur et un simple fil, on doit pouvoir faire bien plus de trucs avec ça qu'avec de vulgaires nerfs comme les autres, ça fait penser à la différence entre ces vieux tubes à vide et une micro-puce

tiens bien ça

merde j'aurais juré que ce membre avait bougé

ils sont en train de le tripoter, il n'y a pas

alors ils ont à la fois des transistors de type P et N pour différents

est-ce qu'il ne vaudrait pas mieux arrêter de faire joujou tant qu'on n'a pas compris comment ce foutu machin

Hendricks, passe-moi cette pince je pense qu'il y a quelque chose d'autre, on dirait

attends, je vais t'aider à l'avoir

comme un fourreau de myéline mais en plus épais, cuirassé de silicone lui aussi, attends, tiens ça, regarde

ouais, d'accord les tissus sont bougrement secs ici

il faut tailler dedans passe-moi le

d'accord je me demande

quelque chose de dur quel...

Violent et sec, le claquement fit lever toutes les têtes autour de l'énorme carcasse, tandis que l'homme était pris d'un violent tremblement et de secousses sous l'effet du courant qui passait en lui, distendait sa bouche d'où s'échappait un râle, que son assistant, lui aussi touché par la décharge, restait cloué sur le sol : puis la main de ce dernier fut saisie d'un spasme et lâcha la pince, et il s'effondra par terre sans être remarqué : son patron était agité de secousses tellement furieuses que tous les autres, paralysés, le regardaient sans rien faire ; dans son corps, la pompe cardiaque fut prise de fibrillation, le flot de sang s'arrêta, les yeux de l'homme se mirent à rouler, le courant passant toujours par son bras pour rejoindre la masse du vaisseau par ses pieds, personne ne bougeant autour de lui jusqu'à ce qu'enfin une femme s'emparât d'un instrument non métallique et le frappât durement. La main libérée, l'homme s'effondra à son tour sur le sol. Nikka lâcha l'instrument de plastique et s'agenouilla à côté de lui. Les exclamations se mirent à fuser dans la soute.

Il comprend qu'il ne peut absolument rien faire, bien sûr, tandis que l'homme tombe comme une marionnette dont on aurait brusquement coupé les fils, ses yeux roulent, Nikka suivant le mouvement de son coup, Nigel voit ce qui va se passer ensuite, l'émotion et les tremblements autour du grand corps, le groupe d'hommes qui se forme rapidement autour de celui qui est tombé pour l'emporter dans un sas où l'environnement est immédiatement rétrostérilisé afin que l'on puisse ouvrir sa tenue hermétique et soigner ses chairs calcinées, on va probablement sauver l'un des deux hommes mais pas l'autre, cela prendra trop de temps, sans doute était-ce un courant puissant, le genre de décharge le plus dangereux, elle aurait été mieux tolérée si seulement le voltage avait été élevé...

Il cligne des yeux, se rend compte que sa respiration s'est ralentie, et sent l'odeur rance des gens autour de lui, qui s'agitent et murmurent, effrayés, et dont l'âcre transpiration empuantit l'air sans qu'ils s'en aperçoivent eux-mêmes...

... La chose était improbable, sans doute s'agissait-il d'une décharge électrique appropriée à un système biologique, voltage bas mais ampérage puissant, une électricité peut-être stockée dans les batteries électro-chimiques qu'il transportait, ces sacs isolants pleins de sels métalliques, un mode très efficace de conservation de l'énergie tiré de la sinistre poussière rouge pauvre en oxygène de ce monde, et donc la créature sur le véhicule...

Nigel recula, et laissa les autres s'agglutiner devant le hublot pour voir le spectacle, l'agitation inutile et frénétique des premiers instants laissant la place à une activité efficace et coordonnée dans la soute sous isolation, et ses narines captèrent la forte odeur de l'appartenance tribale de l'homme – l'entité est vivante, vivante mais réduite au silence ; elle doit encore sentir un vague chatouillis en provenance de l'extérieur, mais à travers les brumes épaisses de l'hibernation, une stratégie millénaire habile qui permet à la fournaise interne de réduire son activité et évite les excès de désespoir des mammifères poussés par la faim, qui permet aussi d'attendre retiré du monde, de subsister pendant de longues périodes d'inactivité attentive : voilà ce qu'enseignerait le froid calcul, ne pas faire partie des espèces à sang chaud comme nous, ne pas être l'esclave d'un métabolisme stable, surtout quand la meule de l'histoire tourne aussi lentement, use les choses de façon aussi imperceptible.

... Sans s'en rendre compte, le groupe collé au hublot a un geste de recul, les bouches s'arrondissent en O, les respirations s'accélèrent, il y a comme une bouffée de chaleur dans l'air aigre, Nigel passe une tête pour regarder, il voit le groupe d'humains autour du véhicule s'éparpiller brusquement, Nikka la première, aidant à transporter le deuxième blessé, jetant un coup d'œil par-dessus son épaule, il voit ses yeux agrandis par la peur à travers la bulle du casque, car la créature submerge le réseau de communication de son bourdonnement râpeux, un soupir sifflant, et, avec une insupportable lenteur, soulève un membre, l'agite, trouve un point d'appui stable, tourne sa grande tête rectangulaire – ah ! oui, l'axe le plus long peut recevoir toutes les ondes moins grandes que lui, si bien que pour avoir la meilleure vision, pour avoir une image plus piquée, il faisait pivoter sa tête jusqu'à ce que cet axe long fût aligné avec la direction qu'il désirait explorer, le cerveau enregistrait instinctivement les images, les débarrassait du brouillard d'imprécisions et la tête, ballottante, faible, que seul un danger mortel avait tirée de son sommeil, puisait maintenant dans ses réserves anaérobiques pour la bataille finale ; puis elle pivota de nouveau, la peau cireuse et parcourue d'un réseau capta la lumière, tandis que les bras recherchaient une prise et les jambes un point d'appui pour se redresser ; une nouvelle explosion d'ondes radio coléreuse satura les lignes de communication.

... Mais ce signal ne doit servir qu'à la définition, à la perception, c'est sa vue, se rappela Nigel...

Il s'accroche au rebord du véhicule, se tire péniblement sur le côté, les bras en avant, les jambes cherchant le sol de la soute, la tête tournée maintenant vers le bas, silencieux si l'on excepte la corne de brume beuglant dans le réseau radio, il finit par se mettre debout d'un mouvement vif, haut comme une tour dans la grande soute.

Nigel ressent ce qu'il éprouve, les surfaces métalliques lui renvoyant de partout ces pulsations radio, l'aveuglant de sa propre image émiettée, de l'écho de ses ondes radar, destinées à le désigner et à explorer le monde autour de lui ; ce cri d'ondes ultracourtes est sa signature, et l'univers, pourtant solide sous lui, répète à l'infini son nom, un nom brisé et mécaniquement reproduit, et non pas comme ceux de sa race le lui auraient retourné, non, mais renvoyé comme quelque chose qui rebondit, que l'on rejette, indifférent ; il n'y a plus le silence accueillant du ciel au-dessus de lui, mais au lieu de cela une accumulation hurlante d'échos, de voix et encore de voix toutes bégayant dans un effroyable chaos verbal, dur, hostile, d'une neutralité criarde...

Il tituba. Dix-huit minutes, maintenant, et il était toujours debout sur ses jambes. Celles-ci, frêles comme des bâtons, tremblaient. Il fit un pas hésitant, tâtant la pierre lisse à la recherche de son équilibre. Avec lenteur, avec une insupportable lenteur. La tête pivota à petits coups délicats, s'inclinant d'un côté, puis de l'autre. Il essayait d'affiner sa perception de ce monde bardé de métal.

« Regarde comme ses genoux tremblent », dit quelqu'un à côté de lui. Nigel jeta un coup d'œil à l'homme et à ses compagnons. Ils portaient des tenues étanches et étaient équipés d'un matériel encombrant.

« Il est en train de perdre ce qui lui reste d'énergie », fit Nigel à l'intention de Ted, qui se trouvait à côté de lui, écoutant attentivement la communication qui parvenait à son casque individuel.

Ted acquiesça par deux fois et interrompit la communication. « C'est bien ce que nous pensons, répondit-il.

– Il était dans une sorte de phase léthargique, dit Nigel. Il dispose de ressources de secours, cependant, c'est évident. Quelque chose...

– On le saura exactement quand on l'aura dépecé.

– Dépecé ?

– Hendricks et Kafafahin sont morts. Electrocutés.

– Bon sang !

– Il est temps d'arrêter de jouer avec le feu, intervint le rouquin qui se trouvait à côté.

– Est-ce que l'on ne pourrait pas laisser ce... cette créature épuiser ses ressources et faire simplement un peu plus attention la prochaine fois ? Il n'y a pas de raisons...

– Vois toi-même », le coupa Ted en se tournant brusquement vers lui. « Deux hommes sont morts : je ne prends plus le moindre risque. Les directives stipulent qu'il faut respecter les conventions concernant les formes de vie extra-terrestres – à partir d'une certaine taille, en tout cas. Sauf – sauf – si une vie humaine est menacée.

– C'est évident. Mais...

– Pas de "mais", Nigel. » Ted se tourna vers le rouquin. « Quand il tombera, attendez cinq minutes avant d'entrer. Puis adoptez la procédure de préparation d'une biopsie. Celle que l'on gardait en réserve.

– Il est inutile de le tuer, dit Nigel doucement. Il me semble que nous devrions pouvoir comprendre ce qui a provoqué...

– Pas question de prendre le moindre risque. » Le ton de Ted était très sec. Un côté de sa bouche se tordit, en une tentative de sourire sans humour. « Restez éloignés une fois là-dedans, lança-t-il à l'adresse de la petite équipe, pas de contact. »

Nigel s'avança entre les hommes de l'intervention et Ted. S'il pouvait seulement détourner un moment son attention des préparatifs, faire passer une idée au milieu de tout ce flux d'adrénaline… « Je crois que si tu me laissais y aller, je pourrais trouver ce qui s'est passé. Cette bestiole doit avoir des poches de stockage, des batteries internes. On doit pouvoir les localiser avec les rayons X. On peut ensuite les vider…

– Je ne risquerai la vie de personne pour ça. Et certainement pas la tienne, Nigel. »

La réponse était assortie d'un sourire agressif.

« Ne pourrais-tu au moins retarder cet ordre d'une dizaine de minutes ?

– Non. Maintenant tais-toi et laisse-moi réfléchir. » Sa mâchoire se contracta, ses lèvres se serrèrent, et de la main Ted se caressa machinalement le menton. On pouvait voir frissonner les muscles de ses joues.

Il y eut un brusque mouvement à travers le hublot. Nigel vit la créature tituber, la tête ballottante, et bousculer du matériel électronique. Ses bras s'agitaient inutilement, comme pour lutter contre les images fantômes renvoyées par les parois, dans son incapacité de trouver la clef pour déchiffrer ce monde fou et brouillé.

Il tomba.

Du matériel s'éparpilla dans toutes les directions. La haute silhouette s'effondra en douceur, essayant de se retenir, de rester debout. Il n'arrivait pas à retrouver son équilibre. Ses mains se convulsèrent et les ongles aiguisés qui terminaient ses six doigts noueux de forme conique firent jaillir des étincelles de la pierre. Toujours sans bruit. Il donna des ruades, une fois, deux fois, réduisant en morceaux une unité de biostockage.

« Tenez-vous prêts », dit Ted, la voix blanche.

Nigel jeta un coup d'œil aux hommes, à leurs visages

tendus et concentrés. Il fit demi-tour et s'éloigna, autant dégoûté que fatigué.

Nigel fit jouer le réglage de contraste du microscope. Les biologistes avaient passé des heures sur les échantillons de tissu ; il avait lu leurs rapports préliminaires, mais il voulait voir par lui-même.

La créature possédait beaucoup de systèmes d'organes semblables à ceux des espèces terrestres. Un foie, avec des cellules à double membrane, couvertes de ribosomes et complexes. Une matière grise circonvolutée. Et leur corps volumineux était bâti sur le même principe économique d'une structure en berceau, avec pièce de soutien, articulations et jointures.

Mais la main rude de l'évolution avait délaissé le modèle chimique peu efficace qui caractérisait les enfants de la Terre. Les E.M. engrangeaient l'énergie dans de gros condensateurs cylindriques, et pouvaient s'en servir en brusques décharges, au besoin. Ces condensateurs étaient composés de membranes superposées en accordéon, toutes enveloppées dans une structure en nid d'abeilles, fantastique illustration de ce que pouvait donner la recherche d'un maximum de surface pour un minimum de volume ; l'ensemble était isolé et cuirassé de façon qu'un simple faux mouvement ne puisse provoquer une décharge inopinée.

Nigel coupa le microscope. Une fois que l'on avait saisi le principe général, ce système paraissait aller de soi. L'oxygène était rare sur Isis, avec tout ce soufre dégorgé dans l'atmosphère. La nature s'était donc servie d'une méthode entièrement non chimique pour créer cet être imposant et gaspilleur d'énergie ; ne pas enfermer l'énergie dans des barrières chimiques, et la transporter avec le corps. Au lieu de cela, consommer n'importe quelle nourriture qui vous tombe sous la dent, et stocker l'énergie en charges séparées, négative et positive. Les « nerfs » aux pastilles de silicone jouaient une partie de ce rôle, et l'estomac à l'allure bizarre accomplissait le reste.

Personne, sur Terre, n'aurait anticipé un cycle digestif électrodynamique. Cependant, une fois qu'on en avait compris la logique...

Amusé, Nigel se gratta le nez. Tout cela était bel et bon, on avait compris le système, mais comment vivaient les E.M., en réalité ? Comment en étaient-ils arrivés à ce stade ? La réponse se trouvait là en bas, dans ce paysage sombre et sauvage, et nulle part ailleurs.

Bob Millard avait mis au point un nouveau programme d'exploration en équipe, à la suite de ce que la mort de l'E.M. avait montré. Nigel s'était vu confier une tâche secondaire dans ce programme, et devait travailler avec un gars du nom de Daffler. De nouveau, il se gratta le nez. Peut-être une occasion se présenterait-elle, et trouverait-il quelque indice ; peut-être.

6.

Dans un tintamarre de ferraille, Nigel prend de la vitesse. Derrière lui Daffler a quelques problèmes avec son locomotron gauche. S'il peut garder la tête et ne pas être rejoint par l'homme, peut-être pourra-t-il agir un peu plus librement et suivre son instinct...

« *Eh, attends-moi je te dis !*

– Il y a quelque chose dans cette direction...

– J'ai dit d'attendre et pas autre chose. Ecoute, Nigel, Millard a été très clair ; ou tu suis mes ordres sur le terrain ou je te coupe. »

Nigel ralentit. Il savait bien que ça ne pourrait pas marcher, mais il avait eu l'impression que cela valait la peine d'essayer. Un sentiment roboratif d'énergie ludique s'était emparé de lui lorsqu'il avait senti les stabilisateurs, à l'extrémité des deux locomotrons, mordre dans la croûte du sol d'Isis. Comme si c'était sa meilleure chance, peut-être son unique chance de voir les E.M. tels qu'ils étaient, et non pas à travers la tri-D ou en lisant des rapports froids, choses qui l'éloignaient d'une expérience véritable et qui, parce qu'elle proposait en réalité une sélection de faits, de lieux, de données, d'exemples, esquivait toujours la perception brute et le volait de quelque chose.

« *Ça y est, le carter latéral est réparé. Je te rejoins.* »

Nigel esquissa un sourire et se mit à penser à la fraîcheur qui régnait à l'intérieur d'une cathédrale anglaise de pierre, aux messes qu'il avait dû scrupuleusement suivre, il y avait si longtemps, petit garçon toujours impressionné par les hautes colonnes de granit et la pesante solennité de la cérémonie elle-même, *Que le Seigneur soit avec vous, Amen,* l'hostie brûlant sa langue – le goût neutre du serment qui lie –, lui promettant qu'à la fin il se relèverait, un caillot de sang débordant d'un corps usé prêt à avaler la nuit, *prends, mange, ceci est mon corps, ceci est mon sang,* avale tout, engloutis cet univers de ténèbres qui se glisse par-dessous les portes jusque dans le cercle de lumière orangé du salon familial, son père assis dans son fauteuil à bascule, se mordant les lèvres tout en écoutant, se balançant sans fin, austère, son fils parle d'une voix volontairement mise en sourdine comme les longues notes plates de l'orgue tandis qu'ils examinent la collection, bruit des pièces sur le plateau, granit lisse et froid s'élevant dans les airs, le « rocker » dit-il ira dans une rocket, une fusée, ce n'est qu'un « r » changé pour un « t », Père, Père qui êtes aux Cieux, Père qui êtes maintenant aux Cieux...

On dirait qu'ils prennent au nord maintenant. Du coup Nigel s'éveille et il active son écran quadrillé d'un réseau. Des points rouges. Le balayage minute à minute montre qu'ils remontent la vallée et s'éloignent des vents violents de l'Œil. Ils se déplacent rapidement. Plus vite, d'après Alex, que ce qu'il a jamais observé de la part d'E.M., et à un taux qui exige davantage d'énergie que n'en peut fournir cet environnement pauvre en oxygène. Cela faisait une semaine qu'Alex avait relevé une certaine activité dans cette vallée. Mais d'autres endroits étaient considérés comme prioritaires, et le temps que le grand parabolique se tourne vers la région, une nouvelle tempête était née de l'Œil. Des évents lâchant des fumées volcaniques crevaient le sol de la vallée ; les tourbillons de poussière s'élevaient dans les colonnes de chaleur, dans une atmosphère riche en eau, en ammoniaque et en dioxyde de carbone.

Nigel orienta le système optique vers le bas, pour voir sa propre carapace d'hydracier sur laquelle des éclaboussures brunes cachaient le numéro de série du robot, avant de s'écouler en filets sales vers le sol. Une pluie de boue. Les poussières de soufre retombaient dès qu'elles touchaient l'air volcanique. Il paraissait bizarre que les E.M. préférassent le fracas de cette vallée glissante et enténébrée aux pentes plus accueillantes de celles qui se trouvaient au-delà, avec leurs ruisseaux d'eau claire et une atmosphère ne contenant plus que les poussières les plus fines à avoir franchi les fumées volcaniques.

« *Dirige-toi vers l'est, Nigel, j'accroche quelques pointes d'ultracourtes par là.* »

Ses stabilisateurs résonnant sur la roche, Nigel s'engagea le long d'une pente. L'illusion d'être sur place s'améliorait au fur et à mesure que les systèmes de feed-back l'ajustaient de façon de plus en plus précise à la machine, les mouvements vifs et sûrs des servo-moteurs lui parvenant intacts tandis que les grands pieds ébranlaient le sol ; Nigel avait l'impression de parcourir un terrain difficile avec des bottes d'entraînement ; lorsque les stabilisateurs mordaient dans le sol, il sentait se tendre les muscles de ses mollets ; ceux de ses cuisses se contractaient et se détendaient tour à tour, sa colonne vertébrale faisait jouer ses disques, ses bras se balançaient pour conserver une foulée égale, régulière, tandis que l'hydracier rendait un son de métal dans cet univers du flou et qu'il scrutait les strates mouvantes des poussières porteuses de vie, cet air épais qui était un complexe chimique dont l'origine était dans les forces telluriques qui soulevaient les montagnes de l'Œil, faisaient éclater la terre, rompaient les plaques rocheuses recuites, creusaient des évents dans les hautes vallées de montagne, projetant partout leur humidité et leurs fumées, masquant éternellement le ciel, si bien que les E.M. n'avaient jamais vu les étoiles – si ce n'est peut-être une fois tous les mille ans, dans un exceptionnel moment de calme, toutes les poussières ayant eu le temps de retomber tandis que très haut s'allumaient des points scintillants – mais les E.M. n'avaient pas d'yeux pour les voir.

« *Est-ce que tu reçois ce truc, Nigel ? Cette espèce de crachouillis sur 200 mégahertz ?*

– En effet, je le reçois ; à un peu moins de 16 degrés de mon site.

– *Je l'ai à 17,2, terminé.*

– Allons voir ça. »

Du talon, il frappe le sol. Les servos transposent le mouvement en un saut qui l'envoie par-dessus un canyon de végétation brune ; il retombe bruyamment sur un épaulement de basalte calciné. Les pieds glissent, mais le robot réagit bien et se redresse à temps. Visibilité optique : cinq mètres. La pluie de boue obscurcit les lentilles. Il reprend son élan et reçoit une poussée supplémentaire du système hydraulique arrière dont il entend le soupir grave, et survole alors une zone de plantes trapues, tordues, bleu-vert sous les coulures de boue qui les font ployer. La radio crachote, et les petits vecteurs orange sont dirigés droit devant lui ; il n'y a pas qu'une seule radio-source, mais plusieurs paquets de bruit éparpillés, émettant autour de deux cents mégahertz, leur fréquence non stabilisée, certains lançant des sifflements aigres, d'autres des sons graves selon un cycle très long dont le décodeur électronique de Nigel donne une version acoustique. Le tout fait penser à une foule en train de piétiner du verre brisé.

« *Je viens de vérifier avec Alex. Il n'y a pas un seul* E.M. *à une impulsion d'ici. Il doit s'agir d'une autre forme de vie d'Isis.*

– Le signal est faible, ce qui explique peut-être pourquoi Alex ne le reçoit pas. Cependant... »

Une saillie rocheuse apparaît au milieu de la pénombre et des tourbillons. Nigel pointe ses senseurs sur la gauche et passe en infrarouges ; la visibilité s'améliore. Vers le bas, il peut apercevoir un long canyon, obscur dans la lumière rougeâtre de Râ qui arrive jusqu'ici. « On dirait qu'on a taillé les rochers, par ici. » Il avance d'un pas prudent. Aucune forme de vie qui soit visible. Les parois du canyon sont striées et sculptées de longues rainures se recoupant les unes les autres. Il revient sur deux cents mégahertz, et de nouveau le tapage emplit ses oreilles, venant des entailles dans les rochers. « C'est peut-être de l'art, au fond. » Les limites des rainures sont bordées d'un étrange matériau argenté. Nigel déploie un manipulateur et gratte la paroi.

« Ce truc est un conducteur ; il s'agit d'une antenne. » Il se tourne. Il se tient sur un vaste terrain fermé de palissades, comme un enclos à bétail. Dans la pénombre il aperçoit des cavernes creusées dans le rocher ; certaines ont une ouverture ovale, d'autres carrée ou triangulaire. « C'est un village ! » Les cliquetis radio proviennent des marques à côté des entrées, wouk-wouk pour les ovales, skaa-skaa pour les rectangulaires. Sur la roche nue, d'autres marques aboient ou grommellent. Des signaux de circulation ? se demande Nigel, manquant trébucher sur des reliefs du sol boueux de forme courbe, dépourvus de sens pour lui. Il descend vers le bas du canyon, sachant que les enregistreurs captent tout et qu'une douzaine de spécialistes aura des douzaines d'hypothèses à soumettre le temps qu'il sorte de l'appareil.

« J'en ai trouvé un autre, un canyon très semblable. *J'estime me trouver à environ cinq cents mètres à l'est. Si tu...*

– Attends. »

Devant lui se trouvent des sortes de tresses, tendues entre les parois du canyon à environ six mètres au-dessus du sol. De ces tresses pendent des bandes de ce même matériau argenté ; certaines d'entre elles émettent des signaux radio, d'autres sont silencieuses. Nigel s'approche. « Il y a là quelque chose... » commence-t-il, et *Il y a là y là il quelchose que quel quel* lui renvoient les bandes, emplissant le canyon d'échos, brouillant tout. « Je crois que... » *Jec jec crois que crois que que* « ces feuilles superconductrices » *ces ces feui-feuilles sup-su-super conduc-conduc trices condrices...*

Il fait demi-tour et s'enfuit, répugnant à couper son récepteur radio, mais perturbé par les échos moqueurs renvoyés par les parois. À cent mètres de là il s'arrête, à l'abri d'une saillie rocheuse, et dit : « J'ai l'impression qu'ils ont des – comment dire ? – des sortes d'appartements élaborés. Une manière de préserver leur intimité, je suppose – non, c'est idiot. Pourquoi les faire réfléchissantes ? Il doit plutôt s'agir d'une forme d'amplificateur, quelque chose comme, euh, un truc pour s'adresser à la foule ? Je ne vois pas...

– *Nigel, tu perds les pédales. Est-ce que tu ne crois pas que tu devrais plutôt...*

– Laisse tomber. Ecoute, fais plutôt venir une équipe au grand complet, pour étudier ce village.

– *Bien sûr, on va le faire. Mais ne t'approche pas...*

– Ça ne t'a pas encore frappé, Herb ?

– *Heu... quoi donc ?*

– Les supraconducteurs. Peux-tu m'expliquer comment font les E.M., sans technologie, sans une seule ville encore debout, pour fabriquer des supraconducteurs ?

– *Eh bien, euh... il y a pourtant ces satellites ; peut-être que...*

– J'ai eu le temps de bien voir ces bandes. Elles ont terni et sont craquelées. On dirait qu'elles ont été déroulées et enroulées de très nombreuses fois. Elles sont anciennes, extrêmement anciennes, fiston.

– *La prochaine équipe sera sur place dans disons six heures. Ne bouge pas, je veux jeter un coup d'œil sur ce village moi aussi. Je serai sur place dans...*

– Attends. Reste où tu es. Ou plutôt tire-toi.

– *Pourquoi ? C'est juste...*

– Les E.M. sont en train de vaquer à leurs occupations, selon Alex. Nous venons juste de tomber sur quelque chose qui ressemble à un village, non ? Et même en tenant compte du hasard, si nous n'en avions pas encore trouvé, c'est parce qu'ils sont toujours occupés. Nous ne voulions pas d'un contact direct et c'est pour cette raison que nous avons manqué les villages.

– *Ça paraît plausible. Cependant nous ne pouvons...*

– Mais on ne déserte jamais complètement un village ; en général, on y laisse... » Une forme sombre se profila à travers les tourbillons et les rafales de poussière roussâtre. Nigel eut une grimace et plongea derrière un rocher, puis coupa les transmissions radio. On laisse derrière soi les vieux, les malades, voire les enfants, mais on ne les laisse pas sans protection.

D'un geste instinctif, Nigel enfonça la tête dans les épaules, sachant toutefois que son mouvement n'aurait aucune incidence sur l'appareil qu'il dirigeait, mais il le fit quand même, conscient que tout ce qui l'éloignait de la machine pouvait le rendre moins efficace. Se cacher, s'accroupir, éviter le faisceau radar de la créature en train d'approcher, espérer que l'appareil réfléchirait l'onde comme un rocher ordinaire...

Un pied strié vient se poser sur sa platine avant. La créature se dresse, trébuchant sur les rochers, tandis que sa tête pivote et inspecte les environs. Sous le poids, la platine plie ; un moteur pousse un gémissement de protestation et s'arrête. Les circuits d'alerte se mettent en branle. Nigel sent la rude pression se transformer, devenir douloureusement écrasante. Il lutte contre son envie de fuir, de s'échapper d'en dessous de la créature.

« *Je suis passé sur la bande* K, *Nigel, j'espère que tu la captes. Ton signal de détresse vient tout juste de se déclencher. Dois-je me diriger vers le canyon ?* »

Nigel décide de tenter une transmission. Si Daffler arrive à portée perceptive de l'E.M., celui-ci ne manquera pas de le repérer et se demandera ce que peuvent bien signifier ces rochers qui se baladent dans le village. Il enclenche la bande K et lance : « Stop ! »

Le temps lui paraît un instant suspendu. L'E.M. s'immobilise, se balançant d'un pied sur l'autre sur la platine de l'appareil de Nigel qui gémit sous le poids. Il a dû percevoir un vague écho de la bande K, même si les créatures d'Isis semblent émettre et recevoir dans des longueurs d'onde habituellement plus élevées.

L'E.M. s'incline vers l'avant, hésite, cherche son chemin. Un pied se lève. Puis un autre. Il s'éloigne et remonte dans le canyon. Nigel capte l'espèce de babil de son système d'écho-location, qui envoie sans fin son « nom » et reçoit sa réverbération, description du monde qui l'environne faite à partir de ce propre « nom » : le canyon, les inclusions métalliques, les bandes pendantes supraconductrices et le ciel audessus, silencieux à l'exception d'une faible rumeur en provenance de Râ. En voyant la manière laborieuse dont il progresse, Nigel se demande l'influence que peut avoir sur sa façon de penser ce genre de perception du monde – si tant est que le terme « penser » soit celui qui convienne. Pour lui, le monde réagit constamment en lui renvoyant des fragments de son propre nom, se présente comme un chœur rassurant qui dit à la fois à l'E.M. où il se trouve et le conforte dans sa propre individualité, dans son importance, par l'acte même qui lui permet de définir le monde. S'il ne lance pas son nom, le monde n'est plus que silence et mystère. Dès qu'il parle, en revanche, le monde se met à exister. Seuls ceux de son espèce étaient des émetteurs. Chacun envoie une longueur d'onde légèrement différente des autres, et le brouhaha de la communauté, de cette manière, n'est pas assourdissant. Nigel se demande aussi comment les E.M. ont découvert le faible murmure arrivant de la Terre ; un solitaire, peut-être, ayant capté par hasard la faible voix qui revenait périodiquement, point minuscule à côté de Râ à la puissante rumeur. Intrigué, il avait étudié le signal, médité, et qui sait, peut-être même supposé l'existence d'autres intelligences dans la béance du vide.

« *Nigel, Bob m'ordonne de me diriger vers toi. Je vais descendre dans le canyon, direction trente-huit nord. Tes sous-systèmes font état d'avaries dans...*

– La ferme !

– Ecoute, l'E.M. s'éloigne et Bob a eu l'idée que j'aille vérifier tes systèmes avant que tu essayes de bouger ou que...

– Amène-toi puisqu'il le faut, nom de Dieu, mais tais-toi ! »

L'E.M. a disparu, englouti par la purée de pois rougeâtre. Nigel examine autour de lui, et découvre encore d'autres entailles faites dans le rocher ; guidé par elles, il suit les pentes du canyon. Sous cet angle, le dessin général est tout de suite apparent. Les rainures se coupent pour former un filet tendu vers le bas, disparaissant ici et là dans des petits trous à proximité des parois du canyon : des citernes. Une rafale éclaircit pendant quelques instants l'atmosphère, et un peu plus loin, Nigel aperçoit un déversoir dont la roche brune est devenue lisse par l'usure, mais qui est encore fonctionnel et donne dans un bassin de décantation grossier. Les E.M. savent donc capter l'eau et l'entreposer. Mais il n'y a pas de signe d'agriculture.

« *Je t'ai repéré aux infrarouges, Nigel. Ne bouge pas, ne fais pas le moindre mouvement.*

– Je te le répète, gaffe aux transmissions !

– Pas de problème, je suis sûr que... »

Il lui tomba dessus à une vitesse stupéfiante, les genoux montant très haut dans sa course par-dessus les rochers. Daffler commence à émerger au milieu des voiles de poussière et ne voit pas l'E.M. qui fond sur lui venant de l'est. Daffler n'est rien d'autre qu'une télémobile d'hydracier, comme Nigel, et il regarde devant lui à travers un système optique très focalisé : il est donc aveugle à ce qui n'est pas dans son champ, à moins, bien sûr, de faire pivoter l'élément sondeur optique. Mais tandis qu'il avance en cahotant, et alors qu'il n'est qu'à quelques mètres à peine de Nigel, la pluie de boue redouble d'intensité, rougeâtre, striée de blanc, et surgissant de derrière lui la créature d'Isis le frappe violemment. « Roule sur toi-même ! » lance Nigel, les mots ayant jailli de sa bouche sans qu'il l'ait voulu, mais Daffler n'a pas eu le temps de ramener sa jambe gauche à temps et la télémobile perd l'équilibre, ses stabilisateurs raclant le rocher dans un jaillissement d'étincelles, tandis que l'E.M. continue d'avancer sur le robot qui paraît maintenant désemparé. Nigel bat en retraite devant l'énorme silhouette, et voit sa tête pivoter et se tourner vers lui ; il sait très bien où il se trouve. Sans doute avait-il mis de côté ses coordonnées auparavant, attendant le moment d'agir, tandis que la voix de Daffler s'élève, *Faut que je me sorte d'ici, quelque chose m'a frappé,* la grosse tête ballotte, Nigel sent Daffler qui lui tombe dessus et le heurte sèchement, les locomoteurs s'emmêlent, il y a une soudaine explosion de signaux radio, une onde hautement structurée, puis un bruit puissant de friture tandis que l'E.M. soulève Daffler et le jette sur le cou de Nigel, douleur lancinante, brillantes éruptions de vert...

Le moniteur thérapeutique se déplace avec une urgence mécanique, le renifle et bourdonne comme s'il se parlait à lui-même. Nigel reste étendu, passivement, attendant qu'il en ait terminé, les yeux au plafond.

« Aucun doute, la chose vous a expédiés tous les deux chez le teinturier, remarque Bob Millard sur le ton de la conversation.

– Il nous est tombé dessus comme une chauve-souris sortie des portes de l'enfer. Par ailleurs, je suis sûr...

– Nous ne sommes sûrs de rien, Nigel.

– Eh bien, moi, je suis sûr que je n'ai pas besoin de ce truc, répond-il en montrant le monithé, en train de me tripoter. Mais bon sang, Bob, j'étais sanglé dans la capsule asservie, et non pas en bas, sur Isis. Comment diable pourrais-je être blessé ? »

Bob haussa les épaules. « Procédure standard, d'après les médecins. Pour tout incident important, on te met dedans.

– Alors pourquoi Daffler n'est-il pas là ?

– Son appareil ne s'est pas fait démolir, voilà pourquoi. Nous en avons récupéré une partie, ainsi que tous les moniteurs de bord. Le tien, que dalle.

– L'E.M. a sans doute dû écrabouiller mes circuits extérieurs, ce qui a pu entraîner la mise en rideau de tout.

– Peut-être. Mais pas question de retourner voir ce qui s'est passé ; il faudra attendre.

– Pourquoi ?

– C'est un vrai régiment d'E.M. qui s'est rassemblé dans ton "village". Ted et moi, nous pensons qu'il vaudrait mieux éviter d'autres contacts pour l'instant. Ils attendront bien.

– J'aimerais revoir de près ces supraconducteurs.

– Comme la moitié de l'équipage.

– Alors peut-être...

– Pas question, Nigel, fit Bob avec un sourire paresseux. Les E.M. défendront cette ville, qu'elle en soit une ou autre chose. Dans tout ça, vois-tu, tu ferais mieux d'oublier pourquoi c'est toi que j'ai précisément envoyé là en bas. »

Nigel comprit qu'il allait falloir entrer dans ce petit jeu s'il voulait avoir une idée de ce que les stratèges estimaient être le meilleur prochain mouvement.

« Et la raison, c'était ?

– Essayer de déterminer ce qui les rend si nerveux. »

7.

L'endroit qui sur Isis se trouve directement sous la fournaise de Râ, désert et fiévreux, dégage la même chaleur engourdissante qu'un moteur sans âme.

Des colonnes d'air montent de l'Œil et vont déposer leurs poussières sur le sol ; les ombres mouvantes brouillent les formes qui se déplacent sur les flancs des collines. Au-dessus, la montagne grommelle comme un vieillard qui jurerait pendant son sommeil.

Une onde de choc fait vibrer le blindage du robot ; une autre fluctuation de cette planète qui brasse, baratte et recycle sans fin sa croûte terrestre, les tremblements de terre et les glissements de terrain envoyant à la surface du fer tout neuf pour subir la caresse du vent et fixer l'oxygène. Les volcans régurgitent de l'eau douce, que le heurt statistique avec des photons réduit à son tour en hydrogène et oxygène, éléments nourriciers de l'écosystème qui s'accroche à la croûte terrestre, vie fragile à la merci des moindres soubresauts de la planète et persistant au prix de millions de morts mineures et d'un dépouillement extrême. Les rafales de vent poussent leur chargement de poussières pardessus les montagnes, et leurs hurlements ne s'interrompent jamais dans ces vallées étroites, creuses et vides, sans espoir de changement, un son parfois flûté et lointain comme si l'air lui-même s'épuisait.

Il avance lourdement, *clump, clump,* et son pas de plomb le conduit à travers le fond boueux de la vallée vers les collines, sur fond sonore du frottement râpeux des fourreaux de céramique de son système hydraulique ; dans sa bouche, le goût amer d'une tablette stimulante. Tout droit.

Daffler est en tête, et une femme, Biggs, s'approche du groupe d'E.M. par l'autre flanc du volcan. Eclair orange : la montagne gronde, et une lumière éclatante illumine le paysage pendant un instant. La poussière perd sa densité au contact de l'haleine humide du volcan qui emporte le brouillard sulfureux jailli de l'Œil. Alex n'a jamais vu, au cours de ses observations radio, un rassemblement aussi important d'E.M. Quelque chose les a amenés ici, loin du « village », et c'est pourquoi une première équipe s'en approche tandis qu'une deuxième, plus importante, envahit de nouveau le « village » afin d'examiner les bandes supraconductrices, d'explorer les cavernes et de glaner tous les renseignements possibles. Daffler, Nigel et Biggs constituent une sorte de diversion, imaginée au dernier moment, en fait, dont le rôle est seulement d'observer les E.M., rien de plus. Si un contact doit être établi, il devra l'être par les spécialistes, cryptologues et analystes qui attendent patiemment, dans un silence austère, d'avoir davantage de données. Les biologistes ont capturé des milliers de petits animaux, mais ils n'ont rien trouvé chez eux qui rappelât les nerfs semi-conducteurs et le cerveau des E.M. Le règne animal d'Isis est lent, ordinaire, dominé par les procédés chimiques inefficaces d'usure par oxydation, dans une atmosphère où le fer et le soufre dérobent un maximum d'oxygène, laissant la vie s'emparer de ce qu'elle peut avant que l'air riche en oxygène jailli du volcan soit fait prisonnier, pour des millions d'années, dans la roche avide. Ce n'est cependant pas l'oxygène que les créatures recherchent à proximité du volcan ; Nigel s'en rend compte en surveillant l'évolution des petits points sur son écran. Ils ne se rassemblent pas aux endroits où le crachin riche en oxygène est le plus abondant.

« *Repéré un, au sud. Se dirige vers moi. Je ne bouge pas.*

– Bien. » La voix de Daffler est tendue, prudente – il a de bonnes raisons pour cela.

« *Je propose que tu te diriges vers lui, en suivant l'axe qui passe par mon site. Comme ça il ne verra pas le mouvement latéral.*

– D'accord. »

Nigel fonce, ses locomoteurs en pleine action. À côté de lui, quelque chose file ; un genre de petit rongeur, courant aussi vite qu'il le peut. Sur Isis comme sur la Terre les animaux disposent de réserves anaérobiques, mais elles ne durent ici que quelques minutes. Après quoi ils doivent ralentir leur prélèvement en fonction de leur réserve d'oxygène. Nigel sonde le terrain devant lui. Des nuages s'amoncellent, sous l'effet de la convexion au voisinage du volcan, et la lueur rougeâtre qui descend sur tout rappelle à Nigel l'aura lumineuse qui monte d'une ville lointaine en feu, la façon dont les grandes cités ont été dévorées depuis l'ancienne Egypte, Alexandrie et sa bibliothèque en flammes...

« *Il m'a passé.* »

Encore une de ces créatures minuscules sur la gauche. La voix de Bob lui parvient, claire et nette :

« *Je crois qu'il vaudrait mieux que tu te fasses tout petit, Nigel. Je ne tiens pas à ce que ça se passe comme la dernière fois.* »

Sans discuter, Nigel s'accroupit sur le sol, arrête tous les servo-moteurs, et coupe les émetteurs dans les bandes X, K et R. Ululement du vent. Eclair orangé du volcan, tout en haut. Quelque chose qui bouge : de la taille d'un chien, quadrupède, une espèce de fourrure comme un paillasson brun, la langue pendante. Derrière, à moins de cent mètres et se rapprochant : un E.M., qui avance d'un pas uni sur les sables recuits, franchit une bande alluviale étroite, et se rapproche aussi sûrement qu'un train sur ses rails. Nigel se rend compte, cependant, qu'il commence à se fatiguer. Les jambes hésitent, et les bras pendent le long du corps. C'est à une poursuite qu'assiste le cosmonaute, une poursuite qui a duré longtemps, et Nigel met tout d'un coup ensemble toutes les pièces du puzzle : les E.M., c'est évident, sont des carnivores, qui parcourent régulièrement le pays en restant séparés les uns des autres afin que chacun dispose de son propre territoire ; entre chaque passage d'E.M., les proies ont le temps d'oublier et de perdre leur méfiance. Aucune autre créature, sur Isis, n'est équipée du système de semi-conducteurs ; ils ont été chassés et éliminés, tout comme l'homme est sans concurrent territorial, car il les a éliminés au cours de son histoire. L'E.M. ralentit, maintenant, la tête levée, scrutant dans la direction où la créature ressemblant à un chien a disparu ; soudain il se redresse, s'immobilise, la tête haute et tournée à l'est ; on dirait qu'il rassemble ses forces et Nigel entend de nouveau le staccato bruyant de friture, de plus en plus fort, jusqu'à ce que son circuit disjoncte, saturé, et que le silence s'établisse.

« *Nom de Dieu, Nigel, y a cet animal, là, qui est arrivé en courant, même pas à cinquante mètres, il vient juste de tomber. Qu'est-ce...* »

Nigel observe l'E.M. Il s'affaisse sur un côté, se reprend. Finalement il se remet à marcher d'un pas pesant.

« Il se dirige vers toi.

– *Bon sang, si seulement je pouvais...*

– Va jeter un coup d'œil à cet animal, mais fais vite.

– *D'accord.* »

Un silence. De grands pans de poussière dérivent dans la brise. L'E.M. disparaît à la vue de Nigel, se déplaçant comme quelqu'un d'affaibli.

« *Eh bien je... c'est...*

– Quoi ?

– *Il est complètement noirci, et on dirait... qu'il a été brûlé !* »

Pendant un moment, Nigel en oublie de respirer ; puis il

a un hochement de tête. « Vu. Eloigne-toi tout de suite de là. L'E.M. a beau avoir presque épuisé ses réserves d'énergie, vraisemblablement, on ne sait jamais.

– *On ne sait jamais quoi ?*

– Je ne pense pas qu'il te piétinerait, pas cette fois, non. Il pourrait cependant te faire frire, mon cher Daffler. Avec un bon faisceau de micro-ondes. »

Bien qu'il ne puisse voir directement à travers les nuages de poussière roulant dans l'atmosphère en train de remonter la vallée, Nigel surveille l'E.M. sur son écran et sourit à l'idée de cette créature imposante et lente, épuisée, ses condensateurs vidés, puisant sur son énergie emmagasinée sous forme anaérobique, et qui se traîne pour atteindre la proie qui lui revient de droit.

Nigel s'accroupit au milieu de la pénombre épaissie de poussières, et observe la coulée orangée qui descend le long de la montagne. Encore de la lave. Le sol frissonne et murmure. Il attend.

Les E.M. se sont regroupés un peu plus loin, mais Bob ne lui permettra pas de se rapprocher davantage tant qu'une équipe plus importante ne sera pas sur le terrain. Il y a de nombreux autres sites intéressants sur Isis, et on s'efforce de tous les exploiter : on fait des fouilles dans les anciennes villes ; on classe la flore et la faune des vallées ; on explore les formes de vie qui grouillent dans l'océan ; on parcourt les terres arides et crépusculaires à proximité du cercle terminateur.

Toute l'expédition marche maintenant au rythme morcelé, éparpillé, des différentes spécialités. Une activité de ruche. On commence par accumuler les informations, puis on réfléchit. Après. Sans se demander si ce que révèlent les informations ne dépend pas en fin de compte de la manière dont on pense. De nouveau, Nigel éprouve ce même désir impatient qui l'a si souvent poussé en avant, qui finit par s'intégrer à la sérénité ancrée au fond de lui, derrière ses accès de fièvre mentale et ses impulsions, et il se dit qu'il ne peut engranger des faits comme on engrange du blé, qu'il lui faut s'imprégner de la planète, la percevoir dans son ensemble, la laisser s'écouler en lui sans la retenir, pour qu'à la fin, par accrétion, il puisse s'en faire plus qu'une idée et comprendre enfin ce qu'étaient les E.M. derrière l'aboiement sans âme des données, la brutalité des faits assenés.

« *Hé, ils bougent !* (Daffler)

– Parfait, répond joyeusement Nigel sur la longueur d'onde X.

– Bob m'apprend qu'une nouvelle équipe sera en place dans une heure ; Sylvano et ses gars.

– Mais Sylvano est un biomécanicien, bon sang !

– Il y aura aussi un spécialiste en communications dans l'équipe, ne t'en fais pas pour ça » (remarque Daffler un peu narquoisement).

Nigel hausse les épaules, se rendant compte que Daffler étant le spécialiste en communication de leur mini-équipe, il croit bien entendu jouer le rôle principal. Les gens des communications mènent le jeu, depuis quelque temps, convaincus que pour comprendre les E.M., il fallait découvrir comment ils avaient évolué jusqu'à s'exprimer par ondes radio. Ils ne s'étaient pas doutés une seconde des capacités cynégétiques des E.M., et la découverte que les créatures pouvaient tuer par brûlure une proie à cent mètres avait de toute évidence autant secoué Daffler et Bob que les autres.

Belle leçon de modestie pour ceux qui croyaient avoir tout compris. On aurait pourtant dû se douter de quelque chose, se dit Nigel... réflexion après coup.

Avec Râ immobilisé dans le ciel, toutes les régions de la planète recevaient constamment un éclairage identique. Seule l'excentricité de l'orbite d'Isis faisait que Râ bougeait très légèrement au cours de l'année isienne. Dans ce monde éternellement figé dans ses contrastes d'ombre et de lumière, ou au milieu des trombes de poussières comme des brumes plus fines, la capacité de sonder le terrain à la manière d'un radar était précieuse pour un prédateur. Des yeux ordinaires – passifs, facilement aveuglés par les poussières – auraient été moins utiles. Et dans la faible lumière de la zone crépusculaire, les proies dotées d'yeux auraient été pratiquement aveugles, encore plus vulnérables.

Mais comme toujours, la capacité fondamentale était celle de tuer. C'est pourquoi la pression de sélection de l'évolution avait produit l'œil-radar. L'oxygène étant rare et recherché, la chasse risquait d'épuiser rapidement les ressources énergétiques des E.M., et de les rendre vulnérables. Il était beaucoup plus économique de frire une proie à distance et de s'approcher tranquillement. L'œil-radar était ainsi capable de repérer, d'identifier et de tuer, puis de rester à l'écoute pour voir si la proie ne donnait plus aucun signe de vie – sans avoir à se mettre à portée de griffes, de sabots ou de cornes. Avec cette merveilleuse économie de moyens qui caractérisait l'évolution, l'œil-radar faisait tout : il voyait, parlait, tuait et même faisait la cuisine... Derrière cet œil, l'esprit luttait pour améliorer ses perceptions, leur précision, leur finesse. Œil et esprit avaient dû se développer simultanément, de façon interdépendante, comme le cerveau et la main chez l'homme.

« *Ils se dirigent vers toi, Nigel.*

– Comme je m'y attendais, murmura-t-il pour lui-même.

– *Quoi ? Qu'est-ce que c'est ? Ecoute, si tu as une idée derrière la tête, Nigel, j'aimerais autant que Bob ne nous saute pas immédiatement à la gorge...*

– Bien d'accord. Ne t'en fais pas, Daffler. Je suis ici simplement pour voir ce que je peux voir.

– *Il va y avoir tout un tas de gars dans le coin dans un moment. Tu n'as qu'à leur dire ce qu'il faut chercher et...*

– Je n'en suis pas bien sûr moi-même. »

Des cailloux vinrent cogner contre son blindage, le sol se souleva sous ses pieds, un flamboiement orange perça le manteau de brouillard et Nigel aperçut de nouveau le flot épais de lave en train de descendre, plus gros maintenant, et de s'écouler à la surface calcinée des rochers, plusieurs centaines de mètres au-dessus de lui.

« *Seigneur, voilà que ça recommence. Cette paroi occidentale peut s'effondrer à tout moment, on dirait.*

– La géologie n'est pas ta spécialité, Daffler. Ton truc, c'est la communication. Le touche-à-tout, c'est moi.

– *Oui, d'accord, mais simple...*

– Ici, rien n'est simple. Fais attention aux E.M., veux-tu ? On dirait qu'ils bougent.

– *Quoi ? Oh ! je vois. Ils se dirigent toujours dans ta direction. Tout droit sur ce flanc de la chaîne.*

– Exact. Tu peux difficilement me demander de les contourner, depuis que Bob nous a interdit tout contact rapproché avant l'arrivée de la nouvelle équipe.

– *Euh, oui, mais...*

– On coupe maintenant, si tu n'y vois pas d'inconvénient. Je veux être sûr de ne pas me faire repérer. »

Daffler lui répondit par un simple grognement d'acquiescement, et coupa son émetteur.

Nigel se retrouve seul dans la lumière glauque, ambrée, tandis que lui parvient le murmure grave de la montagne et qu'il écoute attentivement les crachotements et les carillons incompréhensibles qui constituent la conversation, ou les chants, des E.M., le sondage permanent de leur environnement, les micro-ondes allant se perdre un peu partout à travers les canyons et les étendues désolées de cette terre. Il active la carte-radar établie par le *Lancer*, et se met à étudier les points qui se dirigent en désordre vers lui.

Un petit animal passe à toute vitesse à côté de lui, effrayé, et Nigel s'émerveille que la chose minuscule, sans yeux et avec un cerveau gros comme un pois, puisse détecter les E.M. à cette distance et en savoir suffisamment pour s'enfuir.

Le corps lui-même des E.M. peut jouer le rôle d'une antenne, les os servant de capteur à faible conductivité, si bien que les créatures pourraient sentir vaguement approcher des êtres plus petits. Sans quoi ils seraient la proie des parasites et des coupeurs de gorge assez ingénieux pour se servir de leur invisibilité. D'une manière ou d'une autre, l'antenne « corporelle » doit détecter les petites proies, ce qui permet aux E.M. de les frire, de les écraser ou de les attraper. Peut-être, sous la pression de sélection, leur cerveau a-t-il développé une technique de synthèse d'ouverture, comme les antennes radio-terrestres séparées par une grande distance dont l'œil a la taille effective de cette distance. Et dans ce cas, leur colonne vertébrale ne pourrait-elle pas servir de syntonisateur ?

Nigel s'enfonce dans une crevasse étroite au fur et à mesure que se rapprochent les points sur son écran. Il tient à ce que sa prestation soit au-dessus de toute critique de la part de Bob et des autres, et apparaisse comme une tactique parfaitement responsable en fonction des mouvements des E.M. ; c'est pourquoi il n'hésite pas à se réfugier sur le surplomb de roche vert-bleu qui ferme la crevasse.

Un brusque flamboiement de lumière orangée projette des ombres devant lui. Intrigué, se souvenant de sa première sortie, il étudie la couleur particulière de la roche, lorsqu'un deuxième éclair, plus violent, l'aveugle presque complètement, suivi d'un bruit d'explosion ; une pluie de pierres s'abat sur lui, et le grondement qui persiste lui fait lever les yeux, vers l'endroit où la montagne régurgite nuages et fumées ainsi que des flots de lave de ce qui apparaît comme une sorte de bouche pendante, et qui est un cratère qui vient de s'ouvrir. De puissants jets de vapeur s'élèvent dans les bancs de poussière, dégageant le chemin devant eux grâce à leur humidité ; les oxydes de soufre vont retomber dans la vallée située un peu plus loin, là où ils serviront de nourriture aux plantes rachitiques et aux plus petits animaux, extrémité de la chaîne alimentaire dans laquelle puisent, et ont puisé depuis des temps immémoriaux, les E.M., sans que les géologues puissent cependant préciser exactement combien, car la croûte terrestre d'Isis ne cesse d'être bouleversée et de détruire les traces de son passé.

Nigel reporte son attention sur la roche marbrée, tend un appendice curieux, et aperçoit soudain un E.M. avançant droit sur lui, d'un mouvement paresseux niais régulier, jambes tressautantes. La grosse tête est tournée vers lui, et Nigel espère que sa couverture radio imite comme il faut les rochers environnants. Il ne peut s'empêcher de reculer encore, de couper tous ses récepteurs les uns après les autres, de...

Mais l'E.M. fait halte, sans faire attention à lui ; sa tête pivote, il s'incline et se pose sur le sol, faisant ressortir les excroissances noires et noueuses de son abdomen jusqu'à ce qu'elles soient collées aux veines bleu-vert de la roche.

Des frissons parcourent sa peau cireuse, il se répand encore plus largement sur le sol, et le bleu vitrifié de son corps se met à virer, par impulsions, vers d'autres couleurs ; un pourpre adouci semble filtrer de son abdomen, et Nigel se souvient qu'en réalité, dans la lumière rouge de Râ ce pourpre doit être du vert – indication biochimique d'un dérivé de la porphyrine – mais cette idée disparaît comme la couleur tourne au magenta puis à un jaune dur, tandis que tout le corps de l'E.M. se couvre de sortes de boucles rouges. À ce moment-là le volcan déchire les voiles de poussière d'une série d'éclairs, une coulée de lave s'ouvre un passage dans la paroi rocheuse à cinquante mètres de là, pointe flamboyante, et la créature d'Isis se met à trembler, à trembler, se penche, paraît être prise de quelque chose comme de la concupiscence ou de la faim, ne paraissant pas faire attention à la deuxième puis à la troisième haute silhouette émergeant au milieu de l'avalanche de boue qui commence à tomber en grosses mottes molles d'oxyde de soufre gorgé d'eau, gouttes gigantesques qui rayent les nouveaux arrivants, lesquels s'accroupissent à leur tour sur la plaque rocheuse, lourds, énormes, tandis que les micro-ondes vont se confondre avec une onde nouvelle et plus puissante, les rafales de cliquetis et d'aboiements des ondes radio évoluant tandis que le sol se soulève et qu'en haut de la montagne une formidable explosion illumine la crevasse jusqu'au fond...

Les créatures émettent, maintenant, s'immergent dans leur chant, leurs têtes parallélépipédiques inclinées, en train de sonder, et s'élève une seule note régulière que Nigel reconnaît, la note longue et grave qui provient de l'ancienne émission de radio de la Terre.

Ils confondent leurs forces pour lancer vers le ciel la lente et mélancolique impulsion qui, noyée dans celles de millions d'autres E.M., franchira les années-lumière qui les séparent de la Terre, point minuscule dans le ciel qui, il y a si longtemps, s'est apparemment adressé à ces créatures usées par le temps.

Une multitude de points orangés se met à fleurir sur l'abdomen de chacun des E.M. Des étincelles jaillissent dans les airs. Nigel se recule encore.

Un formidable craquement sature ses micros tandis que s'amplifie la fugue des E.M., que leurs corps énormes se balancent avec lenteur et que l'atmosphère pétille d'énergie – danser, chanter, joie éternelle, voler, sauter –, la lave surgit au-dessus de la crête, précédée par une onde de chaleur irritante, et Nigel comprend soudain comment les E.M. ne vivent que pour ce moment, cet unique moment pendant lequel ils débordent suffisamment de vie pour pouvoir jeter toutes leurs forces vers le ciel, ce ciel où se trouve une minuscule raison d'espérer, une promesse, quelque chose d'autre que l'éternelle suffocation de leur monde crépusculaire livré à la rouille.

C'est la nourriture qu'ils recherchent à proximité des volcans, non la chaleur. La lave s'écoule sur des milliers de mètres le long des flancs de la montagne, conducteur métallique incandescent qui vient tomber dans le puissant champ magnétique d'Isis, en en coupant les lignes de force et en engendrant des courants, des champs électriques, un immense circuit qu'il n'est pas facile de boucler à cause de l'inertie des rochers dans le voisinage de la lave ; et c'est ainsi que se met en place le courant électrique, au fur et à mesure que s'écoule la lave, englobant de plus en plus de lignes de force, accumulant de l'énergie jusqu'à ce qu'enfin il tombe sur un filon riche en métaux conducteurs. Alors le circuit se boucle, il est fermé, les courants passent à travers les couches de roche bleu-vert, cherchent une voie pour regagner le sommet de la montagne, aveugles, esclaves de l'inéluctable loi de Faraday.

Et pendant que les courants s'ouvrent une voie dans les couloirs métalliques souterrains, les E.M. puisent aux affleurements des filons, boivent aux rivières d'électrons, emplissent leurs condensateurs, s'enivrent d'électricité qu'ils lancent en ondes radio pour fêter ce renouvellement d'eux-mêmes. C'est dans la terre elle-même qu'ils puisent directement une énergie de la plus haute qualité, sans avoir à passer par les lentes et pénibles étapes de l'assimilation de nourritures chimiques qu'il faut chercher, digérer et scinder, remisées dans des zones de stockage de potentiels différents.

Un joyeux tambourinement de vie gonfle et se déverse dans les créatures d'Isis. Dans les étincelles orangées qui sautent en dents de scie, Nigel comprend que se trouve le dernier lien ; il comprend comment Isis se comporte autour de Râ, comment sa longue ellipse l'éloigne et la rapproche tour à tour de l'étoile, comment elle est tour à tour étirée et comprimée, pétrissant et cuisant la chaleur de son noyau planétaire comme une épaisse pâtisserie. Il voit la force qui naît du moment angulaire orbital, source éternelle d'énergie, barattant sans fin la croûte terrestre d'Isis, enfouissant les métaux dans le sol et les faisant renaître, en fusion, de la gueule des montagnes, rivières de fer qui serpentent à la recherche du centre de la planète, tandis que des courants puissants arrachent des électrons au métal, immense et éternel générateur transformant l'énergie gravitationnelle en sources électriques utilisables. Seuls les E.M. pouvaient y puiser ; ils en recevaient le coup de pouce dont ils avaient besoin pour tenir sur la planète rouillée et qui leur permettait d'ouvrir un immense œil électro-magnétique sur le ciel, de la parcourir régulièrement, à la recherche d'une réponse à leur signal, vigile qui se poursuivait depuis des millénaires, maintenant, et cela sans machines, sans ordinateurs ni l'armée d'auxiliaires divers dont les hommes avaient besoin pour les aider. Ici, les créatures avaient maîtrisé les puissances telluriques elles-mêmes, pour survivre, mais aussi pour lancer une note plaintive et pathétique dans le silence et le calme du ciel.

Nigel s'éloigna lentement, doucement, s'attardant pour voir encore le chœur solennel en train de chanter, baigné, dans les feux de Bengale pétillants d'électricité, flamboyant dans la pénombre et la poussière, comme autant de fusées sur le point de décoller, réunies à deux ou trois pour lancer une syllabe dans la nuit, et souriant, il comprit qu'était enfin venu le moment de répondre.

8.

Ted Landon s'efforçait d'amener la réunion à une conclusion qui tardait à venir. Songeur, Nigel l'observait. Ted faisait afficher les rapports des équipes d'exploration, ceux des missions planétaires automatiques, des sondes de Râ, des systèmes d'analyse du *Lancer.* Un écran mural plat présentait les solutions de rechange possibles ; Ted commença à énumérer les missions proposées, les analysant en termes de risques par rapport aux résultats attendus. Chaque fois qu'un chef de section se perdait dans une digression ou changeait de sujet, Ted le rappelait à l'ordre. La rigueur sans faille avec laquelle il assurait la discipline était le produit direct de son système nerveux, fonctionnant comme une horloge.

« Il faut le dire, la grande expédition lancée il y a deux jours, à la suite des découvertes de la sortie Walmsley-Daffler, n'a pas donné les résultats escomptés. Du moins à mon avis. » Le sourcil interrogateur, il parcourut la table de conférence du regard. Acquiescements. Nigel hocha lui aussi affirmativement la tête, car il était de fait que le commando d'hommes et de femmes qui avaient exploré la zone volcanique n'avait rien appris de bien important. Les « villages » des E.M. n'étaient guère autre chose que des abris. Dans certaines cavernes, on avait trouvé des rochers artistement travaillés ; d'autres étaient vides, avec simplement des sortes d'alcôves souillées des déjections des E.M., sans doute pour marquer leur territoire. Dans quelques-unes on avait découvert des dessins élaborés gravés dans la paroi, dont les rainures avaient été comblées du même matériau conducteur qu'à l'extérieur. Peut-être était-ce une forme d'art pour les E.M., mais on n'aurait su dire si les spirales convolutées et les lignes brisées étaient de l'histoire, de la littérature ou de simples graffiti.

Ted passa ensuite au résumé de ce qu'avaient apporté les autres missions de surface d'Isis. Les grandes lignes de son écosystème commençaient à se dessiner, mais il restait bien des vides à combler. Qu'était-il arrivé aux anciennes villes des E.M. ? Pourquoi n'y avait-il aucun autre système nerveux fondé sur le principe des semi-conducteurs dans l'ensemble écologique d'Isis ?

« Tout cela est bien sûr très intéressant, conclut Ted d'une voix douce, mais pour beaucoup d'entre nous (son regard parcourut à nouveau la longueur de la table) la chose la plus intrigante reste la présence des deux satellites artificiels. Comment et avec quels moyens ont-ils été mis en place ? Est-ce tout ce qui reste de la technologie des E.M. ? Pourquoi les...

– Ecoute, le coupa Nigel, ce n'est pas la peine de tourner autour du pot : tu as envie d'y aller voir.

– Comme d'habitude, Nigel, tu me court-circuites, mais oui, d'accord. Nous voulons y aller voir.

– Beaucoup trop dangereux.

– Ils sont très anciens, Nigel. La spectrophotométrie nous apprend que les composants artificiels de ces satellites, autrement dit les métaux, ont été fondus il y a plus d'un million d'années.

– Vieux n'est pas synonyme de mort.

– Nigel, je sais très bien l'idée que tu as derrière la tête. »

Le sourire qui accompagnait ses mots était plein de sympathie, la voix et le geste s'étaient encore adoucis. Nigel se demanda dans quelle mesure cette attitude était purement stratégique.

« Tu veux établir le contact auparavant, reprit Ted. Les E.M. ne savent toujours pas que nous sommes ici, si nos petits bidules ont bien fonctionné – j'ai la conviction que ta conception de couverture radio s'est montrée efficace, Bob – et je voudrais que ça continue. Nos directives précisent, comme tout le monde s'en souvient sans aucun doute ici, de rester invisibles tant que nous n'aurons pas parfaitement compris la situation.

– C'est très clair, commenta laconiquement Bob.

– Très clair tant que l'on ne cherche pas à savoir ce que l'on entend exactement par "parfaitement compris", rétorqua Nigel. Nous avons vu les E.M., vu de près, même ; ils ont essayé d'attirer notre attention. En revanche, on sait que dalle sur ces satellites. »

Ted, les mains croisées, tourna les paumes vers le haut, geste ambigu qui pour Nigel signifiait, *Où voulez-vous en venir au juste ?* avec une touche d'irritation – un signe qui n'échapperait à personne autour de la table, alors que simultanément il disait d'une voix calme, sans la moindre trace de colère : « Il est évident qu'un artefact bien préservé pourra nous en dire beaucoup sur la grande période de cette civilisation.

– S'il est d'ici, oui. »

Les yeux de Ted s'agrandirent, comme sous le coup de la stupéfaction. « Tu crois que le Dahu vient d'ici ? Ou bien l'épave de Mare Marginis ?

– Non, bien entendu. Néanmoins, en l'absence de toute connaissance...

– C'est précisément cette absence qui me met mal à l'aise, comme la majorité d'entre nous, je suis prêt à le parier, et qui me fait penser que nous devrions éviter tout contact avec les E.M. pendant un moment. » Les hochements de tête silencieux des chefs de section accueillirent cette réponse.

« Ils sont bien loin d'être aussi potentiellement dangereux pour cette mission, reprit Nigel. Ils sont issus de cette planète.

Nous avons des choses en commun, nous devons en avoir. Toute occasion pour notre mode de vie de communiquer...

– Notre mode de vie ?

– Les civilisations des machines rôdent aussi dans les parages.

– Hum. » Ted prit l'air de quelqu'un qui examinerait l'objection. « Dans quelle mesure penses-tu que la vie prévaille, Nigel ? »

Question délicate. Isis était la seule source radio artificielle découverte par les astronomes depuis un demi-siècle d'écoute par les grands radiotélescopes, sur toutes les longueurs imaginables du spectre électromagnétique. Nigel observa quelques instants de silence et répondit finalement : « Dans une mesure raisonnable.

– Ah ? Dans ce cas, comment expliquer le silence radio ? Isis mise à part ?

– N'avez-vous jamais été dans ce genre de soirée où la personne la plus timide se met à bavarder sans pouvoir s'arrêter, tandis que les autres gardent le silence ? »

Ted eut un sourire. « Le Seigneur me protège des analogies. La galaxie n'est pas une soirée. »

Ce fut au tour de Nigel de sourire. Il n'avait aucun moyen de faire annuler sa décision, mais il pouvait tirer la sonnette d'alarme. « Probablement pas, en effet. On n'y entre pourtant pas comme dans un moulin.

– Eh bien, frappons à la porte ; on verra bien », conclut Ted.

Nikka et Carlotta étaient en train de cuisiner un repas élaboré quand Nigel regagna l'appartement : une viande blanche, abondamment poivrée, dont elles roulaient les tranches dans une huile parfumée et qu'elles fourraient d'un mélange de légumes. Elles travaillaient avec le plus grand sérieux, adroitement, ponctuant chaque petite décision d'un commentaire ou la faisant précéder d'une délibération approfondie – consolidant des liens, comme Nigel le comprenait bien. Pas le moment de changer de sujet.

Il s'offrit à couper les légumes, et se débarrassa de sa tension en débitant oignons, carottes et brocolis, puis prit une tasse de café. Les primeurs de la nouvelle « saison » étaient arrivés, et Nigel se chargea de la salade, pour laquelle il composa une vinaigrette parfumée à base d'huile de sésame. Les premiers agrumes étaient parvenus à maturité la veille, célébrés par un petit rituel : les échos de *L'Amour des trois oranges,* de Prokofiev, s'étaient répercutés sur les parois de la caverne, devant la foule ravie des cueilleurs. On avait salé les nuages qui se formaient autour de l'axe, si bien que les stratus effilés, écarlates ou couleur de jade, s'allongeaient de façon parfaitement rectiligne, fantomatiques, le long de l'épine dorsale du navire, haut au-dessus des têtes.

Profitant d'un instant de silence, il glissa : « Je viens d'apprendre les dernières nouvelles.

– Ah ! bon, fit Nikka, qui comprit aussitôt.

– Pourquoi ne m'avoir pas dit que tu étais volontaire pour la mission sur les satellites ?

– Volontaire ? Pas spécialement. Je suis sur la liste des équipages formés, c'est tout.

– On a estimé que c'était mieux pour le moral, intervint Carlotta, si c'était le programme d'optimisation du personnel qui constituait les équipes. Plus équitable, aussi.

– Ah ! oui, bien sûr, il faut être équitable, n'est-ce pas ? Une idée d'une fabuleuse bêtise, fit-il.

– Tout le monde meurt d'envie de quitter le bord, remarqua Carlotta.

– Ils pourraient en mourir tout court », rétorqua Nigel avec amertume.

Nikka reprit la parole. « Je pensais que ce serait aussi bien que tu l'apprennes par les voies habituelles. Je t'ai presque dit déjà...

– Eh bien, presque merci.

– C'est pour moi l'occasion de faire quelque chose !

– Je ne veux pas que tu prennes un tel risque.

– Je prends mes risques, figure-toi, comme tu les prends toi-même, répondit Nikka avec une note de défi dans la voix.

– D'après le manifeste, tu seras affectée aux systèmes asservis.

– En effet ; aux détecteurs mobiles, exactement.

– À quelle distance du satellite ?

– Quelques kilomètres.

– Je n'aime pas ça. Ted est en train de foncer sans avoir réellement réfléchi au problème. »

Carlotta posa le batteur électrique qu'elle tenait. « Ce n'est pas à toi de décider pour Nikka, Nigel.

– Ça ne m'empêche pas de me faire du souci pour elle.

– *Madre !* Tu cherches vraiment la bagarre, on dirait, répondit Carlotta.

– La méthode diplomatique a échoué.

– Cette mission a été préparée, fit doucement Nikka. L'intendance, les renforts, tous les incidents possibles...

– Sauf que nous en ignorons tout, absolument tout.

– La roche de ce satellite paraît être à peu près du même âge que les derniers grands cratères formés sur Isis, non ? demanda Nikka d'un ton léger, pour calmer le jeu.

– Oui, et alors ?

– Il paraît raisonnable d'estimer qu'il s'agit là des derniers artefacts restant de la technologie des E.M. Ces deux satellites, avec les supraconducteurs trouvés dans les villages. C'est tout ce qui reste.

– C'est possible, murmura Nigel, c'est possible. Mais pour comprendre Isis, il faut avancer avec les plus grandes précautions, commencer par gratter...

– Eh bien, justement, nous grattons, fit à son tour Carlotta.

– Je ne veux pas que vous risquiez vos vies sur une simple supposition. »

Le visage de Carlotta s'assombrit. « Tu dramatises les choses, Nigel. As-tu vraiment l'intention d'empêcher Nikka de faire le boulot pour lequel elle est née ? »

Nigel ouvrit la bouche pour répondre, *Ecoute il s'agit d'une question qui ne regarde que Nikka et moi* – et comprit où sa remarque risquait de les mener.

« Tu es peut-être un bon Dieu de monument vivant, reprit Carlotta, mais ça ne t'autorise pas à jouer les tyrans. Pas avec nous. »

Nigel cligne des yeux, et se dit : *Elle a raison. Comme il est facile de tomber dans ce piège.* Puis...

...soudain il comprend ce que cela signifie pour Nikka, les fluctuations de son esprit encombré de souvenirs, qui tend maintenant vers lui ses mains humides d'avoir pétri les légumes, une expression de détermination sur le visage, le plexus solaire bloqué avec une énergie qui est le fruit d'interminables heures d'exercices, gardant la machine prête à fonctionner, prête pour cette sortie, la main se tend, gluante avec les taches brunes et les fines rides de l'âge, entre eux l'intervalle se rétrécit...

« Tu ne vas pas me mettre dans du coton, dit-elle.

– Pas plus que moi », ajoute Carlotta.

Pour lui seul, le visage de Nikka rayonne d'autres souvenirs, dans la petite cuisine, plein d'une bonne volonté ouverte.

« Je suppose que tu as raison. »

(On est de nouveau en 2014, et il revient à la maison, à Pasadena, dans l'air chaud du soir, sur son scooter pétaradant. Il ouvre la lourde porte de chêne qu'il fait claquer pour annoncer son arrivée, bondit dans l'escalier. Une fois dans la salle de séjour toute blanche, il l'appelle. Quelque chose carillonne faiblement dans son oreille. Ses pas résonnent sur le dallage mexicain du sol tandis qu'il s'avance sous le passage en arceau qui sépare la cuisine du coin-repas. Une chaussure à talon haut gît sur le carrelage. Une seule chaussure. Juste en dessous de l'arceau qui mène dans la chambre. Il avance et dans son oreille la sonnerie se fait plus insistante. Il est dans la chambre. Regarde à gauche. Alexandra est allongée, face contre terre, immobile. Un bras tendu, le poing serré ; un bras gonflé, d'un rouge malsain, rongé par la maladie, la maladie qui ne cessait de progresser...

Il avait compris, alors, il l'avait vue s'enfoncer dans le néant. L'ambulance qui hurle dans les brumes nocturnes, l'hôpital aseptisé, les choses terribles qu'on lui fit par la suite, tout cela comme une impitoyable coda à la vie symphonique qui avait été la leur et dans laquelle ils avaient essayé d'inclure Shirley, mais le problème de la triade était resté sans solution...

Il comprend d'un seul coup que la peur de perdre Alexandra était devenue partie intégrante de lui-même depuis. Il ne s'en était jamais remis. Avec l'âge, la peur du changement s'était infiltrée en lui et s'était confondue avec la peur de la perdre. Il avait maintenant vécu plus longtemps avec Nikka qu'avec Alexandra, et la seule idée d'un danger la menaçant...)

Nigel secoua la tête, et laissa s'estomper les vieux souvenirs toujours douloureux.

« De nouveau parmi nous ? demanda Carlotta.

– Je... je crois », répondit-il d'une voix mal assurée.

Nikka le regardait attentivement, et une expression de compréhension vint lentement éclairer son visage.

« Ce genre de chose prend un peu de temps, dit-il.

– Pas question que je te laisse la terroriser », répondit Carlotta fermement, passant un bras autour des épaules de Nikka.

« Pourquoi cette conversation m'évoque-t-elle irrésistiblement les Nations unies ?

– Ce n'est pas par hasard.

– N'empêche, fit Nikka à l'adresse de Carlotta, chacun de nous a un certain pouvoir sur les autres.

– Pas ce genre-là.

– Tous les genres, repartit Nigel. Les cuisses s'écartent devant moi comme la mer Rouge. La question est : où sont les limites ?

– Si je ne me mets pas en travers, tu finiras par lui marcher sur la tête, dit Carlotta.

– Tout dépend des circonstances », ironisa doucement Nikka.

Nigel sourit. « Je ne suis pas du genre ambivalent.

"Est-ce que vous essayez de toujours voir les deux aspects d'une question, Mr. Walmsley ? – Eh bien, oui et non." Ça n'est pas mon truc.

– Pourtant, tu ferais mieux de...

– Oh ! ça va, tous les deux. La crise est terminée, intervint Nikka.

– C'est bien vrai. Passons à table. Revenons à l'essentiel.

– Un petit tour en mer Rouge, tout à l'heure ? demanda Nikka dans un sourire.

– Ça pourra se négocier au dessert. »

9.

Les éléments de la mission se déployèrent avec prudence autour du satellite A. Un tiers prit position à quarante impulsions de l'objet, avec le matériel lourd et les transmissions. Le deuxième tiers alla explorer la surface ; il ne trouva rien de spécial, vérifia le comptage et la datation établis par Fraser et reconnut les trous qui servaient d'entrées. Le dernier tiers monta les engins de reconnaissance, sonda ces entrées sombres en y descendant divers appareils, et décida finalement que tout allait bien. Pas le moindre murmure d'une vie électronique en provenance de l'intérieur ; rien n'avait réagi à leurs tests élémentaires.

Les machines pénétrèrent, prudemment et en silence. Elles se trouvèrent arrêtées dans un passage fermé par un scellement, à trente-trois mètres en dessous de la surface. Les robots s'entassaient dans le passage qui allait en se rétrécissant et furent incapables de découvrir comment rompre le scellement. Deux femmes furent envoyées sur place pour examiner la situation. Elles disposèrent des moniteurs contre le sceau de céramique noire, à la recherche des variations acoustiques qui auraient signalé un système de fermeture.

L'équipe de surface, au bord du trou, écoutait les deux femmes échanger leurs impressions. Ils sentirent une légère onde de choc. Au même instant, les deux femmes cessèrent définitivement de parler. Quelque chose de blanc comme du givre mâtiné de bleu jaillit du trou noir. Pendant une milliseconde, l'écran de surveillance vidéo ne montra que ce brouillard bleu-blanc, puis – image suivante – le commencement d'une explosion corail, au milieu des trois silhouettes humaines debout près du trou. Deux images électroniques plus tard, le corail bouillant avait atteint les objectifs des caméras vidéo, et la retransmission s'interrompit.

Le feu couleur de corail se déplaçait comme un liquide, et nettoya la surface du satellite en sept millisecondes. Une langue s'en détacha et monta de la surface, depuis le point le plus proche de la partie de la mission en orbite, et s'éleva à dix-huit impulsions vers le module ; puis elle se mit à se diviser et à s'étirer en longues fibres, pendant vingt-deux millisecondes. Sur les écrans de contrôle, les hommes des transmissions n'avaient jusqu'ici aperçu qu'un vague mouvement. Les deux tiers des membres de la mission – ceux qui se trouvaient sur le satellite – étaient déjà morts à cet instant-là.

Les fibres rouge corail se tordirent en tire-bouchons, et toutes se rétractèrent et s'estompèrent sauf une. Cette dernière s'étira encore, et vint frapper le vaisseau de la mission d'un coup affaibli. Le plasma, porté à des températures torrides, aveugla toutes les sondes et troua l'hydracier de la coque. Un gigawatt d'énergie létale s'abattit sur le vaisseau et ses antennes. Il y eut d'autres morts.

La chose couleur corail se retira, parut flétrir, devint plus sombre et s'effondra jusque dans son orifice d'origine où, au bout de quarante-deux millisecondes, elle n'était plus qu'une lueur blanchâtre et liquide. La roche du satellite était maintenant d'un brun calciné. Encore une fraction de seconde, et toute activité électromagnétique cessait sur le satellite A. Sans laisser la moindre radioactivité résiduelle. Les douze membres survivants de la mission n'avaient même pas eu le temps de voir venir et repartir la chose.

Seigneur Dieu est-ce que

est sursaturé, peux rien voir mais éjection ils ont simplement disparu, aucun signe nulle part non il y a bien ce débris je l'ai aux infrarouges mais quelle horreur ils ont tous été détruits, tous les modules en orbite, comme des petits pois

tout le camp est étalé sur la surface comme du beurre sur une tartine, nom de Dieu lancez la deux maintenant, on ajoutera un booster et on suivra

Je vois pas grand-chose des gens en orbite mais oublie les autres, s'il y a des survivants ce sera dans les modules, et j'ai bien peur qu'il y en ait beaucoup qui ne soient pas très beaux à voir

Sylvano, aucune réaction de A 14 à A 36 y compris, ta couverture ?

Sommes-nous en sécurité ? Sommes-nous en sécurité ?

D'Dieu j'en sais rien nous sommes à deux cents impulsions, c'est peut-être assez loin, mais qu'est-ce que ce foutu satellite nous réserve d'autre, réponds à ça et je te dirai

Je n'ai jamais garanti les joints de pression contre cette saloperie couleur corail, Stein, j'ai enregistré un bond, tu m'entends, de 3 kilotorrs en 2 millisecondes sur une cloison blindée intérieure, puis tous les instruments sont tombés en rideau, écrasés sans doute, j'envoie les courbes, dis-moi donc maintenant ce que tu vas en faire

non, toutes leurs antennes sont foutues, je peux au moins voir ça, c'est pourquoi on ne peut pas

A 14, A 14 répondez

merde, peux rien prendre sur cette longueur de toute façon ils débaroulent et peuvent pas déployer l'antenne-fusil intérieure, je n'ai aucun moyen de trouver ça, Nigel, je te le dis, tire-toi de ma fréquence

regarde regarde ici à l'infrarouge tout le côté du module A *est brûlé on dirait regarde quand il vient dans la lumière c'est tout brun*

Ici Alex, écoutez, j'ai vérifié les longueurs d'ondes des scaphs je peux régler le grand disque pour ça nous sommes opérationnels dans la fréquence si nous tirons un peu sur les bords, mais vous pouvez être sûrs que la procédure standard est foutue, j'étais en veille sur les fréquences d'urgence alors

évidemment que leurs trans sont mortes, crétin, leurs antennes sont foutues, s'il y a un peu de jus dans leurs scaphs ils balanceront un appel de détresse, évidemment les ferrailles du scaph serviront d'antenne et à cette distance, Alex il faut que ça passe par toi

ouais Reynolds fonce aussi vite qu'il peut je dirais contact dans quatre heures

oui oui, je regarde, je sais et c'est le merdier Ted écoutez, j'ai hé ! tire-toi une minute Nigel j'ai par Nichols le scaph ID, j'ai la ligne je reçois maintenant tu peux tout piquer si tu veux, sur 2,16 gigahertz, exact, enfin j'espère, il y a trois lignes ici, non quatre je compte huit, j'affine la réception, je reçois les I.D. si ça se trouve directement jusqu'ici juste une seconde

Nikka A 27, Alex, sur 2,39 gigahertz

tu as dit 2,39, ouais, Nigel, j'accroche celui-là sur 2,41 d'autres appels de détresse à côté sauf qu'on entend rien sur 2,43 et 2,45

combien de temps crois-tu

Ted on est déjà plein pot et c'est pas mal vu les circonstances nom de Dieu

Je veux être sûr que tu ne tombes pas dans le même piège qu'eux alors tu m'entends tu approches au ralenti, rien de trop

d'accord ça nous met dans 2,68 heures, trajectoire avec Râ dans le dos peut-être ça aidera à réduire notre visibilité, oui, mais il faudra manœuvrer.

Tu sais que pour rejoindre ces débris ils filent à toute vitesse

Alex dit que c'est plus la peine. Il y a six non huit scaphs qui réagissent au relais de la sonde médicale et ils sont dans leurs capsules

Seigneur, huit sur combien déjà trente-six ?

oui, c'est pourquoi j'exige la plus grande prudence bien que Dieu sait qu'avec ce temps de réaction l'équipage n'aurait rien pu faire même armé, pas le moindre avertissement

Nigel ? Oh ! Zak peux-tu me trouver Nigel, on dirait ici c'est Alex, on dirait que le Central est une maison de fous

attends, voilà ça y est

envoie ces coordonnées à toute pompe à Reynolds

Nigel, content de t'avoir trouvé, j'ai contrôlé tous les appels de détresse des scaphs intérieurs plusieurs sont repérés ce n'est pas un problème de relais je suis sûr enfin presque sûr

non rien, rien du satellite aucune interférence ce n'est donc pas lui qui

Central indique une heure et vingt-sept minutes de plus bon sang, est-ce qu'ils ne peuvent pas

désolé, je, écoute, nous venons juste de perdre un scaph, j'ai pensé que tu, je veux dire j'ai appelé parce que c'était celui sur 2,39 gigahertz Nigel, il s'est arrêté d'un seul coup

Sa peau avait l'aspect d'une croûte blanchâtre, lessivée, desséchée, morte. Nigel tendit une main hésitante et l'effleura. Il se sentait la tête vide, pris dans le flou, après toutes ces heures d'attente. Sa paupière droite était fermée. La gauche avait été carbonisée. Le côté gauche de son visage était cireux et durci. Dans la lumière impersonnelle à l'éclat d'émail du phosphore, il suivit d'un doigt tremblant les rides familières, les plis d'usure et les creux, et s'émerveilla de voir qu'ils allaient se perdre dans la chair régénérée progressivement, sans solution de continuité.

« On me remettra... la... paupière... dans une heure... c'est ce qu'ils ont dit », balbutia Nikka. Sa peau brillante était toujours tendue et ses lèvres gonflées et pourpres. Elle éprouvait quelque difficulté à parler.

« Ne dis rien, ne dis rien.

– Je n'ai... pas d'ordre à recevoir... Nigel. »

Il resta à la contempler, incapable de trouver quelque chose à répondre.

« Tu... tu avais raison.

– Non ; j'étais simplement prudent. »

Le moniteur thérapeutique, d'un jaune éclatant, continuait de farfouiller son côté gauche, s'arrêtant pour fabriquer un morceau de nouvelle peau, reprenant son exploration, patient et têtu.

« Quand mon scaph est intervenu... et a coupé la circulation... dans mon bras gauche je crois...

– Je sais.

– Je ne comprends toujours pas comment...

– Il t'a congelée en laissant échapper des gaz par les bons orifices. Astucieux. C'était la seule manière.

– Je ne savais pas... que les scaphs pouvaient...

– Ils ne le peuvent pas tant qu'ils ne sont pas reliés à un bon programme de contrôle métabolique. Lorsque ton scaph s'est arrêté de retransmettre, nous avons supposé qu'il essayait de conserver son énergie, probablement, pour ses besoins en traitement médical. Alex a donc recalé le grand disque de retransmission, et j'ai branché les programmes en question. De son côté Alex s'est arrangé pour prendre le contrôle de l'ordinateur intégré de ton scaph ; après l'avoir interrogé il l'a mis en veilleuse et nous a passé les commandes. Les programmes de bord ont alors expliqué à ta petite tête de scaph comment te mettre en veilleuse.

– À t'écouter, ça a l'air d'avoir été tout simple. »

Son masque de visiteur d'accouchée s'effondra instantanément.

« Tu as toujours été... un bien mauvais acteur.

– Epouvantable, oui. » Il aurait dû se douter qu'il allait être incapable de cacher la tension et la fatigue qui l'habitaient.

« J'étais sûre d'être en train de mourir, Nigel.

– Je pensais la même chose.

– J'aurais voulu t'appeler...

– Je sais. » Il n'y avait rien à dire, et il resta là, tenant sa main droite. Elle offrait au toucher une texture douce, usée, comme pétrie. Il regarda passer sur son visage les nuages et les bourrasques de ses diverses émotions que ne révélaient que de légers changements d'expression de sa chair gonflée, décolorée et tachetée.

À travers une petite fenêtre proche, Nigel pouvait voir les autres survivants allongés sur les tables d'opération, aux mains de silhouettes masquées en pleine intervention. On les préparait pour la Trappe ; ils étaient trop gravement atteints pour pouvoir être traités avec l'équipement du bord. Ils resteraient plongés dans un long néant rêveur et silencieux jusqu'à leur retour sur Terre.

« Est-ce que... quelque chose d'autre est sorti de ce...

– Non. Il a toujours l'air aussi mort qu'avant. L'autre satellite ne montre pas davantage de signes d'activité. C'est le mystère.

– Pas très convaincant, fit-elle en l'étudiant.

– Quoi ?

– Tu essayes de reconstituer le puzzle, non ?

– Si j'ai le feu vert, oui.

– Tu ne crois pas que ce soient les E.M. qui ont construit... ces choses.

– Non. Mais il ne s'agit que d'intuitions. Je n'aurais jamais dû laisser cette stupide Carlotta...

– Je... sais », dit-elle avec une pression de la main et en esquissant un sourire. « Toutes les deux... Carlotta et moi... nous avons réagi à quelque chose... Je ne sais pas... ta manière de présenter les choses... c'était tellement...

– Ça manquait de diplomatie.

– Trop direct, en tout cas. » Ses yeux noirs s'accommodèrent sur le plafond brillant. Le monithé changea de régime dans son travail et elle bougea, mal à l'aise. « Tu... tu n'es plus le même, Nigel, reprit-elle. J'ai... toujours senti un véritable équilibre... en toi. Et maintenant...

– En effet. » Il la regarda et se souvint des longues nuits qu'ils avaient passées ensemble, lorsqu'ils s'étaient connus, allongés sur la couchette étroite de sa cellule à plusieurs mètres en dessous du sol lunaire ; Nikka, patiente et analytique, tandis qu'il s'entêtait, fatigué, les yeux rougis, sur ce qui lui apparaissait être le problème qu'il n'arrivait pas à saisir, sur lequel il ne trouvait pas de prise. Ce qui toute sa vie l'avait poussé en avant l'avait fait emprunter d'étranges chemins, n'avait cessé de le transformer et de le remodeler. À cette lointaine époque, il n'avait pas d'équilibre, même pas cet équilibre dynamique qui naît de la marche – une manière de tomber en avant en se reprenant juste à temps. Même cela n'était pas possible alors que le monde se présentait à lui comme une énigme faussée, une incarnation glissante d'anguille qui n'était qu'un autre masque, devant lequel il fallait cependant réagir, qui le pétrissait et le modelait comme s'il faisait partie de l'énigme elle-même…

« Tu vas sortir encore… non ? »

Elle avait donc deviné. « Je n'irai pas sur les satellites, non.

– Sur Isis, alors », fit-elle en se renfrognant. La matière pâteuse qui servait à maintenir en place ses transplants capillaires se craquela, et une petite bulle vint éclater à la surface en laissant un minuscule cratère gris qui ne tarda pas à se combler. « En personne, ou par les systèmes asservis ? reprit-elle.

– Les servos pour moi, hélas. Paraît-il que je suis une ruine bien trop délabrée pour être envoyé sur place ; on doit craindre que je ne leur fasse peur ! C'est Daffler qui va tenter l'ouverture. C'est un gars des communications, après tout, et il a la tête froide.

– Ils pourraient au moins… t'y laisser poser le pied…

– Impossible, j'en ai peur. Mais Ted a fini par consentir à un contact direct, on a au moins gagné ça. C'est la seule bonne chose qui sera sortie de la sinistre farce des satellites. (Le regard de Nigel s'anima.) En plus, j'ai obtenu pour Daffler de faire le contact en personne, avec le scaph minimum.

– Pourquoi ?

– Afin que les E.M. comprennent tout de suite qu'il s'agit d'une créature vivante, et non pas encore une foutue machine.

– Je ne comprends pas... Pourquoi ne pas leur envoyer un message codé avec soin... plutôt ?

– Une procédure qui serait en réalité assez hasardeuse. Ted et ses théoriciens ont soulevé une objection intéressante. Avant de disparaître, l'équipe de surface a trouvé, sur le satellite A, tout un réseau radio-sensible fait dans un matériau métallique, comme serti un peu partout dans le rocher. Un truc qui paraissait d'une extrême sensibilité, et qui pourrait très facilement capter et contrôler les émissions des E.M.

– Et les nôtres.

– Exactement. Remarque que ce réseau ne s'est pas occupé de nous, du moins tant que nous n'avons rien fait de spécial. Nos signaux, qui proviennent pourtant d'une orbite extérieure par rapport aux deux satellites, ne les inquiètent apparemment pas. Ce sont...

– Des surveillants. Ils retransmettent ces espèces de chants... très lents des E.M. Des trucs sans dangers... comme nos propres émissions, justement parce qu'elles viennent de loin, peut-être ? conclut-elle en fronçant les sourcils.

– Des Surveillants, oui, le nom n'est pas mauvais. Mais la question qui se pose est la suivante : qu'est-ce qui se passera si l'on retourne aux E.M. leur message de salutation, tu sais, la vieille émission radio ? Comment réagiront les Surveillants ?

– C'est pourquoi les stratèges de Ted pensent... qu'il vaut mieux interpeller les E.M. depuis le sol... De là, l'émission aura l'air normale...

– C'est la théorie.

– Mais toi, qu'en penses-tu ? »

Nigel haussa les épaules. « Ces saloperies présentent un danger mortel. La plus grande prudence s'impose.

– Si seulement... on en savait davantage sur elles...

– Mais on en sait davantage, au fait ! Un petit peu plus, en tout cas. L'équipe de surface a eu le temps de retransmettre une analyse spectrale de la roche. Elle a été fondue par un procédé à très haute température, il y a environ 1,17 million d'années.

– Tiens. Ça correspond avec la durée estimée de leur orbite.

– Oui, sauf qu'ils la dépassent d'environ deux cent mille ans. »

Sa paupière droite cilla ; elle s'assoupissait, et dans son visage, les points de tension se détendaient. Nigel en éprouva une bouffée de soulagement et de joie, soudain convaincu que le plus grave était passé pour elle. « Je vois... c'est intéressant... mais...

– Très. Où étaient donc les Surveillants, pendant ces deux cent mille ans supplémentaires ? »

Nigel était occupé à rafraîchir un élément de serre lorsque Carlotta le trouva. Il contemplait le paysage hivernal en train de se former, cycle accéléré par l'apport d'air froid forcé. La simple condensation de l'humidité, se disait-il, est une source d'infinies beautés. Le givre dessinait ses fleurs sur les panneaux de la station d'observation ; des feuilles recroquevillées bruissaient dans le vent d'hiver. Puis venait le vrai froid de saison et ses glaces.

« J'ai vendu la mèche », commença Carlotta. Il lui jeta un coup d'œil et elle eut un haussement d'épaules. « On a résilié ton self-service. Je croyais avoir sous contrôle tous les programmes administratifs, mais...

– Ah ! bah... Culotté de ma part, de toute façon, de vouloir glisser hors champ du microscope. »

Elle passa un bras autour de ses épaules. « Crois-tu qu'ils vont te retirer le travail sur les servos ?

– Ça dépendra du prochain bilan. » Il se frotta les mains l'une contre l'autre, examinant ses jointures. « Il y a eu quelques protestations de la part de mes articulations, ces temps derniers.

– Mais non, ils voudront conserver leur Grand Homme.

– Le Grand Excentrique serait plus juste. Pendant les comités directeurs, je n'arrête pas de leur casser les oreilles avec mes histoires de Dahu et de Mare Marginis, et avec les civilisations des machines qui envahissent la Galaxie. Rien que des trucs invérifiables, fondés sur de pures intuitions. Je... » Il eut l'air de rassembler ses esprits, cessa de se frotter les mains et tomba silencieux.

« Tu as l'air fatigué, Nigel.

– Illusion d'optique. Laisse-moi me débarrasser de ces âneries de Grand Homme à la gomme et te trouver quelques gars bien placés. Je crois savoir comme il faut manœuvrer.

– Ecoute, je suis désolée d'avoir tout gâché.

– Il ne s'agit pas d'une petite affaire, Carlotta. Je n'avais jamais imaginé que ça pourrait durer longtemps, de toute façon.

– Si seulement j'avais pensé à cette option de prise en charge, je... » Elle s'appuya contre une paroi isolante. « *Madre de Dios.*

– C'est plutôt toi qui as besoin d'aide, Carlotta. Davantage de boulot à cause de la mission, Nikka à l'hôpital – je vais faire sauter un de tes quarts.

– Non vraiment, je... (C'était maintenant à son tour de passer un bras autour de ses épaules.)

– C'est absurde. Ça servira à quelque chose par-dessus le marché, par exemple à attirer l'attention de Ted. Une pointe de trafic d'influence, exactement ce que l'on pourrait attendre d'un Grand Homme.

– Hum », fit-elle, la voix fatiguée. « Alors ?

– J'aurais l'air un peu plus actif, si je me mêle de la politique du bord et mets mon nez dans les affaires.

– Oh ! écoute ; je ne pense pas que le moniteur agite le drapeau rouge avant cette fameuse mission au sol, de toute façon ! »

Il l'embrassa sur le front. « Parfait. Aucune chance de pouvoir avoir recours à l'avenir à cette "option de prise en charge", n'est-ce pas ?

– Eh bien, si... euh, peut-être, fit-elle en fronçant les sourcils.

– Excellent ! Je pourrais en avoir besoin plus tard. Peux-tu t'arranger pour que nous n'ayons jamais eu l'air d'avoir essayé ce coup ?

– À condition d'agir vite, oui... mais, tu ne t'imagines pas en avoir de nouveau besoin ?

– Qui sait ? » répondit-il d'un ton léger.

10.

Nigel ne peut s'empêcher d'aller et venir au sommet de la colline ; ses directives sont de rester sur place, de ne pas changer de position. Cette première tentative de contact doit être orchestrée avec minutie, et chacun a pour mission de couvrir un secteur de la longue vallée en pente ; c'est cependant lui qui, avec son insistance tranquille mais opiniâtre, a forcé Ted Landon et Bob Millard à entreprendre cette tentative, et il a l'impression d'être le mieux à même de la réussir, d'être celui qui a le plus le sens de ce que sont ces créatures. Or voici que le moment approche ; il se trouve sur un point fixe, prêt à assurer le contact latéral avec le groupe d'E.M. qui se forme, et à renforcer les mouvements de Daffler, écoutant les voix qui signalent les déplacements des E.M. et attendant, comme les autres. « À la première chance que j'ai, je fonce », avait-il dit à Nikka le matin même, plaisantant à moitié, mais les années de travail en équipe avaient émoussé ce qui était scepticisme sournois en lui, et c'est pourquoi il était là, tapant de la semelle sur cette colline, à l'écoute, engoncé dans une carapace asservie qui projetait une ombre d'insecte sur la paroi grise proche. Une bouffée de bruine était venue nettoyer les poussières soufrées de l'atmosphère. Nigel pouvait entendre les petits animaux reprendre vie au fur et à mesure que se formaient les dépôts de boues riches en oxygène. Les nuages les plus hauts laissaient filtrer les flamboiements de

Râ, ce qui donnait au paysage vallonné une nuance rougeâtre lugubre.

« *Je quitte le couvert,* fit Daffler, *il y en a tout un groupe en train de tourner les yeux vers le ciel. Quelque chose me dit qu'ils vont commencer à émettre.*

– *La Terre vient juste de se lever par rapport à la grande colline,* répondit la voix traînante de Bob Millard, *pensez-vous qu'ils soient chargés* ?

– Garanti, intervint Nigel, ils sont passés très près du volcan avant de se diriger vers le sommet de la colline. »

À partir de l'étude des positions radio des E.M., de l'analyse de leurs méthodes de chasse, les exobiologistes ont esquissé un tableau assez précis en ce qui concerne leurs expéditions systématiques à l'extérieur de leurs « villages » : sorties pour aller jouer dans les plaines, sorties pour recueillir de l'eau dans les courants boueux, sorties pour tirer parti des lichens et des buissons, mais surtout excursions vers les affleurements du courant électrique qui se manifestait, de façon aléatoire, à chaque regain d'activité volcanique. Ils utilisaient toutes les sources possibles pour capter cette énergie. Quand les tempêtes de poussière se mettaient à souffler, fixant l'oxygène de l'atmosphère, ils étaient seuls à disposer de réserves d'énergie, sous forme électrique, suffisamment importantes pour pouvoir rester actifs et continuer la chasse aux petits animaux rendus léthargiques. Tout le reste de l'écosystème d'Isis était purement organique, sans ce système nerveux semi-conducteur. Pour chasser, les E.M. balayaient le terrain d'un rayon dont ils « écoutaient » la réverbération, à l'affût de la légère variation d'adsorption qui signalait une proie. Ils mettaient alors en œuvre toute la force de leur condensateur et électrocutaient leur gibier avant même qu'il ait eu le temps de sentir la brûlure.

« *J'en ai relevé un.*

– *Attention, maintenant. Ils sont en train de nous préparer une tempête* », répond Bob.

Nigel suit attentivement la mise en place des différentes couches chromatiques telles qu'elles lui sont retransmises par son relais radio. Les silences, entre les brèves impulsions, deviennent de plus en plus courts et modulent un réseau de thèmes en contrepoint au milieu duquel gonfle un rythme qui noie peu à peu les différentes voix, comme saisi d'une urgence percussive irrépressible. Les E.M. sont inclinés en arrière ; il s'est engagé sur la pente et il peut les voir d'où il se tient. La tête tournée vers le ciel, ils chantent en un unisson majestueux, lançant leur appel comme ils le font depuis des années, avec un entêtement patient qui, étrangement, est manifeste à travers leurs longues notes carillonnantes et leurs cliquetis espacés. Les têtes s'étirent, leurs jambes se stabilisent et ils se mettent en position. Un signal parcourt toute la vallée. Dans la lumière ambrée, Nigel voit d'autres E.M. s'arrêter, se redresser et se tourner, se préparant à lancer à leur tour le chant qui scelle leur union. Nigel s'avance et les compte ; il veut être plus près de Daffler quand il enverra le message de réponse sur lequel la mission est tombée d'accord. C'est maintenant par centaines que les E.M. ont envahi la vallée ; ils sortent des cavernes pour chasser et pour chanter dans l'atmosphère qui s'est éclaircie.

Si Isis a une voix, c'est celle du vent. Nigel entend son frottement de tiges de roseau, à travers sa carapace, et ce son plaintif et creux semble se mêler au fouillis d'impulsions radio jusqu'à ce que Nigel croie distinguer comme un écho entre les deux, un vague indice sur ce qu'est la nature profonde des E.M. tandis que se confondent les deux contrepoints – intersections obliques de rythmes qui vont et viennent et volettent autour de la trame générale répétitive, symphonique, mesurées mais allant de l'avant...

« *Déplacement sur ma droite.* »

... et le charme est rompu, Nigel le sent s'évaporer, il n'arrive même plus à être sûr de ce qu'il a ressenti. Selon toute vraisemblance, les E.M. ne peuvent pas entendre les gémissements du vent, d'après les exobiologistes, et la comparaison est donc probablement sans objet. Nigel hausse les épaules. Il est bien difficile de prendre la mesure d'un monde, nécessairement fait de détails, d'un amoncellement de faits, tant que, comme dans certaines œuvres impressionnistes, on n'a pas les moyens de prendre assez de recul pour voir tout d'un coup le tableau émerger – ici une vie complexe et triomphante, car exister en un tel endroit est déjà en soi une victoire, victoire contre la fournaise de Râ. Les équilibres de la biosphère d'Isis sont très subtils, a-t-on découvert : le taux d'adsorption du carbone dans les zones humides et dans la boue des zones pélagiques est précisément celui qu'il faut pour régler la concentration d'oxygène ; l'azote permet d'avoir une pression suffisante pour assurer la respiration et faire que les poussières les plus fines restent dans l'atmosphère ; le méthane contrôle le niveau d'oxygène et ventile les boues dépourvues d'oxygène ; avec leur avantage sur le plan électrodynamique, les E.M. se retrouvaient donc au sommet d'une fragile pyramide biologique.

« *J'ai choisi mon site. Je me trouve à environ deux cents mètres de mon client.* (Daffler donne l'impression d'être sûr de lui.)

– *Parfait,* dit Bob Millard. *On note que tu es au-delà de la distance mortelle.* »

Des observations soigneusement vérifiées ont permis de montrer que les E.M. ne sont pas capables d'envoyer de décharges mortelles à des distances supérieures à cent vingt mètres ; ce détail était essentiel pour la mise au point de la tactique de Daffler comme pour celle de son scaph. Le revêtement dans lequel il est fait peut réfléchir plus de 90 pour cent de la radiation émise par un E.M. dans la longueur d'onde mortelle.

Nigel débouche sur une zone caillouteuse puis franchit une langue de sable pour essayer de garder le contact visuel avec Daffler. Le voici : il émerge d'une ravine étroite, mince silhouette dans la lumière sourde soulevant de petits nuages de sable pourpre. Nigel aperçoit plus loin en arrière d'autres servos, dispersés de façon que les E.M. ne soient pas alertés par les formes réfléchissantes inhabituelles sous lesquelles se cachent les humains.

Daffler s'arrête, s'agenouille et installe son matériel. « *Energie, O.K.* », fait-il.

La créature isienne choisie par Daffler présente une silhouette raide dont on ne distingue qu'un enchevêtrement de membres autour d'un corps immobile et cireux. Afin de mieux capter Daffler, Nigel coupe le fond sonore bruyant formé par le chœur des E.M. Ils chantent maintenant une mélopée complexe faite de pointes sonores aiguës, retombant sèchement sur une note qui est une partie du mot « peut-être », un fragment de ce vieux programme de radio de la Terre. « Peut-... » Daffler branche son émetteur ; Nigel entend le chuintement caractéristique... « -être. »

« C'est parti. »

La note grave de la réponse de Daffler s'élève. Elle reprend l'antique émission de radio depuis le début : *Et voici l'heure d'Arrrr-thur God-frey* ! Les notes roulent dans la vallée encaissée.

Nigel retient sa respiration et ne peut s'empêcher de s'incliner en avant, les épaules appuyées contre les bourrelets de protection, essayant de se souvenir de l'endroit où il se trouve, c'est-à-dire à bord du vaisseau ; mais les formes pétrifiées dans la vallée couleur de rouille ne manifestent rien.

Leur chœur continue pendant une mesure, puis une deuxième, puis laisse la place à un éparpillement de notes aiguës étranges, une ondulation des plus hautes fréquences qui retombe en cascadant dans la fugue principale et propage bruit et confusion dans le mot suivant jusqu'à ce qu'il perde toute cohérence et se dissolve dans le brouillard écumeux de milliers de bourdonnements aléatoires et de cliquetis désordonnés.

Comme cela a été prévu, Daffler passe sur un autre programme, maintenant qu'il a attiré l'attention d'au moins quelques extraterrestres. Il dirige l'antenne directionnelle vers l'avant, vers le plus proche et commence à émettre. Un code simple, fait de quelques impulsions. En surimpression, gardant le contact, Daffler continue d'envoyer le vieux programme, et le présentateur mort depuis longtemps se met à réciter la liste de ses invités sur fond de musique douce jouée au piano, babillant comme un ruisseau.

L'E.M. le plus proche commence à baisser la tête. Tout le long de la vallée, les autres hautes silhouettes se mettent également à bouger, et les grandes têtes rectangulaires se détachent les unes après les autres du rougeoiement céleste, dans lequel se trouve le point lointain d'émissions radio, animé de l'agitation de la vie ; puis les grandes jambes se déploient et les créatures se relèvent lorsque soudain le plus proche entre en mouvement, fait un pas, tandis qu'une voix nouvelle se met à parler dans la longueur d'onde : un pépiement de bips rapides qui module et monte vers l'aigu, augmentant d'amplitude, selon un code de toute évidence complexe.

Instinctivement, Nigel se porte en avant, et les cailloux roulent bruyamment sous ses pas tandis qu'il dévale la pente de la colline sans tenir compte de son pourcentage, ce qui entraîne des gémissements de protestation de la part des systèmes hydrauliques. « C'est un regroupement ! » commence-t-il, tandis que les cliquetis anxieux se multiplient sur la bande passante. « Réponds ! » crie-t-il.

Daffler est toujours en train de retransmettre imperturbablement, sur fond du vieux programme radio aux syllabes étirées, son jargon pédagogique... un schéma arithmétique simple avec des implications géométriques, une forme que les exobiologistes estiment à la fois générale et évidente.

Un choc soudain, et Nigel se met à déraper sur la gauche et à tourner, ses sondes sensorielles brusquement orientées vers le haut de la colline, tandis qu'il sent les locomotrons perdre leur adhérence. Des cailloux frottent contre l'hydracier, et il s'enfonce dans le sillage de la petite avalanche qu'il vient de déclencher. La poussière obscurcit ses verres, il tombe, heurte un rocher, ses articulations recrachent des gravillons, son axe central prend de la gîte, et il commence à se retourner. Il enclenche brutalement les freins, laisse le robot revenir en arrière, donne un coup d'accélération, se jetant sur la gauche afin de retrouver son assiette, et réussit à reprendre son aplomb. Quand il fait halte, il est suspendu au-dessus d'une faille.

« *Bon sang, Nigel, qu'est-ce que tu...* »

Pendant les deux dernières secondes, l'averse géométrique de Daffler a craché sa série de pointes en modulation d'amplitude... une claire note de piano s'élève, le temps paraît comme suspendu, cristallisé. Le spectre radio des E.M. est maintenant comme une forêt de vrilles, s'agglutinant et se défaisant selon un mode entièrement nouveau pour Nigel, prises de mouvements furieux évoquant des abeilles en train de former leur essaim autour de la sobre longueur d'onde de Daffler en forme de cloche, de son signal régulier. La note de piano s'éteint peu à peu sur ce fond pour se transformer en un son grave, et Nigel se rend compte que les E.M. ont cessé d'émettre leur fragment du vieux programme ; leur énergie est maintenant en train de converger et de s'accumuler dans une sorte de tourbillon agité et aigu qui se referme sur la ligne de Daffler.

Nigel scrute la vallée. Toutes les têtes des E.M. sont tournées vers Daffler ; leurs bras s'agitent et tracent des arcs élaborés dans l'air. Ils se remettent pesamment sur pied, et leurs longues jambes maigres se mettent à battre rituellement le sol, dans un martèlement régulier. Certains se penchent en avant et en arrière, leur tête s'agitant avec une violence anxieuse. Nigel veut s'arrêter pour voir, mais le sol cède sous lui, la plaque sur laquelle il se tenait craque et s'effondre sous ses locomotrons avant. Il tente de s'accrocher à une saillie de pierre, manque son coup, en attrape une autre, et se retrouve encore plus exposé. La faille est rocheuse et profonde. S'il tombe...

« Daffler ! lance-t-il. Je crois qu'ils sont en train de constituer un signal cohérent, ensemble !

– *Ouais, bon, j'y suis arrivé, enfin. Simplement...*

– Ils avaient dû préparer une sorte de réponse, comme nous. Ils peuvent converger sur toi par triangulation et ils savent que tu es sur place, mais... »

À ce moment-là, ce qui restait de la saillie rocheuse lâche définitivement. Nigel s'appuie sur le sol calciné des bras pour reprendre l'équilibre, et fonce à reculons, les moteurs lancés à fond, dans un nuage de poussière ; les chenilles des locomotrons retrouvent l'adhérence, glissent, adhèrent – et il finit par retrouver un terrain moins en pente. Tandis qu'il rejoint un endroit plus sûr, la voix de Bob s'élève dans le haut-parleur.

« *Nom de Dieu, Nigel, qu'est-ce que tu fabriques, tu dois rester sur place...*

– Ils sont excités, regarde-les !

– *Oui, laisse donc une minute à Daffler, ensuite nous verrons si...*

– Non, je ne... »

C'est par centaines que les pointes convergent, sur la bande passante, vers la ligne épaisse de Daffler. Les E.M. sont en train de régler leur fréquence individuelle et de faire jouer leurs muscles intérieurs pour ajuster la longueur de leur épine dorsale enrobée de métal. Leurs signaux forment un crépitement détaillé ; sur l'onde porteuse, les amplitudes varient selon des schémas complexes et se déversent sur la ligne de Daffler, se concentrent sur lui ; beaucoup d'entre eux se livrent à cette danse bizarre, emportés par une sorte de passion frénétique et jettent leurs réserves électriques sans compter dans un torrent de plus en plus puissant, mais tous émettant vers Daffler et l'atteignant de leur bégaiement haletant.

Nigel comprend qu'ils s'efforcent de voir Daffler, de rendre son image claire et définie, mais leurs fréquences basses ne peuvent distinguer de détails plus petits que leurs longueurs, ne peuvent « voir » les bras et les jambes fuselés de Daffler qui le différencieraient de la faune originaire d'Isis ; c'est une véritable tempête d'émissions qui monte en fréquence, cherchant une meilleure définition. Les E.M. continuent d'envoyer leur réponse préétablie, mais essayent en même temps de voir Daffler, le porteur de la bonne nouvelle, inclinant leur tête rapidement, changeant de position, et déversant leur énergie...

Hurlement de Daffler.

« *Seigneur... c'est... j'enregis...* »

Une série de cris hachés jaillissent de la bouche de l'homme. Il s'effondre, se pelotonne sur lui-même. À côté de lui, le disque parabolique roule à terre. Daffler se tord sur le sol, mais les nuages de poussière qu'il soulève empêchent de bien le voir. Le hurlement s'étrangle et devient gargouillis.

Nigel saute un ravin étroit et se précipite le long de la pente, dispersant les pierres sous ses pas, tandis que le spectre d'émission des E.M. s'emplit de notes discordantes.

Je ne reçois rien du scaph

Ecoute, je vais longer ce groupe qui ne me dit rien qui vaille

Son équipement est foutu

On peut rien voir, essaye de t'approcher plus près

Nigel, distingues-tu le moindre mouvement

Le scaph de Daffler était renforcé de métal aux points de tension ; ce métal a disparu. Le disque pend dans sa monture. Quant à Daffler... il est comme quelque énorme volaille que l'on aurait oublié au four, la peau crevassée, la graisse en ébullition, recouvert d'une croûte brunâtre presque noire, le visage complètement carbonisé ; ses cheveux et même ses oreilles ont disparu. Ce qui reste de ses bras et de ses jambes est plié aux coudes et aux genoux, pétrifié dans son ultime position ; et ce qui fut la joie de l'œil d'une mère se trouve maintenant réduit à une masse calcinée sur laquelle se dressent des moignons et des ailes membraneuses.

Seigneur, regarde-moi ça !

Ces salopards ne lui ont pas laissé la moindre chance, juste

Combien de temps faut-il pour amener le congelo ? Si seulement...

On n'avait jamais imaginé ça, il faut bien dix minutes minimum

Annule-le, son cerveau est complètement brûlé, il n'y a aucun moyen de

ils l'ont juste brûlé, pas une chance

Espèces de foutues araignées

Fais attention, Nigel, ces trucs pourraient

Ouais, eh bien, on ne va pas leur en laisser une

Regarde celui-là qui pointe encore dans sa direction

Moi je dis qu'il faut les massacrer

Ouais, regarde près de toi Philips

Je suis sur lui, je vais sortir mon grappin

« Attendez, nous ne savons pas encore ce qui s'est passé, je crois que nous devrions simplement... »

Ces deux, Guthridge, tire aux jambes c'est

Regarde-moi le descendre, bon Dieu de foutues araignées, je vais te leur couper les guiboles à ras des choses

« Nom d'un chien de nom d'un chien, qu'ils arrêtent de s'exciter, c'est une erreur épouvantable... »

Holtz, fais donc le tour de celui-ci

Découpe-le en rondelles, découpe-le en rondelles !

Regarde-moi ça, je ne comprends pas ce qui leur a pris

Saloperies de vermines, oui !

Tu l'as, j'te dis, tu l'as, fais gaffe qu'il te tombe pas dessus

Ils t'ont juste brûlé le pauvre Daffler comme

Ils se barrent, ils se barrent !

Salopards ! descendez-moi tous ceux qui continuent à rester braqués sur

Ouais on ne sait jamais ce que ces

Vacheries d'araignées, elles n'ont plus l'air aussi grandes quand elles ne sont plus sur leurs quilles
Attention à celle-là elle est
« Bandes d'idiots ne voyez-vous pas... »
Descends-le, descends-le il est en train
Poursuis-les poursuis-les là sur ta droite
Et merde, cette connerie m'a mélangé les grappins à l'endroit où les pattes ont cassé
Attention sur la gauche !
Saloperies d'araignées

11.

Le mur directement taillé dans le rocher du bureau de Ted était froid au toucher. Sa thermo-conductivité était faible, mais l'énorme masse de pierre et de fer n'empêchait cependant pas complètement le froid extérieur de s'infiltrer jusqu'au cœur du *Lancer.* Des années d'occupation humaine n'avaient pas réussi à réchauffer ces cavernes.

Nigel était assis sur une chaise basse, inclinée contre la paroi. Ted finissait son travail à l'écran, vérifiant le fonctionnement du matériel laissé à la surface d'Isis. Bob Millard était assis de l'autre côté de la pièce par rapport à Nigel et ne disait rien. Il leva la tête lorsque Ted laissa tomber son stylet sur le bureau.

« Eh bien, Nigel, on dirait que ton idée n'a pas marché, commença Ted.

– Peut-être.

– Peut-être ? » reprit Bob en parodiant l'accent anglais de Nigel. « C'est tout à fait le mot, ouais. Daffler est mort, tout son matériel a fondu...

– Ils ont été pris d'excitation, le coupa tranquillement Nigel. Ils ont tous voulu envoyer leur signal de réponse en même temps. Une sorte de code imprimé.

– Je me demande ce qu'en a pensé Daffler.

– Je ne crois pas qu'il ait eu le temps de penser quoi que ce soit », fit Nigel.

Ted s'appuya des coudes sur son bureau. « Il n'en reste pas moins qu'ils l'ont attaqué. Et tué.

– Ils s'attendaient à une réaction qui vienne d'en haut, de la Terre. Quand ils se sont rendu compte que Daffler était sur place, ils ont essayé de le voir. Le problème, c'est que pour voir avec un radar, il faut commencer par émettre. Ils ont été des centaines à faire converger leur faisceau sur lui, et l'addition – une sale affaire, conclut-il assez lamentablement.

– Ouais-ouais, grogna Bob.

– C'est comme ça que ça s'est passé, rétorqua Nigel en se tournant vers lui.

– Ah ouais ? Alors pourquoi ne pas l'avoir dit plus tôt ? Hein ? Tu étais tellement enthousiaste pour ce plan, prendre contact, pourquoi n'avoir pas imaginé...

– Nom de Dieu, on ne peut pas tout imaginer. Comme ta horde devenue complètement folle et coupant les E.M. en deux comme des bêtes...

– Du calme, fit Ted en levant une main. Vous êtes encore tous les deux sous le choc. Je dois admettre cependant que les hommes ont perdu la tête.

– Ils ont descendu seize de ces salauds et dispersé le reste. Je dirais plutôt qu'on a sauvé ta tête, Nigel.

– Mon robot, peut-être. J'étais simplement asservi.

– Bon d'accord, d'accord, fit diplomatiquement Ted. Mes conclusions sont que notre tentative de prise de contact a échoué. »

Nigel souleva un sourcil étonné. « Mais pas du tout.

– Comment ça ? demanda Ted.

– Eh bien, le signal de réponse, nous l'avons.

– Et alors ? Ecoute Nigel, je crois que tu ne te rends pas compte des remous suscités par cet accident. Daffler avait beaucoup d'amis. Tu...

– Je sais bien ; après les lourdes pertes essuyées dans l'affaire du satellite A, c'est la goutte d'eau. Mais laisse-moi au moins travailler avec l'équipe d'exo-comm. Quelque chose me dit qu'il doit y avoir un moyen de le décoder. Alors...

– Bon, d'accord, fais ce que tu veux. Mais tu es interdit de travail en surface, reprit Ted d'un ton sévère. C'est clair ?

– Parfait, répondit Nigel. Du moins tant que la fantaisie ne te reprendra pas d'aller faire un tour sur ces satellites (Il n'avait pu résister au plaisir d'enfoncer cette épingle), promets-moi ça. »

Ted ne dit rien et Bob fit la grimace.

Les longs signaux du code étaient complexes, empilés, compressés, et cependant disposés en fonction d'une syntaxe qui faisait qu'il y avait peut-être un moyen d'arriver à les décrypter. Les E.M. avaient accompli l'exploit de leur donner une construction ayant quelques similitudes avec les formes du langage humain. Des schémas émergeaient, comme des phares lointains au milieu d'un épais brouillard qui aurait dévoré tout le paysage.

Les mathématiciens n'arrivaient pas à déterminer où commençait et finissait le message, si bien que l'on ne traduisait qu'en image statique les images et les symboles qui se présentaient – ce qui suggérait bien des rapports mais ne mettait pas en évidence les relations de cause à effet.

L'une des images montrait une sorte de feuille couleur de métal parfaitement plate et immobile, d'où sortaient, ici et là, des barres droites et des arceaux de pierre noire, créant une perspective par les angles géométriques de leurs intersections, fixes et rigides. Quelque chose comme un chemin venait de la gauche et passait brusquement, sans inclinaison perceptible, en dessous de la surface gris-bleu, comme une lame plate et fine glisserait dans une chair molle, guidée par une main sûre.

Nigel observait l'image en train de se constituer sur l'écran, puis, tandis qu'arrivaient d'autres informations, il sentit le mouvement sous-jacent de l'eau, les différentes strates en dessous dans lesquelles des courants sombres entraînaient des essaims ondulant semblables à des poissons. La surface neutre et figée comportait des points couverts d'une écume mousseuse verte, signe de dégazage de méthane, mais pour le reste, cachait ce qui se passait en dessous, les vitesses des courants qui venaient de la côte lointaine emportant avec eux les êtres luminescents gras à triple nageoire qui se serraient les uns contre les autres pour se protéger dans les eaux rouges de rouille. Une impression de nager, de sentir sous lui les essaims à la douce nuance saphir, envahit Nigel tandis que l'image bougeait ; il fut pris d'un agréable sentiment de satisfaction devant cette structure, ce plan serein aussi idéal que n'importe quel Euclide aurait pu en rêver, qui s'étendait à l'horizon et grouillait d'un délicat murmure d'informations sur la chaîne alimentaire que les courants profonds emportaient au loin.

Suspendu au-dessus, vide et immobile, il y avait un disque d'un rouge éteint qu'estompait encore davantage une atmosphère bleue, dont les molécules d'eau diffractaient la lumière. Il s'agissait d'Isis, d'un endroit en bordure de mer que les hommes n'avaient pas reconnu, une plage s'enfonçant dans une mer calme. Lorsque, dans le bas de l'image, commença à se former lentement une crête épaisse et visqueuse d'eaux chocolat, Nigel comprit qu'il contemplait, d'une manière non linéaire, le monde des créatures émettrices tel qu'il avait dû être autrefois à un moment donné ; et l'apparition progressive d'une jambe arachnéenne qui sortit de l'eau et y rentra ne le surprit pas. Il distingua des bras qui lançaient des filets. Les lignes se raidirent et s'élevèrent, ployant sous un lourd fardeau, et une masse des choses luminescentes apparut, grasses, toutes prêtes. Tel était donc le paradis des E.M., se dit Nigel. La sérénité méditative de cet endroit ne pouvait être une erreur de traduction. Ils leur avaient montré cette image parce que c'était un souvenir enfoui correspondant à quelque chose d'essentiel.

Il y en avait d'autres semblables. Certaines étaient, sans qu'il y ait le moindre doute, des œuvres d'art ; d'autres faisaient soupçonner le passage de très longues périodes de temps. Les astronomes savaient qu'Isis se trouvait prise dans un phénomène de résonance gravitationnelle avec la géante gazeuse à l'extérieur du système, et l'incessant barattage des vents et des eaux des deux mondes entraînait Isis vers la périphérie, la rapprochait de la planète massive de la classe jupitérienne. L'étude attentive du ciel nocturne qui apparaissait dans certaines des images décodées permit donc d'en calculer la date, grâce au diamètre apparent de cette planète.

On découvrit que les images couvraient une période de temps de plusieurs centaines de milliers d'années. Puis images et symboles commencèrent à apparaître ensemble, ainsi que d'étranges vaisseaux aux formes onduleuses – sous forme schématique, mais de toute évidence des véhicules construits par les extraterrestres eux-mêmes pour voler dans le vide. Des vaisseaux spatiaux. Puis soudain, ce fut une image d'Isis, gris-vert, autour de laquelle tourbillonnait un nuage de points comme des fragments de braise incandescents ; ces points s'amassèrent en astéroïdes qui se mirent à descendre, les uns après les autres, vers la face éternellement éclairée de la planète.

Puis la longue courbe des trajectoires laissa la place à l'image mouvante d'un lac plat. Des plantes : longues tiges dentelées, d'un bleu électrique, devenant plus grandes sous le regard de Nigel, et qui se mettaient à osciller, s'écartant au fur et à mesure que l'image s'avançait, pour suivre le chalutage maintenant familier de la vie qui grouillait en dessous, si bien que des formes lancéolées aiguës pointaient sur l'écran comme des couteaux souples pour couper – on aurait presque pu éprouver la vive douleur du choc, l'écoulement du sang qui suivait – et recueillir la moisson.

Les mathématiciens n'avaient pu donner toute leur cohérence aux images qui suivaient, bombardées de symboles qui tombaient comme grêle : ils se contentèrent donc de les faire passer dans l'ordre où elles se présentaient. Il y eut une série sur une période que l'on appela le flux du temps, une autre sur une nuit de feu et de flammes avec un ciel rayé d'orange vif, et des choses au profil onduleux qui bondissaient vers lui, comme pour détruire ou faire dévier, tout ça accompagné d'ondes sonores graves et grondantes, comme un gigantesque barrage d'artillerie sur l'horizon empli d'éclairs. Des vents brûlants soufflaient en rafales dans les ténèbres. Puis ce furent des images angulaires emmêlées. Enfin le silence.

Il se rend compte qu'il est complètement engourdi, les muscles ankylosés, à force de rester dans la cabine d'interface de l'ordinateur, et il se dit qu'il devrait quitter le bureau de Ted Landon, se reposer et réfléchir à la meilleure façon d'exposer ce qui était sorti du décodage. Mais en même temps, il savait qu'il ne pourrait s'y résoudre ; le moment était venu de faire le point ici ; il prit une attitude détendue, presque vautrée dans son siège, et commença :

« Quelque chose est venu de l'espace interstellaire et a perturbé l'orbite des astéroïdes proches d'Isis. Les premiers qui sont tombés avaient un caractère exceptionnel, puis les chutes se mirent à être de plus en plus nombreuses, et le martèlement de la surface de la planète s'est poursuivi pendant des années. Il a bouleversé le paysage, détruit les étranges villes des E.M., et envoyé de la poussière et de la vapeur dans l'atmosphère d'Isis jusqu'à ce que le rayonnement de Râ, déjà relativement faible, soit réduit à quelque chose comme le clair de lune chez nous. Sans la photosynthèse, la chaîne alimentaire s'est effondrée, anéantissant la vie telle que la connaissaient les E.M. ; jusque-là ils avaient vécu de leur cueillette sur les basses terres, près des côtes, où la nourriture était abondante. Sans avoir eu besoin d'avoir recours à l'agriculture, ils avaient néanmoins mis au point une certaine technologie, et des vaisseaux spatiaux susceptibles de se placer en orbite. Ils ont même été jusqu'à tenter de se défendre, un court moment et de façon dérisoire, contre la pluie d'astéroïdes. À la fin, toute la surface d'Isis éclairée par le soleil se trouva réduite à un chaos, une vaste étendue de terre bouleversée, crevée de volcans tout neufs par où montait le magma assoupi au cœur de la planète, condamnée à subir le constant remue-ménage tectonique qui interdira pour toujours la réapparition de ces points de chaude humidité favorable à l'éclosion de la vie, et qui a donné naissance, au lieu de cela, à l'Œil. »

Nigel se tut, et sentit peser sur lui le regard des autres, tandis que le silence se prolongeait dans le bureau. Il avait parlé vite, animé par quelque chose d'encore fragile, nullement sûr des relations qu'il établissait entre les faits, mais voulant aller jusqu'au bout afin que les autres puissent travailler à partir de son hypothèse, et sonder les images fuyantes qui lui étaient venues à l'esprit – l'anguille insaisissable –, les étudier, les raffiner, voire éventuellement rejeter l'explication qu'il venait d'entr'apercevoir.

Ted dit « C'est marrant, on dirait », mais un géologue lui coupa la parole avec « Figurez-vous que ça correspondrait à la datation des cratères que nous avons établie, nous savons que le phénomène a affecté toute la planète », de la gauche de Nigel vint « Cela m'y fait penser, mais l'âge de la surface du satellite était à quelque chose près le même » puis une voix plus douce, arrivant du fond du bureau bondé où régnait une odeur de transpiration fit « Seigneur, comment déduire l'enchaînement des causes et des effets sur une telle échelle de temps, c'est absurde », mais à côté de lui Nikka l'interrompit avec une note de défi dans la voix : « Pourriez-vous avoir l'obligeance de le laisser au moins terminer ! » Nigel, d'un geste de la main, lui demanda le silence, car il était vrai que des événements vieux d'un million d'années ou davantage ne pouvaient être autre chose que des spectres fugitifs, des notions presque vides de tout contenu.

Il poursuit donc sa réflexion, car en esprit il voit la vie

paisible menée par les créatures aux jambes comme des échasses, oscillant et avançant au milieu des rouleaux et des mascarets, à la recherche des proies luminescentes dont ils se nourrissent ; les moments passés autour d'un feu allumé sur les plages, tout ce qui a conduit à créer une culture extrêmement différente de celle des hommes fondée sur la chasse, puis l'agriculture. Au cours de l'époque du flux temporel, ils en savaient déjà beaucoup sur eux-mêmes, avaient maîtrisé la double hélice de l'A.D.N. et compris les principes de la cuisine génétique. Ils survécurent au bombardement céleste et virent leur monde se faner ; ils comprirent qu'animaux et plantes étaient condamnés à disparaître dans la lumière crépusculaire et les poussières dont l'air était gorgé, qu'une nouvelle écologie allait naître sur les débris de l'ancienne. C'est alors que leurs connaissances fragmentaires en génétique avaient été transformées en un instrument efficace de changement : les solutions liquides avaient été titrées, les molécules retaillées et réassemblées, et, à partir d'eux-mêmes, ils avaient créé un nouvel être.

« J'en sais rien, moi ça me paraît improbable, faire tout ce bricolage génétique sur soi-même », puis une autre voix, « Remarque, le volcanisme ne cessait d'augmenter, il n'y avait aucune manière de continuer de la même façon qu'à l'époque où l'air était riche en oxygène », une autre encore, « Avec tout ce soufre qui sortait des volcans, ils auraient aussi bien pu », la salle devient plus chaude, l'odeur de transpiration se fait insistante, « Mais c'est parfaitement impossible, ça, d'écrire dans son propre code génétique, d'y mettre des trucs comme ces nerfs-transistors et ces condensateurs, non mais vous vous rendez compte ? » plus doucement, « Qui sait, après tout ? » aussi « Cette bonne vieille Muriel, tout ce qu'elle ne sait pas faire, c'est une loi de la nature, comme la vitesse limite de Dieu ! »

Nigel s'affaisse un peu sur son siège, les muscles du dos douloureux des heures passées assis dans une position ankylosante, est-ce qu'ils ne pourraient pas faire des sièges plus confortables, nom d'un chien, ces fondus de maths n'ont jamais appris à vivre, vraiment, ne pensent qu'à leurs chiffres.

« C'était peut-être la seule manière de s'en sortir », les exobiologistes murmurent entre eux, car ils ont procédé à leurs propres analyses multifactorielles du message des E.M., « Au moins c'est une explication pour le manque d'autres formes vivantes capables d'emmagasiner de l'électricité dans cette biosphère », et Nigel se rend compte que le groupe des matheux est loin d'être d'accord avec son explication, mais il hausse les épaules, convaincu que ce premier jet d'impressions qu'il vient de communiquer ne pourra se concrétiser en quelque chose de solide tant que l'on n'aura pas travaillé à fond sur les implications.

« Cela impliquerait donc, si je ne me trompe, docteur Landon, que les espèces de "salles" dites super ou supraconductives trouvées par l'équipe de Bob sont en réalité les artefacts d'une technologie vieille d'un million d'années, mais franchement, une durée de vie aussi longue pour un supraconducteur quel qu'il soit me paraît impensable », lentement l'idée fait son chemin, même s'ils commencent par se cabrer, incapables de l'accepter, « Je veux dire pourquoi se seraient-ils accrochés à ce seul truc de haute technologie comme la supraconduction de ces feuilles et auraient-ils laissé le reste disparaître », ils n'ont pas compris l'humilité dont ils devraient faire preuve devant des êtres qui, avec tout ce que cela signifiait, ont décidé de changer leur propre nature pour pouvoir survivre, de maîtriser les forces électrodynamiques lorsque la pyramide chimique de la vie s'est effondrée sans espoir de pouvoir être relevée, car l'Œil était toujours là, car les cieux ancestraux étaient toujours envahis de poussière, et qu'à chaque fois que quelque reste de technologie arrivait à survivre à la rouille, un jet de plasma corail fondait sur lui jusqu'à ce qu'il n'en restât plus rien ; ils seraient ainsi tous morts, leurs machines brisées auraient fini par rouiller et il ne serait plus rien resté d'eux dans l'écosystème dominé par les parcelles de soufre, et où des restes de plantes rampaient sur le sol.

« Mais pourquoi le faire aussi complet ? Ça ne cadre pas », et la salle se partage en multiples discussions, Nigel sent les différents points émerger lentement comme ils l'ont fait en lui-même, « Eh bien, la radio était le seul moyen de voir quelque chose dans cette purée de pois », il presse la main de Nikka dans la sienne, car c'était elle qui avait compris la première le sinistre rapport qu'il y avait avec... « Evidemment et je parie que le seul espoir de communication interstellaire » ce cri avide et féroce qui franchissait les abysses, « Mon Dieu, il n'y avait qu'ainsi qu'ils pouvaient survivre », un sac mal ficelé de muscles et de chairs, de tuyaux et de poches, devenu épais et cireux, plein de liquides divers, se déplaçant sur ses perches articulées, paisiblement, sur les hauts-fonds, la vie s'accrochant toujours, pulsatile, souple, bouillonnante et néanmoins menacée en dépit de la lenteur de son métabolisme de disparaître à son tour et de s'enfoncer pour toujours, décomposée dans les sols gorgés de fer.

« Tu sais, je viens d'y penser, adapter la radio sur une forme vivante, ça avait l'air d'être naturel, si l'on peut dire, et non un produit de la technologie », alors Nigel comprend qu'ils viennent de prendre le dernier virage et jette encore quelques phrases d'un ton épuisé, « C'est peut-être pourquoi les Surveillants », une sorte de fièvre s'empare de tout le monde, une sorte de frisson les parcourt au fur et à mesure qu'ils prennent conscience de l'idée. « Evidemment, pour eux ce n'est pas de la technologie, juste une aberration de plus du vivant, un aspect bizarre de l'évolution », et oui, bien sûr, les Surveillants n'avaient aucun moyen de soupçonner que, élaboré au cours des millénaires, le spectre électromagnétique puisse donner du plaisir à une forme vivante, le plaisir étant la signature approbatrice de la nature, « Seul le principe du Rasoir d'Occam permet de dire que les Surveillants doivent avoir été la cause et maintenant » les Surveillants parcourent inlassablement un monde réduit à un tas de ruines désolées, ignorant les traces de vie qui produit de nouveau une technologie « Quand même, lorsqu'on y pense » accumulant de l'énergie pendant des millénaires « bon sang, ça commence à sentir le renfermé ici, Nigel tu as besoin de sortir, de te reposer », non « je me demande si on ne devrait pas retirer nos véhicules asservis, ou au moins les disperser pour qu'ils n'attirent pas l'attention », non, d'un haussement d'épaules il rejette ce nouveau souci, « mais si, imagine que les Surveillants découvrent que nous sommes là en bas et qu'une véritable civilisation ou quelque chose est en train de » et Ted dit alors calmement, pour reprendre le contrôle de la situation, que bien entendu chaque équipe devra analyser toutes ces idées, qu'il y aura une autre réunion demain à 11 heures, qu'il attend des rapports de toutes, et « Nigel laisse-moi » la pièce est écrasante de moiteur et de concentration « n'essaye pas de te lever » mais il essaye et constate que la masse compacte des faits qui lui encombrent l'esprit ne lui permet pas de déplacer ses pieds convenablement, qu'ils ne supportent pas son poids comme il le faudrait pour parcourir le sol dans cette gravité pourtant faible, « Bon Dieu » il s'en veut de faire si peu attention à son corps, mais il n'y avait eu aucun signe avant-coureur ou alors ils n'ont pas été bien clairs, il trébuche « hé qu'est-ce » s'effondre et se casse le poignet et c'est tout juste s'il n'est pas content d'éprouver la douleur qui s'ensuit.

12.

Il restait étendu, immobile, tandis que les machines le reniflaient, l'auscultaient, le tripotaient. « Avant tout de la fatigue, dit Nikka, d'après eux. Mais l'analyse du sang montre aussi un déséquilibre.

– Umm, grommela Nigel. Déséquilibre dans les potions antivieillissement, je dirais plutôt. J'ai sauté quelques séances de monithé, lorsque mon scénario a mal tourné.

– Tu as vraiment l'air fatigué. Cela dit, tu as été beaucoup plus loin que les spécialistes dans l'interprétation du message ; cela valait peut-être la peine... Qu'est-ce qu'il fabrique, maintenant ?

– Oh ! juste un petit cocktail de pilules ! » Le moniteur, avec un léger bourdonnement, poussa un plateau à hauteur de sa main.

« À quoi sert la rouge ? » demanda Nikka.

Il se tourna d'un mouvement raide pour l'examiner. « Ah ! cette saloperie ? » La paix médicamenteuse. Il était là, un tuyau alimentaire dans le nez, des collants de diagnostic sur les bras et la poitrine, un thermomètre et un échantillonneur plantés dans l'anus, sans compter un certain nombre de trucs et de machins branchés sur son abdomen. « C'est mon aphrodisiaque », termina-t-il.

Nikka sourit. La porte s'ouvrit, et Ted Landon fit son entrée. Nigel essaya de prendre une mine enjouée, avant de participer à l'inévitable échange de courtoisies que tout malade doit faire avec ses visiteurs. Ted était nerveux. Pensant le détendre, Nigel lui demanda des nouvelles des recherches.

« Nous avons toutes les raisons de croire que ton hypothèse était la bonne, répondit-il. Les E.M. ont certainement dû bricoler leurs gènes pour arriver à mettre au point leur système de semi-conducteurs et l'emmagasinage d'énergie.

– Ils l'ont fait paraître naturel en l'inscrivant dans un processus écologique ? Afin de pouvoir utiliser la radio ? demanda Nikka.

– Peut-être. Quelque chose empêche en tout cas les Surveillants de les attaquer. » Il avait toujours l'air ailleurs.

« Ils ont trouvé une parade ; leur radio est naturelle. Les Surveillants paraissent faire la chasse à la technologie. Donc des émissions radio naturelles sont sans danger.

– C'est possible.

– Il faudra poursuivre ce travail pour en être sûr, remarqua Nikka. Mais on dirait...

– J'ai bien peur que nous n'en ayons pas le temps, la coupa Ted d'un ton neutre. Nous partons.

– Quoi ? éructa Nigel.

– On vient de recevoir un long message de la Terre. Nous avons une autre étoile pour cible. Un long voyage.

– Mais pourquoi ?

– Les choses ont drôlement changé, là-bas. Il y a quelque chose dans les océans, maintenant. De nouvelles formes de vie. » Ted s'arrêta, et les regarda, l'expression sinistre. « Des formes de vie qu'on y aurait balancées. C'est pourquoi la Terre veut que nous poursuivions le voyage. Rassembler un maximum d'informations sur les E.M., bien sûr, mais aussi explorer d'autres systèmes.

– Je ne crois pas..., commença Nikka lentement.

– Nos océans ont été ensemencés d'une vermine ; à l'aide de vaisseaux spatiaux. »

13.
2057 Les abysses de l'espace

Cela faisait maintenant des semaines que le grondement régulier et sourd des moteurs du *Lancer* emplissait tout. Le gigantesque caillou retaillé s'éloignait de la sinistre étoile et de son satellite Isis, se préparant à passer en propulsion coup de bélier,

« Nigel ? Nikka m'a dit que je te trouverais sans doute ici. »

Nigel se retourna, et vit Ted Landon entrer dans la salle de visionnement. « On se retourne une dernière fois ? reprit Ted.

– Hum.

– Je ne t'ai pas souvent vu au Contrôle, ces temps derniers. »

Nigel reprit sa position initiale, pour contempler le disque couleur de rouille d'Isis, lointain et morne. « Je me serais mis en travers du chemin.

– Ecoute, je sais bien que tu n'es pas d'accord avec les ordres venus de la Terre, mais je suis sûr de pouvoir te faire confiance lorsque nous avons besoin de tes talents, en particulier...

– Oui, bon, d'accord, le travail en équipe et tout le tremblement, fit-il en croisant les bras.

– Tu n'as pas non plus participé aux discussions de groupe – crois-tu que je ne l'ai pas remarqué ?

– À vrai dire, je ne m'étais pas posé la question.

– Bon, eh bien si, et j'ai trouvé bien regrettable que ton point de vue n'y soit pas mieux représenté.

– Ça n'aurait fait aucune différence. Il suffit que la Terre dise "allez-y les gars !" et hop, nous voilà partis. » Ted ne put retenir une petite grimace d'irritation. « D'accord, je dois reconnaître qu'elles ont eu lieu un peu pour la forme, mais...

– Ecoute ça. » Nigel toucha son poignet. Un tambourinement lent mais complexe se mit à envahir la pièce, paraissant venir de la paroi-écran elle-même. « Ils nous font parvenir leur art, leur histoire, tout.

– En effet, oui ; mais sous la forme de mythes, d'histoires et de quantité de détails indéchiffrables que...

– Que l'on pourrait comprendre, en y mettant le temps. En particulier si nous opérions à partir du sol, où nous pourrions mettre au point un code visuel pour nous aider à vaincre les dernières difficultés.

– Nous devons tout d'abord voir le tableau général de tout ça, Nigel. Ce qui signifie qu'il faut explorer plus qu'un seul système. Quels qu'aient été les événements qu'ils ont vécus, ils se sont déroulés il y a un temps fou. Il faut voir ce qui a pu se passer près d'autres étoiles, et...

– J'étais volontaire pour rester en arrière. Une petite équipe aurait très bien pu...

– Aurait très bien pu y laisser sa peau, oui. Il faudra attendre des décennies avant que n'arrive une deuxième expédition, davantage, peut-être. Je n'ai pas les moyens de me priver d'une partie de mon équipage.

– Cela fait très, très longtemps qu'ils appellent, fit Nigel avec un geste de la main. Nous prenons contact avec eux, et nous disparaissons pratiquement tout de suite. Imagine ce qu'ils peuvent se dire !

– Certes, mais imagine aussi ce que les Surveillants pourraient nous faire. Il y a mieux à faire de ce vaisseau que de prendre des risques juste pour...

– Pour accoster un trou minable et y trouver des clopinettes ?

– Bon sang, tu es un mauvais perdant, Nigel !

– Exact, si ça peut te faire plaisir. On a un sacré bout de chemin à faire d'ici le prochain arrêt, et que je le veuille ou non, je suis du voyage. »

Du gras de l'index, Ted se mit à caresser machinalement ses dents de devant, manifestement en train de peser une décision. « Je te confie la responsabilité de la liaison radio permanente avec les E.M. »

Nigel souffla du nez. « Un bonbon, oui. Je le prends tout de même, mais tu sais parfaitement bien que nous ne capterons plus grand-chose avec les interférences des coups de bélier. »

Ted eut un haussement d'épaules.

« Les gars des maths ont déjà déterminé que nous sommes les premiers contacts des E.M. Si nous le rompons, même temporairement, cela peut leur porter un coup...

– La décision est prise, Nigel.

– Par une flopée d'experts.

– Et oui, par des experts. Connaîtrais-tu une meilleure façon de procéder ? On ne peut pas se servir du *Lancer* comme d'un vulgaire bateau-mouche. Tu ne peux pas t'imaginer combien les gens sont soulagés à l'idée que nous nous éloignons des Surveillants.

– Quelque chose me dit qu'ils ne représentent pas un si grand danger que ça.

– Tiens, tu changes de refrain ? Il me semble pourtant me souvenir que c'est toi qui avais fortement déconseillé l'exploration des satellites, et c'est maintenant toi qui...

– Dans la mesure où, comme j'étais sur le point de le dire, ils ne sont pas provoqués.

– Quoi ? Avec plusieurs douzaines de morts...

– Simple pressentiment.

– Oui ? Eh bien, ce n'est pas avec des pressentiments que

l'on dirige une expédition comme la nôtre, rétorqua Ted avec une pointe d'amertume. J'ai besoin de toi pour l'analyse des données que nous commençons à recevoir de la Terre avec les lentilles gravitationnelles. Tu peux mettre tes pressentiments dans ta poche.

– Je commence à avoir un peu trop de voix lors des assemblées générales du vaisseau, non ? fit Nigel avec un sourire.

– Ça ne m'inquiète pas.

– De toute façon je ne tiens pas du tout à faire ton boulot.

– Il y a toujours une faction qui suit ta ligne de pensée. Si tu pouvais seulement les amener à...

– À quoi ? Je ne suis pas en train de conspirer contre toi, Ted.

– Si les gens sur lesquels tu as de l'influence n'adhèrent pas à la politique générale, c'est un facteur de division.

– Peut-être. Mais la science est comme ça, pleine d'incorrigibles.

– Ce n'est pas de sciences que nous parlons, mais de problèmes d'autorité.

– Pour commander, la meilleure chose à faire est peut-être de ne rien faire.

– Que diable veux-tu dire ?

– Tu n'as pas remarqué que le Surveillant n'avait pas sauté aux conclusions.

– Je ne le vois pas faire quoi que ce soit.

– Exactement. La patience est une stratégie, aussi.

– Je commence à en avoir plein les bottes avec toi, Nigel.

– Tu n'es que le dernier d'une longue liste. Toute ma carrière a été émaillée d'incidents de ce genre.

– Tu as une façon bien cavalière d'en parler !

– À mon âge, c'est indispensable.

– Content de toi, hein ?

– Tu n'as pas saisi le message, Ted.

– Qui dit ?

– Comment se fait-il que je ne puisse m'entendre avec les Américains ? Présentons les choses différemment. Nous ne sommes pas en train de parler de politique *étrangère,* mais de politique *extraterrestre.* Ecoute donc ce chant une minute ; il vient d'Isis.

– Ouais, indéchiffrable sans les ordinateurs.

– Je doute fort que les ordinateurs n'y soient arrivés tout seuls. Je doute que le Surveillant ne l'ait fait.

– Ce n'est pas le temps qui lui a manqué.

– Non, pas le temps, les hormones.

– Et alors ?

– Alors il n'est peut-être pas du tout là pour déchiffrer quoi que ce soit. Pense à la structure d'un machin comme ça. Il faut qu'il puisse durer des millions d'années. Certes il peut se réparer lui-même, dans certaines limites. Mais qui répare les réparateurs ? On ne peut se fier à la redondance qu'en tant que sécurité. Du coup ta stratégie devient celle de la taupe. Tu fais de ton Surveillant un conservateur prudent. Qui ne gaspille pas d'énergie, qui ne risque pas d'endommager le matériel.

– Dans ce cas, pourquoi ne pas nous tuer tous, une fois qu'il avait commencé ?

– Outre les frontières à ne pas franchir, il a peut-être des objectifs plus importants. Qui sait s'il n'est pas là pour apprendre quelque chose de plus ?

– Quoi, par exemple ?

– D'où nous venons, quelles sont nos intentions.

– Ecoute, ce Surveillant n'a pas eu matériellement le temps de déclencher cette invasion de la Terre.

– Bien d'accord. Quelque chose était donc déjà au courant.

– Et quoi ?

– Pourquoi pas le Dahu ?

– Tu sais bien que l'ASI n'a pas accepté ton interprétation.

– Oh ! oui, je le sais.

– C'est de la pure spéculation, Nigel.

– Là, je suis d'accord pour une fois.

– Qui ne mérite pas que tu en viennes à affaiblir ma position.

– Je crois que c'est là que je suis entré en scène. » Nigel se tut, regardant le pâle éclat du disque d'Isis. « Ecoute », dit Ted pour rompre la conversation, « il faut que je file. Réfléchis à tout ça, veux-tu ? Et viens prendre un verre. »

Il s'éloigna rapidement. Nigel avait laissé la montée crescendo de la fugue E.M. envahir peu à peu la pièce, espérant qu'elle aurait sur Landon le même effet que sur lui-même, mais le subterfuge n'avait pas marché. Les autres ne paraissaient pas entendre le même chant plaintif dans les cliquetis espacés et les claquements discordants. Les sons allaient maintenant s'estomper, alors que le vaisseau approchait la vitesse de la lumière. Peut-être aurait-il pu apprendre quelque chose de ces chants, qui parlaient de vastes intervalles de temps vides, des siècles s'écoulant, identiques.

Et maintenant le *Lancer* déchirait les ténèbres, fuyant les deux Surveillants, qui avaient donc gagné. Dans cette stratégie, Nigel comprit que l'information était plus importante que de simples vies. C'était dans la nature des êtres organiques, formés par la main de l'évolution, de survivre pour cet instant. Fuir. Alors que les Surveillants pouvaient suivre le vaisseau à la trace de son moteur à fusion. Et quelle que fût la vitesse à laquelle il allait, les communications, à la vitesse de la lumière, iraient plus vite que lui.

QUATRIÈME PARTIE

2061 La Terre

1.

Le vent avait tourné au nord-est et recommençait à forcir. Warren observait les nuages menaçants en train de monter. Il secoua la tête ; il trouvait encore difficile de s'arracher au sommeil.

Cela faisait maintenant trois jours qu'il avait doublé l'île. Il avait beaucoup réfléchi à ce qui s'était passé avec Rosa ; lorsque ses idées étaient claires, il avait la conviction de n'avoir commis aucune erreur. Il lui avait laissé faire ce qu'elle voulait, et si elle n'avait pas compris, cela tenait à ce qu'il n'avait trouvé aucun moyen de lui expliquer ce qu'il croyait. C'était de la mer et des Raseflots qu'il avait reçu ce qu'il avait appris ; pour cela, il fallait écouter. Rosa n'avait écouté qu'elle-même et ses crampes d'estomac.

Le deuxième jour après l'île, l'atmosphère était devenue lourde, et une tempête était arrivée du nord. Il avait tout d'abord cru que ce ne serait qu'un grain, jusqu'à ce que le pont commençât à se dresser à des angles inquiétants, et qu'une pièce de bois se détachât dans un craquement. Il s'était alors attaché à la poutre principale, et avait essayé d'abattre sa voile de contre-plaqué ; il pouvait l'atteindre, mais la sangle qui la maintenait – sa ceinture, en réalité – avait été rendue glissante par la pluie ; il tirait en vain sur le cuir craquelé. Il pensa un instant à le couper, mais la sangle aurait été définitivement inutilisable. Il tordait désespérément le nœud raidi lorsque la première grosse lame vint se briser sur le radeau, qu'elle recouvrit d'écume. Il perdit prise, et la succession rapide des vagues l'empêcha de se remettre sur pieds tout de suite. Lorsqu'il put enfin examiner la situation, le ciel était devenu tout noir, et le morceau de contre-plaqué avait été arraché du mât et battait contre lui, tandis que pendait la ceinture rompue. Une nouvelle grosse vague le frappa, et quand il put de nouveau voir quelque chose, le contre-plaqué était fendu en deux ; l'un des morceaux tomba, et Warren s'efforça de le rattraper sur le pont glissant. La vague suivante emporta le morceau par-dessus bord. Les planches du pont jouaient les unes contre les autres, se fendaient, éclataient. Warren se tenait à sa poutre. Le deuxième collier du mât cassa, et ce qui restait du contre-plaqué s'abattit à côté de lui. Il tendit une main pour s'en emparer, et sentit quelque chose lui entailler le bras. Le pont se souleva ; le lambeau de sa voile de fortune retomba, glissa et disparut avant qu'il ait pu faire quoi que ce soit.

La tempête avait duré toute la nuit, emportant l'abri et ce qui restait de provisions. Il s'accrocha à sa poutre, mais le bricolage de fil de fer et de cordage qui le retenait le coupa à hauteur de la taille pendant la nuit. Warren laissa l'eau de mer passer et repasser sur ses plaies, malgré les brûlures provoquées par le sel, car elles guériraient plus vite ainsi. Il essaya de dormir. Il s'assoupit vers l'aube, et ne se réveilla que lorsqu'il sentit un changement dans les courants. Le vent était revenu au nord-est. La houle continuait à déferler sur le pont, et un tiers du radeau avait été emporté ; mais la mer était en train de se calmer tandis que le jour commençait à poindre. Il s'éveilla lentement, quittant à regret ses rêves.

Il ne restait plus rien que le mât, quelques pièces de bois qu'il avait attachées à la poutre centrale, son couteau et sa flèche. À l'aide d'une perche, de son couteau et d'un mètre de tresse, il improvisa une gaffe rudimentaire ; la tresse s'était effilochée, et glissait dans ses mains crevassées. Les restes d'écorce de la poutre les avaient coupées dans la nuit, et le frottement joint à l'eau les avait amollies. Le soleil se leva rapidement, et la chaleur de l'air ne tarda pas à faire suinter ses plaies. Il se rendait compte que la nuit qu'il venait de passer l'avait épuisé, et qu'il allait devoir trouver de la nourriture sans tarder s'il ne voulait pas sombrer dans l'hébétude. Il avait la certitude que les Raseflots reviendraient, et s'il y avait un message, il voulait être en mesure de le comprendre.

Il n'arrivait pas à faire tenir le couteau bien solidement au bout de la gaffe improvisée ; il décida de ne s'en servir qu'en cas de besoin absolu. Il l'utilisa néanmoins pour tirer à lui un paquet d'algues qui passait en dérivant. Il avait tout d'abord imaginé de s'en servir comme appât, mais de petites crevettes tombèrent sur le pont lorsqu'il les secoua. Elles gigotaient et sautillaient comme des puces de mer, et sans même se poser de question, il se mit à les dévorer après leur avoir coupé la tête de l'ongle. Les queues et les carapaces craquaient sous ses dents, et un arôme puissant, salé et humide, se mit à lui remplir la bouche.

En dépit de leur petite taille, il en mit quelques-unes de côté pour en faire des appâts. La tresse était beaucoup trop épaisse pour faire une bonne ligne, mais il s'en servit cependant comme il l'avait déjà fait au cours des premiers jours qui avaient suivi le naufrage avec des restes de nourriture – quoique sans jamais rien attraper. Il était marin, mais ignorait tout de la pêche. Il monta trois lignes de fortune qu'il mit à la traîne, et resta assis à attendre, regrettant de ne plus avoir l'auvent pour le protéger du soleil. Le courant était devenu puissant et régulier, et la houle beaucoup moins forte. Warren soupesa sa gaffe, espérant voir arriver un Essaimeur. Il ne voyait plus en eux que des estomacs mobiles, stupides pris individuellement, mais qui pourraient être dangereux s'ils se mettaient à chahuter le radeau à plusieurs.

Il se pencha pour examiner une légère agitation de l'eau, à une vingtaine de mètres du radeau. Quelque chose se déplaçait. Des prismes mouvants de lumière verte lançaient des rayons vers les profondeurs de l'eau sombre ; il pensa un instant à un leurre. C'était bien plus simple avec Rosa : un mouvement pour les attirer, un coup rapide. Warren se tourna, à la recherche de quelque chose qui puisse faire l'affaire, et vit la ligne de gauche se raidir ; elle se tendit avec un sifflement, projetant des gouttes d'eau. Il bondit pour donner un peu de mou, mais elle cassa à ce moment-là. Vers la droite, quelque chose sauta hors de l'eau. Une silhouette bleue élancée, qui donna plusieurs coups de queue bruyants. Une autre s'éleva hors de l'eau, brillant d'un éclat argenté dans le soleil, tandis que la première retombait dans un bouillonnement d'écume blanche. Puis il y en eut une troisième, une quatrième, puis d'autres encore, sautant de tous les côtés à la fois, jaillissant de l'eau calme, la tête tournée sur le côté pour examiner le radeau. Warren n'avait encore jamais vu de Raseflots se déplacer en bancs, ni la façon dont ils fendaient les eaux par à-coups rapides. Ils étaient très différents des Essaimeurs par leur grâce et cette impression qu'ils donnaient de survoler la mer plus longtemps que cela aurait dû être possible. Il fallait observer attentivement leurs ailerons de queue pour comprendre que la manière dont ils battaient l'eau était une sorte de marche.

Warren se redressa pour mieux les voir. Ils donnaient, au sommet de la courbe qu'ils décrivaient, un coup de reins vif et énergique plein de gaieté et d'enthousiasme. Des marques couraient le long de leur corps jusqu'à la queue. Elles étaient rouges et séparées par trois fines raies blanches qui s'ouvraient en éventail dans les nageoires caudales ; ils n'avaient rien de semblable à la poche ventrale d'où les Essaimeurs faisaient jaillir leurs fils mortels. Warren évalua à au moins trois mètres de long la taille des plus petits d'entre eux : plus gros que des requins ou des espadons. Une bouche fine s'ouvrait tout à l'avant de leur tête, et leurs petites dents aiguës paraissaient d'un blanc éclatant sur le fond de leur peau bleue et lisse.

Il était facile de comprendre pourquoi son matériel de pêche sommaire n'avait pas attrapé le moindre poisson ; comme les Essaimeurs, ces créatures avaient des dents pour une raison bien simple. Elles s'étaient multipliées dans les océans, et devaient bien se nourrir de quelque chose.

Le festival de sauts continuait ; leurs nageoires antérieures frétillaient quand elles étaient en vol. Ces nageoires étaient faites de sillons osseux et frémissaient à toute vitesse ; chacun des sillons se terminait par une sorte d'excroissance. Les nageoires postérieures avaient la même structure. Elles frappaient l'eau avec tant de force qu'elles soulevaient des gerbes d'écume, et que Warren put même voir, à un moment, se former un arc-en-ciel.

Puis, d'un seul coup, les Raseflots disparurent.

Longtemps, Warren attendit leur retour. Il finit par se rasseoir, en passant la langue sur ses lèvres desséchées. Malgré lui, il se mit à rêver d'eau douce ; il avait pu avaler quelques gouttes de pluie au cours de la tempête, mais c'était bien peu de chose. Il avait été obligé de s'arrêter quand les vagues s'étaient mises à déferler sans arrêt sur le pont, à cause des embruns, pour ne pas les boire en même temps que la pluie.

Il fallait absolument attraper un Essaimeur. Il se demanda si les Raseflots ne les attiraient pas loin de lui. Prendre un poisson, même petit, l'aurait bien un peu aidé, mais les espèces, ici, ne donnaient guère d'eau, aussi fort qu'on les pressât ; en outre il n'avait plus que deux lignes et une malheureuse crevette comme appât. Il lui fallait un Essaimeur.

Il aperçut les vaguelettes d'un sillage à l'est, au cours de l'après-midi, mais il passa au large, se dirigeant vers le nord. Le flamboiement du soleil, haut dans le ciel, était écrasant. Pas la moindre touche ne faisait tressauter ses lignes. Au gré de la houle paresseuse, le sommet du mât dessinait des ellipses dans le ciel blanc. Le courant restait puissant.

Un point blanc, très volumineux, attira son œil. Comme une éclaboussure sur la surface presque plate de l'eau. Il se rapprochait peu à peu. Warren plissa les yeux.

De la toile à voile. En dessous, une silhouette bleue tirait sur l'un des coins. Warren la hissa à bord, et l'extraterrestre bondit très haut dans le ciel, le douchant au passage, sa tête osseuse inclinée de façon à bien voir, de ses gros yeux blancs elliptiques, celui qui était sur le radeau. Le Raseflots plongea, sauta de nouveau, puis s'éloigna à toute vitesse dans une succession de petits bonds.

Le mécanicien examina la toile décolorée et détrempée ; elle lui rappelait les bâches que l'on utilisait sur le *Manamix* pour recouvrir les pièces d'artillerie, mais il n'en était pas sûr. Il y avait de gros œillets de cuivre sur l'un des bords ; il s'en servit pour y passer du fil de fer et fixer la toile au mât, puis il fit d'autres trous pour attacher la nouvelle voile à son tangon de fortune. Il ne disposait pas d'assez de fil de fer ou de cordage pour l'étarquer convenablement, mais la toile se creusa tout de même sous la poussée de la brise qui se levait sur la fin de l'après-midi.

Il se mit à surveiller la poche gonflée d'air, et s'acharna à penser à autre chose qu'à sa soif. Un jaillissement d'écume le fit sursauter. Un Raseflots (le même que tout à l'heure ?) bondissait à proximité du radeau.

Warren lécha ses lèvres gonflées et, le temps d'y penser, renonça à l'idée de s'emparer de la gaffe. Il regarda la créature plonger et bondir puis s'éloigner à toute vitesse sur quelques dizaines de mètres ; là, elle sauta très haut, fit demi-tour et revint l'arroser à nouveau d'écume, avant de recommencer son manège.

Warren fronça les sourcils. Le Raseflots prenait au sud-ouest, traçant un sillage bien rectiligne dans les eaux mouvantes.

Pour garder ce cap, il allait avoir besoin d'un gouvernail. Il arracha une planche sur ce qui restait de la bordure du radeau, et y adapta une barre sommaire. Il eut plus de difficulté à fabriquer un système pour caler le tout dans le pont et dut finalement avoir recours à des lambeaux d'écorce dont il bourra le trou qu'il avait ménagé à coups de gaffe ; ils ne tenaient qu'un moment, et il fallait constamment les remplacer. Ce gouvernail était sans force, et il ne pouvait se lancer dans une manœuvre trop sèche sans risquer de rompre les attaches. Il ne pouvait pas envisager non plus de remonter au vent au cas où celui-ci tournerait. Heureusement, cette brise du soir était régulière, en général, et il avait toujours la ressource d'abattre sa voile au cas où le vent tournerait trop. Il eut un signe d'acquiescement ; pour l'instant, ça suffisait.

Il prit donc avec précaution le cap indiqué par le Raseflots. Le courant le faisait dériver latéralement et il le sentait peser sur le gouvernail, mais le radeau finit par se stabiliser et se mit à émettre un gargouillis régulier sur le bord d'attaque, tandis que la voile gonflait.

Des nuages étaient en train de se reformer et Warren commença à redouter d'avoir à affronter une deuxième tempête ; son radeau n'était plus aussi solide, et les planches grinçaient à la moindre vague. Accroché à une poutre, il ne pourrait pas survivre plus d'une heure dans l'eau.

Il était complètement épuisé.

Mais la mer se calma tout à fait, et il n'eut plus qu'une étendue plate autour de lui. Il gratta sur sa peau les endroits où le sel s'était accumulé et le démangeait. Les yeux plissés, il étudia l'horizon du couchant ; les bancs de nuages se reflétaient dans l'océan comme dans un lac, fragmentés en longues rides au gré des faibles ondulations restantes. Un nuage très pâle, de grandes traînées de bleu, puis de nouveau des barres de nuages. La réflexion découpait la lumière comme les os d'un squelette de rayons et d'angles éparpillés. Des sortes de blocs crémeux et carrés flottaient sur une surface vitrifiée. Il leva les yeux vers le ciel vide, au-dessus de la boule incandescente du soleil, et découvrit une fine traînée de blanc. Il s'efforça tout d'abord de déterminer comment cette illusion pouvait naître, mais il n'y avait rien dans les lois de l'optique à sa connaissance, pour rendre compte de la manière dont ce rai de lumière montait vers le ciel, au lieu de s'étaler à l'horizontale. Il ne s'agissait ni d'un avion à réaction ni d'une fusée. Elle s'épaississait légèrement en s'élevant vers la voûte de plus en plus sombre du ciel.

Après l'avoir décrit pour lui-même, Warren sut ce qu'il en était : l'Ombilic céleste. Un projet qu'il avait fini par oublier et dont on ne parlait plus depuis des années. Sans doute sa construction se poursuivait-elle. La formation du toron avait commencé très haut en orbite géostationnaire et descendait peu à peu vers la Terre. Il allait falloir encore des années avant que le fil titanesque rejoignît les premières couches de l'atmosphère ; c'est alors que commencerait le plus dur du travail. Si les hommes arrivaient à l'accrocher au sol, il jouerait alors un rôle d'ascenseur. Personnel et matériel l'utiliseraient pour se rendre en orbite, et les fusées ne déchireraient plus l'azur. Bien des années auparavant, Warren avait caressé l'idée de travailler sur l'Ombilic, mais sa science se réduisait aux moteurs à combustion, alors que l'on n'utilisait évidemment aucun moteur atmosphérique là-haut. Quelque chose de superbe, évoquant irrésistiblement un fil d'araignée quand la lumière y jouait. Il resta à le regarder jusqu'à ce qu'il devînt rouge puis disparût lorsque la nuit tomba.

2.

Il s'éveilla au petit matin avec les premières lueurs de l'aube. Son bras gauche entourait encore la barre du gouvernail pour le maintenir en place, alors qu'il avait mis un fil de fer pour le caler. Il commença par vérifier son cap. Il avait légèrement changé, mais il s'aperçut que son bras gauche était complètement ankylosé lorsqu'il se disposa à le modifier. Il le secoua. Il n'y avait pas moyen de faire passer la crampe ; il se résigna donc à patienter quelques minutes, et se mit à détacher la barre en attendant, puis à reprendre la bonne direction. Il avait la quasi-certitude de ne pas se tromper, en dépit des changements qu'il sentait dans les courants. Sous ce nouvel angle, le radeau prenait les courtes vagues davantage par le travers. En dépit de l'écume qui envahissait le pont, de la houle qui se creusait et du gémissement du radeau, il maintint son cap.

Son bras gauche restait toujours ankylosé, résultat de la conjugaison d'une mauvaise position et du froid de la nuit. Il s'accrocha à l'idée que la chaleur du jour lui rendrait sa souplesse, tout en soupçonnant que cette raideur était davantage due au manque de nourriture, ou du moins d'une nourriture adéquate. Il allait falloir attendre qu'il se rétablisse de lui-même. Il tenta de le masser ; les muscles tressaillirent sous sa main droite, et il ressentit un picotement tout le long, probablement dû, il ne l'ignorait pas, au sel que le frottement avait fait pénétrer sous la peau.

Il n'y avait toujours rien au bout de ses lignes. Il en retira une, et vit que l'appât avait été grignoté. Il continua de s'occuper en recueillant avec sa gaffe des algues dont il appâta ses lignes, mais il savait bien que ça ne lui servirait pas à grand-chose : il essayait simplement de ne pas penser à sa soif. Il n'était pas bien depuis son réveil, et son état empirait au fur et à mesure que le soleil montait dans le ciel. Il chercha des yeux l'Ombilic pour détourner son attention de sa gorge et de l'impression de sécheresse râpeuse qui lui emplissait la bouche, mais il ne put le voir.

Il vérifiait son cap chaque fois qu'il y pensait, mais un bourdonnement lui emplissait la tête, et il n'avait aucune idée du temps qui s'était écoulé dans les intervalles. Il se mit à penser aux Essaimeurs avec avidité. Les Raseflots avaient un comportement différent, mais ils l'avaient abandonné où il se trouvait, et il ignorait combien de temps encore il pourrait conserver son cap ; bientôt, il ne fut même plus sûr de ce cap. Le clapotement creux des vagues contre le dessous du radeau avait un effet calmant, et il ferma les yeux pour les protéger de l'ardeur du soleil.

Il n'avait aucune idée du temps qu'il avait dormi, mais à son réveil il avait le visage en feu, et le bras gauche libéré de l'ankylose. Il resta allongé à en éprouver la sensation, et se rendit tout d'un coup compte qu'il entendait un nouveau bourdonnement. Il regarda autour de lui, cherchant un insecte – alors qu'il n'en avait pas vu un seul depuis bien longtemps – puis il leva la tête et se rendit compte que le bruit venait du ciel. À des kilomètres, un point se déplaçait entre les nuages. Il s'agissait d'un petit avion mû par des hélices. Warren se leva péniblement et se mit à agiter les bras. Il avait la conviction qu'ils ne pouvaient pas ne pas le voir : il n'y avait rien d'autre sur la mer, et le seul fait de se tenir debout le faisait dépasser... Il continua de faire de grands gestes, tandis que l'avion poursuivait sa route. Il eut l'impression de voir quelque chose tomber dans l'eau sur le passage de son ombre. Puis l'appareil ne fut plus qu'un point, et bientôt le bruit des moteurs s'éteignit. Il cessa de faire des signaux, finalement, sans s'être encore pleinement rendu compte qu'on ne l'avait pas vu. Il s'assit lourdement. L'effort le faisait haleter, et il se mit à pleurer, tout d'abord sans en avoir conscience.

Au bout d'un moment il vérifia de nouveau son cap, clignant des yeux dans la lumière du soleil, et estima la dérive du courant. Il s'assit, le regard perdu, et ne pensa plus à rien.

Le « plouf » bruyant suivi d'un claquement sur le pont le tira de son sommeil fiévreux.

Le Raseflots s'éloignait déjà, plongeant dans le flanc d'une vague pour ressortir de l'autre côté dans une grande agitation de nageoires caudales.

Un cylindre comme les autres roulait sur le pont. Il se précipita pour l'attraper. La feuille repliée à l'intérieur était en lambeaux.

WAKTPL OGO SHIMA
WSW WSW CIRCLE ALAPMTO GUNJO
GEHEN WSW WSW
SCHLECT SCHLECT YOUTH UNSSTOP NONGO
LUCK LOTS

À la place de NONGO il y avait maintenant OGO. Cela voulait-il dire le contraire pour eux ? Il y avait encore WSW (ouest-sud-ouest) et CIRCLE (cercle). Et puis le mot allemand mal orthographié de SCHLECT – à moins qu'il n'eût une autre signification – répété une fois. Un avertissement ? Quel en était l'intérêt, étant donné qu'il n'avait pas aperçu le moindre Essaimeur depuis des jours ? Si UNS était bien le terme allemand pour « nous », UNSSTOP pouvait dans ce cas vouloir dire NOUS ARRÊTONS ou NOUS NOUS ARRÊTONS. Et la phrase signifiait alors quelque chose comme « méchants jeunes nous (nous) arrêtons n'y allez pas ». Toutefois, ce n'était pas sûr. GEHEN WSW avait le sens de « aller ouest-sud-ouest » ou bien alors rien n'avait de signification dans ce texte, et il s'était trompé depuis qu'il avait croisé l'île. Et il y avait toujours ces mots de japonais ; n'ayant jamais navigué sur un bateau où on le parlait, il n'en connaissait pas un seul. SHIMA. Cela lui fit penser à la ville, Hiroshima, et il se demanda si « shima » ne voulait pas dire « ville » ou « rivière », le mot, lui semblait-il, avait un sens géographique. Il secoua la tête. La dernière ligne le fit sourire. Sans doute les Raseflots avaient-ils eu un contact suffisamment élaboré avec les humains pour savoir qu'il était normal de terminer un message par des salutations, et c'est pourquoi ils lui souhaitaient « beaucoup de chance ». Puis il se dit soudain qu'il s'agissait peut-être d'une forme d'adieu, et qu'il ne les reverrait plus. À moins qu'ils n'eussent voulu lui faire comprendre qu'il allait avoir besoin de beaucoup de chance. De nouveau, il secoua la tête.

Cette nuit-là, il rêva des Essaimeurs : de leurs yeux, de leur sang, du liquide qu'ils avaient sous leurs nageoires, qu'il s'y baignait, qu'il s'en aspergeait – puis son rêve fut d'une eau fraîche et claire. À son réveil, le soleil était déjà haut et chaud. Il rectifia le cap au mieux de ce qu'il s'en souvenait, puis il alla en rampant s'abriter dans l'ombre de la voile, comme il avait fait depuis qu'il l'avait hissée.

Il n'avait jamais quitté ses vêtements – en dehors de sa chemise – depuis qu'il était naufragé, et ils étaient maintenant réduits en haillons. Ils le protégeaient encore du soleil, mais ils étaient raidis par le sel, frottaient sur ses coupures et le picotaient dès qu'il faisait un mouvement. Il avait au cou et aux mains des plaies noires et brûlantes, aux endroits où la peau avait pelé. Quant au chapeau qu'il s'était fabriqué avec des os et de la peau d'Essaimeur, et qui l'avait protégé efficacement, il avait été emporté lors de la tempête.

Warren réfléchit encore au sens du message, mais sans en comprendre davantage. Se grattant la barbe, il se rendit compte qu'elle était prise dans des cristaux de sel comme de la gelée blanche. Ses sourcils étaient également pris dans le sel, et il se pencha sur l'eau pour s'en débarrasser. Des flèches de lumière verte s'y enfonçaient autour de l'ombre épaisse, en forme de pyramide pointue, que faisait le radeau, pour aller se perdre dans les ténèbres marines. Il eut l'impression de voir une forme nager, sans pouvoir en être sûr.

Il devenait de plus en plus faible. Il pêcha de nouveau des algues dont il se servit pour appâter ses lignes. Ce seul effort le laissa tout tremblant. Il rectifia le cap et alla s'asseoir à l'ombre.

Un « plouf ! » bruyant à côté du radeau le réveilla en sursaut. Des Raseflots. Ils bondissaient dans la lumière aveuglante de midi, tandis que le lointain se perdait dans une brume ocre. Il cligna des yeux et vit que c'était une île. Le vent soufflait de nouveau et la voile, bien remplie, le poussait vers la côte.

Engourdi, épuisé, il s'assit près du gouvernail et ajusta le cap droit sur l'île. Il prit de la vitesse, et les vagues qu'il coupait noyaient le pont d'écume. Il aperçut un lagon. Le ressac se brisait sur les récifs de coraux qui cernaient plus ou moins l'île. Elle paraissait avoir environ un kilomètre de large, comportait quelques hauteurs boisées et était entourée de plages de sable d'un blanc aveuglant. Les Raseflots appuyèrent sur la gauche, et Warren aperçut une ligne plus claire qui paraissait être un passage donnant dans le lagon.

Il pesa de toutes ses forces sur le gouvernail, et le radeau se heurta de plein fouet aux vagues qui se creusaient de plus en plus ; l'assemblage de poutres et de planches grinça, la voile loffa, mais l'embarcation de fortune s'engagea dans la zone plus claire, où la houle, devenue porteuse, l'entraîna à toute vitesse ; une fois franchie la zone des ressacs sur la barre de corail, il remonta au vent pour rester éloigné des masses noires tapies sur les hauts-fonds, puis il vira vers la plage. Les Raseflots avaient disparu mais il ne s'en aperçut qu'au moment où, après s'être échoué sur un banc de sable à fleur d'eau, il se mit à regarder autour de lui pour estimer la distance qui le séparait de la côte. Il était très faible, et il aurait été stupide de prendre des risques alors qu'il touchait presque au but. Il se redressa avec un grognement et sauta pesamment sur le côté libre du radeau qui tangua et se dégagea du banc de sable ; le vent lui fit parcourir encore une cinquantaine de mètres. Debout sur son embarcation, ses outils à la main, il se sentit pris d'hésitation comme si, après tout ce temps, il n'arrivait pas à imaginer devoir la quitter. Jurant contre lui-même, il sauta à l'eau.

Il nagea lentement, jusqu'à ce que ses pieds vinssent toucher le sable, et c'est à pas comptés qu'il gagna la plage, attentif à ne pas perdre l'équilibre. C'est pourquoi il ne vit pas l'homme qui sortait de l'abri des palmiers. Warren s'effondra sur le sable, essaya de se relever ; le sable était dur et chaud contre sa peau. Il se redressa, les muscles douloureux ; l'homme, un Chinois ou un Philippin, se tenait à côté de lui. Il dit quelque chose à Warren, qui répondit par une question tandis qu'ils s'examinaient mutuellement. Warren attendit quelques instants la réponse, puis, voyant qu'elle ne viendrait pas, il leva la main droite, paume ouverte, et les deux hommes se serrèrent la main en silence.

3.

Il resta très faible, incapable de faire plus que quelques pas, pendant vingt-quatre heures. Le Chinois lui apporta de la nourriture froide et du lait de noix de coco. Ils tentèrent de communiquer, mais aucun des deux ne connaissait un seul mot de la langue de l'autre, et ils ne tardèrent pas à y renoncer. À un moment donné, le Chinois pointa l'index vers lui en disant quelque chose comme « Guijan », et désormais Warren l'appela ainsi.

Il crut comprendre que Guijan avait dérivé jusqu'ici dans un petit bateau de sauvetage ; il portait comme vêtement quelque chose qui avait l'air d'un pyjama gris, et possédait deux caisses de nourriture en boîte.

Warren dormait profondément lorsqu'il fut réveillé par une détonation lointaine. Il se rendit jusqu'à la plage d'un pas chancelant, à la recherche du Chinois. Il l'aperçut dans le lagon, de l'eau jusqu'à mi-poitrine, en train de pointer un pistolet dans l'eau. Il fit feu. En dépit du bruit, la balle ne souleva pas beaucoup d'eau. Warren vit émerger les poissons blancs, de forme fuselée, qu'il venait d'étourdir. Guijan les ramassa et les plaça dans la feuille de palmier qu'il avait avec lui. Il revint vers la plage avec un large sourire et tendit à Warren l'un des poissons ; celui-ci avait les yeux exorbités.

« Cru ? » Warren secoua la tête ; mais Guijan n'avait pas d'allumettes.

Warren lui montra le pistolet. Guijan prit l'automatique, une arme de calibre moyen, et le soupesa tout en étudiant Warren. « Non, je veux dire, donne-moi une cartouche. » Mais il était inutile de parler, il fit un geste pour indiquer ce qui sortait du canon ; le Chinois comprit, et prit une cartouche dans sa poche. Guijan partit plus haut sur la plage avec les poissons qui commençaient à sortir de leur étourdissement et à s'agiter dans la feuille de palmier.

Warren rassembla des brindilles sèches et de la broussaille qu'il mélangea, puis il creusa un trou de ses mains. Il possédait toujours son couteau et un peu de fil de fer, et put ainsi ouvrir la cartouche en dégageant la balle. Il saupoudra le contenu sur les broussailles. Il avait observé le Chinois, la veille, et s'était rendu compte qu'il mangeait la nourriture de ses boîtes telle quelle, sans la réchauffer sur un feu. Warren trouva un morceau de bois dur et sec, sur lequel il se mit à frotter rapidement le fil de fer, sous l'œil tout d'abord suspicieux de Guijan. Les poissons étaient morts et brillaient au soleil.

Que je sois pendu, se disait Warren, si je mange du poisson cru maintenant que j'ai touché terre ! Il frotta le fil de fer encore plus fort, le morceau de bois coincé entre ses genoux, dans un mouvement de va-et-vient. Il le sentit s'échauffer. Quand il fut en sueur et que le fil de fer brûlant commença à lui entailler les mains, il s'agenouilla près du tas de broussailles desséchées et posa dessus le fil échauffé. La poudre pétilla et crachota pendant quelques instants, puis s'enflamma d'un seul coup ; les brindilles se mirent à crépiter, et les flammes, pâles dans la lumière du soleil, se mirent à monter. Guijan sourit.

Warren répugnait à l'idée d'employer le pistolet pour attraper les poissons. Il y réfléchit tout en faisant rôtir, aidé par le Chinois, les poissons qu'ils avaient enfilés sur des bâtons ; mais bientôt il n'y pensa plus, submergé par l'arôme puissant de la chair ferme et chaude sous sa dent. Il en avala quatre de suite, sans même s'arrêter pour boire l'eau de noix de coco que Guijan avait récupérée dans des boîtes de conserve vides. Il s'était d'un seul coup senti affamé, comme s'il venait juste de se souvenir de l'existence de la nourriture ; il ne s'arrêta qu'au bout du sixième, et après avoir dévoré la partie croquante de la moitié d'une noix de coco. Il revint alors sur cette utilisation de l'arme à feu, qu'il ne trouva pas aussi mauvaise, après tout.

Guijan essaya de lui expliquer quelque chose à l'aide de dessins qu'il traçait dans le sable. Un bateau, en train de couler. Guijan dans une embarcation. Le soleil montant par sept fois dans le ciel. Puis l'île. Son canot se brisant sur les récifs, mais Guijan réussissant à l'amener jusqu'à la côte en nageant à côté, à moitié submergé.

Warren acquiesça et se mit à dessiner sa propre histoire. Il ne lui « parla » pas des Essaimeurs et des Raseflots, sauf pour l'épisode du naufrage du *Manamix*, tout d'abord parce qu'il ne voyait pas comment lui expliquer ce qui s'était passé, mais aussi parce qu'il craignait la réaction du Chinois à l'idée qu'il s'était nourri d'Essaimeurs. Warren se demanda pourquoi cette objection lui était venue à l'esprit, mais il en tint néanmoins compte et ne dit à peu près rien à Guijan de la manière dont il avait survécu.

Dans l'après-midi, Warren se fabriqua un chapeau et entreprit de faire le tour de l'île. En bordure de mer, le terrain était presque partout plat, mis à part une falaise raide qui plongeait sa roche brune à l'endroit où la ligne de crête des hauteurs tombait dans la mer. Il n'y avait que des palmiers, des buissons, des herbes et des lits de ruisseaux à sec. Il trouva, sur le flanc méridional de l'île, un espace rocheux bien plat qu'il étudia pendant un moment. Puis il revint chercher Guijan et lui montra qu'il fallait prendre les cailloux et les rochers les plus clairs pour les y apporter.

Le Chinois ne comprit pas tout de suite où il voulait en venir, et Warren traça les lettres S.O.S. dans le sable. Guijan fronça les sourcils et parut perplexe. Il dessina à son tour un signe que Warren ne comprit pas davantage. Il y avait quatre lignes, comme lorsqu'on esquisse une maison et un croisillon. Warren aplatit le sable à côté de son S.O.S., dit « oui ! » et continua de l'aplatir.

Il avait beau avoir la conviction que S.O.S. était un symbole connu partout, l'homme se contentait de le regarder de son œil étonné. Le silence se prolongea, accompagné d'un début de tension dont Warren ne comprit pas l'origine. Il ne bougea pas. Au bout d'un moment Guijan haussa les épaules et partit ramasser d'autres cailloux de couleur claire.

Ils les disposèrent en lettres d'une cinquantaine de mètres de hauteur dans la clairière rocheuse. Warren supposait que l'avion qu'il avait vu était à la recherche des survivants du bateau de Guijan, qui avait coulé à peu de distance de l'île, et non de ceux du *Manamix,* dont le naufrage avait eu lieu depuis trop longtemps. Il lui parut étrange que le Chinois n'eût pas pensé à tracer un signal, mais il n'avait pas davantage pensé à faire du feu.

Le matin suivant, Warren dessina pour Guijan la silhouette d'un homme en train de pêcher, et découvrit que le Chinois n'avait même pas essayé. Warren supposa que son compagnon attendait simplement d'être recueilli et qu'il était sans crainte devant le pesant silence de l'île et le vide encore plus impressionnant de l'océan. Le Chinois avait des mains beaucoup plus délicates que les siennes, comme si l'homme avait été, par exemple, employé de bureau. Il attendait d'avoir épuisé ses ressources en boîtes de conserve et ses cartouches pour se mettre sérieusement à la pêche, sans doute ; jusqu'ici, il s'était contenté de grimper à quelques palmiers pour en faire tomber des noix de coco. Les arbres étaient cependant rabougris et les noix ne donnaient que très peu de lait. Ils allaient avoir besoin d'eau.

À l'aide du métal des boîtes de conserve vides, Warren commença à fabriquer des hameçons. Guijan l'observa un moment, puis il partit en direction de la partie nord de l'île.

Warren découvrit son radeau à l'amarre, dans une petite crique, alors qu'il était parti à la recherche d'endroits profonds à proximité de la côte. Sans doute Guijan l'avait-il trouvé et attaché ici. Les planches avaient l'air usées, fragiles, et ce qui restait de l'embarcation de fortune – gouvernail fendu, voile délavée, fil de fer des attaches complètement rouillé – lui donnait l'aspect d'une ruine inutilisable. Warren l'examina pendant un moment puis s'éloigna.

Guijan le trouva assis sur un rocher rugueux qui s'élevait un peu au-dessus des eaux du lagon. Le Chinois tenait une caisse qu'il n'avait jamais vue ; il la posa et la montra du doigt avec un léger sourire de fierté. Warren regarda ce qu'elle contenait, et y trouva, tout emmêlés, du fil de pêche, des hameçons, une canne démontable, un masque de plongée, des palmes, un manuel en chinois ou dans une langue voisine, un tournevis et diverses bricoles. Il leva les yeux sur Guijan, regrettant de ne pouvoir le questionner. La caisse était du même type que celles qui contenaient les conserves, et il en tira la conclusion que le Chinois l'avait récupérée sur son bateau de sauvetage.

Ils se rendirent sur la plage, et là Guijan confirma cette hypothèse à l'aide de quelques dessins dans le sable. Il n'indiqua pas qu'il avait caché la caisse, mais pour Warren c'était évident. Il avait sans doute vu arriver le radeau et, dans son affolement, avait eu le réflexe de cacher son trésor. Quand il s'était rendu compte que Warren ne présentait aucun danger pour lui, il était sorti des fourrés et lui avait apporté de la nourriture ; par prudence, il avait cependant évité de lui montrer le reste de ses biens. Il faisait d'ailleurs toujours preuve de prudence en se servant de son pistolet, un moyen comme un autre de faire comprendre à Warren que c'était lui qui le détenait sans le menacer.

Il adressa un grand sourire au Chinois, lui secoua énergiquement la main et insista pour porter la caisse jusqu'à leur campement. Des crabes des cocotiers s'enfuyaient à leur approche – deux hommes en train de marcher, séparés par un étrange silence.

Warren se mit à pêcher dès l'après-midi. Les conserves ne leur feraient pas très longtemps, et il n'avait jamais eu aussi faim de sa vie. Son corps se réveillait après avoir été à moitié mort, et réclamait eau et aliments – plus d'eau, en particulier, que ne pouvaient en fournir les cocotiers. Là aussi, il fallait prendre une initiative. Il y réfléchit tout en pêchant, appâtant ses hameçons avec des vers trouvés dans les parties les plus humides de la forêt. Soudain, il aperçut des ombres qui se déplaçaient dans les eaux du lagon. De gros poissons, qui avaient une façon bien particulière de tordre leur queue en faisant demi-tour, et qu'il reconnut. Il les observa, mais ils ne bondirent pas hors de l'eau ; il était cependant sûr de ne pas se tromper.

La soif se fit à nouveau sentir après qu'il eut pris deux poissons ; il laissa une ligne à l'eau et alla faire tomber trois noix de coco, mais elles ne contenaient guère de liquide sucré. Il ramena ensuite les poissons au camp, où Guijan entretenait le feu. Warren s'assit et le regarda vider les poissons ; il n'y était pas très habile. Il se sentait un peu comme aux premiers jours sur le radeau : nouvelles situations, nouveaux problèmes. Cette île n'était rien d'autre qu'un radeau plus grand, d'où il y avait davantage à tirer – mais en apprenant tout d'abord comment faire.

La curieuse boîte à outils de Guijan contenait également un bout de tuyau en caoutchouc ayant sans doute appartenu à un appareil qui avait disparu ; Warren étudia pendant un moment tout ce que contenait le coffre. Sans se presser, il entreprit de fabriquer un couvercle pour l'une des grosses boîtes de conserve en ajustant des morceaux de tôle qu'il repliait sur les bords. Ils la fermaient de façon convenable. Travaillant patiemment, il adapta ensuite une poignée sur la boîte de conserve. Guijan le regardait faire, intéressé. Warren l'envoya chercher de l'eau de mer dans un récipient de récupération. Pendant ce temps, il fit passer le morceau de tuyau par une série de boîtes de conserve plus petites. Puis il remplit la plus grande d'eau de mer et referma le mieux possible le couvercle par-dessus avant de la disposer sur le feu. Les deux hommes regardèrent l'eau se mettre à bouillir et la vapeur qui commençait à sortir du tuyau. Guijan comprit alors l'idée de Warren et mit de l'eau de mer dans les petites boîtes de conserve, ce qui refroidit le tuyau. Bientôt, la vapeur laissa la place à un minuscule filet d'eau douce.

Ils échangèrent un sourire et observèrent en silence les gouttes qui tombaient. À la fin de l'après-midi, ils buvaient leur premier verre ; l'eau avait un goût saumâtre acceptable.

À l'aide de gestes et de croquis dans le sable, Warren demanda à Guijan des détails sur son matériel. Etait-il sur un bateau de recherche ? Un hydroglisseur rapide ?

Guijan dessina alors la silhouette d'un simple cargo, sans oublier les mâts de charge. Puis il pointa l'index vers Warren, qui esquissa le profil du *Manamix.* Gesticulant, mimant, simulant des bruits de moteur, ils finirent par comprendre mutuellement quelles étaient leurs occupations. Warren s'occupait de machines tandis que Guijan devait être commerçant. Guijan esquissa ensuite une carte malhabile de l'océan Pacifique, et indiqua un point minuscule, trop petit ou trop mal placé pour que Warren pût l'identifier. Puis le Chinois dessina ensuite des filets et des bateaux à moteur hors-bord, et Warren supposa que son cargo avait été en réalité reconverti pour la pêche au thon. Sur le moment, ça lui parut stupide. Il n'avait jamais réfléchi au problème des îles isolées depuis des années, maintenant, et à la façon dont elles assuraient leur ravitaillement. On ne peut entretenir toute une population en pêchant seulement depuis la côte. Les récoltes, dans le sol sablonneux, étaient médiocres, pour la plupart. Il supposa que l'île de Guijan avait armé un cargo pour la pêche et, en désespoir de cause, l'avait envoyé jeter ses filets. Si l'île était assez importante, elle disposait peut-être d'un aéroport de tourisme et d'un peu de carburant ; il n'était pas impossible qu'on eût envoyé le petit avion en reconnaissance.

Guijan lui laissa examiner en détail tout le matériel qui se trouvait encore dans le coffre. Il était souvent cabossé et rouillé, et Warren en conclut qu'il devait dater du temps où le cargo était en activité. À l'époque où les Essaimeurs avaient commencé à se multiplier, Warren disposait d'un pistolet, comme tous les membres d'équipage ; mais il ne le laissait pas dans son paquetage, où n'importe qui aurait pu le trouver ; il le cachait dans un casier de pièces détachées de moteur fermant à clef. Maintenant qu'il y pensait, un bateau de sauvetage n'était pas un mauvais endroit pour cacher une arme, au milieu d'un attirail n'intéressant plus personne. C'était sur le pont que l'on avait besoin d'un pistolet, et il était ainsi facile à récupérer.

Il regarda le visage contracté de Guijan et essaya de déchiffrer son expression, mais son regard restait neutre, avec seulement quelque chose comme de l'étonnement. Certains de ses dessins étaient difficiles à interpréter, et Warren commençait à en avoir assez.

Ils mangèrent des noix de coco au crépuscule. Les vertes contenaient une espèce de gelée, et Guijan les ouvrait à l'aide d'un pieu fiché dans le sol dur ; le pieu était effilé, et Guijan le frappait de la noix de coco jusqu'à ce que son enveloppe s'ouvrît en deux. Celles qui étaient enrobées d'une coque plus dure donnaient une espèce d'amande ferme, mais guère de lait. Les cocotiers étaient de petite taille et tous courbés dans un même sens par les vents dominants. Warren prit le temps de les compter en remontant toute la plage, afin d'estimer le temps qu'il leur faudrait pour épuiser à deux toutes les réserves de l'île. Moins d'un mois.

Warren descendit ensuite jusqu'à la plage et s'avança dans l'eau. Il sentit un léger courant contre ses chevilles, et suivit des yeux les frissons de l'eau à l'endroit où il devenait plus fort. Il faisait le tour de l'île pour aller se déverser par la passe ; c'est ainsi que le lagon se vidait pendant la marée descendante. Sur le fond sombre du massif corallien découvert se détachaient les taches claires des anatifes ; au-delà, dans la nuit claire, se dessinait la ligne sombre et chahutée de l'horizon.

Ils allaient devoir se mettre sérieusement à la pêche dans le lagon, et les lignes lancées de la rive n'y suffiraient pas. Mais ce n'était qu'une raison parmi d'autres pour vouloir sortir.

Il revint dans la lumière pâle du clair de lune, passa devant le feu auprès duquel se tenait Guijan, en train de surveiller leur alambic de fortune qui sifflait, et s'enfonça dans les buissons. Au sommet d'une éminence, Warren trouva un arbre à sa convenance et se mit à arracher son écorce, qu'il écrasa contre un rocher après l'avoir réduite en menus morceaux. Il était déjà bien fatigué lorsque la soupe au parfum âcre commença à chauffer sur le feu. Guijan l'observait, mais Warren ne se sentait pas disposé à essayer de lui expliquer ce qu'il était en train de faire.

Il régla le feu de façon que le mélange mijotât et s'endormit. Il se réveilla quand Guijan, penché sur lui, tendit le bras pour goûter la bouillie épaisse qui gémissait. Le Chinois fit la grimace, et Warren écarta sèchement le récipient, se brûlant les doigts au passage. Il secoua énergiquement la tête et plaça la boîte de conserve reconvertie à un endroit du feu où elle se mit à cuire à gros bouillons. Guijan s'éloigna. Warren l'ignora et se rendormit.

Cette nuit-là, les moustiques attaquèrent. Warren s'éveilla et se gifla le front ; à chaque fois, il pouvait voir une tache brunâtre sur sa main à la lueur faiblissante du feu. Guijan grommela et se plaignit. Vers le matin, ils battirent en retraite dans le sous-bois ; les moustiques ne les suivirent pas, et ils se recroquevillèrent sur le sol pour finir leur nuit, qui se prolongea jusqu'à ce que le soleil perçât le couvert de feuillage.

Les lignes que Warren avait laissées pour la nuit n'avaient rien pris. La pêche ne pouvait donner que de mauvais résultats si l'on n'avait pas la possibilité de ferrer et de fatiguer le poisson. Il fallut donc se contenter de noix de coco pour le petit déjeuner. Warren vérifia l'état de la bouillie, en train de refroidir, qu'il avait préparée. Elle était épaisse et laissait des taches d'un noir profond sur le bois. Il la mit de côté sans réfléchir davantage à l'usage qu'il pourrait en faire.

Il profita de la fraîcheur matinale pour réparer le radeau. Le travail insidieux de la houle avait détendu les attaches, et certaines planches étaient en train de pourrir ; cela suffirait pour le lagon, mais tout en travaillant, il ne pouvait s'empêcher de penser aux Essaimeurs rampant sur la plage de l'île précédente. Les grosses créatures lui avaient paru lentes et maladroites, et le pistolet de Guijan leur donnerait un avantage – mais ils n'étaient que deux. Ils ne pourraient couvrir toute l'île. Si les Essaimeurs se présentaient, le radeau serait peut-être leur unique chance de salut.

Il installa son matériel de pêche à bord et lança l'embarcation. Guijan l'aperçut, et arriva en courant sur le sable durci. Warren lui fit signe de la main. Excité, le Chinois caquetait tandis que ses yeux allaient du radeau à la passe dans le récif de corail. Il sortit son pistolet et se mit à l'agiter en l'air. Warren hissa la voile usée et vira le tangon de façon que le radeau s'éloignât de la passe et longeât la rive du lagon, autour de l'île. Lorsqu'il tourna de nouveau la tête, Guijan le visait de son arme.

Warren fronça les sourcils ; il n'arrivait pas à le comprendre. Au bout de quelques instants, quand il se rendit compte que l'embarcation ne faisait que longer la plage, le Chinois laissa retomber son bras. Warren le vit encore mettre l'arme dans sa poche, après quoi il commença à préparer ses lignes.

Il garda suffisamment de toile pour assurer la tension des fils et pour que les appâts, en se déplaçant, eussent l'air de nager.

Peut-être aurait-il dû faire un dessin à Guijan. Il y pensa un moment, puis haussa les épaules. L'une de ses lignes se mit à tressaillir et, oubliant le Chinois et son pistolet, Warren ne s'occupa plus que de ramener sa prise à bord.

Il prit ainsi quatre gros poissons pendant la matinée. L'un d'eux avait le dos rayé et le ventre argenté d'une bonite, mais il n'identifia pas les autres. Lui et Guijan en mangèrent deux, tirèrent les filets des deux autres et les salèrent au sel de mer. L'après-midi, il fit une nouvelle sortie. Debout sur son radeau, il put voir l'ombre des gros poissons qui pénétraient dans le lagon. Un Raseflots bondit au loin et il pensa à rester à distance respectueuse afin qu'il ne mordît pas à un hameçon. Puis au bout d'un moment il se souvint qu'ils n'avaient jamais touché ses lignes quand il était sur l'océan, et il ne vira donc pas de bord lorsqu'un Raseflots jaillit de l'eau à proximité du radeau en gigotant de cette manière très particulière qu'ils avaient. Warren remarqua que le Chinois, debout sur la plage, observait la scène. Un autre saut, une grande gerbe d'écume, et un tube vint rouler sur les planches du radeau.

SHIMA STONES CROSSING SAFE YOUTH
WORLD NEST UNSSPPACHEN SHIGANO YOU SPRACHEN
YOUTH UMI HIRO SAFE NAGARE CIRCLE
UNS SHIO
WAIT WAIT YOU

LUCK

Warren vint atterrir avec le cylindre et Guijan tendit la main pour attraper la feuille glissante. Le Chinois avait eu un mouvement vif, et Warren recula, se ramassant sur lui-même. Les deux hommes restèrent ainsi quelques instants, silencieux, s'observant ; le visage de Guijan était tendu et concentré. Puis, de façon contrôlée, il se détendit, eut un geste désinvolte de la main et aida Warren à tirer le radeau à sec. Warren faisait passer le cylindre d'une main à l'autre et finalement, se sentant maladroit, le tendit à Guijan. L'homme lut avec lenteur, les lèvres serrées. « Shima, fit-il. Shio. Nagare. Umi. » Il secoua la tête et regarda Warren, ses lèvres reformant silencieusement les mots.

Ils se mirent à tracer des dessins sur le sable. En face de SHIMA, Guijan esquissa une île et pour UMI la mer qui l'entourait. Il dessina des lignes sinueuses à l'intérieur du lagon et répéta à plusieurs reprises « Nagare ». Il tira un trait par-dessus l'île puis fit des mouvements amples comme pour désigner quelque chose de gros et dit « Hiro ».

Warren murmura : « Grande île ? Hiro shima ? » Malgré ses clignements d'yeux, Guijan n'avait pas l'air de comprendre. Le marin lui montra alors un rocher pour STONE et dessina la Terre pour WORLD ; mais comment savoir si c'était ce que signifiaient les mots dans le contexte du message ? Pourquoi l'épaississement du W dans le terme WORLD ?

Les deux hommes se parlèrent par courtes phrases sur le fond sonore du ressac. Les groupes de mots ne percèrent aucun mystère, ne donnèrent rien de logique ; même si cela s'était produit, Warren n'était pas du tout sûr qu'il aurait pu transmettre à Guijan sa propre partie, les bribes d'anglais, ni celui-ci ce que lui-même avait compris. Mais il y avait maintenant en Guijan une nouvelle énergie, des manifestations d'impatience devant le salmigondis de langues du message. WAIT WAIT YOU et puis LUCK (« vous attends attends » et puis « chance »). Warren avait l'impression que cela faisait maintenant bien longtemps qu'il attendait. Ce dernier message était certes plus clair et comportait plus d'anglais que les autres, mais les Raseflots ne disposaient d'aucun moyen de savoir quelle langue parlait Warren, à moins qu'il ne le leur dît. Alors qu'il fronçait le sourcil en examinant un dessin que

Guijan traçait dans le sable, il comprit soudain pourquoi il avait préparé la bouillie d'écorce, la nuit précédente.

Il lui fallut des heures pour écrire sa réponse au dos de la feuille. Son bambou épointé avait tendance à entamer la surface, mais il découvrit une façon de le tenir sans faire de trou. L'encre noire et aigre coulait et faisait des taches, mais en laissant la feuille sécher bien à plat au soleil, le texte se détacha sans être trop brouillé.

PARLEZ ANGLAIS. LES JEUNES VONT-ILS VENIR ICI ? SOMMES-NOUS À L'ABRI SUR CETTE ÎLE ? SHIMA VEUT DIRE ÎLE EN ANGLAIS. D'OÙ VENEZ-VOUS ? POUVONS-NOUS VOUS AIDER ? NOUS SOMMES DES AMIS.

CHANCE

Guijan n'en comprenait pas un mot ou du moins ne donna aucun signe de compréhension. Warren remit le radeau à l'eau à la tombée de la nuit, profitant d'un vent de nord qui venait de se lever en rafales puissantes. La voile faseyait et il éprouva beaucoup de difficultés à dégager son embarcation des courants qui entouraient l'île pour se diriger vers l'endroit où des ombres scintillantes jouaient devant un banc de sable. Un Raseflots sauta en faisant un tonneau à son approche. Il maintint le tangon à la main pour attraper les dernières bouffées d'air, puis il jeta le tube à l'eau quand il passa au-dessus des ombres mouvantes. L'objet se mit à bouchonner et ne tarda pas à être emporté vers le passage dans le récif donnant sur la pleine mer ; inquiet, Warren observait les ombres, se demandant si elles l'avaient vu, car il ne pourrait pas le rattraper avec le radeau avant qu'il eût atteint le récif. Puis une agitation soudaine se produisit sous l'eau qui souleva les sables du fond, et l'une des silhouettes vint déchirer la surface de l'eau dans un saut. Le Raseflots se replia sur lui-même en l'air, resta un instant comme suspendu, avant de se laisser retomber bruyamment dans un grand rejaillissement d'écume et de disparaître. Le cylindre n'était plus là.

Les moustiques renouvelèrent leurs attaques cette même nuit, et les deux hommes durent aller se réfugier sur le plateau rocheux du centre de l'île. Au matin leurs mains n'en étaient pas moins rougies de sang d'avoir écrasé les insectes, qui les avaient piqués au visage et sur les jambes, alors qu'ils étaient en plein repas.

À l'aube, Warren alla dès que possible mettre ses lignes à l'eau ; les poissons étaient nombreux près de la barre de sable. L'un mordit à l'hameçon ; la bestiole qu'il retira de l'eau avait les yeux profondément enfoncés, une bouche comme un bec de perroquet, des ouïes gluantes et des écailles d'un bleu dur. Il appuya sur la chair de l'animal et la marque de son doigt y resta pendant un moment, comme s'il l'avait pressé sur un membre de lépreux ou d'hydropique. Le poisson, réchauffé par les planches du pont, se mit rapidement à sentir mauvais et il le rejeta à l'eau, se doutant qu'il devait être toxique. Il se mit à flotter ; un Raseflots vint bondir à côté, s'en empara et disparut. Warren aperçut d'autres Raseflots sous l'eau, en train de dévorer le poisson.

Il attrapa ensuite deux bonites qu'il ramena sur la plage pour que Guijan les vidât. Le Chinois le surveillait constamment depuis la rive, ce qui lui déplaisait. Ce qui se passait entre les Raseflots et lui-même ne le regardait pas, et il n'était plus question de faire des dessins ni des gestes avec les mains pour essayer de l'expliquer à Guijan.

Il se rendit à l'endroit, sous les palmiers, où brûlait leur feu, et il prit le masque de plongée qu'il avait vu dans le coffre de Guijan. Il était fait pour une tête plus petite que la sienne, mais en serrant au maximum la bride de caoutchouc, il arriva à le faire passer par-dessus son nez de façon hermétique. Guijan lui dit quelque chose lorsqu'il s'en retourna vers la plage mais Warren ne lui répondit pas et s'éloigna avec le radeau que le vent du sud poussa vers la barre de sable. Une fois arrivé, il échoua l'embarcation pour qu'elle ne dérivât pas.

Allongé sur le bord du radeau, il se mit à observer les formes mouvantes sous l'eau. Elles se trouvaient à au moins cinq brasses, et il ne restait plus rien du poisson toxique. Sept Raseflots croisaient au-dessus d'une tache sombre, faisant jouer leurs nageoires antérieures dont les nervures osseuses évoquaient des doigts épais. Un rayon de soleil vint éclairer la chose sur laquelle ils travaillaient et qui laissa soudain échapper comme de la fumée opaque ; le nuage se transforma en petites bulles. C'était de la vapeur.

Warren avait tout le torse qui dépassait du bord du radeau pour observer les bouffées régulières de vapeur qui montaient de la machine. Sans penser au danger, il se laissa complètement glisser par-dessus bord et plongea, nageant vigoureusement, pour aller aussi profondément que possible en dépit de la pression et de ses poumons qui le brûlaient. Les Raseflots s'agitèrent en le voyant et la machine devint moins floue. Elle était faite de pièces de récupération de navire de toutes sortes. Quatre batteries étaient montées sur un côté, reliées au moteur par des câbles couverts de rouille. Il y avait d'autres pièces de métal travaillées, dont certaines, il en avait la conviction, n'avaient pas été faites par des hommes. Ici et là apparaissaient des protubérances jaunâtres, et, dans la lumière ondoyante et verte, Warren se rendit compte que la chose avait une forme identifiable même s'il n'en avait jamais vu de semblable auparavant. Un assemblage de pièces mécaniques possède une logique liée au travail qu'il doit accomplir, et il sentit que cette machine était bien conçue. Ses poumons le brûlaient trop et il fila vers la surface, abandonnant toute pensée, suivant les bulles argentées qui s'échappaient de sa bouche et montaient vers les rais inclinés et changeants, jaunes nuancés de vert, de la lumière du soleil.

4.

Les eaux du lagon passaient du bleu pâle, au bord de la plage, à l'émeraude, dans le chenal profond où les courants montaient et descendaient avec les marées. Au-delà de l'enchevêtrement des récifs, l'océan était d'un gris brutal.

Cinq jours durant, Warren travailla dans les eaux sombres et peu agitées à proximité du banc de sable. Il amarra son radeau par l'avant et par l'arrière de façon à l'immobiliser. De cette façon, il pouvait écrire convenablement, à l'aide de sa bouillie d'écorce, sur les feuilles que lui apportaient les Raseflots.

Leur première réponse ne fut pas tellement plus claire que lors des précédents messages ; il écrivit une phrase simple en lettres capitales et c'est ainsi que peu à peu ils apprirent ce qu'il ne comprenait pas. Leur message suivant contenait moins de japonais et davantage d'anglais, encore des bribes d'allemand, et quelques restes de mots composites. Les phrases étaient également plus longues, et perdaient un peu leur caractère de blocs de mots mis à la file les uns des autres.

Les Raseflots ne semblaient pas penser en termes d'action, mais seulement en termes de choses existant ; ils disposaient donc de longues séries de noms d'objets, comme si les choses nommées devaient réagir les unes sur les autres, se rendant mutuellement plus spécifiques et précisant par là même les relations qu'elles entretenaient. Il était ardu de se faire à ce mode de pensée, et la plupart du temps, Warren n'était pas sûr d'avoir bien compris le sens de tel ou tel groupe de mots. Il arrivait même qu'une série de noms ne lui dise rien du tout. En dessous, les silhouettes bleues filaient au-dessus du sable parfaitement blanc, décrivant des arabesques complexes, roulant sur elles-mêmes en agitant leurs nageoires ventrales, en des figures dont le sens, si elles en avaient un, lui échappait. Lorsque le soleil était trop bas, le soir ou le matin, il n'arrivait plus à distinguer les Raseflots de leur ombre et les longues formes oblongues se mêlaient à leur écho sur le sable en une sorte de lente danse elliptique.

Etendu sur le bord du radeau, dépassant de tout son buste, il restait à les observer quand il était lassé des échanges de messages. À travers son masque, leurs mouvements vifs et aériens prenaient peu à peu sens. Il leur posait alors une question simple ; quand l'encre était sèche, il jetait la feuille dans le lagon. Il arrivait parfois que cela suffît à couper court à travers une interminable liste de mots : il voyait alors une petite idée, comme suspendue entre les substantifs dans un espace permis par eux mais non défini. Comme si les mots empilés laissaient tout d'un coup un blanc entre eux et que ce fût ce blanc qu'il fallait distinguer, non ses limites embrouillées. Témoin de la grâce aérienne de leurs ébats dans la pénombre émeraude, il n'arrivait cependant pas à en saisir la signification générale.

Il revenait chaque soir sur le rivage. Il faisait de bonnes prises avec ses lignes à la traîne, le matin ; l'après-midi, les résultats étaient moins bons. Peut-être cela était-il en rapport avec la présence des Raseflots. Ses bonnes pêches matinales lui laissaient l'essentiel de la journée pour étudier les nombreuses feuilles que les créatures lui transmettaient, et rédiger ses réponses hésitantes.

Guijan passait presque tout son temps sur la plage à l'observer. Il ne sortait plus son arme lorsque Warren partait en radeau. Il s'occupait de maintenir le feu pour la distillation de l'eau et ils mangeaient bien. Warren ramenait à terre les feuilles écrites par les Raseflots et les déposait dans le coffre du Chinois, mais il ne pouvait pas lui expliquer grand-chose de ce qu'elles contenaient, tout d'abord parce que les dessins dans le sable et les gestes n'y suffisaient pas, ensuite parce qu'il ne savait pas très bien lui-même ce qu'il fallait en penser.

Guijan n'avait pas l'air de s'en formaliser. Il s'occupait du feu, faisait tomber les noix de coco et les ouvrait, et vidait les poissons ; au bout de quelque temps il ne posa plus de questions. Il quittait parfois la plage pendant une heure ou deux, sans doute pour aller ramasser du bois ou bien de ces feuilles comestibles et parfumées avec lesquelles il faisait une soupe.

Pour Warren, comprendre les Raseflots était devenu primordial, et il était content que le Chinois fît les corvées et ne l'ennuyât pas. Voulant garder les idées claires, il ne mangeait guère à midi, sous le ciel éblouissant. Le soir, en revanche, il se bourrait de morceaux de poissons chauds, accompagnés d'eau au goût métallique. Il s'éveillait dès les premiers rayons de soleil. Les moustiques les piquaient toujours autant, mais cela lui était devenu indifférent.

Au troisième jour de ce nouvel emploi du temps, il entreprit d'écrire pour lui-même une sorte de pot-pourri de ce qu'il pensait être le sens de leurs messages. Mais il lui suffit de se relire pour comprendre que son texte était inexact. Il n'avait jamais été très doué pour l'écriture. Pendant son mariage, il n'avait jamais écrit de lettres à sa femme, même lorsqu'il restait six mois en mer. Ecrire restait cependant la meilleure manière de mettre les choses en place, et il prenait plaisir à gratter, de sa plume improvisée, le dos des feuilles données par les Raseflots, écrivant lui aussi en capitales.

IL Y A TRÈS LONGTEMPS, LES PREMIÈRES FORMES NAQUIRENT FACILEMENT DANS LE MONDE, PUIS S'ÉLEVÈRENT, DEPUIS LE FOND DU MONDE, GAGNÈRENT LA TERRE FERME, FIRENT LES

OUTILS QUE NOUS CONNAISSONS, ALLUMÈRENT LES PREMIERS FEUX, FABRIQUÈRENT LE SABLE DURCI PAR LE FEU À TRAVERS LEQUEL ON PEUT VOIR, AFIN QUE L'ON PÛT CONCENTRER LA LUMIÈRE. LES NUAGES S'OUVRENT, NOUS POUVONS VOIR LA LUMIÈRE, APPRENDRE À CONNAÎTRE LES PETITS POINTS AU-DESSUS, NOUS VOYONS DES LUMIÈRES IMPOSSIBLES À ATTEINDRE, ET MÊME CELUI D'ENTRE NOUS QUI SAUTE LE PLUS HAUT NE PEUT LES ATTEINDRE.

NOUS RECUEILLONS LA LUMIÈRE, NOUS LA CONCENTRONS ET NOUS TROUVONS QUE LES LUMIÈRES DANS LE CIEL SONT PETITES ET CHAUDES, MAIS IL Y A UNE LUMIÈRE DIFFÉRENTE QUI EST UNE PIERRE DANS LE CIEL. NOUS AVONS PENSÉ QUE D'AUTRES LUMIÈRES POUVAIENT ÊTRE DES PIERRES DANS LE CIEL, MAIS TRÈS LOIN ; NOUS N'AVONS TROUVÉ AUCUN AUTRE ENDROIT COMME LE MONDE. NOUS NAGEONS AU FOND DE TOUTES CHOSES, DANS LE MONDE, LÀ OÙ LES PIERRES VEULENT TOMBER, MAIS DANS LEUR CHUTE ELLES NOUS ENCERCLENT, NOUS ENCERCLENT ÉTERNELLEMENT COMME DES CHASSEURS DANS LE MONDE AVANT DE SE RAPPROCHER POUR TUER, SI BIEN QUE LES PIERRES NE PEUVENT PAS NOUS TUER DANS NOTRE NID, LE MONDE DES PERSONNES.

NOUS PENSIONS QUE NOTRE MONDE ÉTAIT LE SEUL ET QUE PARTOUT AILLEURS IL N'Y AVAIT QUE DES PIERRES FROIDES OU DES PIERRES BRÛLANTES. ET ALORS QUE NOUS ÉTIONS EN TRAIN DE RECUEILLIR LA LUMIÈRE DE L'UNE D'ELLES SANS Y PENSER, NOUS AVONS VU NAÎTRE UNE LUMIÈRE, S'Y ALLUMER ET S'Y ÉTEINDRE TOUR À TOUR, SE DÉPLACER ENSUITE BIZARREMENT DANS LE CIEL ET PUIS D'AUTRES PIERRES SONT ARRIVÉES, DES PIERRES QUI TOMBAIENT SUR LE MONDE, DES PIERRES PLUS PETITES QUE LA GRANDE PIERRE DU CIEL, FRAPPANT LE MONDE, TUANT, APPORTANT D'ÉNORMES ANIMAUX PUANTS, DÉVORANT TOUTES LES PARTIES DU MONDE, OÙ ILS ÉTAIENT, PRENANT CERTAINS D'ENTRE NOUS EN EUX DES GROSSES PIERRES QUI FONT DES GROS ANIMAUX, MAIS PAS VIVANTS, QUI AVALENT ET NOUS GARDENT DANS LEUR EAU, UNE EAU ÂCRE QUI FAIT MAL, NOUS

VIVONS LÀ-DEDANS LA LUMIÈRE VIENT D'UNE TERRE QUI N'EST PAS LA TERRE, UN MONDE QUI N'EST PAS LE MONDE, PAS DE VAGUES, PAS DE TERRE NON PLUS, MAIS UNE PIERRE QUI BRILLE DE TOUS LES CÔTÉS, NOUS NE POUVONS PAS Y GRIMPER, IL N'Y A PAS DE TERRE POUR QUE LES JEUNES Y VIVENT, PASSE BEAUCOUP DE TEMPS, NOUS CHANTONS CONSTAMMENT LA PROCHE NAISSANCE, MAIS ELLE NE VIENT PAS, LE CHANT NE PROVOQUE PAS LES NAISSANCES DANS CE MONDE ROUGE, CE PETIT MONDE QUE NOUS POUVONS TOUS TRAVERSER LE TEMPS D'UN CHANT.

LENTEMENT LES JEUNES CHANGENT LEUR CHANT, PUIS DE PLUS EN PLUS LEUR CHANT S'ÉLOIGNE DE NOUS, ILS CHANTENT ÉTRANGEMENT MAIS ILS NE RAMPENT PAS. DES CHOSES ROUGES BRÛLANTES BOUILLONNENT DANS LE PETIT MONDE OÙ NOUS VIVONS ET LES JEUNES LES BOIVENT. LA PIERRE EST LISSE DE TOUS LES CÔTÉS, FAIT QUE CE MONDE BRILLE D'UNE LUMIÈRE QUI JAMAIS NE CHANGE. NOUS GARDONS CERTAINS DE NOS OUTILS ET POUVONS SENTIR LE TEMPS PASSER, BEAUCOUP DE CHANTS PASSENT, NOUS NE LAISSONS PAS LES JEUNES CHANTER OU RAMPER, MAIS ILS NE NOUS CONNAISSENT PLUS, ET ILS FONT LEUR PROPRE BRUIT, ILS BOIVENT LES IGNOBLES COURANTS DU GRAND ANIMAL QUE NOUS HABITONS, LA PIERRE LISSE DIFFUSE SA LUMIÈRE ET GRONDE TOUJOURS, LES COURANTS SONT MAUVAIS. NOUS NOUS DÉPLAÇONS LOURDEMENT NOUS PERDONS NOS MARÉES, LES COURANTS ROUGES SUCENT ET APPORTENT DE LA NOURRITURE DOUCE ET AMÈRE, MAUVAISE, LES JEUNES QUI DEVRAIENT MAINTENANT RAMPER SUR LE SOL MANGENT LA NOURRITURE ET CHANGENT, TRÈS LONGTEMPS LES PAROIS BOURDONNENT ET IL N'Y A PAS DE VAGUES DANS LESQUELLES PLONGER ET PROJETER DE L'ÉCUME.

PUIS LENTEMENT LA PIERRE LISSE DEVIENT CHAUDE, ELLE SE FRACTURE, CERTAINS DE NOUS MEURENT, LE CHANT DIMINUE PARMI NOUS, DES COURANTS BLEU AMER NOUS TIRENT VERS LE BAS, D'AUTRES ENCORE TOMBENT DU CHANT, DES SONS GLACÉS ET LONGS NOUS FRAPPENT, ARRIVENT DES COURANTS FRAIS, EN TOMBENT ENCORE D'AUTRES, DES VAGUES MONTENT MAINTE-

NANT DES COURANTS AMERS, NOUS GOÛTONS, NOUS CHANTONS FAIBLEMENT, PARLONS, C'EST UN MONDE COMME LE VRAI MONDE, LA PIERRE LISSE DE TOUS CÔTÉS À DISPARU, NOUS PLONGEONS DANS L'EAU.

IL Y A DES VAGUES DENTELÉES DE BLANC, AIGUËS, NOUS TROUVONS DE LA NOURRITURE SALÉE, BONDISSONS DANS L'AIR CHAUD, LES VAGUES SONT DURES, NOUS CONCENTRONS LA LUMIÈRE ET NOUS VOYONS DE GROSSES PIERRES DANS LE CIEL, DES PIERRES LOINTAINES QUI SE DÉPLACENT PARMI DE NOMBREUSES PIERRES, COMME NOTRE MONDE MAIS CE N'EST PAS NOTRE MONDE. LE CHANT EST FAIBLE, NOUS VOULONS TRAVERSER CE MONDE MAIS NOUS NE POUVONS PAS, NOUS SAVONS QUE NOUS NOUS PERDRONS DANS CE MONDE SI ON TIRE LE CHANT TROP LOIN.

MAIS LES JEUNES ONT UN SON ÉTRANGE ET ILS S'EN VONT. ILS TROUVENT DE LA NOURRITURE, ILS TROUVENT DE GROS ANIMAUX DANS LES VAGUES ET DES ANIMAUX ENCORE PLUS GROS QUI BROIENT LES VAGUES, ILS LES FRAPPENT COMME NOUS FAISIONS AUTREFOIS, IL Y A LONGTEMPS LONGTEMPS, ILS LANCENT LEURS FILETS POUR FAIRE TOMBER LES BROYEURS DES VAGUES. CES BROYEURS NE SONT PAS COMME LES GROS ANIMAUX DE NOTRE MONDE ET QUAND LES JEUNES LES FONT CHAVIRER PRÈS DU CENTRE ILS NE SONT PAS MÛRS, ILS N'ÉCLATENT PAS DE FRUITS, ILS SONT BRÛLANTS DE LA BOUCHE, ILS TUENT DES JEUNES ET ILS NE LÂCHENT PAS LES COSSES QUI CONDUIRAIENT LES JEUNES VERS LA TERRE FERME, MAIS L'AIR BON À RESPIRER, LES COSSES QUI CONDUIRAIENT LE CHANGEMENT POUR QU'ILS DEVIENNENT COMME NOUS SOMMES. CES CHOSES QUI FLOTTENT ET ÉCRASENT LES VAGUES NOUS LES CRAIGNONS ET NOUS LES FUYONS MAIS LES JEUNES EN MANGENT ET CEPENDANT ILS NE VONT PAS VERS LA TERRE POUR RAMPER SUR LE SOL. NOUS PERDONS POUR TOUJOURS LE CHANT AVEC EUX, ILS NE FUIENT PLUS LES VAGUES, ILS PRENNENT LES GROS ANIMAUX QUI MARCHENT SUR LES VAGUES.

LES JEUNES SONT DEVENUS CAPABLES DE TUER LES MARCHEURS DES VAGUES AMERS, ILS FONT FESTIN DES CHOSES EN

EUX. DE LOIN NOUS VOYONS QUE C'EST VOUS QUE MANGENT LES JEUNES, MÊME SI VOUS ÊTES MALADES ET PROVOQUEZ LA MORT, VOUS ÊTES TUÉS DANS LA PEAU QUI VOUS PORTE ET VOUS FAIT MARCHER SUR LES VAGUES. LES JEUNES NE CHANTENT PAS, ILS DÉCHIRENT VOTRE PEAU, ILS GRANDISSENT ET MANGENT TOUT CE QUI SE PRÉSENTE À EUX. MAINTENANT VOUS AVEZ COMME NOUS DISPARU, VOUS ÊTES MÂCHÉS. NOUS SOMMES VENUS ICI, NOUS AVONS DÉTOURNÉ LES JEUNES, CETTE ACTION NOUS A MÂCHÉS MAIS NE NOUS A PAS ACHEVÉS. NOUS VOUS AVONS TROUVÉ DANS LA PEAU QUE VOUS AIMEZ MAIS NOUS NE POUVONS PAS CHANTER AVEC VOUS. NOUS VOUS AVONS TROUVÉ UN HOMME ET SEULS VOUS POUVEZ CHANTER. ENSEMBLE VOUS ÊTES SOURDS. VOUS ÊTES LE VINGT-QUATRIÈME AVEC LEQUEL NOUS AVONS CHANTÉ SUR LES VAGUES MAIS CEUX DE VOTRE ESPÈCE NE PEUVENT ENTENDRE À MOINS DE N'ÊTRE QU'UN ET VOUS NE POUVEZ PAS VOUS CHANTER LES UNS LES AUTRES. BEAUCOUP D'AUTRES QUI ONT CHANTÉ AVEC NOUS SONT MAINTENANT MÂCHÉS, MAIS NOUS POUVONS TENIR LES JEUNES À L'ÉCART PENDANT ENCORE QUELQUE TEMPS, NOUS NOUS AFFAIBLISSONS, LES JEUNES SONT COUVERTS DE PLAIES ET LAISSENT DERRIÈRE EUX DES PUANTEURS DANS LES COURANTS NAUSÉABONDS OÙ ILS SE TIENNENT, NOUS LES SENTONS C'EST LE MONDE QUI ÉTAIT FAUX QUI EN A FAIT CE QU'ILS SONT ILS NE SONT PLUS COMME ILS ÉTAIENT QUAND NOUS LES CONNAISSIONS DANS LE MONDE QUI ÉTAIT NOTRE MONDE, ILS NE PEUVENT PAS CHANTER MAIS ILS CONNAISSENT LES ENDROITS OÙ VOUS CHANTEZ LES UNS POUR LES AUTRES ET IL Y EN A QUI COMMENCENT MAINTENANT À Y ALLER AVEC LEURS PLAIES ILS SERONT PEUT-ÊTRE MÂCHÉS PAR VOUS MAIS IL Y EN A BEAUCOUP BEAUCOUP ET ILS ONT FAIM DES PEAUX QUI COULENT MAIS ILS SONT UNE VRAIE FOLIE ILS VIENNENT ET ILS VOUS MÂCHENT LES AUTRES DERNIERS.

5.

Tous les soirs, lorsque l'obscurité était trop grande pour que Warren pût écrire à la seule lueur jaune du feu, les deux hommes allaient vers l'intérieur de l'île. Les moustiques se tenaient près de la plage, sans compter toutes sortes d'autres insectes. Warren écoutait le clapotis des poissons qui sautaient du lagon pour en attraper et la chute bruyante des Raseflots lorsque eux-mêmes attrapaient un poisson. Il apercevait leur sillage phosphorescent sous l'eau.

Ils s'enduisaient de boue pour éloigner les moustiques – ce qui ne les protégeait pas, toutefois, des tiques qui tombaient des arbres. Le contenu hétéroclite de la caisse de Guijan ne comportait pas de teinture d'iode.

Mettre une goutte de teinture d'iode sur le corps d'une tique était la meilleure façon de s'en débarrasser ; la seconde meilleure façon consistait à les brûler. Chaque matin, les deux hommes s'inspectaient mutuellement, et ils trouvaient toujours quelques points noirs, là où les tiques s'étaient enfoncées. Une braise du feu venant toucher leur arrière-train les faisait lâcher, et on pouvait alors les retirer avec l'ongle. Warren n'ignorait pas que si la tête restait prise dans la peau, elle pourrirait et infecterait toute la zone. Il remarqua que Guijan était relativement épargné, et se demanda si cela avait quelque chose à voir avec sa peau d'Oriental.

Le matin suivant Warren fit une bonne prise, il la rapporta, recru après toutes ces journées de travail sur le radeau. Après avoir mangé le poisson il partit à la recherche de noix de coco. Les palmes les plus jeunes étaient également agréables pour se débarrasser de la démangeaison provoquée par les piqûres de moustiques, comme par celles du sel. Mais il devenait de plus en plus difficile de trouver de bonnes noix de coco, et il traversa toute l'île, franchit la ligne de crête qui donnait sur l'autre versant pour gagner la partie marécageuse au sud. On y trouvait également des feuilles comestibles et il revint en en mâchant avec lenteur, tout en réfléchissant. Il venait d'atteindre une zone de rochers dénudés lorsqu'il se rendit compte qu'il était à l'endroit où il avait disposé son S.O.S. Les cailloux de couleur claire étaient bien là, mais dispersés ; le S.O.S. était illisible.

Guijan était en train de fouiller dans sa caisse lorsque Warren revint au camp. « Hé, toi ! » lui lança-t-il. Le Chinois le regarda calmement, sans ciller et prit tout son temps pour se redresser.

Warren montra le sud, prit une expression furieuse, puis se pencha et dessina un S.O.S. dans le sable. Ensuite il l'effaça, et pointa un doigt vers Guijan.

Le marin s'était attendu à le voir prendre une attitude neutre ou un air intrigué ; au lieu de cela, il mit une main à la poche.

Puis, de façon parfaitement distincte, il répondit : « Ça n'a pas d'importance. »

Warren conserva une immobilité parfaite. Le Chinois tira le pistolet de sa poche, mais ne le pointa dans aucune direction précise.

« Mais... pourquoi ? demanda Warren avec prudence.

– Pourquoi vous avoir trompé ? Tout simplement pour que vous puissiez poursuivre (le Chinois se tut un instant) votre excellent travail. Les progrès que vous avez accomplis sont remarquables.

– Avec les Raseflots...
– Oui.
– Et le S.O.S. ?
– Pas question que l'île soit repérée par des indésirables.
– À savoir ?
– Oh ! les Japonais, les Américains ! On signale que les Russes s'y intéressent aussi.
– Si bien que vous êtes...
– Chinois, évidemment.
– Evidemment.
– J'aimerais savoir comment vous avez pu rédiger votre sommaire ; j'ai lu les messages que vous receviez d'eux, plusieurs fois, même. Je n'y ai pas trouvé grand-chose.
– Il y a davantage que ce qui est écrit.
– Etes-vous bien sûr d'avoir ramené à terre tous leurs messages ?
– Evidemment ; je les ai tous conservés.
– Comment avez-vous découvert les choses qui n'étaient pas dans les messages ?
– Je ne crois pas pouvoir vous le dire.
– Pouvoir ? ou vouloir ?
– Pouvoir. »

Guijan, pensif, étudiait le visage de Warren. Finalement il reprit la parole : « Je ne peux pas en juger moi-même. D'autres se chargeront d'en décider, d'autres qui en savent plus que moi. (Il resta encore quelques instants silencieux.) Etes-vous réellement un naufragé ?
– Oh ! oui.
– Que vous ayez réussi à survivre est stupéfiant. J'ai bien cru que vous alliez mourir quand je vous ai découvert. Etes-vous marin ?
– Ingénieur mécanicien, en fait. Et vous ?
– Soldat. Enfin, un genre de soldat.
– Un genre bien particulier, dirait-on.
– Ce n'est pas l'affectation que j'aurais choisie de moi-

même. Je dois rester sans bouger de cet endroit affreux et essayer de parler à ces choses.

– Hum. Et ça n'a rien donné ?

– Rien du tout. Elles ne me répondent pas. Les outils que l'on m'a donnés ne servent à rien. Des espèces de lampes de poche, des émetteurs sonores, des choses que l'on fait flotter sur l'eau. On m'avait dit qu'elles devraient les attirer.

– Que se serait-il passé si elles avaient répondu ?

– Mon travail aurait été terminé.

– Eh bien, j'ai comme l'impression de vous avoir mis au chômage. Ce qui n'empêche pas que nous allons tout de même avoir besoin de quelque chose pour manger », fit Warren avec un geste en direction du radeau.

Il commença de se diriger vers lui, lorsque le Chinois leva son arme. « Vous pouvez vous reposer, fit-il. Ça ne sera pas long, maintenant. »

CINQUIÈME PARTIE

2060 L'espace interstellaire entre Râ et Ross

1.

En 2046, la Terre avait lancé toute une série de sondes d'exploration vers les étoiles les plus proches du système solaire. Elles commençaient à arriver à destination, humant les innombrables mystères d'Epsilon Eridani, de Ross 128, de 61 du Cygne et de bien d'autres astres au nom étrange qui, après n'avoir été que des références de catalogues vides de contenu, constituaient maintenant des cibles lumineuses. Les sondes envoyaient leurs informations à la fois vers la Terre et vers le *Lancer*, pour éviter une perte de plusieurs années de relais. Afin de filtrer et d'interpréter ce flux arrivant sur de multiples canaux, Ted Landon avait mis sur pied des équipes de techniciens spécialisées dans l'analyse des données à haut rendement, renforcées de scientifiques appartenant à des disciplines diverses, sans compter toutes les personnes ayant une expérience utilisable. Nigel verrouilla le système. S'il voulait pouvoir maîtriser le traitement de données, il devait se couper hermétiquement de l'extérieur, et n'être ouvert qu'à la pluie ininterrompue d'informations qui défilaient devant lui, concentré sur le va-et-vient des sensations que les sondes lui retransmettaient au fur et à mesure qu'elles parcouraient leur système solaire, plongeaient dans des atmosphères épaisses, avant d'être finalement éjectées de leur capsule pour aller parcourir les mondes extraterrestres.

L'étoile de Barnard fut la première à être atteinte par l'une de ces sondes, qui ralentit et passa deux petites planètes. Les signaux arrivèrent sur le *Lancer* alors qu'il venait de quitter Isis depuis quelques mois. Ces deux petites planètes, à peu près de la taille de Mercure, étaient désolées et sans intérêt, tout comme, semblait-il, ce système solaire lui-même ; la sonde procéda bien entendu aux mesures de routine, courbure de l'onde de choc à proximité des planètes, décompte des astéroïdes, analyse des taches solaires. À mi-chemin du système, la sonde cessa d'un seul coup de transmettre. On n'en entendit plus jamais parler. Les astronomes émirent l'hypothèse que, étant donné que l'incident s'était produit au moment où elle traversait le plan de l'écliptique du système, la sonde n'avait sans doute pas été en mesure d'éviter un astéroïde.

Nigel passait son temps dans une capsule d'isolement et contrôlait le flot d'informations qui arrivaient régulièrement d'Epsilon Eridani. La sonde était en train de traverser le système, repérant les petites lumières lointaines et mobiles qui étaient les planètes, échantillonnant cette brise fantomatique que l'on appelle le vent solaire, établissant la carte du plan de l'écliptique d'Eridan, et esquissant l'histoire des orbites à l'aide d'habiles déductions newtoniennes. Outre Nigel, deux autres spécialistes étaient comme lui enfermés dans une capsule fraîche et obscure, et bombardés de données holographiques reconstituées ; tous les trois virent la sonde passer près d'une tache lumineuse de faible intensité, grise et assez volumineuse.

Avant même qu'ils aient pu faire le point sur leurs impressions, les programmes astrométriques de la sonde l'avaient parcourue, à l'écoute du murmure dans l'infrarouge d'autres taches semblables, et en avaient trouvé quatre, dont un nuage d'Oort de protocomètes accomplissant leur lente chute sous un manteau de poussière. La sonde hérissée d'antennes fonça, suivant sa propre logique. Autant de récepteurs humains branchés sur le flux des nombres et l'analyse spectrale finissant par élaborer un tableau aux implications humaines. Masse de l'étoile : 0,83 de celle du Soleil. Six planètes. Spectre de type K2, taches solaires visibles. Deux géantes gazeuses ; une planète de la taille approximative de Mars ; le reste de simples cailloux. Pas d'océans, pas de vie.

Ouais, mais celle de type terrestre possède une atmosphère, regarde Tandis qu'ils sentent tous que la sonde ralentit et manœuvre *Sûr il n'y a pas d'oxygène et pas de déséquilibre gazeux pour autant que* devant eux le monde grandit *D'accord, mais ça reste théorique,* des bribes de gris, de bruns et de noirs en désordre *Regarde il y a bien une couverture nuageuse, les prélims ne l'ont pas relevée* puis des champs de cailloux brillant comme les fenêtres d'une ville lointaine qui réfléchiraient le Soleil jaune en train de se coucher *Je sais pas, du mica peut-être,* des chaînes de montagnes déchiquetées, des vallées tordues *Quelques signes d'activité tectonique, je dirais un peu de volcanisme par là au voisinage du terminateur,* des plateaux grisâtres délabrés, ravinés, balayés par les vents *Vraiment une planète insignifiante, atmosphère ténue, une masse de 0,32 par rapport à la Terre,* pas la moindre tache verte près des rivières encaissées *Regarde donc ce relevé, du* CO^2 *plus les traces habituellement associées,* des tempêtes hurlantes soufflant bleues sur le sol chaotique, sans oreilles pour remarquer leur passage *Ce système est complètement nul si c'est là ce qu'il y a de mieux* la sonde décrit une parabole autour de la planète, se demandant à elle-même si elle avait intérêt à déposer un engin d'exploration à sa surface *Non, attends, reviens à l'image précédente* sur la courbe de ce monde un cheveu d'argent sur le fond noir *Oui, la vue de l'horizon,* un ruban métallique gris comme du fil de fer *marrant, une si petite planète avec un anneau* brillant doucement, mais alors que la sonde se dirige dessus, la ligne droite apparente refuse de grossir, de se transformer en disque *Mais non, ça descend direct jusqu'à la surface* accroché exactement sur l'équateur *que je sois pendu si ça n'est pas un Ombilic céleste,* la réponse est un silence glacial tandis qu'ils contemplent le titanesque artefact, la longue courbe maintenant parfaitement visible toujours fine comme un cheveu et allant s'enfoncer dans le sol, à hauteur de l'équateur *Mais pourquoi diable irait-on installer un Ombilic dans un désert,* rien ne bouge le long du fil. Ils peuvent le voir à travers la succession d'images expédiées par la sonde, son estimation de la situation l'ayant fait se concentrer sur l'étroite ligne grise devant les étoiles *Exploitation de mines ? Il n'y a vraiment rien d'autre qui vaille la peine là en bas,* la sonde s'éloigne maintenant, la vue change *peut-être ça n'a pas toujours été comme ça,* elle dérive sur fond d'étoiles *Tu veux dire qu'il y aurait une forme de vie ici, une civilisation ? Mais il n'y a pas la moindre trace de,* un point grossit *pas maintenant, non,* la sonde décrit une courbe sur l'horizon morne *Si l'on prend une échelle de temps géologique combien pourrait durer,* un point rond qui s'enfle *N'empêche, il n'y a pas la moindre trace de vie,* le croissant faiblit, dévoré *Ouais, si ce sont les indigènes qui ont installé ce truc, ils sont partis depuis un bout de temps, nous parlons en termes de dizaines de millions d'années, facile, et je ne crois pas,* irrégulier, avec du noir et du brun, un côté écrasé comme par l'impact de quelque chose, des lignes de tension creusées dans la roche ancienne de la petite lune de ce monde *Ça paraît logique, bien sûr il y a quelques cratères mais pas tant que ça, et, de toute façon, comment faire disparaître toute une biosphère* cependant soudain quelque chose comme un éclair corail jaillit dans les creux ombreux de la petite lune, une flamme tourbillonnante *Hé, t'as vu ça, exactement comme,* il gonfle et se dirige vers la sonde *Oui comme l'autre saloperie du Surveillant,* remplit tout le champ de l'optique *il doit être pourtant bien à une distance d'au moins deux cents impulsions si ce n'est plus,* chaos corail tacheté de féroces points rouges *Seigneur j'espère.* Ils ont beau savoir que la chose se passait des années auparavant, à des milliers de parsecs de là leurs poings se contractent *Ça va nous toucher,* mais les protège-objectifs tombent au moment où le bras de feu vient s'enrouler autour des antennes paraboliques *Bon Dieu, si ça nous crame ça nous sommes,* les senseurs acoustiques internes enregistrent une onde de choc qui parvient au trio sous la forme d'un sourd grondement *fichus en ce qui concerne les fréquences basses,* sensation de brûlure, de grésillement *À tous les coups ça va nous faire frire tout le bazar si ça atteint l'ordinateur,* le plasma ionise les interféromètres réglés au micron près *Ça y est, la télémétrie lâche* et les optiques qui sont restées face au vide absolu pendant des années se retrouvent opacifiées, déformées ou fracturées *perte de pression dans le réservoir cryogénique droit,* une chaleur allant faiblissant passe à travers les délicats scellements *Nom de Dieu, nom de Dieu regarde-moi ça !* les nuages tourbillonnants se dissipent, se nuancent de violet, l'hydrogène ionisé crache ses ultraviolets et se dissout *Les micro-ondes sont à peu près foutues,* les étoiles reviennent *Fonctions principales altérées,* la petite boule qui va diminuant avale sa langue rouge comme chargée de sang *Il a tiré à la troisième vitesse cosmique et rebondit, à quelque chose comme neuf impulsions seconde, sinon davantage,* la surface usée de la fournaise se brouille et scintille au loin *La sonde a été plus vite, c'est tout,* la sonde retombe vers les étoiles, aveuglée et engourdie *Je me demande pourquoi ça n'a pas touché à l'Ombilic,* ses moteurs morts *Qu'est-ce que tu veux dire, « ça » ?* et retourne consciencieusement à ses mesures des bouffées de vent solaire *Le « ça » qui est venu poser sa botte sur ce désert, celui qui nous a laissé le Surveillant comme cadeau,* la femme envoie son image sur l'écran du triplex et plisse les paupières vers lui *Peut-être cela exigeait-il trop de travail pour le ficher par terre,* tous trois sont en train de s'étirer, de se dégager du labyrinthe étroit *Après tout ce qu'ils ont fait à la surface ?* un goût âcre dans la bouche, hagards, saisis de tremblements *Dieu sait comment, mais* ils ne remarquent pas la lumière verte du Contrôle central qui clignote

Bon d'accord, c'est une hypothèse, mais peut-être qu'ils trouvaient pratique d'avoir l'ascenseur. Nigel incline la tête et passe une main distraite dans ses cheveux gris *Dans quel but ? Travailler au sol ?* lueur d'émail frais *ou pour faire monter des matières premières, qui sait ?* on frappe des coups contre les écoutilles, l'équipe extérieure s'inquiète *C'est là depuis un sacré bout de temps, pour faire des réparations j'imagine, il faut s'attendre à ce genre de choses, il se réparerait donc lui-même,* odeur de sueur et de renfermé, l'écoutille saute avec un pop *Oui, peut-être, mais alors pourquoi nous tirer dessus,* démêle le fouillis de fils les spaghettis électroniques *Alors que celui à côté d'Isis nous a laissés filer, c'est ce que tu veux dire ? Hum, pas impossible peut-être celui-ci a-t-il estimé qu'il n'avait rien de plus à apprendre... allez savoir.*

2.

Nigel se demanda comment, dans une société gérée avec un soin aussi méticuleux que celle d'un vaisseau spatial, on pouvait en arriver à donner des surnoms aussi ridicules que « dindorabais » pour ce qui était ici un succédané de dinde.

Il travaillait sur la dindorabais elle-même. Elle se présentait sous la forme d'une masse imposante et gluante, baignant dans des produits nutritifs. Sa croissance était d'une telle rapidité qu'une équipe devait en couper régulièrement des tranches, à l'aide de bras asservis, pour qu'elle n'épuise pas complètement ses ressources. Matière pseudo vivante, dont toute anomalie génétique avait été soigneusement éliminée. Malthus, au cube.

Mais lorsqu'il en avait le temps, il travaillait sur son précieux stock de bois, et découpait et ponçait ses planches jusqu'à obtention d'un fini satiné parfait. Dans l'air neutre du vaisseau, la sciure restait longtemps suspendue. Il pilla aussi les plates-bandes de cellulose à croissance forcée des serres, travaillant avec le plus grand sérieux sur les morceaux de bois tendre qu'il martelait, rabotait et modelait à la scie à refendre pour en respecter la texture granuleuse. Ce matériau était d'une résistance médiocre, mais convenait pour fabriquer du petit mobilier. Ce qui lui rappela que lui-même était fait de trois quarts d'eau allant et venant au rythme des battements de son système circulatoire, un être hydrostatique. Sans oublier la pincée de sel qui signait son origine.

Nigel se souvint comment, lorsqu'il était enfant, il allait tous les printemps faire des randonnées dans les prairies humides. Là, tout comme dans les fossés bordant les routes, il entendait le chœur aigrelet et menu qui jetait à la face du monde un motif inlassablement répété et qui semblait dire : « Nous sommes ici, nous sommes ici, nous sommes ici. » Le chœur des grenouilles, petits êtres confiants qui annonçaient ainsi l'occupation de leur niche écologique. L'idée lui vint que maintenant, pour quelque oreille bien plus grande que la nôtre, la bulle grandissante du babil électromagnétique de l'homme devait évoquer un signal semblable, ne portant guère plus loin, toutes proportions gardées, dans la nuit sidérale. Ce n'était que de près qu'il pouvait devenir pénible, quand il commençait à être possible de distinguer les voix les unes des autres.

Mais depuis le sommet des collines boisées voisines, le chant des grenouilles ne se mariait pas trop mal avec toutes les autres voix ambitieuses qui, sifflant, caquetant ou croassant, proclamaient la même chose : « Nous sommes ici, nous sommes ici. » Pressé d'arriver à destination, un cycliste pouvait foncer à travers le chœur des grenouilles, l'entendant sans y prêter beaucoup d'attention ni essayer d'en distinguer les voix innombrables. Sans doute une civilisation véritablement avancée de la galaxie ferait-elle la même chose vis-à-vis du léger bourdonnement radio de la Terre ou du ronflement occasionnel d'une sonde spatiale passant comme un moustique à portée de son oreille.

Mais il en était d'autres qui pouvaient essayer de l'écraser ; voire appeler les services de désinsectisation.

Wolf 359 était une étoile faiblement lumineuse de magnitude 8, avec dans son voisinage un seul satellite, de taille modeste, susceptible d'entretenir la vie. Et cependant une planète orbitait là, étonnamment semblable à celle qui tournait autour d'Epsilon Eridani : petite, sinistre, avec une atmosphère réduite. Pas ancienne, comme celle où se dressait l'Ombilic, mais comportant des indices d'occupation. Rien ne restait de sa biosphère, cependant. Les petits lacs étaient en cours d'assèchement. Les étoiles de classe M sont celles qui ont l'espérance de vie la plus longue de toutes, et l'analyse du spectre de celle de Wolf 359 montrait qu'elle était aussi ancienne que la galaxie. Les millions d'années n'avaient pas manqué pour qu'apparaisse la vie sous ce soleil tiède.

Mais elle avait eu aussi le temps de mourir. L'air et le sol gardaient des traces des déséquilibres chimiques qui sont la définition minimale de la vie ; ces traces étaient en train de s'effacer lentement, mais elles permettaient de supposer qu'une biosphère devait avoir existé au cours des derniers millions d'années.

Deux lunes tournaient autour de la petite planète. L'une était d'une taille considérable, et en équilibre précaire avec son primaire. L'autre était minuscule, et faisait tout au plus quelques kilomètres de diamètre. Elle présentait des empreintes bizarres ici et là, empreintes qui pouvaient tout aussi bien être le résultat naturel d'un bombardement de météorites qu'autre chose. La sonde n'en capta que quelques images fugitives tandis qu'elle incurvait sa trajectoire au-dessus de la planète brune et flétrie et s'éloignait. En quittant le système de Wolf 359, elle passa à proximité d'une géante gazeuse.

Bon sang quel boulot de chien, juste mesurer un truc, analyser un machin, tout ça pour faire plaisir aux astrophysiciens La planète entourée de bandes apparaît sur la gauche *Ouais quand on y pense, on se demande à quoi ça sert, ils accumulent les mêmes informations sur Terre,* immense et jaune *Toujours engranger, on ne sait jamais,* un essaim de points lumineux dans le plan de rotation *D'accord, d'accord mais ce n'est pas parce que tu es chef d'équipe, Nigel, que tu peux te permettre de blaguer,* des points brillants, certains blancs, d'autres couleur de rouille réfléchissant la lumière du monde géant *Ouais je la connais,* la sonde s'ajuste pour bénéficier de l'effet de fronde *Elle travaille en agro, je crois, elle a filé au P4* tout en frôlant les deux lunes *Suis pas un voyeur mais j'ai entendu dire* tombant sans énergie propre *Tu sais ce qu'a dit le vieil Aaron ? Qu'elle serait capable de bouffer une pomme à travers une raquette de tennis et tout le monde* mais pompant les vents stellaires et calibrant les particules à énergie, la densité du plasma, le flux d'ultraviolets *Lavera tu es vraiment en dessous de,* elle se rapproche maintenant de la première lune *C'est marrant, on obtient plein de lumière incidente dispersée du plan de rotation, sans doute un disque de glace, il fait joliment froid dans le coin,* les grilles se déploient, les optiques pivotent pour examiner la surface crevée de trous et tachetée *Hé, je viens d'avoir la résolution de ce prétendu disque de glace, ce n'est pas du tout des grains mais de longues rangées de machins, régulièrement espacés comme des perles sur un fil, oui, vraiment comme des perles, elles sont rudement blanches, et d'après le radar elles sont lisses et ne dispersent pas les ondes dans les longueurs centimétriques,* de profondes vallées encaissées projettent leurs longues ombres jusqu'au terminateur bleu *beaucoup de petites sources dans le plan mais seulement à partir de cette lune, je veux dire il n'y en a plus au-delà* dans une gangue de glace striée de noir *La sonde va passer près de l'une d'elles dans quelques minutes,* aucun cratère *À première vue on dirait des structures vaguement oblongues ça doit être un astéroïde ou peut-être une lune qui a explosé sous la force de l'attraction, et tout ce fourbi est resté, entraîné par le primaire,* un point de lumière grise comme *Je ne pense pas* les autres, allongé, se gonflant *Oui ? Pourquoi ?* deux ronds d'un gris plus clair séparés de l'image centrale *Pourquoi des débris de ce type devraient-ils s'agglutiner autour de cette seule lune ? Certains devraient se trouver ailleurs,* les deux ronds grandissent, forment des cercles parfaits *Une structure vraiment marrante,* les angles changent au fur et à mesure que la sonde avance, se rapproche, ajuste son optique, et brusquement jaillit un grand flamboiement dans le champ de vision *Bon Dieu ça va vite* si bien que la sonde est obligée d'arrêter la réception et de placer des filtres polarisants *C'est un phénomène de réflexion, la lumière réfléchie de Wolf 359* jusqu'à ce que son déplacement l'amène au-delà, que la lumière s'adoucisse et qu'elle puisse mieux voir la minuscule cabine de contrôle exactement au milieu des deux énormes voiles solaires *Elle doit s'en servir pour obtenir une poussée additionnelle* et puis encore au-delà la masse sombre et grumeleuse des glaces et le réseau des contraintes qui assure la cohésion du chargement *Tu crois que ç'a été lancé de cette lune ?* Patiemment, les voiles captent les photons rouges venus du lointain soleil et s'inclinent de façon que l'énergie communiquée chasse doucement la poussière de glace de la géante gazeuse *Lavera, prends une série de vues de ces trucs et étudie leur trajectoire en supposant, pour simplifier les choses, qu'il y a quelque chose qui les a disposés à intervalles réguliers à partir de cette lune* cela pendant des décennies jusqu'à ce que les forces gravitationnelles de la planète s'équilibrent avec l'attraction du pâle Soleil rouge *Ouais ils se déroulent parfaitement, ravissante petite spirale,* de lointains moucherons se dispersent selon une vaste et douce courbe *Sauf que ça s'arrête un peu plus loin et qu'on dirait qu'ils s'agglutinent* tandis qu'ils hésitent puis poussent leurs maigres réserves de carburant à travers des évents de faible poussée, dégageant la vapeur qui a bouilli à partir des glaces qu'ils transportent *Et on dirait bien qu'ils perdent quelque chose, ils reviennent mais vraiment pas vite* non plus en spirales, cette fois, mais se déplaçant en longues orbites hyperboliques peu gourmandes en énergie *Voilà qu'ils commencent à filer et à prendre de la vitesse, je parie,* ils plongent dans l'attraction du monde aux larges bandes jaunes et rouges, franchissant les bandes brunes à des vitesses plus élevées que ce qu'ils ont jamais connu, et corrigeant leur trajectoire grâce aux instructions de la lointaine lune génératrice *après ça je les perds, je suppose qu'ils s'espacent entre eux et qu'ils deviennent trop éloi-*

gnés pour qu'on les suive mais ils ne sont plus sous l'influence gravitationnelle, ça j'en suis sûr, en chute libre enfin vers le monde intérieur qui a tout commencé des millions d'années auparavant avec leur précieux chargement de glace qui viendra couper l'orbite de la petite planète avant de plonger dans l'atmosphère ténue *Exact, Nigel, je dirais cinq à six cents ans pour atteindre le système intérieur, on dirait bien que cette planète de type terrestre est leur destination, aussi, sinon ce n'est pas loin* si bien que le ciel commence à scintiller sous la pluie des minuscules météores libérant de la vapeur dans leur descente *et tout ce bazar juste pour transporter des glaçons ?* des icebergs entiers éclatant en grêle étincelante dans le ciel nocturne au-dessus d'une plaine aride *Je dirais que la cadence est d'une averse par mois environ,* l'atmosphère s'échauffe *Et à ce train-là il y en a pour quarante éternités avant de remplir un océan,* des brises humides et légères s'élèvent sous un soleil pâle mais toujours présent *D'accord, mais c'est peut-être justement le temps dont ils disposent,* les icebergs viennent pour remplacer une biosphère morte depuis longtemps, et la faire revivre grâce à la pression régulière des lois de la chimie *Qui plus est, vous remarquerez qu'il y avait des lacs sur ce petit point perdu dans l'espace,* la sonde pivote, et en dessous se précipite un rude paysage *La question est, qui les envoie ?* des coupes nettes dans des blocs rectangulaires, des formes noires comme des fourmis qui se déplacent en suivant des chemins précis pour prendre leur chargement de glace et de rochers avant de revenir vers une tache centrale toute piétinée et brunâtre *Quelque chose qui est capable de se servir de l'énergie solaire, il le faut pour que ça dure aussi longtemps,* vastes écrans brillants, une étendue couverte d'ateliers de fabrication enrobés de glace *Les machines doivent être capables de se réparer elles-mêmes si l'on suit ce raisonnement, comme d'en construire de semblables à elles quand le besoin s'en fait sentir, de guider les engins en l'air* avec lenteur et régularité, grignotant les montagnes veinées de bleu, chargeant les frondes lanceuses électromagnétiques *Qui a bien pu mettre tout ça en place ? Je veux dire quel est l'intérêt de,* la glace s'est écrasée et a éclaté sous les changements de pression qui se sont produits au fur et à mesure que l'on enlevait du poids et la lune est toute craquelée, pleine de failles et de trous comme si un géant la dévorait *Quoi que ce soit ou qui que ce soit qui a vécu là-bas, sur cette planète, il y a des millions d'années de cela, et qui a mis tout ce système en place,* les machines continuent leur travail sans trêve, grignotant, mourant et se remplaçant *Mais ils ont disparu, Nigel, la biosphère a été balayée,* la sonde fait une boucle autour de la lune de glace et passe en flèche devant la géante gazeuse, changeant de régime afin de foncer à l'extérieur, vers l'étoile suivante qui l'attend à quelque douze années-lumière de là *Sans aucun doute, mais ces espèces de points noirs ne savent pas que* le coup de bélier interfère *Alors ils continuent ? Seigneur, tout ça n'a aucun sens quand « qui que ce soit » aura terminé le boulot et aura reconstitué toute une foutue biosphère au grand complet... je veux dire, pourquoi ne pas simplement faire sauter ces petits* dans un grondement grave, les champs magnétiques s'étirent et captent les ions dont ils parfumeront le nouveau feu de fusion *On peut toujours me dire qu'on ne peut pas savoir, à partir d'un échantillonnage de faits aussi réduit mais réfléchissez à ça : il y avait un Surveillant autour de l'autre planète,* la géante gazeuse est brouillée par l'échappement *Il y en avait peut-être un, on n'a pas tellement regardé et Landon a dit qu'il ne voit pas tellement de similitudes* départ *Je veux bien, mais comment expliquer l'autre truc ?* les mondes morts loin derrière *Quel truc ? Je ne vois pas,* très loin *Qu'il n'y avait pas de Surveillant autour de cette lune.*

3.

En 2045, le *Lancer* avait interrompu l'accélération régulière, qu'il maintenait à 1 g depuis son départ de la Terre, pendant suffisamment de temps pour déployer le plus grand télescope jamais conçu par les hommes. Il était fait d'un réseau ténu de récepteurs optiques et à micro-ondes lancé comme un épervier de pêcheur. Pendant plusieurs jours, Nigel avait aidé au travail de dissémination des capteurs selon l'ordre rigoureux prévu, mais tout en évitant les tâches les plus pénibles pour ne pas qu'apparaissent sur ses comptes rendus métaboliques des pointes de fatigue anormalement accentuées.

C'était pour capter les photons que les hommes et les femmes de la mission déployaient ainsi leur filet ; leur soleil, petit point lointain brillant, constituait le télescope. L'espace n'est pas plat, comme le croyait Galilée, qui imaginait ses billes se déplaçant de façon parfaitement rectiligne, éternellement, dans un univers dépourvu de friction. La seule masse des corps célestes agit sur l'espace lui-même et courbe la droite idéale. La masse attire la lumière. Contrainte de se courber, la lumière se concentre. De son côté, la symétrie tridimensionnelle transforme en sphère toute masse d'une certaine importance, parfaite pour une lentille ; chaque étoile constitue ainsi un énorme centre de réfraction, une lentille gravitationnelle.

Le vaisseau lança donc ses réseaux de capteurs, commençant à trois journées-lumière du Soleil. Ces réseaux recueillirent les photons comme moisson au printemps et reconstituèrent les images précises d'étoiles lointaines avec une résolution de détail de dix kilomètres. La distance focale était différente pour chaque étoile, si bien que le réseau devait procéder en fonction du vent de particules qui en émanait, se servant des champs magnétiques au-delà des planètes pour déterminer leur longue orbite échancrée.

Le cœur ardent du *Lancer* reprit son grondement, émit un double jet de plasma pur chauffé à bleu et s'éloigna de la lentille gravitationnelle qui était son étoile natale, laissant derrière lui le colossal télescope. Il allait falloir six ans pour que fussent achevées les premières et pâles images. Avant même que le Soleil se soit formé à partir d'accrétion de poussières, des images de mondes situés à des centaines de parsecs étaient en train de se former dans l'espace au-delà des planètes. Ces concentrés d'histoires, maintenant perdus à jamais, s'étaient déroulés sur l'écran géant hypothétique, le plan imaginaire. Pendant des milliards d'années, aucun spectateur ne s'était présenté dans ce théâtre pour les regarder.

La destination du *Lancer* était un point rougeoyant faiblement, catalogué sous le nom de Ross 128. C'était le douzième voisin le plus proche du Soleil, une étoile de catégorie M5. Certains astronomes travaillant sur les rayons X l'avaient étudiée à la fin du XXe siècle pendant quelque temps, comparant ses radiations dures à celles de notre Soleil. Elle était légèrement plus active, mais une fois épuisés les fonds propres attribués à la NASA pour son étude, les astrophysiciens l'oublièrent. Tout le monde les imita.

Le télescope gravitationnel montra néanmoins qu'elle était au centre d'un système solaire complet, avec cinq géantes gazeuses et deux planètes de taille terrestre. Une sonde automatique avait atteint Ross 128 à peu près au moment où le

Lancer se mettait en orbite autour de Râ. La retransmission s'était arrêtée au cours de sa pénétration dans le système.

Le *Lancer* se trouvait – toutes proportions gardées – dans le voisinage. Il disposait de moyens bien plus puissants qu'une sonde pour étudier un système solaire. Côté Terre, on estimait que la disparition de la sonde automatique méritait une exploration plus poussée ; peut-être avait-elle heurté un astéroïde ; peut-être voulait-on qu'on le crût.

La stratégie terrestre consistait à accumuler un maximum d'informations astronomiques, le plus vite possible, et de comparer les résultats avec ce que l'on savait déjà sur les Essaimeurs et les Raseflots. Tel était le compromis sur lequel s'étaient entendues les nations spatiales, en dehors de l'institution sénile et décadente des Nations unies. Le groupe de pression asiatique souhaitait coloniser dès que possible les étoiles proches ; de cette manière, l'humanité serait dispersée. Si une nouvelle flotte d'Essaimeurs-Raseflots se présentait, et détruisait les ressources spatiales de l'humanité, au moins la race se serait-elle déjà répandue parmi les étoiles, devenant ainsi relativement invulnérable.

Européens et Américains soutenaient pour leur part un programme purement exploratoire. Cette attitude cachait (mal) un calcul très simple. L'économie capitaliste asiatique réussissait beaucoup mieux que celle des sociétés qui l'avaient inventée. La situation de l'économie des pays occidentaux était catastrophique ; si la colonisation commençait tout de suite, les étoiles appartiendraient à la race aux yeux bridés.

Le *Lancer* reçut donc l'ordre d'aller explorer Ross 128, puis de revenir sur Terre. Mais ils n'en avaient pas terminé avec Râ. Au bout d'une année d'accélération, le vaisseau se stabilisa à 0,98 de la vitesse de la lumière. Lorsque les moteurs à plasma baissèrent de régime, la densité de l'éjection de gaz ionisé diminua en proportion. Plus le plasma est ténu, mieux les sondes radio peuvent le traverser.

À 15 h 46, le 11 juin, les antennes en service du vaisseau recueillirent une véritable explosion d'ondes radio dans les longueurs micrométriques. Elle provenait exactement de l'arrière du *Lancer*, et ne dura que 73 secondes. Puis plus rien.

Non écoute je ne peux pas les rescinder encore comme je te l'ai dit les données sont dispersées partout

L'effet de dispersion de toute cette saloperie que nous éjectons a complètement brouillé le signal

Pas des E.M., non, ce n'est pas leur fréquence nous n'avons jamais rien eu d'eux jusqu'à 10 gigaherz

D'accord, sûr, mais Ted veut s'assurer qu'il ne peut pas parvenir d'eux

Qui pourrait dire d'où ça vient ? Seigneur, il n'y a pas la moindre information dans cette giclée

Oui, exact, mais si tu réfléchis au type d'énergie, mec, ça ne ressemble pas à une éruption solaire ou à n'importe quoi de naturel

Bien sûr que non la bande est trop serrée et une petite étoile comme Râ ne peut rien donner de mieux que 100 mégaherz jamais 10 gigaherz et tu as raison pour l'énergie ça ne peut absolument pas provenir de ces E.M.

Ted, je viens d'avoir le calibrage et c'est une bon Dieu d'éruption d'énergie dans cette émission ça n'a aucun sens

Beaucoup trop d'énergie, ouais, jamais une source artificielle n'en gaspillerait autant c'est absurde

D'accord si tu pars de l'idée qu'ils émettent une impulsion sphérique, dans toutes les directions, il faudrait en effet un déluge d'énergie pour produire ce que nous avons enregistré

Qui est sur la ligne là

On dirait bien Walmsley écoute, Nigel c'est juste un échange technique

Je suis juste venu m'asseoir, ne vous occupez pas de moi

Ce doit cependant être artificiel, l'émission a été bien trop courte

Ted au micro, je suis sûr que dans l'ensemble vos conclusions sont exactes mais sincèrement, Mesdames et Messieurs, je ne vois pas comment on peut faire coller un tel niveau d'énergie avec les E.M. *ou quiconque d'autre, ce doit être Râ lui-même, une sorte d'éruption occasionnelle*

Je dis que c'est absurde

Nigel, je ne vois pas comment tu peux te contenter de repousser d'un simple revers de main

Ne trouvez-vous pas intéressant que les gaz de nos tuyères d'éjection déforment suffisamment le message pour qu'il devienne impossible à déchiffrer ? C'est vraiment très pratique

Oui bien sûr, mais c'est purement accidentel

On peut dire un tas de trucs en 73 secondes

S'il Y A de l'information, d'accord, mais qui peut dire

Ted, c'est Nigel au micro si quelqu'un décidait d'envoyer un signal hyperconcentré le long de notre trajectoire il nous paraîtrait avoir demandé d'énormes quantités d'énergie, parce que nous l'analysons comme si l'émission était faite dans toutes les directions de l'espace et non pas focalisée selon un angle aigu

Oui d'accord, je comprends mais les émissions naturelles de Râ – oh ! je vois !

Ce qui veut dire que quelqu'un a envoyé un message empruntant notre route mais en choisissant une fréquence qui interférerait avec notre système d'éjection de façon à rendre ce message indécryptable

Eh bien, oui, je veux dire, c'est une hypothèse qui mérite d'être étudiée

Ted au micro, donnez les données visuelles là-dessus, voulez-vous. Je crois que vous avez raison il n'y a pas moyen de déchiffrer un tel magma mais écoute, Nigel, je ne coupe pas à ton truc, je veux dire pourquoi les E.M. *émettraient à cette fréquence qu'ils ne peuvent utiliser avec la structure de leur corps sans compter que si quelqu'un voulait communiquer avec nous il commencerait par se servir d'un système que nous pourrions décoder, non*

Exactement, si c'était ce qu'il voulait

Je ne comprends

Nous sommes dans l'alignement visuel de Râ, il ne faut pas l'oublier

Tu veux dire que nous n'étions pas les destinataires mais la

Exactement nous sommes en plein dans l'axe de Ross 128 par rapport à Râ

Eh bien, nous allons réfléchir là-dessus, Nigel, merci mon vieux ouais vraiment merci

« Eh bien, je n'en sais rien, dit Nigel.

– Allons voyons, fit Nikka avec un sourire, te voilà tout timide.

– Exactement. » Il aimait la voir dans cet état d'esprit, mais parfois elle en faisait vraiment trop. Et en plus c'était vrai : il était timide, tout à fait timide. Il regarda autour de lui les rangées de légumes d'une taille invraisemblable. « Un peu trop exposé à mon goût », reprit-il.

Au-dessus d'eux, de l'autre côté du cylindre tournant lentement sur lui-même, il venait d'apercevoir une minuscule silhouette au travail dans un champ de blé. Une flotte de petits nuages joufflus dérivaient le long de l'axe, vaisseaux n'ayant qu'une seule destination.

« Alors allons au milieu de ces arbres, proposa Nikka.

– N'allons-nous pas gêner Dieu ? objecta-t-il tout en la suivant avec obéissance.

– Dieu ? Elle essayerait plutôt d'encourager ce genre de choses, oui.

– Hum. » Au fond, Nigel prenait plaisir à se faire séduire ainsi ; c'était justement ce que l'idée avait d'un peu fou qui le tirerait hors de lui-même pendant un moment. Ils entrèrent dans le bouquet de bouleaux. Les nuages, au-dessus, diffractaient une lumière bleuâtre. Les ingénieurs avaient disposé des miroirs et des lentilles de façon à renvoyer une partie de l'aveuglante lumière produite par les gaz d'échappement des tuyères vers le volume habitable, où son éclat transmettait à l'air une tiédeur iridescente.

« Ici », fit Nikka, qui se dépouilla d'un geste expert de son bleu de travail. Sous leurs pieds, l'humus se craquelait sous la pression du pseudo-printemps créé par les mécanismes du micro-environnement pour renouveler la vie. Le rythme du changement était accéléré par des ajustements au niveau moléculaire. Et cependant, une fois allongé, Nigel perçut au loin l'odeur de maturité un peu blette des feuilles en automne se mélangeant aux parfums vifs des jeunes pousses sur les bouleaux, au-dessus de leur tête ; le tout était comme souligné par les arômes secs et riches qui descendaient des moissons d'été en pleine fleur, de l'autre côté de l'axe. La récolte était pour bientôt. Sur la Terre, jamais on n'avait l'occasion de faire de telles entorses au déroulement normal des saisons.

Il s'aperçut en s'agenouillant qu'ils s'étaient tous les deux mis à transpirer et il lécha les gouttes qui s'accumulaient entre les seins de Nikka ; elles étaient tièdes et salées. Il l'étreignit, but à même son corps, et laissa des traînées tourbillonnantes de son passage ; sa salive déposa des gouttelettes scintillantes dans ses poils pubiens. Les rayons de lumière nuancés de violet issus d'un soleil fait par les hommes se déplacèrent entre les branches et vinrent donner une pâleur saumon à ses grandes lèvres tandis qu'il se perdait en elle, cherchant quelque goût plus profond, les nerfs gonflés dessous la mousse. Ses mains parcouraient sa taille incurvée comme un sablier pour revenir là où son corps souple bifurquait. Ce portail bouclé devint le vortex de son théorème euclidien, le lieu où toutes les lignes se recoupaient et où le secret des femmes pouvait être découvert ; on aurait dit qu'elle dégringolait de l'air sur lui dans cette gravité corrigée, respirant à petits coups, le cœur battant. Il la prit avec cette simplicité que les années permettaient, la saisissant par sa taille de guêpe pour s'enfoncer en elle. Il la sentit qui, progressivement, s'ouvrait complètement devant lui. Il ferma les yeux. Au-dessus d'eux, une brise légère agitait les rameaux. Au loin, des machines haletaient. Il rouvrit les yeux lorsqu'elle s'accrocha à lui, et il se mit à étudier avec une sorte de détachement abstrait la courbe de sa paupière, veinée de petits sillons pourpres, et le sourire qu'elle retenait. Bientôt un rire en cascade lui échappa. Il l'embrassa sur l'épaule, dont la rotondité le bouleversa. Elle se mit à donner des coups de tête d'un côté et de l'autre et le souleva comme s'il avait eu une embarcation sous lui, emportée par ses propres courants, quelque chose de vaste issu des ténèbres naturelles, et il bondit dans cet étrange golfe pour aller la rejoindre. « Oh ! » fit-elle à plusieurs reprises.

Au bout d'un moment il se retrouva sur le dos, étudiant avec le plus grand sérieux le travailleur agricole qui, à un kilomètre de lui, travaillait la tête en bas. Nikka gisait à côté de lui comme un jouet brisé, ouverte sans retenue aux faux rayons de soleil. Nigel put ensuite observer un troupeau de poulets en maraude le long de l'axe à la recherche de grains de maïs. De petits globules blancs en tombaient de temps en temps. Des fientes, descendant en ligne droite. En fait dans ce contexte tournoyant, elles décrivaient des spirales, des boucles newtoniennes.

« Tu m'as l'air bien satisfait, remarqua Nikka.

– C'était une sacrée bonne idée.

– Très contente d'avoir ton approbation. J'avais l'intention de demander à Carlotta de se joindre à nous, mais elle est de quart en ce moment.

– C'est tout aussi bien. Elle et moi cela fait un moment que... nous n'avons rien fait ensemble.

– C'est ce qui m'avait semblé... Y a-t-il quelque raison particulière ?

– Apparemment aucune. On dirait qu'elle m'évite, c'est tout.

– Evidemment, elle a été très occupée.

– C'est exact. Je crois que sexuellement, nous ne sommes

plus sur la même longueur d'onde ; violent et aigu tant que ça a duré, cependant. (Il s'étira paresseusement et roula dans l'herbe.) Qui a dit, déjà, que les plaisirs simples sont le dernier refuge des compliqués ?

– Oscar Wilde. » La voix de Carlotta venait de derrière eux. Elle s'approcha, n'ayant pas entendu, apparemment, le début de cette conversation. Sa chevelure noire ondulait tandis qu'elle regardait Nigel et Nikka tour à tour.

« C'est la première fois que je vois cette femme de ma vie, capitaine, dit Nigel.

– C'est ce qu'on dit toujours. Ce sont les voisins qui m'ont avertie qu'il y avait un feu à éteindre.

– Pourquoi ne pas sauter dedans, plutôt ? demanda Nikka.

– On dirait bien que le gros de l'incendie est terminé. Et moi qui croyais que les messieurs bien élevés se levaient quand une dame entrait dans la pièce.

– Moi ? Je ne suis qu'un exemple de vieille anxiété ratatinée. De toute façon, pas un monsieur bien élevé. Je n'ai appris ni à chasser, ni à monter à cheval, ni à insulter les maîtres d'hôtel.

– Navrée de ne pas t'avoir attendue, intervint Nikka, mais j'étais persuadée que tu travaillais.

– Pas un problème, je n'avais pas l'humeur à ça, la coupa abruptement Carlotta. Je me suis esquivée lorsque j'ai eu les copies de ces documents. (Elle agita un paquet de photos.) La dernière fournée de résultats des lentilles gravitationnelles ; toute fraîche émoulue du programme efface-parasites.

– Ah ! » fit Nigel, qui se demanda pourquoi elle s'était précipitée justement à ce moment, alors qu'elle savait qu'ils seraient tous les deux – mais non, c'était idiot. Carlotta pouvait-elle les connaître tous deux assez bien pour deviner que Nikka allait se lancer ici dans une entreprise de séduction ? Eh bien, se dit-il en ronchonnant intérieurement, c'était possible. Avec un minutage un peu plus fin, elle aurait pu carrément les interrompre. Et ils avaient beau toujours être sur le pied de la plus grande intimité, en principe, il se rendit compte que son intrusion les aurait tous gênés ; aurait créé un sujet supplémentaire de friction. Et le bénéfice brut aurait été – aurait été quoi, au juste ? Difficile à dire. Il se demanda si Carlotta était consciente de ce qu'elle faisait et savait pourquoi elle le faisait. De toute façon, lui-même n'en avait pas la moindre idée.

« Planètes à gogo, poursuivit Carlotta. Autour de Wolf 359, de Ross 154, de Luyten 789-6, de Sigma 2398, de l'étoile du Capitaine, absolument partout. »

Des petits points sombres au voisinage de chaque étoile. Les agrandissements révélaient des sphères rocheuses, des géantes gazeuses ou des planètes sinistres enrobées de nuages, de type vénusien. « Rien comme la Terre, précisa Carlotta.

– Avec autant de planètes autour de chaque étoile, remarqua Nikka, nos chances de trouver pas trop loin un site favorable à la vie augmentent.

– Ainsi le dit l'Evangile, ironisa Nigel.

– On a procédé à quantité d'analyses, dit Carlotta. Et les informations ne manquent pas.

– Oui, des informations parfaitement plausibles.

– Arrête un peu, veux-tu. Tu voudrais tout expliquer à partir d'un dialogue embrouillé de deux minutes avec le Dahu dont rien n'a été vérifié...

– Parce qu'on n'a pas voulu le faire, oui. Ted refuse d'aller plus avant dans l'interprétation du langage des E.M. On pourrait apprendre des tas de trucs...

– Seigneur ! Il faudrait que la mémoire de l'ordinateur engrange tout ça pour l'analyser – tu as l'air d'oublier que j'ai travaillé là-dessus. Avec tous les systèmes du vaisseau, c'est tout juste s'il resterait assez de place pour écrire le menu du prochain déjeuner.

– J'espère que les équipes sur Terre pourront..., commença Nikka d'un ton conciliateur.

– Tu parles ! explosa Nigel. Ils sont bien trop occupés avec l'étude des Essaimeurs et des Raseflots. À se taper la tête contre le même genre de mur qui nous sépare des dauphins. Grotesque.

– Ecoute, fit Carlotta, Ted a étudié mes projections avec le plus grand soin, il en a discuté avec tous ceux qui sont concernés ; c'est une bonne décision. On t'a écouté, on t'a donné toute l'attention voulue. Continue de prendre cette attitude et tout le monde va commencer à croire ce que Ted a dit l'autre... » Elle s'arrêta court.

« Ah ! oui. Ted est toujours très dur pour les gens qui viennent de quitter la pièce.

– Et ce n'est pas ton cas ?

– Peux pas supporter l'étroitesse d'esprit, c'est tout.

– Tu es encore plus étroit d'esprit que Ted, tête de mule !

– Non, ce n'est pas vrai », dit Nikka fermement.

Nigel esquissa un sourire. « La réalité n'est peut-être pas ce qui me va le mieux.

– Le rôle de Ted est d'équilibrer les pressions, reprit Carlotta. Tu es respecté, cela va sans dire, et si seulement tu le soutenais un peu publiquement... »

Prenant une voix grave et solennelle, Nigel la coupa : « Parle bien dans le micro, dis simplement que tu es heureux, Ivan, en dépit des quelques regrettables erreurs que tu as commises, nous nous chargeons de la publicité. »

Carlotta eut un reniflement. « Tu es à côté de la question, Nigel.

– Probablement. Je suis un peu à côté de mes pompes, en ce moment. Ce vieux tas d'os pourrait avoir besoin d'une révision générale.

– Ce qui veut dire ? demanda Nikka doucement.

– Regarde simplement mes derniers coefficients de travail. Je suis sûr que Ted les connaît par cœur.

– Tu exagères, dit Nikka. Ted n'a certainement pas le temps...

– Non, il a raison, la coupa Carlotta. Ted est en train de

"constituer un dossier" comme on dit dans les bonnes administrations.

– Mais des problèmes de santé ne suffiront pas pour...

– Si la majorité de nos petits camarades de bord estiment que si, alors ils suffiront, un point c'est tout », fit Nigel. Son visage laissa transparaître un sentiment de fatigue intérieure.

« Ils pourraient te mettre en cuve dans ce cas ? demanda doucement Nikka.

– La cuve aurait au moins l'avantage de te faire retrouver le niveau exigé pour les travaux manuels », fit habilement remarquer Carlotta.

Nigel soupira et haussa les épaules sans répondre.

« Ecoute, reprit Carlotta, se penchant vers lui, au minimum, ça te fera vivre plus longtemps.

– Et manquer l'essentiel du voyage jusqu'à Ross 128.

– Le jeu en vaut la chandelle. Cependant, je ne pense pas que ce soit indispensable. Affectivement, tu jouis vraiment de beaucoup d'appuis. Ils ne sont peut-être pas toujours d'accord avec tes théories, mais les membres de l'équipage n'ont pas oublié que tout a commencé avec la double affaire du Dahu et de Mare Marginis, et...

– Combien de fois t'ai-je dit que je refusais de faire le tour du vaisseau en trimbalant toutes mes médailles ?

– Tu veux pourtant les convaincre, non ? rétorqua vivement Carlotta. Simplement, ils voient les choses d'une autre façon. Alors...

– Vous allez arrêter, tous les deux ? intervint Nikka, étendue sur l'herbe, mince, souple, mais lointaine. Si tu vas à la Trappe, Nigel, je t'accompagne.

– Quoi ? s'écria Carlotta.

– Me retaper un peu ne me ferait pas de mal.

– Là n'est pas la raison. » La voix de Carlotta s'élevait. « Tu veux rester avec lui, même s'il roupille !

– Mes relevés médicaux ne sont pas très fameux, se contenta de dire Nikka d'un ton neutre.

– Tu me laisserais toute seule juste pour...

– Mais bon Dieu pourrais-tu penser autrement qu'à partir de toi-même ? la coupa Nigel avec un mouvement de tête irrité. Nous ne passerions à la Trappe que pour quelques années, c'est tout.

– Quelques années ! mais nous, notre...

– Je sais, dit Nikka d'un ton apaisant. J'y ai pensé, et je suis navrée. Mais je dois rester en bonne condition physique. Ce n'est pas la même chose lorsque l'on a pris de l'âge. Si je n'accompagne pas Nigel, je ne lui servirai pas à grand-chose quand il sortira et...

– Vous... vous... tous les deux... me laissez... »

Nigel acquiesça. « Il le faut. Si Nikka suit, eh bien, c'est son affaire. Nous disposons encore d'un peu de liberté en tant qu'individu, que je sache.

– Mais je vais me retrouver toute seule !

– On ne peut rien y faire, dit Nikka fermement. Je l'accompagne. »

Pour elle la question était définitivement réglée.

SIXIÈME PARTIE

2064 Les abysses de l'espace

1.

Un lent tourbillon faisait pivoter Nigel sur lui-même dans son réservoir. Il ne s'agissait pas véritablement de sommeil, mais plutôt d'une sorte de rêverie sans but, d'une flânerie songeuse. Il sentait les légères poussées et les caresses des vaguelettes du fluide qui le déplaçait – massant ses muscles durcis, traitant les rides des tissus les plus tendres et assurant un flux régulier de sang et d'oxygène. Le mélange liquide maintenait son niveau de métabolisme tout juste au-dessus du point qui aurait signifié la mort.

C'était comme une nage péniblement élaborée, dans des courants que l'on ne sentait qu'à peine. Il demeurait dans ce monde aqueux, libéré du souci de respirer, les poumons remplis d'une matière spongieuse qui le gavait de fluides bénéfiques et le fournissait directement en oxygène. De sa peau se détachait une averse neigeuse de pellicules et de déchets, un torrent continu d'impuretés. Dans son organisme, la police cellulaire faisait une chasse impitoyable aux renégats.

La mort, s'était-on aperçu, n'était souvent qu'une réaction inepte à l'univers.

Pour un corps, la manière la plus simple de se défendre contre des envahisseurs consiste à produire des anticorps. Si cette mesure échoue, l'évolution en a élaboré une autre, plus profonde : les lymphocytes tueurs, des cellules blanches qui se collent contre les envahisseurs et prennent leur « fiche signalétique ». Ils projettent des toxines spécifiques, de faible portée, dont ils font varier la composition jusqu'à ce qu'ils soient venus à bout de l'intrus. Mais longtemps après la bataille, les lymphocytes conservent le signalement de cet intrus pour pouvoir le reconnaître et l'abattre à vue dès qu'il se présente à nouveau.

Malheureusement, cette réaction immunologique peut commettre des erreurs. C'est pour cette raison qu'il était dangereux de consommer de la viande. En dehors des cas où elle est parfaitement cuite, on ne peut éviter que des fragments crus aillent se loger dans l'une ou l'autre des cavités de l'organisme, à travers les porosités des membranes. Dans ces circonstances, les lymphocytes mettent au point une réaction mortelle à l'encontre d'une protéine animale.

Le problème vient de ce que les protéines animales sont très semblables aux protéines humaines. Pendant que les lymphocytes, emportés par les courants, trouvent et abattent tous les envahisseurs, il leur arrive de se transformer. Les radiations ou la chaleur peuvent les endommager. Si ces changements produits au hasard font que le signalement d'une protéine animale se met à trop ressembler au profil d'une protéine humaine, le lymphocyte peut s'embrouiller et se mettre à attaquer les cellules du corps. Suicide cellulaire. Cancer.

Avec l'âge, l'organisme accumule de plus en plus de « fiches signalétiques ». Les chances que se produise une erreur catastrophique augmentent. Pour combattre ce risque, le corps s'efforce de produire ce que l'on appelle les suppresseurs de lymphocytes, chargés de contrôler le comportement des lymphocytes tueurs et de les empêcher de se multiplier. Cette stratégie, hélas, échoue souvent.

Peu importe le nombre de solutions techniques que l'on peut apporter aux problèmes cardiaques ou au dysfonctionnement de tel ou tel organe : le cœur du problème reste entier, irréductible. Parce qu'il est enraciné dans la nature même des défenses élaborées par l'organisme depuis des temps immémoriaux.

L'évolution ne s'est pas souciée qu'une mesure préventive s'emballe, une fois passé l'âge de la fécondité. En fait, c'était même tout bénéfice. Un moyen simple et efficace de vider la scène, une fois que les acteurs y avaient joué leur rôle.

La médecine du XXIe siècle s'était préoccupée de ces réponses immunologiques exacerbées dans des organismes devenus étrangers à eux-mêmes.

Nigel sentait vaguement les fluides qui le parcouraient à la recherche des lymphocytes devenus fous. À l'extérieur, le monde à la silhouette de sauterelle continuait son grisollement, flirtant avec la vitesse de la lumière, et il pensa à l'univers glacial qu'une machine intelligente a à connaître : hérissé de pointes, aride, un labyrinthe de logique et de structures soigneusement élaborées, un espace confiné dans ses rigidités géométriques. Radicalement différent de l'univers laiteux qui le nourrissait ici, rendant toute sa souplesse à sa peau plissée comme un vieux papier de boucherie.

Ce traitement allait augmenter son espérance de vie, permettre à l'oxygène de circuler de nouveau librement dans les parties de son cerveau où il commençait à se faire rare. Cela signifiait aussi des années passées dans le néant d'une cuve, assommé de drogues, vécues comme quelques jours d'un rêve poisseux. Des années soustraites au rythme des événements.

C'était quelque chose de plus profond que le sommeil, le grand effaceur. Comme toutes les technologies nouvelles, celle-ci rendait la vie plus facile, vous isolait pour un temps d'un fait brutal, mais ne pouvait empêcher de vous mettre en face d'une inquiétante réalité : que la nature avait inscrit la mort en ses enfants en les faisant s'attaquer eux-mêmes.

2.
2066

Carlotta les conduisit dans l'énorme caverne où rien n'était réel. « Voici l'endroit, dit-elle avec animation. Surpris, non ?

– Modérément », admit Nigel, avec l'impression de ne plus très bien savoir ce qu'était la modération. Cinq jours qu'il venait de sortir de la Trappe, et il conservait encore cet air ébouriffé et interloqué de quelqu'un qui ne sait pas très bien où il est. Effet secondaire classique, bien entendu, mais ce qu'il avait vu un peu partout sur le vaisseau n'avait fait que renforcer son impression. « Tout cela a-t-il réellement été approuvé par Ted et les autres ? » reprit-il.

Carlotta eut un haussement d'épaules. « Nous n'avons guère reçu d'indications de la Terre. On dirait qu'il s'y pose de réels problèmes moraux, et les psy-quelque chose estiment que... Ecoute, la Terre avait bien prédit l'apparition d'une évolution socioculturelle rapide à bord du vaisseau, non ?

– En cinq ans ? demanda Nikka d'un ton tranquille.

– Ne peux-tu pas te figurer des changements pour le plaisir du changement ? Ne t'en fais pas, tu seras vite au courant. Allez, viens. »

Nigel et Nikka lui emboîtèrent le pas. Au-dessus d'eux, un couple se lança dans une longue culbute au milieu de cristaux de glace pourpres. Le son profond d'un gong résonna ; les cristaux se transformèrent en une âcre pluie de feu. Près d'eux passèrent des gens parcourus d'ondulations, dont le visage, remarqua Nigel, changeait comme des hologrammes. Carlotta se polarisa selon les couleurs fondamentales et se fondit instantanément dans la jungle humide qui avait poussé autour d'elle. Ils s'assirent à une table. Une panthère découvrit ses dents. Nigel vit des yeux de chat briller entre les plis d'une feuille mouillée en oreille d'éléphant.

« Voilà qui montre bien ce qu'une bande de petits malins est capable d'inventer quand ils n'ont rien pour se distraire », fit Nigel.

Carlotta réapparut, portant une paire de gants mis en valeur. Elle souleva distraitement la table, et les gants prirent l'éclat de l'ambre. « J'étais en train de parcourir les résumés envoyés par la Terre, commença-t-il, et ils en...

– Stupéfiant, non ? qu'ils ne puissent rien trouver. On en vient à se demander... », le coupa Carlotta.

Nigel acquiesça en silence. L'invasion des océans était au centre de tous les rapports, avec toutes sortes d'implications politiques, les inévitables controverses de l'Occident à propos des dernières purges en Union africaine socialiste. La vapeur commençait à fuser, on faisait grand tapage, car le néomarxisme se trouvait prisonnier des tares habituelles : manque de zèle, élimination de plus en plus brutale des mécontents, et un miracle économique toujours annoncé pour demain mais ne venant jamais. Chose surprenante, même les intellectuels français l'avaient abandonné. Un siècle de théorie, sinon davantage, du fascisme antédiluvien au marxisme usé jusqu'à la corde, finissait par laisser la place au sociométrisme scientifique, par renoncer au mythe des lendemains qui chantent pour le confort de la règle arithmétique.

« D'après les résumés, j'ai cru comprendre que l'on n'avait trouvé aucun écosystème, n'est-ce pas ? demanda Nigel.

– Non, pas encore. Des centaines de planètes, pourtant, que ce soit par le télescope à gravité ou les sondes, et toujours rien.

– Hum. Je crois que je vais aller faire une petite promenade, dit-il en lançant un coup d'œil à Nikka.

– Je vais commander quelque chose à boire, en attendant. Ce ne sont pas les nouvelles choses qui manquent, Nikka, et je... »

Nigel franchit une barre de nuages privés iridescents jaune rose et écarlate. Il fit de brèves intrusions dans une cour d'honneur de pierre ; puis sur une plage de sable ; dans un amas stellaire ; au milieu d'un combat ou des démons ailés en bronze s'empoignaient dans une mêlée confuse ; enfin dans un bureau de style XIXe. Il rencontra un panda souriant, une raquette de tennis sous le bras, et repoussa d'un geste de la main la proposition que l'animal lui murmura. Quelqu'un lui offrit une boisson ; il glissa la canule contre son poignet et en ressentit la saveur.

Lorsqu'il revint à la table, il y trouva trois chopes d'une bière brune et parfumée. À la limite de leur nuage personnel, un trio minable, trompette, contrebasse et percussion, jouait un air qui dégageait le même arôme rance et nauséeux qu'une friture datant de la veille. À son poste derrière un bar en chêne brut, le barman leur adressa un sourire. Derrière lui, scotché sur le miroir fumeux, une affichette proclamait. LA MAISON SE RÉSERVE LE DROIT DE NE PAS SERVIR TOUTE PERSONNE N'AYANT PAS UNE TENUE CONVENABLE.

« Crois-tu que cela fasse allusion à nous ? demanda Nigel dans un effort pour avoir l'air à la page.

– J'avais pensé qu'un peu de couleur locale terrestre te ferait plaisir, mais je peux faire plus moderne, si tu veux », répondit Carlotta en pianotant sur son poignet ; le bar s'estompa, et une scène en tri-D fit son apparition près du coude de Nikka. Un obèse était en train d'admirer une pile d'œufs brouillés recouverte de sauce à la crème. L'homme se mit à les ingérer à l'aide d'une paille. Nigel regarda plus attentivement et constata que l'obèse était lui-même constitué d'un assemblage d'épinards à l'ail et de bandes huileuses de tagliatelles, et que son pantalon était taillé dans du pâté.

« La gloutonnerie, dernier cri du chic ? demanda-t-il en se tournant vers Nikka. Mon amour, cela fait maintenant deux mois que tu es sortie de ta cuve. Combien de temps faut-il pour s'habituer à tous ces trucs ?

– Le vrai problème, répondit lentement Nikka, est de ne pas s'habituer. Le but de la chose est une variété sans fin.

– C'était aussi l'idée de la Terre, non ?

– Les équipes terrestres ont travaillé en collaboration avec celles du vaisseau là-dessus. Il existe une nouvelle théorie sur les variances interactives...

– Aie pitié de moi ! En tout cas, on dirait une foire foraine prise de délire. »

Carlotta fronça les sourcils et mit la main à la tête pour faire passer ses cheveux du noir au blanc. Nigel jeta un coup d'œil autour de lui. Des sphères nuageuses pendaient un peu partout dans la grande galerie. Carlotta se leva pour saluer un couple qui passait ; elle se tenait déhanchée, agrippant un coude, juchée sur des sandales surélevées qui la faisaient ressembler à quelque fragile animal à sabots. Les femmes qui adoptaient ce genre d'attitude paraissaient se sentir plus sûres d'elles, mais il se fit la réflexion que pour lui cela signifiait exactement le contraire.

Dans la foule, l'astronaute vit des hommes aux cheveux si longs qu'ils leur tombaient au bas des reins, ou enroulés en spirales autour de leur corps ; des femmes, la peau divisée en carrés ou en losanges dont la pigmentation changeait constamment ; des hommes avec des seins ; des femmes sans cheveux.

Il secoua la tête. Carlotta lui présenta un couple qui salua d'un mouvement de tête, avec l'impression de s'en souvenir vaguement. Il y eut un bref échange auquel il ne comprit rien et le couple s'éloigna. « Euh... Je n'ai pas très bien saisi... ?

– C'était Alex et David, fit Carlotta.

– Alex ? Mais Alex...

– Il a subi une Mutation, bien entendu.

– Mutation... de sexe ?

– Ce n'est qu'une expérience, complètement réversible. Six mois de cuve, à redisposer les masses corporelles, à faire pousser de nouvelles glandes, etc., et il n'y paraît plus.

– Mais Alex... c'était un tel phallo !

– Vois-tu, il avait réprimé de nombreux aspects de sa personnalité. Ça se voyait bien, à la manière raide et coincée qu'il avait de faire les choses.

– Je le croyais simplement discipliné, bien organisé.

– C'est l'impression que donnent beaucoup d'ingénieurs, bien sûr. Mais en dessous de leur carapace, il y a des choses plus fragiles...

– N'empêche, je n'arrive pas à y croire, je... »

En proie à la plus grande confusion, Nigel se leva à moitié de son siège, avec l'envie de courir rejoindre Alex et de... et de *Quoi ?* s'interrogea-t-il. *De lui demander pourquoi, au nom du ciel, il avait fait une telle chose ?* Il s'immobilisa aussitôt. Il s'agissait de quelque chose d'extrêmement personnel après tout ; il n'avait pas à s'immiscer dans ce qui devait constituer une situation difficile et délicate à assumer pour Alex. Il se rassit.

« Tu as l'air un peu sonné », remarqua Carlotta d'un ton compréhensif. Il acquiesça en silence. Quelques instants passèrent. Des musiques discordantes arrivaient d'autres zones. Des parfums se mirent à embaumer l'air. Nikka et Carlotta se lancèrent dans une conversation sur le nouveau poste qu'occupait untel ou untel, sur les nouvelles liaisons, et sur tout ce qui avait pu mériter, depuis cinq ans, d'alimenter les papotages et la médisance. Pour Nigel, cet échange se rapprochait un peu trop des commérages réchauffés que l'on peut entendre à longueur d'année dans les bureaux, et sa banalité le frappa. Qui aurait pu imaginer qu'un vaisseau interstellaire, parcourant les parsecs à une vitesse proche de celle de la lumière, devînt, dans sa dimension humaine, une vulgaire péniche bureaucratique ? C'est à peine s'il écouta ce qui se disait, et se trouva pris de court lorsque, au détour d'une phrase, Nikka mentionna que depuis qu'elle avait quitté sa cuve, elle habitait dans la petite cabine de Carlotta.

« Tu n'as donc rien fait pour remettre notre appartement en état ? ne put-il s'empêcher de remarquer.

– Il y avait tellement de choses à faire et à comprendre, répondit-elle en faisant la moue. Le *Lancer* est devenu passionnant, avec tous ces changements.

– En effet », fit-il avec un sourire forcé.

Carlotta ne put retenir un sourire de triomphe. « Et c'était formidable que tu sois de retour, dit-elle en serrant la main de Nikka. Ainsi que toi, Nigel.

– Je ne vois toujours pas pourquoi le *Lancer* avait besoin d'un tel... d'une... » Nigel n'acheva pas sa phrase. Carlotta se lança dans une explication sociologique, faisant allusion aux percées accomplies dans ce domaine sur Terre au cours des deux décennies précédentes, et qui venaient de gagner le vaisseau. Il l'écouta attentivement, non sans se demander tout au long si ce n'étaient pas ses origines britanniques qui l'empêchaient d'apprécier pleinement ces revirements brutaux de la matrice sociale. Son passé n'était pourtant pas uniquement constitué d'un amour appris pour le thé de cinq heures, les bains froids, le cricket, un certain type d'inconfort domestique et les intonations d'un accent patricien ; la société était parcourue de courants plus profonds, et, comme il le ressentait de façon instinctive, que l'on ne pouvait infléchir par une technologie de la poudre aux yeux. Inutile d'être un maître du biculturalisme pour comprendre cela.

La plupart des couples s'arrêtaient à leur table, les reconnaissaient et leur serraient chaleureusement la main. Nigel se souvenait de presque tous les noms ; leurs vêtements bizarres, leur coiffure extravagante ou leur visage transformé perdirent de leur importance après les inévitables banalités du genre

Alors-t'as-bien-dormi, comment-ça-va-avec-Nikka, et faut-que-vous-v'niez-à-l'appart-qu'on-se-fass'une-bouffe. Il y avait des gens dont il se souvenait parfaitement bien. Un peu décalés dans le temps, oui, et à l'aise dans le style à la mode auquel il n'arrivait pas à se faire, certes. Avec le temps, sans doute...

Et cependant, cependant...

Ils étaient de plus en plus nombreux à travailler selon le mode interactif, en liaison avec les ordinateurs qui géraient l'immense machinerie bourdonnant dans les entrailles du *Lancer.* Ils maintenaient en état de marche la torche à fusion de la poupe, entretenaient les multiples systèmes indispensables à la vie, régularisaient les cycles de l'eau et des gaz qui étaient la base de la biosphère. Avec les années ils en avaient été changés. Ils parlaient comme s'ils étaient toujours à l'écoute d'une voix lointaine, à peine perceptible, murmurant juste en deçà des sons qui occupaient l'instant. Ils se frottaient machinalement les coudes, les épaules et les hanches, là où, sous les gros adhésifs, venaient se rassembler les constellations nerveuses issues des moteurs. Ils pensaient différemment, parlaient peu et se penchaient sur chaque mot comme s'il contenait plus de significations que cela était – pour Nigel – possible. Il découvrit que lorsqu'ils désiraient apprendre quelque chose, ils échangeaient des empreintes cérébrales avec quelqu'un, familier de la question. Une technique transmise depuis la Terre trois ans auparavant. Un ensemble de résumés techniques arrivait régulièrement tous les quatre mois de la Terre, maintenant, afin que le niveau du vaisseau restât en correspondance avec celui de la planète mère.

Nigel sourit, puis éclata de rire et mit la question de côté, quitte à y revenir plus tard. La caverne vibrait des multiples inventions audio-visio-holographiques ; elle était parcourue de rayons de lumière multicolores criards et de parfums souvent crus portés par des brises. Nikka et Carlotta se mêlèrent à la foule qui augmentait constamment ; Bob Millard vint à passer, et Nigel fut heureux de voir un visage qui n'avait pas changé. Quelle que fût son opinion sur la façon dont l'homme avait traité l'affaire d'Isis, il n'en appréciait pas moins son urbanité et son sens de l'accueil. Ils se lancèrent dans un concours de plaisanteries sur les dernières tocades à la mode dont les exemples les entouraient, puis Bob lâcha en passant : « J'ai jeté un coup d'œil sur tes relevés médicaux, juste aujourd'hui. Pas mal du tout.

– Hum. On a émondé ici, élagué là, nettoyé la vieille masse sanguine. On dirait que ça m'a assoupli les muscles et les tendons et ainsi de suite. » Nigel gardait un ton détendu et léger.

« Tes réactions motrices sont en parfait état. Etonnant tout de même. Aimerais-tu revenir à des tâches manuelles ?

– J'aimerais assez, oui, fit-il après un silence d'une durée convenable.

– J'ai un boulot dans le conduit de poussée. Nettoyage des déchets accumulés. » Il souleva un sourcil.

Nigel acquiesça. « Ça me botte. » L'instant passa sans un remous et de nouveau le bruit et la lumière se mirent à déferler autour d'eux.

Plus tard, Nigel avoua pensivement : « Je dois dire que je ne m'y étais pas attendu.

– Un travail manuel ? » Carlotta acquiesça. « J'avais dit à Ted que tu voulais avoir de nouveau du cambouis sur les mains. Ce n'est pas le nettoyage à faire qui manque. Plus le vaisseau devient vieux, plus il y en a. Sans doute Ted est-il passé par le comité de travail.

– Sans même me demander ?

– Ecoute, ça fait maintenant des années que vous n'arrêtez pas de vous chamailler ; c'est un sentimental, que veux-tu. »

Nigel hocha la tête pour lui-même, essayant de combler le fossé des années effacées. Le temps avait tout brouillé, tout adouci. Il lui fallait se souvenir qu'il avait affaire à des gens différents et qu'il n'y avait pas à faire jouer les anciennes émotions. « Réflexions anachroniques, murmura-t-il à part soi.

– Ouais, un nouveau départ, Nigel. Tu as fait du bon travail, au fond de ta cuve. Tu as l'air dans une forme éblouissante.

– J'espère être à la hauteur de ce boulot.

– Pas de doute. Bob n'aurait jamais signé la feuille de service si tout n'avait pas été parfait. »

Nigel hocha de nouveau la tête. Un nouveau départ. Il éprouva un intense accès de joie. « Bon, ce n'est pas le tout, il faut me mettre au courant. À part ça, quoi de neuf ? »

3.

Procyon est un système double dont la primaire est une étoile d'un blanc éclatant de catégorie F_5, et la binaire un astre insignifiant peu lumineux. La sonde d'exploration huma les vents solaires et décompta les satellites avant de plonger vers le seul monde de taille terrestre offrant de l'intérêt. Il présentait un aspect grumeleux, piqué de nuages. Un océan enrobait la planète d'un pôle à l'autre, et on ne voyait aucune terre émergée. Le spectre d'émission de cette mer unique comportait des aberrations chimiques ; la sonde vérifia et revérifia, puis dans une furieuse agitation cybernétique relaya ce message : cette planète baignait littéralement dans le pétrole. La pression aurait-elle chassé vers la surface ses immenses réserves ? Ou était-ce la manière dont les éléments chimiques se condensaient à sa surface ? Il s'agissait d'un brut de qualité médiocre, saumâtre et riche en soufre. L'océan était agité par des marées et parcouru de maelströms se formant sous de gigantesques tempêtes. L'évaporation de l'eau était responsable du cycle climatique, mais le liquide de surface dominant restait le pétrole.

Rien ne vivait dans cette mer.

Aucune boule rocheuse ne se trouvait en orbite autour de la planète.

Elle était en revanche encerclée d'épaves de vaisseaux spatiaux. La sonde en frôla un, et recueillit l'image d'une chose cubique, couleur d'étain, et dotée de voiles solaires en partie déployées. Aucun des sinistres appareils ne manifesta quoi que ce fût au passage de l'objet atypique qu'était la sonde.

Il y en avait des milliers qui gravitaient ainsi. Quelques-uns redescendirent jusqu'à la surface de la planète pendant le passage de la sonde ; d'autres s'élancèrent de pas de tir flottant sur l'océan. En bout de trajectoire, ces engins déployèrent des sortes d'immenses sacs en forme de larme ; ils s'étaient placés sur des orbites de longue durée, et le panache orangé de leur tuyère s'évanouit dans le néant.

Orbites de stationnement. En fonction de la cadence des lancements, il était facile d'estimer depuis combien de temps ces vaisseaux s'accumulaient : plusieurs siècles. Ils emportaient de toute évidence un chargement de pétrole, et d'ailleurs la sonde finit par découvrir des stations de pompage flottantes à la surface de la planète.

Ce convoi attendait : peut-être ne devait-il s'ébranler que lorsque tous les vaisseaux seraient remplis. Mais pour aller où ? En dehors de géantes gazeuses et de quelques lunes désolées, il n'y avait rien dans le système de Procyon. Et combien de temps leur faudrait-il pour gagner une destination plus lointaine ?

Cloué sur sa couchette, Nigel gisait, muet et aveugle, et n'éprouva pendant quelques instants qu'un silence cotonneux qui se mit à l'envahir, gommant l'impression produite par le léger frottement des ajutages accrochés comme des lamproies à ses muscles et à ses nerfs, amplifiant chacun de ses mouvements et le maintenant dans leur étreinte étroite – *bang...*

... Il glissa hors des câbles d'amarrage, et une avalanche d'images, de sons, de goûts et d'impressions tactiles se rua sur lui, si soudainement et avec une telle force qu'il sursauta sous l'impact. Il se trouvait asservi à une chose qui était comme une anguille faite pour nager et évoluer au milieu du ballet hurlant des protons. Son corps était à l'abri de la masse rocheuse, à trois cents mètres de là. Mais l'anguille est sa chose, l'anguille devient lui-même. Elle frissonne, s'agite et se tord, et patine sur les plages lisses de la plaine magnétique ; Nigel a l'impression de nager.

Le torrent rugit autour de lui, et il éprouve le picotement acide de son haleine – des feuilles d'automne qui brûleraient. Nigel fonce dans le rougeoiement aveuglant, et sent qu'il se met rapidement à maîtriser la machine asservie. Le robot brillant est enveloppé dans le cocon d'un champ magnétique qui détourne les protons et les envoie tournoyer dans une folle gavotte, si bien que les particules lourdes ne peuvent venir entamer la carapace lisse et recuite.

Nigel fait jouer cette carapace, souple et résistante, et se glisse au milieu des turbulences magnétiques qui l'attendent. Il sent les lignes de force magnétiques s'étirer comme des élastiques ; il résiste et accélère.

Des giclées de protons viennent folâtrer autour de lui, entrant en de brèves collisions sans engendrer de réactions, néanmoins. Les forces de répulsion qui les séparent sont trop puissantes, et c'est pourquoi ce plasma ne peut pas les faire brûler, ne peut pas les jeter les uns sur les autres avec suffisamment de force. Provoquer des collisions de protons tels quels est comme vouloir faire brûler du bois mouillé. Il faut donc quelque chose de plus : sans quoi, la gueule du vaisseau ne sera pas en mesure de récolter les simples atomes d'hydrogène ni de les transformer en énergie.

Là – au milieu de l'ouragan déchaîné – Nigel peut voir les points bleus qui jouent le rôle fondamental de catalyseurs : des noyaux de carbone, planant comme des oiseaux de mer dans la rafale.

Ici et là, des éclairs de phosphore balisent son chemin. Il progresse en nageant dans le flamboiement bleu et blanc à travers les cyclones épais des ions en train de se mélanger. Leur torrent tourbillonne et hurle tout contre la carapace de Nigel qui, par ses ondes sensorielles, peut voir, sentir et goûter les paquets paresseux d'azote lorsqu'ils rencontrent un nouveau proton : ils se collent les uns aux autres dans un bruit mat de fusion, oscillent comme des gouttes d'eau – roulant ensemble –, se fondent et se gonflent pour donner un nouveau noyau, encore plus lourd, d'oxygène.

Mais les minuscules pointes d'oxygène sont instables, et ces structures fragiles se rompent instantanément. Des jets de particules nouvelles sont projetés partout – des neutrinos, des photons de lumière rouge, puis plus lentes et plus sombres, arrivent les filles pesantes de ce mariage sous la forme d'un nuage gonflé couleur d'or brûlé. Un isotope oscillant et plus lourd d'azote.

Plus avant, le processus s'amplifie. Chaque noyau entre en collision des millions de fois avec les autres dans un ballet scintillant de flocons de neige pris de folie ; et tout cela le temps d'un clin d'œil. Les flocons chevauchent les lignes de force magnétiques. Les rayons gamma lancent leurs éclairs comme des lucioles hargneuses parmi cette avalanche de moucherons se cognant de partout ; le brasier nucléaire illumine le long couloir empli de grondements qui constitue le moteur principal du vaisseau.

Nigel continue de nager, tandis que les étincelles chauffées à blanc ne cessent de se briser sur lui comme de l'écume. Il aperçoit devant lui les taches violettes de l'azote et les entend se briser en noyaux de carbone enrichis d'une particule alpha. Si bien qu'à la fin la longue cascade restitue le carbone qui a servi à la catalyse et qui va s'engager dans un nouveau cycle de vie au cœur du blizzard de protons hurlant continuant d'arriver de la gueule béante du vaisseau.

Avec l'aide du carbone, un atome d'hydrogène interstellaire se construit à partir d'un simple proton pour donner finalement une particule alpha – un ensemble stable de deux neutrons et deux protons. Cette particule alpha joue un rôle crucial : c'est elle qui, chassée de la tempête qui fait rage, porte l'énergie produite par la fusion. Le gaz interstellaire à l'éclat de rubis est maintenant constitué, lié proton à proton, le carbone ayant joué le rôle de l'allumette.

Nigel ressent le picotement grandissant d'un champ électrique autour de lui ; il se déplace pour être débarrassé de l'excès de charge. Avancer sous le couvert d'un manteau d'électrons, ici, peut être fatal. Vers l'avant, se tient le goulet d'étranglement du « coup de bélier » dans lequel sont aspirés les protons dont l'énergie cinétique est récupérée par les champs électriques ; les particules, à cet endroit, sont ralenties et mises au repos à l'intérieur du vaisseau, leur énergie entreposée dans des condensateurs.

Derrière, mugit un cyclone. Nigel se déplace de côté, vers les parois de la chambre de combustion. Le brasier nucléaire qui flamboie autour de lui n'est jamais totalement dépourvu d'impuretés et ne peut l'être, car tous les déchets du cosmos transitent par là, le bon grain mêlé à l'ivraie. L'averse atomique venue de l'espace éclabousse en permanence les parois biosynthétiques, tuant les bandes supraconductrices qui s'y trouvent. Nigel lutte contre l'élasticité des champs magnétiques et fonce le long de ces parois, recouvertes d'une croûte de taches jaunes et bleues. Au milieu des éclairs d'infrarouge et d'ultraviolet, il peut voir la crasse écailleuse qui étouffe les champs magnétiques et ralentit la fusion nucléaire dans le moteur. Il fait onduler, tourner et se placer la machine en forme d'anguille, ce qui met le canon à rayon électronique à portée millimétrique de sa cible.

Il fait feu. La paroi écailleuse se zèbre d'une craquelure, mordue par une langue de feu qui creuse et soulève des fragments noirs ; semblables à du goudron, ils finissent par rôtir. Le courant de protons emporte les débris et laisse apparaître le bleu du bronze à métal en dessous. Exposés, les fils supraconducteurs peuvent maintenant entreprendre leur travail de reconstitution, la vie rejetant lentement ses parties mortes. Les longues chaînes de molécules organiques peuvent se nourrir et reprendre leur croissance. Tout en découpant et en se repositionnant, Nigel peut voir se détacher les touffes de fibres qu'emportent les courants, bientôt détruites dans la tempête tourbillonnante de protons. Les fibres crépitent et brasillent à l'instant où les protons les heurtent, avant de disparaître dans un grondement que lui retransmettent ses capteurs acoustiques.

Quelque chose le tire. Devant lui se trouve le diaphragme par lequel sont projetées les particules alpha ; elles filent comme des guêpes de jade fluorescent, pour être recueillies de l'autre côté du diaphragme. Là, leur énergie est récupérée et produit les mégawatts nécessaires au vaisseau, qui les boit jusqu'à la dernière goutte et ne laisse derrière lui, dans son sillage, qu'une traînée d'atomes réduits en miettes.

Soudain il pivote sur la gauche – *Bon sang, comment est-ce possible,* pense-t-il, comme frappé d'un coup de fouet par les champs qui entourent le diaphragme. Un courant électrique d'un mégavolt s'attaque à lui. Puissant, rapide, infatigable, il s'accroche à sa carapace brillante. L'ouverture du diaphragme est comme une gueule grande ouverte en train de hurler. Des jets d'atomes flamboyants passent autour de lui en tourbillons moqueurs. Près de lui, les parois contrecarrent son mouvement en augmentant leur champ magnétique. Les lignes de force s'étirent et s'accumulent.

Comment est-ce que..., a-t-il tout juste le temps de se dire : près de lui, une tache incandescente se met à fleurir. Sa présence à proximité du diaphragme a déréglé les pourcentages relatifs d'éléments. Si l'on perd le contrôle de la réaction, celle-ci peut transpercer la chambre de combustion, franchir la paroi rocheuse au-delà et faire irruption jusque dans les zones habitées de l'astéroïde, y lançant d'âcres dards de feu.

Un grondement cuivré. Le diaphragme l'attire par les talons. Chauffés à blanc, les ions se précipitent. Un premier coup de fouet d'avertissement. Des câbles magnétiques emmêlés le cherchent à tâtons, s'agglutinant autour de sa carapace métallique brillante.

La panique s'empare de lui, sa gorge se serre. Il a le réflexe désespéré de faire feu de son canon à électrons contre la paroi dans l'espoir de créer une poussée...

Mais c'est insuffisant. Autour de lui se mettent à fleurir et à faire rage des ions vermillon – et c'est une nouvelle mort.

« Plutôt moche », remarque Ted Landon. Nigel tente d'accommoder son regard. Les appareils de thérapie le reniflent et le caressent comme des amants mécaniques. Il a très bien perçu la mauvaise humeur de Ted, et il lance, dans la direction de son image brouillée : « Qu'est-ce que... j'ai voulu revenir à l'amarrage...

– Mais tu n'y es pas arrivé. »

Nigel se laisse retomber, reprenant peu à peu conscience de ses sens. Son corps est à la fois recru et engourdi. « L'appareil...

– Détruit, perdu. Les capteurs montrent qu'il a heurté les parois. Par ailleurs, tu as été victime d'un choc en retour au niveau de ton système nerveux central, au moment où il a explosé.

– Je ne peux pas... je ne sens pas mon corps comme avant.

– C'est normal, pendant un moment. C'est ce que prétendent les toubibs. Le problème, c'est que c'est la première fois que se produit ce genre d'incident. Les autres s'en sont toujours tirés à temps. Tu aurais dû pouvoir en faire autant. Ces poussées d'énergie n'ont rien d'exceptionnel.

– Elle m'a eu, je suppose. Je ne laisserai pas...

– J'ai bien peur que tu n'en aies plus l'occasion, Nigel. Après ça, pas question de te laisser à ce genre de boulot. »

Il ne trouva rien à répondre, d'autant plus qu'il n'arrivait pas à maîtriser les sensations déformées et embrouillées que lui transmettait son organisme. Il tourna les yeux vers le hublot d'observation. Un groupe de têtes y était agglutiné, écoutant le commentaire d'un médecin. Il sentit des larmes couler le long de son visage. Il venait de perdre quelque chose, une sorte d'équilibre profond ; son corps n'était plus cet instrument parfaitement accordé qu'il avait jusqu'ici toujours tenu pour acquis. Il ne put retenir un gros sanglot. Il chercha parmi les têtes et, au fond, finit par découvrir une oasis de calme : le visage de Nikka, qui lui sourit.

4.

Nigel ne récupéra que très lentement. Beaucoup de temps passa avant qu'il pût travailler de nouveau dans les champs, pour les récoltes ; l'effort lui arrachait des grognements qu'il essayait de cacher aux autres. C'était une occupation qu'il aimait, et il s'accrocha. Cela lui évoquait certains moments de son passé, lorsque, attelé à quelque tâche ennuyeuse, il appuyait par hasard sur son poignet et sentait comme un rappel inattendu, le battement patient de son pouls, la note régulière qui l'élevait au-dessus de son labeur mesquin.

Son état de confusion interne, cependant, demeura. Il raisonnait de façon assez rigoureuse pour comprendre qu'une secousse brutale de tout l'organisme pouvait agir sur lui de manière mystérieuse. La résolution glaciale et l'assurance dont il avait fait preuve depuis l'affaire de Mare Marginis étaient en train de le quitter et le laissaient plein d'angoisses étranges et déroutantes.

Il n'avait jamais élaboré de théories sur ses états mentaux. Sur Terre, il avait récusé les spécialistes du mysticisme : cette engeance avait suffisamment prouvé ce qu'elle était capable de faire avec Alexandra, merci. Plus précisément, il ne pouvait parler au nom de personne d'autre. Les choses vous arrivent et on en tire des leçons, que l'on soit prévenu ou non, mais prétendre qu'il existerait un paysage intérieur commun à tous, susceptible d'être décrit, un foutu guide touristique de l'âme – voilà qui était un mensonge. Aucune formule plate n'avait les moyens de capter ce qui se cache au cœur de l'homme. Ces phrases taoïste, bouddhiste et zen lui faisaient l'effet d'être comme de grands blocs bleu-blanc d'albâtre lumineux que traversaient des rayons de lumière, froids et lointains – éternellement vraies, peut-être, mais aussi inutiles que les statues élevées à la gloire des disparus au fond d'un parc. Kafka, cet esprit tortueux, avait raison : la vie se définit par les espaces clos du moi.

C'est pour cette raison qu'il avait refusé de devenir lui-même l'un de ces érudits personnages, l'interprète des extraterrestres disparus depuis longtemps de l'épave de Mare Marginis. Il s'y serait perdu, alors que toute la question était de rester un homme, de ne pas quitter le monde et ses rugosités et d'en avoir une expérience directe en évitant les abstractions. Il savait que cela le faisait apparaître de plus en plus isolé et excentrique, de moins en moins en harmonie avec les plus jeunes membres de l'équipage. Mais il ne faisait rien pour y remédier, et il se servit sans vergogne de toute son influence lorsque Nikka fut assignée à un travail à l'extérieur du vaisseau, à la réparation des champs magnétiques du coup de bélier. À juste titre, Ted Landon lui fit remarquer qu'on ne pouvait faire marcher un vaisseau spatial en tenant compte des relations personnelles des membres de l'équipage. Nigel rétorqua qu'étant donné la fréquence des changements de partenaires dans ledit équipage, il devenait bougrement difficile de dire qui avait envie de faire quoi et encore plus avec qui. Il prit alors conscience de ce qui faisait sourire Ted de façon aussi bonhomme, quand il était question de ces autoaltérations tellement à la mode à bord.

« Il mène le jeu, c'est net et sans bavure », dit-il un soir à Carlotta. « On se clone de nouveaux tissus, on se branche de plus en plus sur des machines pour augmenter son efficacité – et comme ça on dispose de plus de temps pour ses petites affaires personnelles. Mon Dieu ! Dans une société qui marche à coups de tocades comme celle du *Lancer,* Ted donne une rassurante impression de stabilité. Ce merveilleux bon vieux Ted – il suffit de lui laisser garder une main sur le gouvernail pendant que nous cherchons à nous consoler de la longueur du voyage. »

Carlotta secoua la tête. « C'est absurde. Ces directives sur la thérapie involutive – ne fais pas cette tête, c'est son nom – nous viennent de la Terre. Ted n'a strictement rien à voir...

– Bêtises, tout ça. Regarde donc ce que tu es en train de boire. Un jerez frappé carbonate sur lequel flottent des micro-icebergs orange. D'où viennent donc les produits de base de ce truc ? »

Elle agita le breuvage soyeux. « De la section de chimie, je suppose.

– Ce bon vieux Ted pourrait mettre un terme à ce genre de fantaisies s'il le voulait, directives terrestres ou non. Non, il est favorable à cette atmosphère de vacances, à cette régression vers...

– Régression ! Ecoute, tu peux penser...

– Oui, je le peux. J'espère au moins qu'il n'est pas obligatoire de participer ?

– Je n'arrive pas à comprendre que tu puisses dénier à quelqu'un le droit de... d'avoir une chance de trouver d'autres définitions de lui-même.

– Je ne fais qu'essayer de comprendre les motivations de l'ami Ted. Je sais bien que le changement de sexe est devenu chose courante sur Terre, en tant que méthode pour aider des adolescents à la sexualité incertaine. Et que la recherche de la variété à tout prix l'y a mis à la mode. Mais ici...

– Je trouve que c'est particulièrement généreux de la part de Ted et des autres de mettre les ressources du vaisseau à notre disposition pour ce genre de choses. Cela met en lumière son ouverture d'esprit.

– C'est en effet une question d'éclairage ; on est tout

étonné de le voir dans la peau du type franc et ouvert. Mais avec Ted, tout est une question de lumière, tu verras.

– Tu fais ton numéro de cynique.

– Hum. Le cynisme est un terme inventé par les optimistes pour décrire les réalistes.

– Tu es impossible.

– En général, oui. »

Un mois passa sans qu'il y fît particulièrement attention, Carlotta vint un soir ; il grommela un salut et retourna à l'image Fourier à trois dimensions en couleurs reconstituées des signaux E.M. qu'il étudiait sur son écran. Ces signaux gardaient encore pour l'essentiel de leur mystère. Il avait bien quelques soupçons sur certains points de leur histoire ancienne, au moment où ils avaient brièvement accédé au monde de l'astronomie et des vaisseaux spatiaux. Il avait aussi trouvé des choses qui lui faisaient penser à de la poésie, des allusions à un temps fracturé, et des reflets de ces êtres qui avaient trouvé suffisamment d'énergie pour se remodeler eux-mêmes.

« Comment penses-tu que nous devrions voter dans cette affaire ? » demanda Nikka.

(Comme des fragments de pignons dans le signal ici)

« Euh, comment ?

– Tu sais bien, cette femme qui a volé tous ces crédits de bord.

– Mais comment ?

– Tripotage électronique, bien sûr.

– Qu'est-ce que tu en penses, Carlotta ?

– Elle est aussi coupable que le péché.

– Hum, j'ai toujours trouvé cette expression curieuse. De quoi le péché est-il supposé être coupable ?

(qui font se demander si la culture qui a précédé les E.M. a pu quitter le système solaire d'Isis ; ces images, ici, pourraient indiquer quelque chose allant s'étirant jusqu'à d'autres étoiles, à moins qu'il ne s'agisse d'akènes de pissenlits grossis N fois)

– Tu peux me croire, elle l'a fait.

– Hum. Ainsi en a décidé le tribunal.

– Peut-être, mais c'est à l'équipage dans son ensemble de statuer sur son sort », dit Nikka.

(L'agitation de l'équipage allait croissant avec ce flot continuel de mauvaises nouvelles qui arrivaient de la Terre, des Essaimeurs partout, insensibles aux produits chimiques les plus toxiques, et pendant ce temps le travail continuait en orbite au-dessus des océans infestés, avec la construction de vaisseaux interstellaires, les tâches ingrates étant accomplies par des machines autoprogrammables, l'humanité prête à exploser comme des akènes de pissenlits vers les étoiles, un vent de panique)

Carlotta intervint. « Je pense qu'elle devrait être mise dans une cuve.

– Les cuves de restructuration ne sont pas une punition, fit remarquer Nikka.

– Oh ! que si, grommela Nigel. Elle se réveillera sur Terre, discréditée, n'ayant rien accompli. »

(Un exode impossible à arrêter, maintenant, juste au bon moment)

« J'estime qu'elle devrait être... excommuniée, dit Carlotta.

– Une solution collective ? s'interrogea Nikka en faisant la moue. Je me demande... »

(chose que le fait d'abandonner l'épave de Mare Marginis avait peut-être pour but de provoquer, antique crypte enfouie sous les cendres lunaires que le Dahu avait « accidentellement » activée, ce sacré renégat de Dahu, parti depuis trop longtemps pour ses maîtres, traître à la machine qui l'avait engendré, sachant qu'une fois retransmise sa découverte, ce n'était plus qu'une question de décennies pour les hommes, sachant quel tour nous réservaient ses Seigneurs de l'Antiquité et nous donnant une toute petite chance de nous en tirer, si seulement nous pouvions comprendre)

Ils étaient en train de se disputer.

Nigel mit un certain temps à s'en rendre compte. Tout commença lorsque Carlotta fit remarquer : « Cela fait des semaines que je ne suis pas venue ici » du ton de la conversation, et comme à propos d'autre chose. Mais Nikka le prit de travers. Elle s'installa bien raide sur sa couchette et répliqua : « Qu'est-ce que tu veux dire par là ?

– Eh bien, que je ne vous ai pas beaucoup vus, tous les deux, c'est tout.

– Nous avons été occupés. »

Ce n'était pas ce genre de réponse évasive qui pouvait satisfaire Carlotta. « L'un comme l'autre, vous ne me recevez plus autant ici qu'auparavant.

– Tu ne nous invites pas souvent non plus, que je sache.

– Mon appartement est minuscule, vous le savez bien, et le vôtre est tellement mieux !

– Ça c'est vrai, remarqua Nigel.

– L'une des filles est partie et la nouvelle, Lydia, n'en fiche pas une rame. Je crois que c'est pour ça que le conseil de quartier nous l'a collée ; elle a besoin d'avoir beaucoup de contacts sociaux après sa rupture avec son amoureux, je ne sais pas qui, mais...

– Ce n'est pas de ça que tu voulais nous parler, Carlotta, fit Nikka avec une certaine tension dans la voix.

– Non ?

– Tu es venue me voir à mon travail, tu as laissé des messages, tu m'as tirée par la manche pour attirer mon attention.

– Eh bien, oui, j'en ai besoin.

– C'est notre cas à tous.

– Je ne crois pas que tu comprennes.

– Celui qui ne comprend pas, répondit Nikka, ne se trouve pas loin. »

Nigel leva la tête. Il venait de finir à l'instant de parcourir cette foutue documentation, et avait l'impression de mériter une récréation. Apparemment, il allait devoir y renoncer. « Comment ?

– Enfin un mot en rapport avec la conversation, dit Nikka.

– Désolé, pas le moindre commérage à colporter.

– Des commérages ? Il s'agit bien de commérages ! Je veux que tu dises quelque chose, au lieu de rester assis dans ton coin, plongé dans tes foutues transcriptions.

– Non pas des transcriptions, des données. De...

– Oui, oui ! Alex a scrupuleusement déployé ses antennes vers l'arrière chaque jour afin que tu puisses avoir ta ration quotidienne de bredouillis E.M. Mais tu n'es pas obligé de m'ignorer pour autant. »

Nigel, raide : Je ne m'en étais pas rendu compte.

Carlotta : Eh bien, si, maintenant.

Nigel, sur la défensive : Je travaille dur. Ma concentration n'est plus ce qu'elle était. Les choses me glissent entre les doigts. Je...

Carlotta : Tu es sans réaction.

Nigel : Qu'est-ce qu'on fait, du déballage ?

Nikka : S'il s'agit bien d'une triade, nous devons parler, oui, parler.

Nigel : Cela va de soi. Mais j'étais en train d'expliquer...

Carlotta : Comment tu en étais venu à négliger nos relations.

Nigel : C'est ainsi que tu le vois ?

Nikka : Malheureusement, oui.

Nigel : Il est plus difficile de jongler avec trois balles qu'avec deux.

Carlotta : C'est un cliché. Qu'est-ce que ça veut dire, en fait ?

Nigel : Je suis éreinté, au bout du rouleau, c'est tout.

Nikka : Non il y a autre chose.

Nigel : Excusez la citation, mais qu'est-ce que ça veut dire, en fait ?

Nikka : Ça veut dire que je déteste être traitée comme une vieille paire de chaussures.

Carlotta : Tu n'es plus sur notre longueur d'onde.

Nikka : Les relations tripolaires sont délicates, et chaque membre doit donner autant de lui-même aux...

Nigel : On croirait un cours de sociologie.

Carlotta : Fais preuve d'empathie, un peu !

Nigel : Mais je ne fais que ça, vraiment.

Nikka : Tu passes ton temps à rester assis, le nez dans tes éphémérides d'astrophysique, et tu ne te comportes plus jamais comme n'importe qui.

Nigel : Je ne suis peut-être pas n'importe qui.

Carlotta : Ne fais pas d'humour avec nous.

Nigel : Suis-je le jouet de mon imagination, ou bien le sujet de la conversation est-il passé de Carlotta à moi ?

Carlotta : Il s'agit peut-être du même problème.

Nikka : Non, ce n'est pas le même. Nous nous aidons tous mutuellement. Mais Nigel s'est lancé dans ses fichues études des matrices neuroanthropologiques et a tiré le rideau sur le monde autour de lui.

Nigel : Admettons.

Carlotta : Pas si vite. Mon impression, à moi, c'est que vous tournez l'un autour de l'autre au point que je ne peux même pas me glisser dans votre système.

Nikka : Je reconnais que je me suis fait du souci pour lui. Peut-être aussi qu'il m'est moins facile de te rejoindre. Mais il s'éloigne de plus en plus de moi. Comme de toi.

Carlotta : J'ai parfois l'impression qu'il s'agit d'une tactique, en fait.

Nigel : La victoire par la retraite ?

Carlotta : Pas exactement, non, mais...

Nigel : Alors quoi ? Je suis un traître, un renégat, d'accord. Et j'écluse de grandes quantités de temps branché sur mes obsessions. Mais ce sont mes obsessions. N'ai-je pas foutrement gagné le droit de...

Nikka : Pas dans cette relation, non. Tu dois participer.

Carlotta : Ecoute, il me semble que tu devrais essayer de prendre en considération ce que tu fais avec Nikka – ou plutôt ce que tu fais à Nikka. Elle n'est plus la même que lorsque nous avons quitté la Terre. Face aux autres comme à moi-même, elle ne réagit plus comme avant, et je pense que...

Nikka se tourna vers Carlotta. « Pourquoi ne pas faire simplement ce que tu as envie de faire ? Ce que tu sens réellement, au lieu de n'être que l'écho de nous, de moi, de...

– Oui, j'aurais tendance à croire, commença Nigel.

– Oh toi ! lança Nikka, tout ce que tu nous demandes c'est de marcher sur la pointe des pieds pendant que Monsieur rumine ses profondes pensées à propos de je ne sais quoi !

– Ecoutez », voulut intervenir Carlotta.

Nikka se tourna à nouveau brusquement vers elle. « Nous devons tous avoir nos propres vies. Ne comprends-tu pas cela ? La triade ne fait que rendre les choses plus difficiles. Ça ne marche que si l'une des paires ne prend pas plus d'importance que les deux autres. »

Carlotta : « Justement, toi et Nigel, c'est plus important que moi et Nigel, ou toi et moi.

– Laisse faire le temps », dit Nigel, sans en être réellement convaincu lui-même.

Nikka soupira, puis s'adressa d'un ton plus tranquille à Carlotta : « Ne fais que ce que tu as vraiment envie de faire. C'est la seule réponse ; il n'y a qu'ainsi que tu pourras être heureuse. »

Nigel acquiesça, un peu étourdi par l'algarade des deux femmes qui venait de déferler sur lui brusquement, ne sachant pas très bien ce qu'elle signifiait. « Et moi, de mon côté, j'essaierai de descendre de ma tour d'ivoire », fit-il pour la forme. Il était bien en peine d'imaginer comment il pourrait faire, cependant.

Il était en train de subir sa thérapie quotidienne lorsque Bob passa le voir, en sueur d'avoir couru.

« Toujours à faire la sardine dans ta boîte, hein ? » lui demanda-t-il en frappant du doigt le métal gris. « L'égaliseur neuronal, si je ne me trompe ?

– Exact. (Nigel eut une grimace.) Ce n'est pas ma préférée. Ça t'envoie une espèce de chatouillis désagréable le long des nerfs – comme des souris glacées qui courraient vers ton cœur. »

Bob eut un frisson. « Moi, je ne touche pas à ce genre de truc.

– Tu fais bien !

– Chaque fois que je me suis fait faire une thérapie quelconque, j'ai eu l'impression de me faire passer les couilles à la moulinette. Quelque chose allait de travers et paf !

– Moi je n'ai pas le choix. Je ne travaillerai plus jamais pour toi, j'en ai bien peur. En fait, j'ai été étonné que tu m'acceptes dans l'équipe d'entretien de la tuyère. »

Bob s'appuya contre l'appareil massif et essuya la transpiration qui lui coulait du visage avec une grimace. « Ce n'était pas moi. Ted n'a pas tenu compte de mes recommandations. Je regrette de l'avoir laissé faire.

– Ce n'est pas de ta faute ; les contrôles médicaux étaient tous bons.

– Oui, mais à la limite, à la limite.

– Oh ?

– Je t'avais éliminé d'office, en réalité. Ted est arrivé et a tout fait pour me faire changer d'avis, vraiment tout. Il m'a même fait baratiner par le toubib, Sanchez. J'ai finalement cédé.

– Ah !

– J'aurais dû être plus ferme. »

Bien entendu, c'était là le genre d'information dont on ne pouvait jamais être parfaitement sûr. Cependant, du point de vue de Ted, le calcul était simple, puisqu'il était gagnant à tous les coups : soit Nigel accomplissait sa tâche sans problème et tout continuait comme avant ; soit il échouait, et sa longue convalescence réduisait pour un bon moment son influence politique.

À moins qu'il ne devînt parano. Difficile à dire. Il décida de garder ses réflexions pour lui-même. Restait aussi la possibilité, après tout, qu'il ne s'agît que d'un mouvement d'ouverture, en termes d'échecs.

« Je n'y crois toujours pas », fit Carlotta avant de prendre une gorgée dans son verre. (Encore un de ces trucs orange avec de petites bulles, qui emplissait l'atmosphère de son parfum douceâtre.)

Nigel n'en démordrait pas. « Et moi je dis que les machines peuvent évoluer, comme les animaux.

– Ecoute. Ces engins que nous avons trouvés, en orbite autour de planètes abominablement massacrées – d'accord, ce sont des artefacts. Et je veux bien qu'ils puissent s'autoreproduire. Mais intelligents ? Le temps qu'il faut pour obtenir une entité vraiment brillante...

– Est immensément long. Indiscutable. Mais nous n'avons pas calculé l'âge de ces mondes ; les sondes automatiques n'en avaient pas les moyens. Ils peuvent être plus vieux que la Terre de plusieurs milliards d'années. »

Là était le *hic.* Il était difficile d'imaginer à quoi ressemblait la galaxie si l'intelligence d'origine organique se réduisait à un bref moment, un accident passager, et si au contraire c'étaient les machines qui dominaient à long terme. Les ruines trouvées par les sondes comme par le *Lancer* paraissaient indiquer que même des sociétés ayant colonisé d'autres mondes n'étaient pas à l'abri du suicide collectif. Les meilleures chances de survie allaient aux systèmes complexes en orbite. Une guerre pouvait constituer une puissante pression de sélection pour des machines ayant, même sous une forme embryonnaire, un désir de survivre. Avec assez de temps...

Telle était la question. À l'échelle galactique, les événements se déroulaient avec une majestueuse lenteur. Ce fait se trouvait inscrit dans la structure même de l'univers, depuis le commencement. Pour qu'il y eût simplement formation des galaxies, l'énergie d'expansion du Grand Boum devait avoir une force bien précise : ni trop ni trop peu.

De même, pour que les étoiles se constituassent à partir des nuages de poussière, certaines constantes physiques devaient être présentes dans des proportions données. Sans quoi l'hydrogène n'aurait pas été aussi universellement répandu, et l'évolution stellaire aurait été radicalement différente. Si les forces nucléaires avaient été légèrement plus faibles qu'elles le sont en fait, aucun composé chimique complexe n'aurait pu se former. Les planètes ne seraient que des endroits sinistres, sans cette variété d'éléments qui permet de concocter la vie.

La taille des étoiles comme les distances qui les séparaient n'étaient pas des données arbitraires. Plus proches les unes des autres, les collisions de systèmes auraient entraîné la disparition des planètes en orbite autour d'elles. Les dimensions de la galaxie dépendaient, entre autres choses, de la force de la gravitation. Que celle-ci fût relativement faible, comparée à l'électromagnétisme et à d'autres forces, permettait à la galaxie de contenir une centaine de milliards d'étoiles. Cette même faiblesse permettait qu'évoluassent des entités vivantes d'une taille supérieure aux microbes sans être écrasées par la gravité de leur planète. Ce qui signifiait qu'elles pouvaient être suffisamment grandes et complexes pour envisager de voyager vers les autres points de lumière du ciel nocturne.

Ces rêveurs organiques étaient voués à un destin tragique. L'évolution fonctionnait impitoyablement, selon un cycle immuable : naissance, reproduction et mort. Chaque forme vivante devait laisser la place à ses enfants ; sinon le poids du passé aurait créé des entraves de plus en plus paralysantes à toute mutation. Le changement serait devenu impossible.

C'est pourquoi la mort était inscrite dans le code génétique. L'équité indifférente de l'évolution sélectionnait par la mort comme par la vie.

L'arrivée d'entités intelligentes signifiait la naissance de la tragédie, la prise de conscience progressive de la finitude individuelle. À partir de la distance séparant les planètes habitables de leur étoile, on pouvait calculer la température de leur surface et factoriser les constantes physiques qui constituaient la chimie ; du coup, il n'était plus très difficile d'estimer la durée de vie que l'évolution attribuerait à toute forme de vie intelligente de taille humaine : environ un siècle. Ce qui signifiait qu'il y avait à peine le temps de jeter un coup d'œil autour de soi, de comprendre et de travailler pendant quelques décennies frénétiques, avant que les ténèbres retombassent. Un organisme intelligent pouvait tout au plus laisser sa marque dans un ou deux domaines de pensée ; il se manifestait et disparaissait en un clin d'œil. Le ciel avait toutes les chances de rester identique pendant la durée de sa vie ; les galaxies lui apparaissaient pétrifiées, immuables.

Etoiles immuables, cibles lointaines. Même s'ils savaient que leur mort était inéluctable, les êtres organiques pouvaient toujours rêver de s'y rendre. Pour leurs voyages, ils étaient cependant limités par la vitesse de la lumière. Si celle-ci avait été plus élevée, permettant de se déplacer rapidement entre les étoiles, le prix à payer aurait été énorme ; les forces nucléaires auraient été différentes ; la lente élaboration des éléments lourds par les étoiles n'aurait pas été possible. En fait, la longue marche vers les créatures de taille humaine n'aurait jamais pu commencer.

Tout était donc lié : toute apparition naturelle dans cet univers se traduisait par l'acquisition d'une certitude, celle de sa propre mort. Cela raccourcissait toutes les perspectives, forçait les créatures à penser sur des échelles de temps ultracourtes – des durées tellement abrégées qu'un voyage entre les étoiles devenait l'odyssée de toute une vie.

« Ce qui n'explique pas les Essaimeurs, ni ne rend clairement compte des E.M., était en train de dire Carlotta. Ton explication comporte trop de lacunes, trop d'affirmations que rien ne vient étayer.

– Il n'a pas bénéficié d'une analyse détaillée, il ne faut pas l'oublier, remarqua Nikka.

– Non, dit Nigel, Carlotta a raison. L'hypothèse demande à être travaillée ; il lui faut une élaboration conceptuelle solide. »

Il s'enfonça dans son siège tandis que les deux femmes parlaient des dernières images obtenues par le télescope à gravité, et laissa son esprit vagabonder. Il observait Carlotta, ses mouvements rapides et précis. Elle consacrait beaucoup de temps à sa toilette, tirant le meilleur parti, avec un art consommé, des stocks disponibles sur le vaisseau. Il perdait le contact avec elle ; elle voyait Nikka plus souvent que lui, et connaissait bon nombre d'équipiers multi-branchés. Non seulement ces gens passaient leurs heures de travail raccordés à des machines, mais aussi leur temps de loisir, afin de se plonger dans la « socialisation assistée par ordinateur », pour employer l'expression consacrée. En attendant, la section théorique ne proposait aucune hypothèse nouvelle, rien sinon des compilations neutres de données. Au fur et à mesure que s'accumulaient les années-lumière, l'équipage se repliait sur lui-même, se détournait le plus possible du vide effroyable qui régnait au-delà des parois rocheuses du *Lancer*. De plus en plus rares étaient ceux qui tentaient une sortie pour aller admirer l'arc-en-ciel relativiste engendré par l'effet Döppler. Des semaines passaient sans qu'il fût fait mention de la Terre dans les conversations courantes. Face à l'immensité, au désert absolu, il y avait quelque chose au fond des êtres humains qui les poussait à s'en tenir au présent, au local, au spécifique.

L'équipage du vaisseau était pourtant en principe constitué d'individus ambitieux et intelligents. Etant donné le nombre d'années de vol, des divergences sociales avaient certainement dû se produire dès le début. Mais ça... Non. Quelque chose sonnait faux. Quelque chose qui allait au-delà de ses méfiances de vieux ronchon. Ted Landon et les autres auraient pu mettre un frein à tous ces excès s'ils l'avaient souhaité. Mais un équipage qui s'amuse est un équipage que l'on peut facilement manipuler. Et si une crise finissait par se produire, on risquait de voir émerger un chef énergique.

Il regarda Carlotta, en train de remuer distraitement les grains de glace pilée orange dans son verre. Il pensa à Magellan, parti sur des espérances presque chimériques et sans la cargaison d'oranges qui lui aurait épargné le scorbut. Puis au *Titanic*, lancé à l'eau chargé de certitudes et d'oranges à ne savoir qu'en faire.

« ... n'est-ce pas ? » Carlotta venait de lui poser une question.

« Je n'ai pas bien suivi », fit-il pour ne pas montrer qu'il était en train de penser à autre chose.

« Autrement dit, qu'est-ce qui peut les pousser à évoluer vers des formes de plus en plus intelligentes ?

– Les machines autoreproductrices peuvent aller n'importe où pour se procurer de la matière première. Dieu sait qu'elles sont infiniment plus à l'aise dans l'espace que nous – à côté, nous ne sommes que des bons à rien. Mais les ressources finissent toujours par s'épuiser, ce qui provoque une compétition.

– Mais il faut un temps considérable pour épuiser un système solaire !

– Hum, oui. Il nous est difficile de penser sur une telle échelle de temps, n'est-ce pas ? Une machine raisonnablement performante n'a peut-être pas besoin d'attendre l'évolution pour s'améliorer, cependant. N'oublie pas qu'elle peut augmenter ses capacités intellectuelles par adjonction de nouvelles unités. Elle peut fabriquer de nouveaux systèmes et leur déléguer certaines tâches ; accélérer ainsi sa vitesse de réflexion, ce qui est pour le moins un pas dans la bonne direction. Plus simple que de désirer posséder davantage de neurones, ce que nous, nous devrions faire.

– Ecoute, si je me mets à la place des ordinateurs, je dois reconnaître que l'intelligence artificielle, ça n'est pas si simple. Les grosses machines mises au point sur Terre sont remarquables, d'accord, mais la question n'est pas simplement d'ajouter des sous-systèmes.

– C'est sûr ; mais c'est de millions d'années d'évolution que nous parlons, de milliards, peut-être.

– C'est une généralisation un peu abusive, tout de même, objecta Carlotta.

– Certes. J'imagine que je devrais réfléchir à tout ça plus à fond.

– Ecoute, insista Carlotta, c'est de science qu'il s'agit ici. Il faut être en mesure de faire des prédictions si tu veux que les gens t'écoutent.

– Très juste. Eh bien, voici : nous trouverons un Surveillant à proximité de toutes les planètes où une technologie est simplement possible. Ou autour de celles où il y en a eu une, et où elle peut apparaître à nouveau. Ce sont des flics, comprends-tu. Mais ils ne contrôlent que les endroits où la technologie peut naître d'une espèce organique naturelle. »

Carlotta fronça les sourcils. « Voyons... ça colle avec... »

Nigel lui coupa impétueusement la parole. « Avec les robots qui chargeaient de la glace sur Wolf 359, par exemple : là, pas de Surveillants, car ses patientes petites machines sont une forme primitive de société mécanique. Donne-leur quelques millions d'années exposées au rayonnement cosmique, une raréfaction des matières premières, et elles évolueront. Deviendront membre du club.

– Du club ? demanda Nikka.

– Le réseau des anciennes civilisations de machines. C'est lui qui a envoyé les Surveillants.

– Je ne comprends toujours pas pourquoi les machines s'acharneraient sur nous, remarqua Nikka.

– Je m'appuie en partie sur ce que le Dahu a dit, en partie sur les événements qui se sont produits par la suite.

– Eh bien, fit Carlotta diplomatiquement, la plupart des gens s'imaginent que tu n'étais plus vraiment dans le coup, à ce moment-là...

– Je n'ai jamais prétendu être un républicain conservateur. Mais il y a de bonnes raisons de penser que des machines ayant survécu à une apocalypse nucléaire ne seront pas dans des dispositions aussi amicales qu'un chien de salon.

– Pourquoi ?

– Elles ont commencé à changer après un génocide. Un génocide provoqué par nous. Elles ne l'ont pas oublié. »

Il mit sa théorie par écrit et dirigea un séminaire sur la question pour les gens d'exobiologie et la section théorique. L'accueil fut poli mais réservé. Les Surveillants du secteur Epsilon Eridani, expliqua-t-il, étaient là pour s'assurer qu'aucune autre forme organique n'apparaissait (ou revenait d'étoiles proches où auraient pu prospérer des colonies). Quelque chose (les Surveillants eux-mêmes ?) avait détruit la civilisation organique indigène ; on avait incinéré la planète de telle manière que seul subsistât l'Ombilic céleste.

Pourquoi laisser l'Ombilic en place ? Selon toute vraisemblance, parce que les Surveillants tenaient à conserver ce moyen économique d'envoyer des expéditions de surface, où toute résurgence de vie organique pourrait être recherchée et détruite.

Il analysa ensuite le cas des navettes de transport de pétrole de Rocyon. Examinés au plus fort grossissement possible, ces engins paraissaient bien conçus, hérissés d'antennes, dotés d'écoutilles. Nigel en déduisait qu'ils étaient peut-être légèrement en avance par rapport aux transporteurs de glace de Wolf 359. Ils continuaient à accomplir leur tâche mécanique, mais sans dépendre d'instructions laissées par une société depuis longtemps disparue. Ils semblaient plutôt faire partie intégrante de quelque système économique interstellaire. Un océan de pétrole était bien entendu un pactole – et pas seulement pour en tirer de l'énergie. Tout ce qui transitait entre les étoiles ne dépendait pas forcément d'une économie à base d'énergie chimique. La demande en lubrifiant, en revanche, pouvait être importante.

Le cas d'Isis était plus difficile à expliquer. Les E.M. s'étaient transformés afin de faire des ondes électromagnétiques leur sens principal. Etait-ce pour déjouer la surveillance de leurs deux gardiens, et leur faire croire à l'apparition d'une société primitive de machines ?

Hypothèse qui impliquait une certaine rigidité et une application littérale des consignes de la part des Surveillants ; mais peut-être étaient-ils très anciens, en décrépitude ? Ou bien prenaient-ils leur temps, et étudiaient-ils les E.M. à loisir. Le fait que l'un des Surveillants ait réagi avec autant de vigueur à une simple tentative d'examen militait en faveur de la seconde analyse.

Nigel utilisa toutes les données qu'il put rassembler. Il compara les différentes informations recueillies sur tous les Surveillants connus, estima leur âge (tous auraient dépassé le milliard d'années) et mit en corrélation autant de variables qu'il en avait à sa disposition, avec un degré acceptable de plausibilité. Il n'y avait aucune argumentation simple pour prouver l'origine commune des Surveillants. Par ailleurs, fit-il remarquer, il n'y avait aucune raison de supposer que les Surveillants aient été construits au même endroit et à une même époque.

Sa théorie ne reçut qu'un accueil mitigé ; mais il ne s'était pas attendu à autre chose.

Dans la section théorique, la notion prévalante était la plus simple – le Rasoir d'Occam y triomphait. Toutes ces planètes, argumentait-elle, n'étaient que les restes de cultures réduites à néant par des guerres. Elles prouvaient que si la vie intelligente abondait, elle avait aussi un caractère suicidaire. Les Surveillants n'étaient pas autre chose qu'une catégorie d'arme répandue, réinventée ici et là dans des sociétés ayant évolué dans des contextes différents. Lorsqu'une espèce arrivait à la mettre au point, sa destruction était une simple affaire de temps.

Quant à Isis, les aspects spécifiques de la grande guerre qui l'avait ravagée se trouvaient maintenant noyés dans les légendes des E.M. Et c'est bien connu, les légendes sont des sources d'informations auxquelles on ne peut se fier. Les E.M. n'avaient modifié leur organisme que pour survivre, purement et simplement, dans les ruines dont ils étaient responsables.

Ni les uns ni les autres ne pouvaient expliquer les Essaimeurs et les Raseflots. À peu près seul contre tous, Nigel contra les arguments du mieux qu'il put ; quelque chose lui disait qu'il y avait un rapport entre les Raseflots et les E.M., mais il n'en savait pas assez pour risquer ne fût-ce qu'une hypothèse, qui l'aurait obligé à se livrer à trop d'acrobaties intellectuelles.

Une exobiologiste fit remarquer que les Essaimeurs démontraient au moins une chose, à savoir la place prépondérante de la violence et de la guerre dans les autres formes de vie. Cette observation fut applaudie. Nigel se tint coi, ne sachant pas ce qu'il pouvait objecter.

Sous l'expression courtoise des visages, il lut l'incrédulité, et l'accepta. Il se contenta d'enfoncer une fois de plus le clou de sa prédiction : quel que fût ce qui les attendait sur Ross 128, si une de ses planètes avait la possibilité de donner naissance à une forme de vie organique – ou si elle l'avait déjà fait – on y trouverait des Surveillants en orbite. La loi de Walmsley, comme l'appela quelqu'un.

Son opinion donnée, il se rassit pour mettre fin aux applaudissements. La réunion se pencha sur d'autres questions d'astrophysique et de biologie. Personne, remarqua-t-il, n'avait pensé à faire état d'une exception aussi notable qu'évidente à la loi de Walmsley : la Terre.

5.

Nigel passait l'essentiel de son temps dans l'appartement. Nikka, qui était parfaitement en forme, accomplissait toutes sortes de tâches un peu partout sur le vaisseau. Pendant ce temps, il participait à des séminaires et contribuait à la mise en place de réseaux, tout cela à partir du grand écran plat de son antre. Il appréciait le calme et l'isolement, mais en réalité il n'avait pas le choix : quatre fois par jour, il devait se brancher sur la machine à filtrer le sang. Aidé de Nikka, il avait monté l'appareil grâce aux surplus et aux pièces détachées du vaisseau ; les appareils de thérapie n'étaient pas plus compliqués que des moteurs d'auto, faits de pièces modulaires qu'il n'y avait plus qu'à connecter. C'était néanmoins avec sa vie qu'ils jouaient, et Nikka vérifiait chaque jour les graphiques et les analyses. Ne pas passer par les services médicaux allait bien entendu à l'encontre de la réglementation du bord, mais cela ne les inquiétait guère.

Il suivait avec régularité les séminaires d'exobiologie, essentiellement pour pouvoir se servir des données de base interactives et des représentations en tri-D des options théoriques potentielles. Celles-ci permettaient de visualiser l'ensemble des conséquences de toute théorie sur la vie extraterrestre, de démêler l'écheveau de l'évolution d'une planète, et d'en faire la biologie et la socio-économie. Il fallait en outre intégrer les informations sur les Essaimeurs et les Raseflots, données au compte-gouttes par la Terre, avec celles fournies par les sondes indépendantes et ce que le *Lancer* avait lui-même trouvé. Plusieurs écoles de pensée s'affrontaient, conduites par des analystes de système de l'équipage ; Nigel ne s'entretenait que rarement avec ces érudits. Pour lui, ils existaient avant tout sous forme de constellations de théories désincarnées lors des séminaires et comme moyen de mettre les informations en ordre. Leur maîtrise de la mise en corrélation était impressionnante. Ils étaient susceptibles de mettre en rapport la structure de l'épave de Mare Marginis avec le modèle théorique des mouvements de nage des Essaimeurs, le tout ficelé dans une théorie des langages universels et proposer (A) une estimation de la probabilité que la plupart des formes vivantes de la galaxie vivaient encore dans les océans ; (B) un plan des meilleurs choix pour l'établissement de contacts radio à l'aide de balises émettant sur plusieurs gigawatts ; (C) un nouveau calcul optimisé de la meilleure stratégie pour envoyer des sondes spatiales vers toutes les étoiles à moins de cent années-lumière. Nigel n'avait pas oublié la remarque de Mark Twain : ce qui est merveilleux dans la science, c'est le bénéfice spéculatif énorme que l'on pouvait retirer à partir d'un fait insignifiant.

Le problème était que l'on ne disposait d'aucune prémisse de base qui fît tout tenir ensemble. La théorie la plus généralement acceptée sur le vaisseau affirmait que les premiers contacts avec quelque chose d'extraterrestre – le Dahu, avec lequel Nigel n'avait parlé que trop brièvement, et l'épave de Mare Marginis – n'avaient eu lieu qu'avec des machines dont la fonction était de donner l'alerte. Quelque chose, sans doute les Essaimeurs et les Raseflots eux-mêmes, avait testé la Terre depuis très longtemps, pour mesurer son intérêt comme biosphère. Il ne paraissait plus vrai, comme on l'avait pourtant cru pendant plusieurs décennies, qu'aucune espèce vivante n'aurait de raison d'envahir un autre monde. Les planètes de type terrestre découvertes par le *Lancer* avaient été réduites en cendres. Il devait être techniquement plus facile de s'adapter à une biosphère déjà existante, comme celle de la Terre, que de repartir de zéro sur une planète désertifiée et en ruine. C'est pourquoi les Essaimeurs s'étaient probablement modifiés eux-mêmes biologiquement pour s'adapter aux océans de la Terre, depuis l'époque où ils l'avaient découverte au cours de l'expédition qui avait laissé une épave sur la Lune.

Cette théorie arrivait même à tenir compte de la loi de Walmsley. Les Essaimeurs – ou la civilisation qu'ils représentaient, celle dont la technologie avait mis au point les vaisseaux dans lesquels ils étaient venus – avaient construit les Surveillants pour garder un œil sur les autres sites de vie potentiels, ou les autres sociétés en cours de développement. Certains Surveillants avaient échappé aux destructions qui avaient ravagé certains mondes jusqu'à en effacer toute trace de vie ; d'autres non. L'homme se présentait tardivement sur la scène de la galaxie ; il devait s'attendre à trouver des traces des pièces qui s'y étaient précédemment jouées – des tragédies pour la plupart. Telle était la nouvelle vision conformiste des choses, revue et corrigée.

On étudia, discuta et cita le point de vue de Nigel ; le flot des théories et des modèles l'isola bientôt, comme un îlot perdu au milieu du fleuve du consensus général. Il n'était pas suffisamment versé en analyse factorielle pour intégrer son modèle à la masse des informations disponibles. Il pensait pour sa part que l'épave lunaire avait été touchée au cours d'un combat avec les Surveillants qui entouraient la Terre, et qu'elle aurait détruits. Plus d'un demi-million d'années après son écrasement dans la zone de Mare Marginis, ce qui restait du vaisseau, pourtant terriblement endommagé, avait fait la démonstration de la puissance de ses armes – grâce à quoi, d'ailleurs, la mission lunaire avait pu le découvrir. Disposant de toute sa puissance, l'imposant engin devait être capable de réduire en miettes des astéroïdes de belle taille – et Nigel soupçonnait que tel était précisément le rôle pour lequel il avait été conçu. Parmi toutes les planètes explorées par les sondes spatiales, y compris Isis, beaucoup avaient été détruites par simple bombardement ; c'était sans aucun doute le moyen le plus économique de ravager complètement la surface d'une planète, en termes d'énergie investie. Le vaisseau de Mare Marginis avait donc été disposé sur la Lune à l'époque où l'homme commença à se séparer du tronc commun simiesque. L'engin était en mesure de détecter et de détruire tout gros astéroïde qui se serait dirigé vers la biosphère terrestre. Mais ses ressources avaient peu à peu fini par se tarir. Il avait dû résister à de violentes attaques, et il n'en était sorti victorieux qu'au prix de sa capacité à se régénérer.

L'humanité était maintenant capable de se défendre contre une attaque d'astéroïdes, voire contre des armes encore plus redoutables. *Du moins tant que,* se dit Nigel, *nous saurons les identifier comme telles.*

6.

Luyten 789-6 ne possédait qu'une seule planète, en orbite autour de l'un des deux petits soleils de son système, et elle était dévorée par le feu.

Au fur et à mesure que la sonde s'en rapprochait, l'analyse spectrale et la photométrie montrèrent la présence d'un voile de fumée et de rideaux de flammes. La planète était de taille terrestre, chaude, et constituée à 80 pour cent d'océans. Au-dessus des eaux, l'atmosphère contenait 25,4 pour cent d'oxygène et 23,7 pour cent au-dessus des continents.

Il n'y avait nul besoin d'une analyse poussée pour comprendre ce qui s'était passé. La température agréable des eaux de surface avait fait se multiplier la vie marine. Les micro-organismes dégageaient d'importantes quantités d'oxygène ; le même processus se déroulait sur la Terre, mais le taux de l'oxygène n'y était que de 21 pour cent de l'air.

La probabilité des feux de forêt double pratiquement avec chaque pour cent de plus de la teneur en oxygène de l'atmosphère ; c'est ainsi que sur l'unique monde de Luyten 789-6, la vie marine envoie sans cesse de l'oxygène sur les forêts tropicales, où règne un incendie perpétuel. La toundra arctique elle-même brûlait. Au cours de la saison froide de la planète, les plantes y repoussaient en dépit des basses températures, grâce à un ensemble de réactions chimiques originales ; mais avec l'été, les incendies planétaires repartaient de plus belle.

Sur la Terre, le méthane qui s'élève des marécages éponge l'oxygène de l'air et permet de maintenir un certain équilibre. Pour une raison ou une autre, ce mécanisme n'avait pas joué ici. Certains indices laissaient à penser que ce monde était plus ancien que la Terre ; le cycle croissance-incendie durait depuis des milliards d'années. Les continents ne révélèrent aucune trace de vie animale ; aucune espèce n'aurait pu survivre au milieu des feux. Et néanmoins un Surveillant était en orbite autour de cette planète : impassible, couturé de cicatrices et très vieux.

« Carlotta ! »

Elle se tourna. Nigel accéléra le pas, faisant visiblement un effort, et la rejoignit à un embranchement en Y des corridors. « Aurais-tu une minute ? j'aimerais te parler, reprit-il.

– Bien sûr, fit-elle avec un sourire. D'ailleurs j'avais moi aussi quelque chose à te dire ; je n'en avais pas encore trouvé l'occasion. »

Ils se rendirent jusqu'à un petit balcon qui donnait sur la base de l'axe de rotation du vaisseau ; la force centrifuge y était faible ; le visage de Nigel exprima du soulagement. D'où ils étaient, ils virent un globule d'eau être éjecté le long de l'axe. Des gens y nageaient, tandis qu'il se déformait et s'étirait, tombant en chute libre. Les nageurs étaient toutefois retenus par de fines lanières élastiques attachées à leurs chevilles au cas où ils crèveraient la surface de tension de la bulle et tomberaient à l'extérieur. Cet accident était rare ; tous étaient aussi habiles que des poissons et s'ébattaient dans une averse de gouttelettes et des cascades de rire.

« Ça me manque, avoua Nigel. Voilà des années que je n'ai pas pris de bulle.

– Tu seras bientôt sur pied et nous pourrons...

– Non. J'ai arrêté mon traitement, mais mon état ne s'améliore pas.

– Biochimie ?

– Exactement. Problèmes de radicaux dans le sang ; mon organisme est en lutte contre ses propres défenses et surcompense.

– Cancer.

– Comme on dit dans l'intimité, oui. J'ai procédé moi-même à de nombreux filtrages du sang – ne prends pas cet air scandalisé, techniquement rien n'est plus simple – mais je ne vais plus pouvoir échapper bien longtemps au mouchard du monithé.

– Il y a bien des thérapies... »

Il secoua la tête. « Je sais ce que vont dire Ted et les toubibs. Je suis une relique bien trop précieuse pour prendre le moindre risque. Ils vont me balancer dans une cuve à sommeil jusqu'à ce que nous retournions sur Terre.

– Ecoute, l'arrivée dans le système de Ross est prévue dans à peine un peu plus d'un an. Ils te laisseront tranquille jusque-là.

– Tu crois ? Risquer de me laisser mourir par insuffisance de traitement ? Peu probable.

– Tu oublies que tu es aussi important pour nous ; Luyten 789-6 n'a-t-il pas apporté la preuve de la validité de la loi de Walmsley ?

– Peut-être, mais la première loi d'un gestionnaire est : ouvrir le parapluie. Plus que Père et Mère cette Loi honoreras ! Ted ne veut surtout pas me ramener sur Terre dans un cercueil.

– Tu ne tiens pas davantage à y retourner comme ça, j'imagine. Tu ne peux rien faire d'autre que saisir la chance qui t'est offerte. Tu le sais très bien, les périodes de cuve ne sont pas si terribles que ça, au fond. Je vais moi-même y passer quatre mois, à partir de vendredi prochain.

– Mais pourquoi ?

– Je... oh ! une simple remise en état ! On aurait peut-être dû en parler ensemble... » Elle se tut un instant, puis reprit avec vivacité : « Toi, tu n'as pas le choix.

– J'ai déjà réussi à court-circuiter les toubibs par le passé.

– Euh... » Elle avait compris ce qu'il voulait dire.

« Exactement, fit-il avec un sourire. Tu m'as sorti de la mauvaise liste pour me mettre en self-service, tu t'en souviens ? C'était il y a des années. S'il te plaît, recommence.

– Je... tu sais bien quels sont toujours mes sentiments pour toi, même si nous... ne sommes plus ensemble maintenant... mais...

– Je t'en prie !

– As-tu donc tellement envie que ça d'assister à l'arrivée ?

– Oui, oui, vraiment. » Il se leva vivement de sa chaise longue, et ne put retenir une grimace de douleur. Il n'avait pas encore acquis les réflexes des personnes âgées, ne percevait pas bien le déséquilibre des forces qui jouaient au travers d'axes fragiles et cassants au niveau de ses chevilles, de ses genoux, de ses coudes, de sa colonne vertébrale. Carlotta, qui l'étudiait du regard poussa un soupir.

« Les systèmes de contrôle ont fait des progrès, depuis, dit-elle. Les programmes disposent de données qui leur permettent de déclencher des algorithmes de décision à des niveaux de plus en plus élevés dans la pyramide des êtres sensibles. Il faudrait que je... »

Il resta accroché à ses derniers mots. Elle se mordit la lèvre. « Ecoute, je ne te promets pas que ça va marcher. Je peux faire quelque chose, mais...

– J'apprécie, mon chou. “Quelque chose” est insuffisant, cependant. Autant compter sur les trèfles à quatre feuilles. Je dois sortir définitivement d'entre leurs pattes ; il faut qu'ils perdent définitivement ma trace.

– C'est tout ? pas besoin d'autre chose ? soupira-t-elle. Seigneur, j'avais oublié quel monstre tu étais ! j'ai cru un instant que tu voulais simplement éviter de te faire piéger, mais un vrai cancer ! En principe c'est guérissable, non ? »

Il eut un clignement d'œil fatigué. « Plus l'organisme est vieux, plus les réactions des systèmes de défense sont aléatoires ; c'est sans doute de là que viennent toutes les maladies liées au vieillissement, j'imagine ; réactions inappropriées. La façon la plus simple de tuer un être vivant consiste à lui faire faire lui-même l'essentiel du travail. Suffit d'ajouter l'irritant d'origine extérieure... » Il laissa la phrase en suspens. Carlotta se leva et l'embrassa.

« Te souviens-tu ? Tu m'as dit un jour que l'intelligence était l'aptitude à apprendre des fautes des autres », dit-elle en l'étudiant, l'expression grave. « Tu ferais bien d'appliquer tes propres préceptes. Pourquoi ne pas descendre en cuve ? »

Il eut un sourire de défi. « J'ai payé mon billet d'entrée. Je veux voir la fin du spectacle. »

7.

Il entreprit de longues promenades à travers les dédales du *Lancer,* sans guère s'intéresser à ce qu'il voyait. Il essayait plutôt d'évoquer ses souvenirs de la Terre, et d'oublier les rumeurs de trafic d'influence et de manœuvres qui couraient le bord et pouvaient en fin de compte décider de son sort. Il se rappela le dernier endroit qu'il avait visité avant de prendre la navette qui l'avait conduit au vaisseau : Venise. Nikka avait été embrasser sa famille, et il était donc seul, flânant le long des rues dallées de pierres grises sans trottoirs. Des colporteurs fonçaient, poussant leur brouette en criant : *Le gambe !* mot que Nigel vérifia scrupuleusement dans son lexique ; cela signifiait « Les jambes ! », un avertissement plutôt sommaire. Cela lui rappelait des commandements du genre « Garde-à-vous ! » qui faisaient adopter une position où l'on ne pouvait guère prendre garde à soi.

Il s'était laissé entraîner par le mouvement de la foule jusqu'à la place Saint-Marc, la foule qui jacassait et ouvrait des yeux ronds. Alors que la ville était à l'apogée de sa gloire, l'endroit avait été surnommé le *Broglio,* l'intrigue, car de dix heures à midi, seuls les nobles étaient admis à y pénétrer pour venir mettre au point leurs complots. Puis il avait pensé à Ted et Bob, deux noms encore sans visage qui cachaient deux énigmes.

Il avait ensuite pénétré dans l'espace vaste et profond de la basilique. De la voûte des dômes bulbeux, des saints en mosaïque dorée contemplaient la masse des représentants de la biologie du carbone qui respirait et s'agitait en dessous. Il monta jusqu'aux coursives qui permettaient d'approcher ces héros de l'esprit et révélaient le détail des minuscules carreaux bleus, roses, blancs et or dont ils étaient constitués.

L'élévation des volumes lui avait rappelé les petits mondes cylindriques, juste assez grands, cependant, pour communiquer à l'homme le sentiment de sa chétivité ; pendant des millénaires, les architectes avaient recherché ce genre d'effet. Il se souvint alors que les pyramides non loin d'Alexandrie – mais ce nom évoqua Alexandra gisant, inconsciente, la vie se retirant d'elle peu à peu, et il coupa court à cette évocation. Des œuvres byzantines étaient exposées partout, et les joyaux de l'Orient, butin des croisades, ornaient la *Pala d'Oro,* le chef-d'œuvre qui se cachait derrière l'autel. Le goût des lieux imposants semblait correspondre avec l'envie de faire de grands voyages, de défendre des causes et d'empiler des pierres pour que tant d'exploits ne sombrent pas dans l'oubli. *Regardez donc ce que j'ai accompli !* Les petits écoliers de l'avenir ouvriraient de grands yeux, puis pencheraient à nouveau la tête sur leur cornet de crème glacée.

Dehors, les vagues venaient heurter le quai, comme pour jouer, et lui envoyaient de l'écume dans les yeux pour lui rappeler la taille qu'elles avaient au large, là où la mer était profonde et bleue. Il se demanda ce qui avait pu amener des hommes à peupler cet endroit. Puis voyant le marbre rose, lumineux sur fond d'eaux grises, il avait été frappé par l'évidence. Ils étaient venus pour fuir la barbarie. Ayant acquis la maîtrise de la mer, en ayant fait leur fonds de commerce, ils avaient bâti ces témoignages de pierre, pour bien marquer que l'avenir ne faisait pas de doute. Ces foules avaient su ce qu'il comprenait, et avaient préféré la pierre froide, les rues étroites, les ponts arqués, tout ce qui affirmait la suprématie de la géométrie sur le désordre des vagues. Ces grandes boîtes de marbre sculpté avaient été conçues, sans aucun doute, pour survivre à l'usure incessante des flots.

Le jour de l'Ascension, le doge de Venise, le maître de la République, quittait la ville sur sa galère d'apparat toute dorée, et allait jeter un anneau d'or dans les eaux troubles de la lagune, pour célébrer les épousailles de la cité avec la mer. Mais en fin de compte, ce mariage s'était trouvé invalidé, la promise n'ayant jamais donné son consentement... Accrochée à ses chefs-d'œuvre de pierre, Venise s'était mise à péricliter.

Il continua de faire autant de travaux manuels qu'il le pouvait, mais tous lui paraissaient plus pénibles, et la fatigue se faisait rapidement sentir. Il pratiquait l'analyse et se consacrait à des tâches d'entretien, afin de conserver une activité et de justifier sa présence, ne fût-ce qu'à ses propres yeux. Sa digestion se dégrada. Il se réveillait courbatu tous les matins et éprouvait une sensation de malaise, vague, général. L'aggravation de son état était heureusement très progressive. Il constata avec accablement qu'il y réagissait comme la plupart des gens. Il avait commencé par incriminer diverses maladies mineures plutôt que son âge, et par prétendre qu'il ne tarderait pas à être sur pied et à retourner s'occuper des moissons. Il fit à plusieurs reprises cette déclaration à Nikka, qui finit par ne plus lui répondre ; après quoi, il passait une nuit agitée. Il avait beau être en route pour les étoiles, la mort nécessaire décrétée par les lois de l'évolution l'atteignait même là.

Il finit par soupçonner, à voir certains légers haussements de sourcils et des regards de côté de la part d'amis, que l'on ne considérait plus son anniversaire comme un accomplissement, mais plutôt comme une remise à plus tard. Il cherchait à se convaincre qu'il en avait assez de la vie, assez de faire des choses, afin de se faciliter la fin.

Mais à sa grande surprise, et à sa secrète satisfaction, sans doute, il s'aperçut qu'il n'y arrivait pas.

Nigel examina les photos préliminaires de Ross 128. « Plutôt floues », dit-il en levant les yeux vers Nikka.

« Elles proviennent du télescope gravitationnel. Vieilles de plusieurs années, bien entendu – ils travaillent aussi vite que possible, mais les délais des voyages à la vitesse de la lumière...

– Exact. » Il étudia de nouveau les globes brumeux. « Des types Jupiter, deux types terrestres. Pas mal. » Etant donné que le vaisseau filait à 0,98 de la vitesse de la lumière, ces images n'avaient que quelques mois de moins que celles qu'ils avaient reçues, des années auparavant, sur Isis. « Dis donc, Carlotta travaille bien sur le traitement de ces trucs, non ? Quand aurons-nous de meilleures...

– Elle est en cuve.

– Quoi ? Je ne savais... depuis combien de temps ?

– Deux semaines. »

Il était stupéfait. Il n'avait même pas remarqué son absence. Il détestait ce genre de changement brutal, ces amis qui disparaissaient tout d'un coup. « Quand est-ce que l'on fait sauter le bouchon ?

– Dans six mois, je crois. » Elle leva à son tour les yeux de son travail. « Les cuves, c'est la récré. Elle en sortira revigorée, capable de soulager quelqu'un qui s'est battu pour être prêt pour Ross.

– Hummm. Ça paraît raisonnable, fit-il en fronçant les sourcils. Mais... ça ne me plaît pas. » Il secoua la tête et voulut de nouveau étudier les photos ; mais il n'arriva pas à se concentrer.

8.

La sonnerie d'alerte se mit à retentir partout à bord du *Lancer.* Nigel croisa les jambes et ne bougea pas. Le vaisseau venait de pénétrer dans un nuage dense de poussière, et le coup de bélier fonctionnerait ou non ; pour sa part, il ne pouvait rien faire. Il engagea le microfilm dans l'appareil, et commença à lire à la page 287. *Alors Tom a parlé, a parlé, et puis il a dit, filons d'ici tous les trois, l'une de ces nuits prochaines et trouvons-nous des affaires, et en avant pour des aventures à tout casser chez les Injuns, sur leur territoire, pendant quelques semaines ; et moi j'ai dit d'accord, ça me convient, mais j'ai pas un sou pour acheter le matériel, et c'est sûr, c'est pas à la maison que l'on va m'en donner...*

« Nigel ! » fit sèchement le haut-parleur de l'intercomm. Du bout du doigt, il pianota sa réponse. « Branche-toi sur le réseau Trois, vite ! » C'était la voix de Nikka ; elle avait coupé avant qu'il ait pu répondre. Il passa sur le Trois, l'écran plat s'alluma, et le haut-parleur se mit à bourdonner. Il écouta.

Tuyère de poussée tient bon, maximisée sur énergie déplacement

On va passer en plein au milieu sans sondage

Non ça y est on commence à recueillir des échantillons

Regarde-moi cette ligne d'adsorption là, cette grosse, elle fait *bien dans les 2 200 angströms, la taille de ton pouce ! dimension en coupe de l'adsorption environ 4 x 10^{-17} cm^2, ouais*

Je tiens le coupable ici, l'échantillonneur a tiré une image, on dirait des grains de silicate, sauf qu'il ne s'agit pas de lignes de silicone

Taille moyenne très près de 10^{-5} cm, je l'ai

Bon sang, ce sont des peptides ces trucs-là, aussi clair que de l'eau de roche, regarde ces liaisons

Toute la surface extérieure est couverte de ces trucs à longue chaîne, on dirait que ces grains en sont protégés comme par un film d'huile ou quelque chose

Je ne pige pas, on voit aussi des acides aminés là-dedans

Tous ces machins, ça devrait être théoriquement des particules de poussière, peux-tu me dire ce que ça fabrique, collé à

Observe donc cette structure comme une paroi les longues chaînes et le reste – il s'agit d'une barrière cellulaire, ça ne peut pas être autre chose

Ça n'a pas de sens

La seule utilité d'une paroi cellulaire est d'empêcher les ennemis de pénétrer, ce qui ici veut dire les ultraviolets, sinon les U.V. démoliraient complètement les chaînes de peptides

Mais il y a justement cette petite membrane, je te parie qu'elle contient de la silicone pour bloquer les U.V.

Autrement dit, les peptides peuvent se conserver à l'abri de la paroi cellulaire et s'y reproduire, c'est la seule explication logique que je vois

Des trucs vivants dans ces nuages, je n'arrive pas à y croire, il fait abominablement froid dans le coin, quel peut être l'effet thermodynamique qui permet la vie ?

Seigneur, ils ont une telle densité au niveau de la tête du bélier qu'elle est sur le point de s'engorger, et le conduit d'échappement est en train d'être parasité comme une vieille coque de bateau, dire qu'il va falloir nettoyer toute cette saloperie

Saloperie ? Nom de Dieu, ce sont des cellules capables de se reproduire, mec, et il y a plus de masse dans ces nuages que dans tes foutues étoiles, je te fiche mon billet, regarde donc ces taches noires dans le ciel, ça ne signifie qu'une chose : que ces chaînes de peptides se manifestent partout...

Nigel regarda s'allonger la liste des molécules et des radicaux libres : éthanol, cyanoacétylène, monoxyde de carbone, ammoniac, méthane, eau – et prit conscience qu'à l'échelle de l'univers, c'était dans ces nuages que se mitonnait la chimie de la vie. Les planètes étaient quantité négligeable. Sous l'effet de la lumière des étoiles, les enroulements d'acides avaient tout le temps de trouver leur complémentaire et de devenir de plus en plus complexes. Ces nuages de molécules étaient les monceaux de terreau à partir desquels se formaient les étoiles ; et il leur arrivait de balayer les systèmes solaires, jonchant au passage les planètes de débris gluants et voraces.

Au milieu du contrepoint des différentes voix du vaisseau, il sentit une note d'excitation. Ils venaient de voir des mondes morts par douzaines, et voici que le hasard les faisait tomber sur une marmite où bouillonnait la vie. Les nuages moléculaires étaient les objets les plus massifs de l'univers, et ils mijotaient depuis plus longtemps qu'existaient les étoiles. Le *Lancer,* dans sa course, perça un trou dans celui-ci, laissant derrière lui des filaments incandescents. Devant lui, brillant faiblement à travers le brouillard fumeux de la soupe chimique, Ross 128 grossissait lentement.

SEPTIÈME PARTIE

2061 La Terre

1.

C'est au milieu de l'après-midi qu'arrivèrent les six deltaplanes, qui, après avoir fait un passage à basse altitude et repris de la hauteur, atterrirent dans une formation en V impeccable, sur l'étendue rocheuse et plate du sud de l'île. Les turbines avaient à peine arrêté leur sifflement depuis quelques minutes que trois escouades d'infanterie, des soldats rapides et minces, débouchaient sur la plage.

Warren observait leur arrivée depuis l'abri des premières rangées d'arbres, assis non loin du vigilant Chinois. L'homme l'avait obligé à transporter l'appareil radio et ses batteries de l'endroit où ils étaient cachés, au milieu des buissons, jusque sur la plage, d'où il avait pu guider les appareils. Guijan cria quelque chose aux soldats, qui refluèrent du bord de l'eau, où les Raseflots auraient pu les apercevoir. La première escouade s'empara de Warren, et sans rien dire le conduisit vers le sud. Sur l'aire d'atterrissage, des hommes et des chariots élevateurs déchargeaient du matériel et élevaient des constructions, et personne ne lui jeta un regard tant soit peu appuyé. Il fut ainsi conduit jusqu'à un minuscule bâtiment qui venait d'être déposé sur le sol rocheux, et enfermé dedans.

C'était une construction légère en tôle forte, de trois mètres carrés, avec trois fenêtres condamnées par un gros grillage métallique. Il y avait une chaise de bois trapue, une natte posée à même le sol en guise de matelas, et l'ampoule de cinquante watts qui pendait du plafond ne fonctionnait pas. La première chose que fit Warren fut de goûter l'eau de la cruche : elle était tiède et métallique. Un simple seau tenait lieu de toilettes.

Il ne voyait pas grand-chose à travers les fenêtres, mais les bruits caractéristiques du déchargement continuèrent longtemps. La nuit tomba. Pas très loin de sa cahute, un moteur démarra, et il se demanda pendant quelques instants s'il s'éloignait ou se rapprochait, jusqu'à ce qu'il se rendît compte qu'il tournait régulièrement. Il toucha la commande électrique du mur, et une lueur affaiblie emplit la pièce ; il en déduisit que c'était le générateur qu'il entendait. Dans la pauvre lumière, le mobilier de sa prison prenait une apparence sinistre.

Un peu plus tard, un soldat athlétique lui apporta un plat de légumes bouillis. Warren le mangea lentement, dégustant oignons, carottes, épinards et tomates comme des friandises, de façon à bien ressentir le goût de chacun. Il lécha le plat jusqu'à ce qu'il n'y eût plus rien, puis but un peu d'eau. Plutôt que de rester assis à se demander ce qu'il allait devenir, il s'allongea sur la natte et s'endormit.

C'est le même garde qui vint le réveiller à l'aube, pour lui donner un repas identique, mais froid, cette fois-ci. Warren ne l'avait pas terminé qu'il était déjà de retour, et le mettait brutalement debout. Puis il le fit avancer à grands pas au milieu des installations, dans la lueur encore incertaine du matin. Warren essaya de mémoriser du mieux possible la disposition et la taille des bâtiments ; le garde le dirigeait sur le plus grand d'entre eux, une construction en matériaux préfabriqués, peint en couleurs camouflées pour se confondre avec la jungle. La première pièce était un bureau. Guijan s'y trouvait assis sur l'une des quatre chaises fragiles qui meublaient l'endroit, et un homme de haute taille, Chinois ou Japonais, se tenait debout derrière un bureau de contre-plaqué.

« Vous connaissez le sergent Guijan ? Bon, parfait, asseyez-vous. » Il contourna d'un pas vif son bureau et vint offrir une chaise à Warren, puis retourna s'asseoir à sa place, tandis que le marin l'observait. Chaque mouvement de l'homme avait quelque chose de coulant, comme s'il conservait le poids de son corps dans un équilibre tel qu'il pût à tout moment adopter une attitude de défense ou d'attaque, si le besoin s'en était fait sentir.

« Je vous en prie, détendez-vous », reprit-il. Warren s'aperçut qu'il s'était assis sur l'extrémité de sa chaise. Il s'y enfonça, profitant de son geste pour localiser le garde, debout dans le coin le plus éloigné par rapport à lui, à plus de deux mètres.

« Comment vous appelez-vous ?

– Warren.

– Vous n'avez qu'un seul nom ? demanda l'homme avec un sourire.

– Vos hommes non plus ne se sont pas présentés. Je ne pensais pas qu'il fallait faire tant de manières.

– Je suis persuadé que vous vous rendez compte de la situation, Warren. Pour ma part je me nomme Tseng Wong. Etant donné que nous n'utilisons que des noms simples, vous n'avez qu'à m'appeler Tseng. » Il parlait de façon hachée, et les mots sortaient de sa bouche comme de petits objets ronds qui seraient restés suspendus dans l'air.

« Je constate que vous avez dû passer par de terribles épreuves.

– Pas tant que ça. »

Tseng eut une moue. « Pourtant à voir l'espèce de... (il chercha ses mots) de tic que vous avez au visage, j'ai tendance à croire.

– Quel tic ?

– Peut-être ne vous en rendez-vous plus compte. Vous avez une contraction de l'œil et de la bouche dans la partie gauche de votre figure.

– Je n'ai jamais eu ça. »

Tseng jeta un bref coup d'œil à Guijan, puis revint sur Warren. Il se passait quelque chose qu'il n'appréciait pas beaucoup, et il se retrouva en train de se concentrer sur son visage, attendant la manifestation de quelque signe bizarre. Peut-être que...

« Bon, n'insistons pas, ce n'était qu'une remarque en passant, après tout. Mon intention n'est pas de vous critiquer mais au contraire de vous demander votre aide, en premier lieu, et en second lieu de vous sortir de cette île épouvantable.

– Vous auriez pu le faire depuis un bon moment, déjà ; Guijan avait la radio.

– Sa mission était prioritaire. Vous êtes fasciné par le même problème, n'est-ce pas, Warren ?

– J'ai comme l'impression que mon problème, c'est vous et vos gens.

– Je crains que votre long séjour dans ces conditions extrêmes n'ait faussé votre jugement, Warren. Je crois également que vous surestimez vos capacités à survivre sur cette île pendant longtemps. Vous et le sergent Guijan vous en êtes bien sortis, mais à terme, je... »

Tseng s'interrompit lorsqu'il comprit l'expression de mépris qu'indiquait la bouche de Warren, dont le coin remontait de plus en plus.

« J'ai trouvé la caisse de vivres que Guijan avait cachée dans les broussailles, dit Warren. Vous n'y connaissez rien à la manière de survivre dans un endroit pareil. »

Tseng se leva, grand et raide, et alla s'appuyer contre le mur du fond du bureau ; si son attitude avait ainsi quelque chose de moins officiel, elle obligeait en revanche Warren à lever les yeux pour lui parler.

« Je vous ferai l'honneur de vous parler en toute franchise. Mon gouvernement – ainsi que plusieurs autres, croyons-nous – se doute depuis quelque temps que la population des extraterrestres est composée de deux espèces distinctes. L'une – les Essaimeurs – est capable d'agir en masse, d'une façon pratiquement instinctive, et leur action est particulièrement redoutable pour les bateaux. L'autre – celle des Raseflots – est bien plus intelligente ; elle est aussi capable de s'exprimer. Nos vaisseaux de recherche n'obtiennent cependant aucune réaction de leur part. Ils ignorent nos tentatives pour communiquer avec eux.

– Vous avez encore des bateaux ? » demanda Warren.

Pour la première fois, Guijan prit la parole. « Non. Je me trouvais sur l'un des derniers à avoir coulé. On nous a repêchés avec des hélicoptères et puis...

– Inutile de rentrer dans ces détails, le coupa Tseng sans élever la voix.

– Ce sont les Essaimeurs qui vous ont fait couler, pas les Raseflots », remarqua Warren. Ce n'était pas une question, mais une affirmation.

« L'intelligence des Raseflots est restée une hypothèse, reprit Tseng, jusqu'à ce que nous ayons ces rapports disant qu'ils recherchaient les personnes isolées. Des gens en perdition sur une chaloupe, en général, mais parfois aussi des promeneurs sur une côte déserte.

– Question de sécurité pour eux.

– Apparemment. Ils évitent les Essaimeurs, ils évitent les bateaux ; les contacts isolés sont tout ce qui leur reste. Ce fut vraiment stupide de notre part de ne pas y avoir pensé plus tôt.

– Ouais. »

Tseng eut un léger sourire. « Les choses apparaissent de façon toujours plus nette – comment dites-vous ? – dans le rétroviseur.

– Hum.

– On dirait en tout cas qu'ils ont appris des bribes d'allemand, de japonais et d'anglais au cours de leurs diverses rencontres individuelles. Les Raseflots auraient échangé entre eux ce qu'ils auraient appris et ainsi augmenté leur vocabulaire global avec chaque nouveau contact.

– Sans cependant savoir que les mots appartenaient à des langues différentes, ajouta Guijan.

– Peut-être eux-mêmes n'en ont-ils qu'une, dit Warren.

– C'est ce que nous en avons conclu, reprit Tseng. J'ai pris connaissance de votre, euh, sommaire. À notre connaissance, personne n'a jamais poussé le contact aussi loin que vous.

– Il y en a une bonne partie qui ne signifie pas grand-chose », fit observer Warren. Il voyait bien où Tseng voulait en venir, mais ça n'avait aucune importance. S'il voulait obtenir des informations, il allait devoir lui-même en donner.

« Les premiers contacts confirment certains éléments de votre rapport.

– Eu-eu.

– On prétend que les Essaimeurs peuvent aller à terre.

– Eu-eu.

– Comment l'avez-vous appris ?

– C'est dans le truc que j'ai écrit. Le truc que Guijan m'a volé. »

Le sergent se défendit véhémentement. « C'est vous qui me l'avez montré. »

Warren lui lança un regard dénué d'expression que l'autre lui rendit, avant de détourner les yeux au bout de quelques instants.

« On ne va pas se disputer pour ça ; après tout, nous travaillons tous sur le même problème.

– D'accord », dit Warren. Il s'était arrangé pour détourner la conversation de la question sur la façon dont il avait appris que les Essaimeurs se rendaient à terre. Tseng avait le sens de l'argumentation ; il était bien meilleur que Guijan sur ce point, et il valait mieux se tenir à l'écart de certains sujets. De lui-même, Warren ajouta : « Je me demande si le fait d'aller à terre ne fait pas partie de leur, euh, de leur évolution.

– Vous voulez parler de leur développement ?

– Ils ont dit quelque chose, le dernier jour que je les ai vus, à propos d'une lumière de mort. Une lumière de mort qui se serait abattue sur la Terre et à laquelle seuls les Essaimeurs auraient pu survivre.

– Une lumière venue des étoiles ?

– C'est l'impression que j'ai. Elle vient de temps en temps, et c'est pour cette raison que les Raseflots ne vont jamais à terre. »

Tseng se redressa, et commença à marcher de long en large devant le mur du fond. Warren se demanda s'il savait que des Essaimeurs avaient déjà été à terre sur un îlot voisin. Rien n'indiquait qu'il était au courant, et il dit simplement, comme se parlant à lui-même : « Tout cela concorde avec les rapports des premiers survivants. Nous pensons avoir trouvé ce que cela signifie : que leur étoile est irrégulière. Elle lâche des bouffées d'ultraviolets. Les Essaimeurs ont un système nerveux simple, un cerveau plus petit. Ils peuvent survivre à un fort rayonnement d'U.V.

– Pendant environ deux années de leur planète, d'après les Raseflots, murmura Warren. Mais vous vous trompez ; les Essaimeurs ne sont pas idiots.

– Leur tête est avant tout une masse osseuse.

– C'est pour pouvoir tuer les animaux de grande taille, ceux qui se trouvent à la surface de leur océan. Quelque chose comme des baleines, je suppose. Peut-être restent-ils en surface pour capter les U.V., que sais-je ?

– Les Essaimeurs leur fonceraient dessus, et lanceraient leurs espèces de filet autour ? Pour les faire couler ?

– Ouais ; exactement comme ils font avec nos propres vaisseaux.

– Erreur de cible. Ils pensent que nos navires sont des animaux.

– Vous savez ce que font les Essaimeurs ? Ils entraînent les gros animaux flottant par le fond, et mangent une sorte de gousse qui se trouve dedans. C'est ce qui déclenche le processus qui les fait aller à terre.

– Si nous pouvions trouver un moyen de les empêcher de confondre nos bateaux avec...

– Mais ils vont sur terre, actuellement, l'interrompit Guijan. Ils sont en train de passer au stade suivant.

– Eu-eu. » Warren étudia les deux hommes, et essaya de deviner s'ils savaient quelque chose qui aurait pu lui être utile. « Ecoutez, qu'est-ce qu'ils font lorsqu'ils vont à terre ? »

Tseng lui jeta un regard inquisiteur. « Et qu'est-ce qu'en disent les Raseflots ?

– Dans la mesure où j'ai bien compris, les Essaimeurs ne sont pas stupides, du moins quand ils passent au stade terrestre. Ils fabriquent des machines et des trucs pour les Raseflots. En fait, ils appartiennent à la même espèce. Il leur pousse des mains et des pieds et les Raseflots ont une façon de leur expliquer – en chantant – comment ils doivent procéder, faire des batteries, des outils, tout ça, quoi. »

Tseng observa Warren pendant un bon moment. « Une sorte de rupture dans le processus évolutif ? La vie s'efforçant de quitter les océans, mais y revenant lors des éruptions solaires ? » Tseng s'inclina en avant, et s'appuya des poings sur le bureau grisâtre. Il dégageait une impression de force ; et un besoin désespéré de quelque chose.

« Peut-être tout a-t-il commencé, reprit Warren, quand les Essaimeurs ont remonté les plages en rampant pour aller pondre leurs œufs, ou que sais-je encore. Ils avaient de bonnes chances d'être de retour à la mer avant l'éruption solaire suivante. Puis les Raseflots ont commencé d'inventer des instruments, et ont compris qu'ils allaient avoir besoin de certaines choses qui se trouvaient sur les continents, ou bien de faire du feu, par exemple. Ils se sont donc servis des Essaimeurs, les jeunes de leur espèce, pour les aider. Peut-être...

– Le fort rayonnement en U.V. a pu accélérer la vitesse de leur évolution. Peut-être les Essaimeurs devenaient-ils plus intelligents, au cours de leur deuxième phase, sur terre, là où cette intelligence pouvait être utile pour fabriquer des outils. Oui, pourquoi pas... »

Tseng échangea un regard intense avec Guijan. « C'est toujours possible. Mais je pense qu'il y a autre chose. Ces créatures sont ici dans un but précis, qui va beaucoup plus loin que pourrait le laisser penser ce charmant traité d'histoire naturelle qu'on nous a raconté – raconté ou fait gober. »

Tseng se tourna de nouveau vers Warren. « Nous avons mis au point des méthodes de communication ayant une relative efficacité, comme vous vous en êtes probablement douté. J'ai reçu l'ordre de trouver le moyen d'approcher la question plus systématiquement. » Il s'exprimait avec animation et conviction, comme s'il avait déjà digéré les informations de Warren, et les avait classées. « Votre méthode va entrer dans la résolution globale du problème. C'est malheureusement une technique idiosyncratique, et je doute qu'il soit possible de l'enseigner à nos hommes. À des gens comme le sergent Guijan, par exemple. (Il avait un ton de mépris évident dans la voix en disant cela.) En attendant, je ferai appel à vos services si nécessaire, Warren.

– Eu-eu. »

L'officier prit une carte marine dans le tiroir du bureau et la lança à Warren. « Je pense que vous en aurez besoin pour écrire votre rapport.

– Mon rapport ?

– Un compte rendu de vos interactions avec les extraterrestres. Je dois en faire parvenir la copie à mes supérieurs. Je suis sûr qu'il est de votre intérêt réel de le faire aussi précis que possible, expliqua-t-il avec un sourire dépourvu d'émotion. Si vous pouviez repérer l'endroit où votre bateau a coulé, peut-être pourrions-nous même trouver d'autres survivants. »

Vaine promesse, se dit Warren qui, après avoir réfléchi, répondit : « Je me demandais justement, monsieur Wong, si je ne pourrais pas me reposer un peu. J'aimerais aussi que lorsque le garde m'apportera mon repas, il me laisse le temps de le manger tranquillement. Après tout ce temps passé sur l'océan, mon estomac est en quelque sorte délabré, et je dois procéder lentement.

– Bien sûr, bien sûr. » Cette fois-ci, le sourire de Tseng n'avait plus rien de forcé. Warren comprit qu'il prenait plaisir à accorder des faveurs et qu'il avait le sentiment d'avoir bien jugé de la situation.

« Croyez bien que j'apprécie, monsieur Wong », fit le marin, du ton qu'il fallait – afin que l'officier le cataloguât une fois pour toutes et n'y pensât plus.

2.

Il travailla pendant deux jours sur son rapport. Le garde lui avait fourni un bloc de papier et un bout de crayon. Tseng lui avait demandé d'écrire en anglais, ce qui l'avait fait sourire. Sans doute imaginait-il que tout bon marin devait parler plusieurs langues. Mais Warren s'était toujours très bien débrouillé avec une seule, et en apprenant quelques mots des autres ici et là. De toute façon on apprend davantage en observant le comportement des gens qu'en écoutant leurs discours.

Il n'avait jamais été très fort pour ce qui était de s'exprimer par écrit, et il avait beaucoup de mal à mettre au net bien des aspects de ce qu'il avait appris des Raseflots. Il travaillait dans sa cellule, non sans rester attentif à tout ce qui était bruit de nouveaux moteurs ou de déplacements d'objets encombrants. Il lui était bien difficile de se faire une idée de ce que fabriquaient les équipes. Il était content de pouvoir rester à l'ombre, dans sa prison, à réfléchir, ou à manger les repas qu'on lui apportait et qu'il mâchait longuement, jusqu'à ce que le goût disparût.

Le même garde athlétique au menton fuyant qui s'occupait de lui depuis le début le conduisait une fois par jour jusqu'à la plage, Warren portant son seau hygiénique. L'homme ne lui laissait pas le temps d'enterrer ses déjections, et l'obligeait à tout jeter à l'eau. En revanche, il restait à l'abri des buissons qui bordaient la plage tandis que Warren s'avançait jusqu'au bord du lagon. Sans doute le garde avait-il ordre de ne pas se montrer à découvert sur la plage, supposa Warren. Sur le côté sous le vent de l'île, on trouvait beaucoup d'herbes sèches et des traces de ravinement. Des cours d'eau à sec allaient se jeter sur des plages en demi-lune, et le marin put voir que les soldats y avaient amarré divers bateaux de faible tirant d'eau. Des tentes avaient été dressées dans certains ravins, mais la plupart d'entre elles étaient vides. C'était par l'un de ces ravins que le garde le raccompagnait. Le radeau de Warren était tiré au sec, au-dessus de la ligne des plus hautes eaux, mais on ne l'avait ni attaché ni lesté.

Sur le chemin du retour, le second jour, il vit des sternes d'un noir de suie, planant face au vent, lançant leur cri mélancolique. Certaines nichaient dans les rochers sous le vent, d'autres dans les parties herbeuses exposées aussi au vent. Les sternes plongeaient sur les têtes des hommes en train de ramasser les œufs dans les anfractuosités rocheuses. Les oiseaux croassaient et venaient frôler les pillards, mais ces derniers n'y prêtaient pas attention.

Le matin suivant, le garde au menton fuyant revint tout de suite après lui avoir apporté le petit déjeuner, et Warren dut ranger sa natte en vitesse. L'homme ne pénétrait jamais dans la cellule, à cause de l'odeur que dégageait le seau, placé à côté de la porte. Il s'était aperçu que Warren ne parlait pas un mot de chinois, si bien qu'au lieu de lui donner des ordres, il se contentait de lui indiquer telle ou telle direction de la main. Ce jour-là, ils partirent vers le nord.

Tseng était en train de surveiller une équipe au travail en un point situé à mi-chemin du sommet de la minuscule chaîne qui coupait l'île en deux. Il salua Warren d'un mouvement de tête, et fit signe au garde de rester à proximité.

« Alors, ce rapport ?

– J'en ai presque terminé.

– Parfait. Je le traduirai moi-même. Faites en sorte qu'il soit lisible.

– J'ai écrit en caractères d'imprimerie.

– Exactement comme les Raseflots.

– Ouais.

– Nous avons copié vos méthodes, figurez-vous, et jeté plusieurs messages dans le lagon. » L'officier indiqua une direction au nord de la passe qui s'ouvrait dans le récif. Depuis la hauteur où il se tenait, on pouvait parfaitement distinguer, sur le fond sablonneux et clair, les ombres qui s'y déplaçaient. Le vert tendre du lagon faisait comme un anneau d'émeraude contrastant avec l'outremer qui s'étendait jusqu'à l'horizon. « Pas de réponse, ajouta-t-il au bout d'un instant.

– Et comment les leur avez-vous fait parvenir ?

– Trois hommes, dont deux en armes, pour des raisons de sécurité. Il y a eu tellement d'accidents qu'ils ont peur de s'aventurer sans protection.

– Ils se servent de ça ? » demanda Warren en montrant du doigt une embarcation échouée sur le sable, en bas de l'endroit où ils se trouvaient.

« Oui. Je vais compléter cette initiative par des systèmes acoustiques. Ils devraient d'ailleurs – tiens justement les voici. » Un bourdonnement arriva du sud, et un bateau à moteur apparut dans le lagon, laissant derrière lui un sillage blanc. Il coupa tout droit au milieu des récifs et des bancs de sable ; à l'arrière, un énorme ventilateur tournait dans le soleil, envoyant des éclairs dorés.

« Nous allons disposer de tout un réseau acoustique. Une méthode pleine de promesses.

– Vous tirez quelque chose de tout ça ? »

Tseng mit une main en visière pour se protéger de l'ardeur du soleil et se tourna vers Warren avec un sourire. « Leurs “chants” à haute fréquence constituent leur méthode de base pour communiquer. Nous avons déjà acquis beaucoup d'expérience avec les dauphins ; nous sommes capables d'avoir des conversations avec eux – sur des sujets simples, bien entendu. L'essentiel de ce que nous savons sur les mouvements des Essaimeurs et des Raseflots vient des dauphins.

– Ecoutez, pourquoi faire les idiots avec tous vos machins ? fit Warren avec vivacité. Laissez-moi y aller et je leur demanderai ce que vous voulez ! »

Tseng acquiesça d'un mouvement de tête. « Je finirai sans doute par m'y résoudre. Mais vous devez comprendre que les Raseflots ont certaines raisons pour ne pas vous dire tout ce qui est important.

– Par exemple ?

– Hep toi », fit Tseng en claquant des doigts à l'intention d'un aide qui se trouvait à quelques pas. Le soldat lui tendit un porte-documents. Tseng en tira un jeu de photographies et les tendit à Warren. La première montrait un buste de femme, pris en couleurs. Son estomac et sa poitrine étaient couverts de marques et de petites bosses blanchâtres, se détachant sur la peau ambrée. L'une des grosseurs affectait le mamelon de son sein gauche, tout gonflé.

Warren passa à la photo suivante, puis à la suivante. Les bosses étaient à chaque fois plus grosses et plus blanches.

« C'est extrêmement douloureux », fit Tseng d'un ton détaché. « Il s'agit d'une sorte de larve qui s'enfonce dans un pli cutané enflammé ; le processus prend à peine une journée. La larve est plus grosse près de la peau, et armée de piquants jaunes pointus. Elle tourne sur elle-même en se nourrissant. Les piquants irritent les nerfs, et la victime ressent une douleur soudaine et affreuse. Un jour encore, et elle devint hystérique et essaye d'arracher la larve. Celles-ci sont petites. D'après certains rapports, il en existe de bien plus grosses. »

Sur l'un des clichés, les plaies, ouvertes, laissaient s'écouler le sang et du pus blanc. « C'est comme une tique, dit Warren. Il faut la brûler, se servir d'iode. Ou la recouvrir d'un bandage adhésif pour qu'elle ne puisse plus respirer. »

Tseng soupira. « À la moindre attaque de ce genre, la larve injecte un produit, nous ne savons pas encore quoi, dans le sang de sa victime, ce qui la paralyse et l'empêche de continuer à se soigner.

– Eh bien, si vous…

– Selon toute apparence, ces larves ne respirent pas. Elles prélèvent directement leur oxygène dans le sang de leur hôte. Si l'on s'attaque à leurs piquants, une fois que les crochets sont en place, elles émettent leur toxine paralysante, mais aussi quelque chose d'autre qui contient l'équivalent d'un œuf afin que d'autres larves puissent aller se développer plus loin. Tout ça en quelques minutes. »

Warren secoua la tête. « Jamais entendu parler d'une bestiole de ce genre.

– Elles proviennent des Essaimeurs. Quand ils vont à terre. »

Warren observa le bateau à moteur qui allait et venait méthodiquement sur le lagon, son ventilateur tourbillonnant. Il secoua de nouveau la tête. « Est-ce que ça a quelque chose à voir avec leur accouplement ? Je ne vois pas. Ça n'a pas de sens. Les Raseflots…

– Ils n'en ont jamais parlé. Intéressant, non ?

– Peut-être qu'ils ne savent rien.

– Ça paraît invraisemblable.

– Qu'est-ce que vous cherchez donc à écouter ?

– Les contacts entre les Raseflots et les Essaimeurs. Nous voudrions nous faire une idée de leurs rapports.

– N'avez-vous aucun moyen de lutter contre ce ver, de l'éliminer ?

– Ce n'est pas exclu. Les centres médicaux européens travaillent là-dessus en ce moment. Mais il y a d'autres maladies, qui se répandent à partir de points de contact comme Ning-Po et Macao.

– Il y a peut-être moyen de les arrêter.

– Ces cochonneries sont partout. Elles vont à terre, et leurs larves sont transportées par les oiseaux, les animaux, que sais-je encore ? C'est pourquoi nous avons pris dans nos réserves de carburant pour venir aussi loin.

– Dans les îles ?

– Ce n'est que dans des endroits isolés que l'on peut espérer des contacts. Tous les incidents de cette catégorie se sont produits dans le bassin du Pacifique. C'est pourquoi il y a des avions japonais pas loin d'ici, mais aussi des Soviétiques et des Américains. Vous êtes américain, n'est-ce pas ?

– Non.

– Ah ? J'avais pourtant l'impression – mais peu importe. Les autres puissances sont désespérées. Elles ignorent presque tout de ce qui se passe, et envient notre position à la pointe de l'information. Avez-vous remarqué nos installations, au sud ? »

Tseng accompagna ces derniers mots d'un geste. Warren aperçut, sur la pointe rocheuse la plus haute de l'île, un groupe de formes élancées, disposées en éventail, entaillant le ciel de leurs silhouettes. « Missiles antiaériens, reprit le Chinois. Nous n'aimerions pas que quelqu'un d'autre vienne à exploiter ce site.

– Hum. »

Le bateau à moteur ronronnait, se dirigeant vers la côte est. Warren examina un peu mieux l'île, notant les endroits où des tentes avaient été dressées et où allaient et venaient des équipes d'hommes ; par endroits, la jungle ne permettait pas de voir ce qui se passait.

« Si vous étiez malin, vous ne vous serviriez pas d'un bateau à moteur dans le lagon.

– Les hommes refuseraient d'y aller sans quelque moyen pour revenir très vite. Je comprends leur peur. J'ai vu moi-même. »

Un aide s'approcha, tirant une caisse. Il se mit à parler en chinois, à toute vitesse. Pendant que Tseng lui répondait, Warren observait le bateau, qui passait maintenant à proximité de la barre de sable. Des ombres filèrent en dessous, formes noires élancées dans l'eau lumineuse émeraude.

« Les bateaux ont trouvé quelque chose d'inhabituel », fit Tseng en faisant signe au soldat d'ouvrir la caisse. « Elle a été drossée sur les récifs. »

À l'intérieur, encore mouillés, se trouvaient trois blocs blancs rhomboédriques. Warren s'accroupit et en toucha un. Léger, de couleur perle, ses angles présentaient un dessin irrégulier.

« Sans doute du matériel d'emballage, remarqua Tseng.

– Drôle de produit, dit Warren. Irrégulier, sans plis apparents.

– Pourraient-ils venir du naufrage de votre bateau ? Peu importe. Je n'ai plus une minute à vous consacrer, monsieur Warren – peut-être préféreriez-vous que l'on s'adresse à vous par votre garde militaire ?

– Je n'en ai aucun.

– C'est du moins ce que vous prétendez », fit le Chinois en adressant un signe de tête au garde. « Au revoir. »

Cette nuit-là, il sentit au-dessus de lui une chose noire dont le martèlement allait et venait, coupant les rayons de soleil de son ombre. La chose nageait très mal, se déplaçait en ligne droite sans onduler, raide et artificielle, et laissa tomber sur lui des morceaux de métal, lourds et puants. Le râle régulier et létal venant d'en haut coupait et brûlait. Un bourdonnement irritant le pénétrait, faisait douloureusement grincer ses dents ; il se tourna de côté. Puis il s'éleva pour se retrouver haut au-dessus de ce qu'il voyait maintenant être un moteur. Il sentit l'alimentation en carburant avoir des à-coups, le grondement du moteur ralentir et se rendit compte que les bougies fonctionnaient mal.

De soudaines pensées le traversaient. Oui, c'était cela : rien n'allait normalement. Les humains étaient de grands parleurs, mais ici en bas, dans la pénombre salée, il pouvait les apercevoir en surface, sur la rive ou dans leurs bateaux bruyants, en train d'agiter leur bouche sans résultat, raides et distants, leurs mâchoires travaillant pour rien, des humains en uniforme – mais uniforme était synonyme d'identique, et comment pouvait-on désirer cela ? –, les mots tombant morts dans le vide qui le séparait. À Tokyo, il n'avait jamais appris un seul mot de japonais, et il n'avait guère été gêné par Guijan qui, ici, avait joué les muets ; les Chinois essayaient maintenant de parler aux Raseflots – qui eux-mêmes voulaient quelque chose qu'ils ne pouvaient exprimer – et chaque forme de vie avait son propre langage.

Il se retourna de nouveau et sentit sa femme endormie près de lui, chaude et humide, puis montée sur lui de la manière qu'elle aimait. Elle pesait sur son corps, elle aussi comme les morceaux de métal que la machine pétaradante laissait couler dans le lagon, plombs noirs filant vers le fond. Elle roulait sur lui sans contrainte, lourde et douce cependant, et ses cheveux, soyeux et fins, venaient lui caresser le visage, lui effleurer les yeux. En se déplaçant dans l'ombre, son visage se réduisait à une intersection de plans, délicate et blanche, et il prit une mèche de cheveux dans sa bouche pour la goûter. Leur parfum salé et musqué était le même que celui de son sexe, plus bas. Il toucha les plans renversés de son corps, puis se souvint qu'elle s'était détachée de lui, lors même qu'il ne désirait rien de plus au monde que de sentir son poids. Avec ses cheveux balayant son visage, ses cheveux au goût de sel et de musc. Elle avait renoncé à tout cela depuis des années, et était maintenant un homme. La douceur s'était transformée en paquets de muscles et d'organes – plissant les yeux pour la (le ?) regarder au loin sur la plage, il n'avait pas pu dire, c'était juste une tache noire, et au fond les organes n'étaient qu'un détail, c'était la décision de changer qui créait l'incontournable différence. Il ne désirait que son poids sur lui, et sa chevelure allant et venant, avec son goût.

Lorsqu'il s'éveilla, il était trempé de sueur. Il chercha à tâtons le plateau relevé de la table, du côté du mur le plus loin, et le contact rassurant de la surface de bois lisse lui rendit le présent : plus besoin de s'appesantir sur le passé. Il n'avait cependant pas oublié le halètement rauque au-dessus, la chute des morceaux de métal froids, et il savait maintenant qu'ils avaient en horreur ce qui se passait actuellement dans le lagon.

Elle revint s'allonger sur lui comme il ressentait de nouveau le poids de la colonne d'eau peser sur sa poitrine et se demandait l'effet que cela faisait de vivre dans un élément limité par une frontière au-dessus de soi, une barrière à franchir pour regarder par-delà **s'élever et jaillir depuis le creux du Monde** avec des forces en mouvements dans l'élément impalpable au-dessus de l'eau, des nuages, ces choses dont la présence prouvait qu'il y avait au moins deux éléments dans l'univers, première identification de la matière qu'il est possible de maîtriser **firent les outils que nous connaissons** que l'on pouvait utiliser le moment voulu **les nuages ouverts, on peut voir des lumières** luttant pendant longtemps pour pouvoir aller à terre, là où les choses sont toujours sèches et où l'on peut apprendre davantage de science **firent les premiers objet de sable durci par le feu** et l'on regardait toujours vers le ciel, on étudiait les étoiles **tandis que l'on recueillait la lumière** et ainsi on apprenait l'origine lointaine **des pierres tombant dans le Monde.** Elles avaient été jetées dans un Monde faux – un vaisseau – et déportées. Survivre à un voyage qui devait durer de nombreuses années à l'intérieur d'une machine automatique exigeait une organisation sociale forte, **quand les animaux qui n'étaient pas vivants mais qui avalaient** des sortes de robots-chasseurs, peut-être ? les avaient emportés loin de la mer natale et avaient commencé à les transformer, bouleversant leur période d'accouplement, leur mode de naissance, **eaux amères** qui donnaient d'autres nouveau-nés, **leur chant s'éloigne de nous** en tuant beaucoup, jusqu'à ce que finalement ils retrouvent la fraîcheur des courants et nagent, affaiblis, dans un nouvel océan, un océan étranger **comme notre Monde mais qui n'est pas notre Monde,** les jeunes se dispersent et se comportent bizarrement, ils attaquent les vaisseaux au lieu de participer aux chasses génétiquement programmées des gros animaux de surface. Dans leur océan natal, ces chasses déclenchaient l'exode vers la terre ferme ; mais sur la Terre, le processus n'était qu'une grotesque caricature qui avait chassé tous les bateaux de la mer, et les jeunes souffraient maintenant de toutes sortes de maux, tandis que les anciens, les Raseflots, s'efforçaient de mettre de l'ordre dans ce chaos, de surmonter leur désespoir. Ils avaient dégagé la zone près de l'île **nous avons repoussé les jeunes, nous sommes épuisés mais non détruits** mais maintenant c'était aux humains de jouer, pas les humains dans les bateaux **nous vous trouvons dans la peau que vous aimez nous ne pouvons pas chanter pour vous** sauf sur cette île et peut-être les Raseflots pourraient s'adresser aux humains s'ils étaient seuls **votre espèce ne peut entendre que si vous êtes seul** mais les Raseflots étaient de moins en moins nombreux, ils ne pourraient protéger éternellement l'île, **ils allaient être détruits par vous, et pourtant il y en a beaucoup beaucoup** et Warren sentit leur désespoir d'avoir entendu du bateau à moteur dans le lagon, un signe pour les Raseflots que les humains de l'espèce aveugle et muette étaient de retour, des humains n'en sachant pas assez, qui seraient incapables d'empêcher les Essaimeurs d'attaquer **ils ont faim maintenant des peaux-qui-coulent** comme ils l'ont été jusqu'ici **ils sont folie pure, ils viennent et ils vous mâchent jusqu'au dernier.**

Il se tourna et se retourna, se heurtant au mur, et finit par s'éveiller. Il tendit la main vers sa femme, mais elle était partie. Il avait les nouvelles pensées, il comprenait davantage de choses, oui – et dans la fraîcheur qui précède l'aube, il se recroquevilla en une boule serrée, cherchant de nouveau le sommeil, car il n'avait jamais été aussi heureux dans toute sa vie qu'au cours de ce rêve.

Un peu avant l'aube, sa cellule se mit à trépider et un puissant roulement descendit du ciel. Il se réveilla et regarda à travers les fils de fer torsadés de la fenêtre. Très haut dans l'obscurité, des choses lumineuses dégringolaient et explosaient, créant des auréoles de bleu et d'écarlate, avant de s'évanouir dans le néant. Des grondements sourds et lointains arrivaient longtemps après la disparition des lumières, puis le bruit allait en diminuant et finissait par se confondre avec celui des récifs.

Pendant la matinée, le soldat au menton fuyant revint prendre l'écuelle que Warren avait parfaitement nettoyée. Le soldat n'aimait pas son travail et il gifla Warren par deux fois pour lui montrer dans quelle direction il devait marcher. Ils commencèrent par se rendre à la plage avec le seau hygiénique, qui contenait davantage que d'habitude car l'organisme de Warren commençait à ne plus garder tout ce qu'il absorbait. Depuis la plage, il put voir les petits bateaux à moteur ancrés près de la rive en train de mettre des caisses à l'eau qui iraient se déposer sur le fond et d'où, Warren en était sûr, elles retransmettraient tout ce qui était bruit et mouvement.

Le garde le conduisit ensuite jusqu'au nord de l'île, hors de vue des récifs. Tseng se trouvait là, au milieu d'un groupe de personnes, et tous étaient en train d'observer les eaux émeraude du lagon depuis l'abri des arbres.

« Vous les voyez ? » demanda Tseng à Warren, lorsque celui-ci fut à ses côtés. Warren regarda par-delà la brillante bande de sable qui faisait mal aux yeux et vit les silhouettes d'un bleu d'argent en train de bondir.

« Qu'est-ce que... Pourquoi font-ils cela ? demanda-t-il.

– Nous leur renvoyons leurs signaux acoustiques. C'est une sorte d'expérience.

– Pas très subtil.

– Oh ? fit Tseng avec une note d'intérêt dans la voix. Pourquoi ?

– Je ne peux pas véritablement vous l'expliquer, mais je...

– C'est une façon de faire des progrès. Nous leur faisons repasser leurs chants, en les modulant de façon appropriée, et nous observons leurs réactions. En fin de compte, c'est cette approche qui nous a réussi avec les dauphins.

– Ce ne sont justement pas des dauphins.

– Oui, évidemment. » Tseng eut l'air de perdre tout intérêt pour les formes bondissantes dans le lagon. Il se tourna, les mains militairement croisées derrière le dos, et conduisit Warren parmi le groupe des conseillers qui les entouraient. « Vous devez cependant admettre, reprit-il, qu'ils nous donnent une sorte de réponse. »

Warren ne put retenir un juron. « Parleriez-vous à quelqu'un qui n'arrêterait pas de vous boxer ?

– L'analogie n'est pas bonne.

– Ah oui ?

– Néanmoins... » Tseng ralentit, et scruta les eaux étincelantes à travers les palmiers et les buissons. « Vous êtes le seul à avoir été mis au courant de la façon dont ils ont été amenés ici. Capturés puis lancés dans un voyage interminable avant d'être déversés dans l'océan – ça, vous l'avez trouvé. Je n'en avais jamais entendu parler auparavant.

– Eu-eu.

– C'est loin d'être idiot. Des poissons de ce genre – d'accord, ils sont capables d'imprimer des messages. Ils ont montré qu'ils pouvaient aussi se servir de nos épaves pour faire une sorte de presse électrostatique – et cela, même sous l'eau. Bon. Mais construire une fusée ? Un vaisseau susceptible de naviguer entre les étoiles ? Je n'arrive pas à y croire.

– Quelqu'un les a déplacés.

– C'est ce que je commence à me dire. Mais pourquoi ? Pour répandre ces maladies ?

– Je l'ignore. Mais laissez-moi y aller et...

– Plus tard, quand nous serons un peu plus sûrs. Alors, oui. Mais demain, nous avons d'autres expériences prévues.

– Les avez-vous comptés ?

– Non. Il est difficile de les suivre à la trace. Je...

– Ils sont beaucoup moins nombreux, maintenant. Je m'en rends compte. Vous savez ce qui se passera une fois que vous les aurez chassés ?

– Votre tour viendra Warren », fit Tseng en posant une main sur son bras, comme pour l'arrêter. « Je sais que vous avez vécu des moments difficiles sur votre radeau et ensuite ici. Mais croyez-moi, nous sommes capables de... »

Guijan était en train de s'approcher d'eux, des papiers à la main. Il grommela quelque chose en chinois, et Tseng acquiesça. « J'ai bien peur de devoir une fois de plus mettre prématurément fin à notre entetien. Ces incidents, la nuit dernière – vous les avez vus n'est-ce pas ? –, nous concernent plus ou moins, en tant que groupe de recherche – bref, les Américains ont été humiliés, une fois de plus. Nous n'avons eu aucune difficulté à détruire leurs missiles.

– Etes-vous sûrs qu'il s'agissait d'engins américains ?

– Ce sont eux, en tout cas, qui portent plainte. La conclusion n'est-elle pas évidente ? Je crois qu'ils ont découvert, comme peut-être aussi leurs laquais, les Japonais, que nous avions fait beaucoup de progrès. Ils ne demandent qu'à se servir des Essaimeurs et de leurs larves pour assouvir leurs passions impérialistes. Ces messages », ajouta-t-il en agitant les papiers que lui avait donnés Guijan, « sont un peu plus diplomatiques. C'est une sorte d'ultimatum adressé à mon gouvernement par les Japonais. Ha ! Il faut les imaginer ! » Il eut un reniflement de dédain. « Vous pensez qu'ils disposent de forces, à proximité ?

– Peu probable. Mais d'autres puissances, cependant... »

Il resta un instant silencieux, jaugeant Warren du regard. « L'un de nos hommes est porté disparu.

– Non ?

– Nous pensons qu'il a dû aller pêcher en cachette cette nuit. Sur la plage, sans doute. Personne ne serait assez stupide pour se rendre de nuit sur le lagon, pas même un homme de troupe. Si ce n'est qu'il n'est pas revenu.

– Hum. D'habitude, les Raseflots vont au-delà des récifs, à la tombée du jour. De nuit, il ne devrait rien y avoir dans le lagon. De toute façon, pêcher à cette heure est une vacherie.

– Peut-être, mais c'est le genre de chose qu'un soldat ignore. Il avait vraisemblablement envie de manger des produits frais. C'est bien compréhensible. »

Tseng resta un moment silencieux, les sourcils froncés. Puis ajouta, sur un ton officiel : « Je suis persuadé que même vous, pouvez comprendre que la partie que nous jouons n'est qu'un élément de quelque chose de beaucoup plus vaste. La Chine n'a aucune envie de se servir des Essaimeurs contre les autres puissances ; même si elle savait comment s'y prendre.

– Je n'ai jamais entendu parler de quelque chose comme ça.

– Je vous croyais pourtant américain.

– Il ne me semble pas l'avoir mentionné.

– Je vois. Je crois qu'il est temps que le sergent Guijan vous ramène dans votre cellule. »

HUITIÈME PARTIE

Dans les parages de Ross 128

1.

Nigel progressait avec lenteur le long du corridor rocheux. Il préférait les sections à gravité réduite du vaisseau, là où un faux pas n'entraînait qu'un léger déséquilibre et non une chute brutale à se rompre les os. D'autres membres de l'équipage le dépassaient constamment, car il se déplaçait avec une prudence délibérée. Il en reconnaissait d'ailleurs de moins en moins. Il avait passé le plus clair de son temps, depuis le départ d'Isis, à travailler pour lui, et les visages qu'il voyait ne lui faisaient plus venir automatiquement à l'esprit les noms qui y étaient associés. Mais l'un d'eux attira son attention et il ralentit, tendit une main.

« Nigel, dit l'homme, j'aurais préféré que cela se passe autrement. J'ai encore besoin de quelques semaines pour... pour m'habituer. »

D'un seul coup, il sut qui c'était. Les similitudes étaient trop nombreuses, et cependant...

« Carlotta !

– Ecoute, j'avais vraiment l'intention de vous laisser une lettre, à toi et à Nikka, mais au dernier moment, je ne sais pas ce qui s'est passé, je n'ai pas pu arriver à...

– Tu as, tu as... »

Carlotta avait toujours la même ossature solide que n'adoucissaient plus les courbes voluptueuses, mais que renforçaient au contraire des muscles vigoureux. Le visage avait quelque chose de plus carré, mais il en avait néanmoins immédiatement reconnu la structure interne. Et c'était toujours le même sourire de côté, le même mouvement en arrière de la tête lorsqu'elle parlait.

« Ne restons pas ici. Je peux voir que tu... nous avons des choses à nous dire. » Sa voix, plus grave, avait toujours la même pointe d'accent californien.

Il la – non, le – suivit, éberlué et ne sachant pas quoi dire. Ils s'assirent dans une niche qui surplombait la cuve jaune de la « dindorabais ». Carlotta se mit à parler simplement, avec lenteur, donnant ses raisons par le menu. Il avait l'impression de ne rien y comprendre. Les choses devinrent plus claires lorsqu'elle se mit à parler de Nikka.

« Il existe une chose entre les hommes et les femmes, dit Carlotta, non pas plus profonde, peut-être, mais certainement différente des relations qu'ont les femmes entre elles, quels que soient les efforts que l'on fasse... » Il s'interrompit quelques instants et reprit : « Je ne me fais pas bien comprendre, n'est-ce pas ?

– Je... J'ai l'impression qu'indirectement, tu veux dire que tu as fait cela pour Nikka, non ? Que tu es mon rival, maintenant ?

– Ce n'est pas comme cela que je l'aurais dit ; mais si tu tiens à voir les choses ainsi, eh bien, oui. Je l'ai toujours été.

– Mais nous avons couché ensemble, toi et moi...

– Et moi avec Nikka.

– Tu avais compris... je veux dire que... ça marchait bien comme ça, non ?

– Oui. Et pourtant...

– Je n'ai rien contre ça. Ecoute, Ted a bien couché pendant des années avec un type de l'ingénierie biologique, ce qui n'a jamais remis sa position en question. Plus personne n'y fait attention, à l'heure actuelle.

– Tu es en train de me dire que c'est parfait, mais qu'en ce qui me concerne...

– C'est différent.

– Je savais bien que tu ne pourrais pas...

– Comment pouvais-tu imaginer que...

– Attends, Nigel. Attends un peu, c'est tout. Ecoute, quelle est la situation d'une femme dans une expédition de ce genre ? Avoir des enfants et les élever, tu sais le temps que ça prend ; et de toute façon la population du vaisseau doit rester dans des limites précises.

– Raisons purement théoriques.

– Bon, d'accord. Je veux être responsable de... d'une relation. Et non pas être un simple soutien occasionnel. J'avais envie d'essayer ça. De voir ce que c'était que d'être un homme...

– Hum.

– Toi et tes foutus hums ! Bien calé dans ton fauteuil, à tout juger – un grognement tout à fait masculin, Nigel. Eh bien, moi aussi, je veux pousser ce genre de grognement. » Il émit un son vaguement grondant.

Nigel ne put retenir un léger sourire. « Il y a tout de même autre chose, Carlotta, que...

– Carlos. »

Quelque chose dans son intonation fit que Nigel se raidit. « Si c'est pour te mettre entre Nikka et moi, je...

– N'étais-je pas déjà entre vous ?

– Pas de cette façon, en tout cas.

– Pas en tant que "rival" comme tu l'as dit de façon si délicieuse ?

– Tu déformes mes propos.

– Pas autant que tu ne l'imagines, en réalité.

– Ça reste à prouver, fit Nigel d'un ton froid.

– As-tu remarqué comment cet échange a tourné à la confrontation ? Deux hommes dont pas un ne veut reculer d'un pouce.

– Et pourquoi devrais-je reculer ?

– Tu n'as pas à reculer. Je ne suis pas en train de tout chambouler. Nous formons un triangle un peu distendu. Mes relations avec Nikka en seront différentes, mais ce n'est pas une raison...

– Si. Ça ne me plaît pas.

– Je veux... voir le monde avec un œil neuf. Eprouver les sensations que donne un corps lourd et massif. Tu ne peux pas avoir idée de l'effet que cela produit. » Carlos s'amusa à faire rouler les muscles de ses épaules.

Presque malgré lui, Nigel demanda : « Et... quel effet cela te fait ? »

Carlos eut un sourire amical : « Un drôle d'effet ! »

Carlos se mit à revoir Nikka, mais jamais en compagnie de Nigel. Nikka le trouvait attirant, et Nigel n'arrivait pas à imaginer de raison valable pour lui demander de ne pas user des privilèges qu'ils s'étaient toujours mutuellement accordés. Après tout, leur relation n'avait jamais été totalement exclusive. Mais ce point de vue théorique restait sans effet sur les profonds sentiments qui couvaient en lui : de la colère et aussi, oui, de la jalousie. Carlos était plus jeune, plus dynamique ; cela faisait partie de son charme. Il n'avait pas eu de difficulté à prendre en marche le train des préparatifs pour l'exploration de Ross, qui allait s'accélérant. Nigel passait beaucoup de temps sur le réseau d'analyse, mais il ne s'en repliait que davantage sur lui-même.

Il en parla avec Nikka. De son point de vue, les choses étaient parfaitement simples, et n'avaient rien d'exceptionnel étant donné ce que pouvait accomplir la chirurgie. La liberté de changer de sexe lui paraissait tout aussi fondamentale que n'importe quelle autre liberté. Nigel pouvait être d'accord d'un point de vue théorique, mais son libéralisme tournait court lorsqu'il s'agissait du cas précis de Carlos. Il y avait quelque chose dans la façon dont le problème s'était posé qui le faisait littéralement grincer des dents, quelque chose d'autre qu'une simple question de rivalité, mais il n'arrivait pas à déterminer avec certitude de quoi il souffrait. Sa gorge se serrait lorsqu'il voulait parler, sa voix devenait sèche et râpeuse.

Il en était très perturbé, surtout dans la mesure où personne d'autre, même pas Nikka, ne semblait voir dans la nouvelle incarnation de Carlos autre chose qu'un sujet de conversation passager et d'un intérêt tout relatif. On en parla beaucoup, parmi leur petit groupe d'amis, pendant environ une semaine, puis, avec l'agitation causée par l'approche de Ross 128, il n'en fut rapidement plus question.

2.

C'est une bestiole plutôt minuscule, c'est à peine si l'on peut distinguer quelques-unes de ses planètes à l'optique

Eh bien, moi dans les infrarouges, j'en ai tant que je veux en provenance des deux planètes de type terrestre, comme si elles avaient toutes les deux un albedo très fort

Si seulement on avait une étoile de taille décente à explorer ; mais non, elle est aussi minable que Râ ; pleine d'explosions, regarde donc la couronne et toutes ces grosses taches un peu partout

Variable, à tous les coups, comme toutes les petites étoiles. Si bien que d'après le manuel, ces planètes de type terrestre doivent passer par de sacrées variations de température

Ce qui n'est pas annonciateur d'une biosphère bien stable, a priori

Planètes extérieures de la taille de Saturne, approximativement, avec des tas de lunes et deux anneaux, des astéroïdes entre les anneaux, le modèle courant, quoi

Je me demande bien pourquoi le Surveillant d'Isis aurait envoyé un message dans ce trou perdu, peut-être est-ce une erreur, hein, Nigel ?

Attendons d'en savoir davantage

J'ai une image ici, ouais, la première terrestre, pas d'atmosphère, fort albedo, rien que de la roche, pas de doute

Regardez les infrarouges sur ce cliché, d'accord ce capteur déconne mais nous attendons depuis la saint-glinglin

Ça y est, ça vient, il doit faire dans les 178 degrés Kelvin, c'est pas chaud-chaud, mais on s'y attendait avec ce soleil minable pour chauffer le coin, je ne recueille vraiment pas grand-chose d'autre

Un peu d'anhydride carbonique, un peu d'ammoniac – peut-être plein de glace et de neige

Baisse un peu le scope droit, la réflexion est épouvantable quand je focalise trop serré, il doit y avoir une masse de surface rafraîchissante, des champs de glace, je parierais

Pas le moindre signe d'activité biologique dans cette atmosphère comme de l'eau de vaisselle

Du côté du scope à gravité, ça paraît parfaitement dégueulasse, pas de surprise là non plus

Nom de Dieu, faire tant de chemin pour trouver ce tas d'ordures

On le savait bien depuis le début, qu'avec une étoile de type M *comme celle-ci, c'était fichu pour une biosphère ; autant s'attendre à voir pousser un rosier dans un pot de confitures*

Froid comme l'enfer et nous sommes à des années de quelque chose d'intéressant, même si on avait assez de jus pour s'y rendre

Dis, Ted, nous n'avons pas perdu toute notre poussée on pourrait tout rallumer et filer après avoir fait la boucle autour de Ross

Ça me plaît, on pourrait gagner deux bons mois sur le temps qu'il faut pour regagner 0,98 A-L, au lieu de glander autour de ces tas de glaces

Faudrait se décider fissa si nous devons le faire j'approche d'un point de réaction critique pour les moteurs, Ted

Mais nom de Dieu, la reconnaissance n'est même pas terminée

Sauf qu'il n'y a rien à reconnaître

Rien de vivant, ça c'est sûr

Moi je dis, faut faire l'impasse

Il faudrait un vote de tout le vaisseau pour faire un truc pareil

Mais non, le règlement dit que les chefs de section peuvent prendre la décision en cas d'urgence et c'est un cas d'urgence

Envoie une demande officielle aux exobiologistes, Janet, si tu estimes qu'il n'y a pas de vie ici

Alex es-tu toujours branché sur le réseau ?... Alex ? Il n'est plus là

Eh bien, on se passera de lui

Non je ne peux pas prendre une telle décision comme ça – avec les chefs de section, bien sûr – sans avoir l'avis d'Alex

Les grands paraboliques radio n'ont pas encore été complètement déployés, cependant je ne vois pas

Ted ? Ici Alex. Désolé nous avons eu un problème de résolution sur une antenne de proue, mais j'ai enfin toute la cartographie du système extérieur de Ross, les géantes gazeuses, et il y a un truc très métallique dans ce coin

Donne un maximum de gain, j'ai besoin de davantage de détails

Ted, Nigel en ligne, ce n'est certainement pas encore le moment de tout annuler

Seigneur, vous n'allez pas encore l'écouter ! Ici l'exobio, écoute, Ted, tout ce qu'il veut c'est prolonger le passage pour avoir une preuve de sa foutue théorie, celle à laquelle personne ne croit, et c'est sa dernière chance, et moi je dis on remet les gaz, Ted

Ouais, on pourrait recueillir le reste des informations pendant l'accélération de départ

Nous sommes encore dans une fraction de vitesse intéressante

Rien à foutre de votre fraction intéressante, il nous reste encore des années de voyage à faire, bon sang, que sont quelques mois de plus ?

Va donc faire un tour en cuve, Nigel, ça te fera du bien

On se calme, hein ? Ted, je fais appel à toi, ne

Messieurs, il nous reste peut-être quelque chose comme dix minutes pour nous décider, maximum, si on arrête la poussée

Bon sang, Alex, n'as-tu rien d'autre à nous montrer ?

Il y a plein de métal sur l'une des lunes de la première géante gazeuse, c'est tout ce que je peux affirmer pour l'instant, regardez le signal est très puissant, réflexion radio forte, peux rien ajouter

Chefs de section, c'est Ted, je suis en train d'étudier la demande des exobio, si vous avez quelque chose de nouveau, les gars, c'est le moment d'en parler

Dites, c'est une bonne idée d'entretenir la réaction juste au cas où, je veux dire le risque le plus grand de cafouillage, c'est dans la phase de démarrage

Ouais, garde ça à l'esprit, Ted, nous courons ce risque à chaque fois que nous arrêtons l'engin

Ecoutez, à la fin, vous n'allez pas nous foutre le merdier au nom de je ne sais quelles contraintes techniques, tout de même !

Toi aussi tu te calmes, Nigel. Ecoutez, y a-t-il d'autres données avant que

Ouais qu'il la ferme le vieux schnoque, et qu'on se tire de ce trou à rats

À mon avis, tout ça est parfaitement clair, nous avons déjà vu des tas de systèmes comme ça avec les sondes

Le scope à gravité nous a dit l'essentiel, mais il faut tout de même y regarder de plus près

D'accord, ici Ted, après avoir revu les tableaux de système, il faut admettre que nous aurions intérêt à gagner du temps pour notre sortie

Alex, n'y a-t-il rien de nouveau

Pour l'amour du ciel, Nigel, laisse un peu tomber

Hé, je viens de perdre la réflexion

Quoi ?

Plus la moindre réflexion radio de cette lune, ça s'est évanoui d'un seul coup

Vérifiez si l'antenne ne s'est pas déréglée par hasard ; Alex, c'est probablement ça

Non, je reçois toujours d'excellentes images radio de la géante gazeuse, aucune dégradation du système, je dirais que le truc a purement et simplement disparu

Une image fantôme sans doute, n'y pense plus

Tout à fait impossible, je l'avais, sûr et certain, deux fois grand comme ta bouche, j'ai même eu le spectre avant qu'elle s'évanouisse

Quelle est la vitesse de rotation de cette lune, Alex ?

Voyons, pas grand-chose – non c'est trop lent, elle est clouée par l'attraction de la géante, ça ne peut pas être l'explication

Alors, c'est qu'il y avait quelque chose en orbite autour de cette lune ; c'est la seule explication plausible. L'objet a tout simplement disparu derrière la ligne d'horizon par rapport à notre position

Ouais, c'est possible, mais

Possible mon œil, tu penses à quelque chose

Eh bien, je

Ted, il faut nous laisser jeter un coup d'œil sur ce truc, quel qu'il soit

Tu parles s'il le faut ! Nous n'avons rien à faire tant qu'une majorité

Pas le temps

Nom de Dieu – c'est Ted – je demande un vote express

Qu'est-ce qu'on a à foutre d'un vote, mon vieux, c'est un problème scientifique, pas un

Ici, Alex, je crois qu'il n'a pas tort, Ted. Notre mission est d'étudier, pas juste de faire un tour, et ce truc qui vient de disparaître semble avoir une structure bougrement bizarre, que ce soit ou non un artefact

Ecoutez, si nous considérons que ce signal radio n'a été qu'une aberration, nous pouvons gagner des mois, et en plus on n'aura pas de soucis à se faire pour le redémarrage

Ouais, est-ce qu'il y a des volontaires pour aller racler les parois de la tuyère ou bien ces messieurs préfèrent-ils continuer à jouer les astronomes ?

Du calme, du calme, ici Ted. Je... mes directives ne me laissent aucun choix

Bon Dieu

Nous devons aller voir ce coin de plus près

Alex, c'est la plus grande gaffe que l'on pouvait faire, je vais

Et je veux une orbite de rencontre à proximité de la géante gazeuse

Au poil, c'est tout bon !

Ouais...

3.

La pluie avait exalté les parfums des jardins – bibassier, graines, racines, terre fraîchement retournée –, les mélangeant et les amalgamant. Nigel s'interrompit dans son ouvrage et regarda vers l'avant du vaisseau, là où la sphère vitale se réduisait en un simple point. Il avait l'impression de regarder d'en bas la spire inversée qu'aurait filée une araignée gigantesque.

Il s'étira pour soulager les muscles de son dos. Il avait de la difficulté à faire ne serait-ce qu'une heure de ce travail, maintenant. Il avait dit à Nikka que c'était pour donner le change, pour éviter les commentaires trop désagréables sur son incompétence avérée dans le domaine des choses physiques, et pour ne pas être l'objet d'une attention trop curieuse de la part des médecins. Mais en réalité, il aimait retourner la terre, ce $6CO^2 + 6H^2O$ qui produisait à son tour le $C^6H^{12}O^6$ riche en amidon plus de l'oxygène, pour brûler de nouveau, dans la biosphère du bord, comme dans celle de la Terre. Avec le moteur à plasma arrêté, les ingénieurs ne disposaient pas d'ultraviolets à ramener dans le spectre de la lumière, et on en était donc revenu aux bandes de phosphore disposées le long de l'axe, en gravité zéro. Ces bandes donnaient une lumière brutale qu'il trouvait désagréable, mais les plantes poussaient correctement ; une feuille se moque bien de l'origine de ses photons.

Le *Lancer* décrivait une grande boucle à travers le système de Ross 128, de façon à croiser l'orbite de la géante gazeuse à la lune si curieuse. Nigel, quant à lui, préférait passer son temps loin de l'agitation du réseau opérationnel.

Il se courba de nouveau pour cueillir des tomates sur leur pied. À son avis, le premier avantage des biosphères artificielles était l'absence de mauvaises herbes, sans quoi le travail aurait été…

« … J'ai reconnu les grognements à une bonne centaine de mètres », fit la voix de Ted Landon.

Nigel se redressa aussi vite qu'il put sans grimacer et réussit à sourire. « J'aime bien m'offrir une petite suée, de temps en temps.

– Les gars ont trouvé que tu leur manquais sur le réseau, ce matin.

– J'aurais cru que l'on pouvait se passer de mes marmottements.

– Les dernières observations de cette lune nous sont parvenues.

– Vraiment ?

– Satellite courant pour une géante gazeuse. Une couleur pourpre marrante, des plaques de glaces tectoniques formant des chaînes. Et des cratères en quantité.

– Comme Ganymède. » Il ne mentionna pas qu'il s'était branché sur le sous-réseau cartographique et avait eu l'information directement, quelques heures avant le réseau général.

« Ouais, on dirait bien. Néanmoins tu avais raison à propos de cet astéroïde en orbite. »

Nigel se remit à cueillir ses tomates. Ted s'accroupit à côté de lui, et se mit à l'aider sans conviction. « Une coque énorme en duracier sur un côté, fit-il d'un air détaché.

– Autrement dit, un Surveillant.

– Ça en a tout l'air. Un coup dur pour la loi de Walmsley.

– Hum. Un Surveillant, et pas la moindre chance qu'il y ait jamais eu de la vie sur cette lune ?

– Voilà qui va diminuer d'autant tes appuis dans le réseau. À la première bonne occasion que nous avons de vérifier ta loi, c'est l'échec.

– Bien content de ne pas avoir été sur le réseau.

– Ouais.

– J'aurais eu l'impression d'arriver dans une réception chic, le zizi pris dans la braguette. »

Ted se mit à rire.

« C'est tout de même un cas qui mérite d'être étudié, non ? »

Ted se redressa, et entreprit d'examiner une tomate d'un air songeur. « Mais ce n'est pas pour ça que je suis venu, répondit-il en regardant Nigel, l'air sérieux.

– Ah bon ? » Nigel se releva à son tour, content d'en avoir terminé avec les politesses d'usage.

« Carlos m'a dit que tu prenais très mal ce truc qu'il a fait.

– C'est peut-être plus facile pour des Américains. Les grands prêtres de la technologie d'avant-garde, peu importe où elle mène, et tout le bazar.

– Tu ne crois pas que tu en rajoutes un peu ?

– C'est possible. » Il valait toujours mieux se laisser une zone tampon d'incertitude, pour un éventuel compromis ultérieur, une fois que l'adversaire avait exposé son point de vue.

« Tu n'es pas le premier à devoir affronter ce genre de problème, tu sais.

– Je sais.

– Je crois qu'il ne serait pas mauvais que tu fasses un essai de thérapie environnementale. Nous avons reçu un certain nombre de nouveaux scénarios de la Terre l'an dernier, justement.

– Ma foi, fit Nigel avec un grand sourire, ça me paraît possible.

– Pas simplement possible », répondit Ted calmement, soulignant chaque mot. « Tu sais que je n'aime pas trop faire autre chose que des suggestions, mais les types de la sociométrie numérique disent qu'on peut finir par ne plus maîtriser ce genre de choses.

– J'ai peine à croire...

– Je t'ai réservé une séance », le coupa Ted, souriant de toutes ses dents. « On ne peut tout de même pas laisser attendre le premier citoyen du bord, non ? »

Nigel s'efforça de sourire à son tour. « J'espère bien ! » Ted lui donna une claque amicale dans le dos. « Bon, allons prendre un verre.

– Il faut que je termine.

– Sans importance. Tu as déjà fait ton heure. »

Son sourire, cette fois-ci, fut nettement contraint ; ainsi donc, il était aussi au courant de ça. « C'est parfait. »

Nigel accepta en fin de compte de se laisser enfermer dans la cabine sensorielle. Il avait essayé d'échapper au contrôle psycho-physiologique qui devait accompagner l'expérience, mais l'équipe de spécialistes refusa de se laisser impressionner, arguant de son grand âge pour prendre certaines précautions. Toutefois, ces séances de thérapie étaient, comme il le savait, confidentielles ; après avoir réfléchi, il décida que ces informations médicales ne pourraient pas lui faire de mal ; on voulait simplement s'assurer qu'il ne souffrirait pas d'une surstimulation pénible.

Il se sentit tout d'abord flotter, toutes les autres sensations coupées. Ce n'était qu'une question d'heures ; après quoi, il pourrait retourner à son travail. Il s'aperçut du moment où on activa les points de jonction, directement branchés sur son cerveau. Puis il tomba, de plus en plus vite, vers quelque chose très loin en dessous de lui...

Il était assis. Assis sur une chaise d'osier. Il était envahi par une impression de paresse. Il était plus lourd, avait une bedaine, des vêtements serrés. Sa cuisse droite le démangeait.

Peu à peu la pièce lui apparut, comme si elle sortait du brouillard.

Murs vitrifiés, carrelages, tintement de céramique et de porcelaine, comme l'on débarrassait les tables voisines. Lumière jaune pâle. Sous sa main gauche, une nappe trop lisse aux fausses broderies élégantes. En fond sonore, un murmure de conversations. La forte humidité alourdissant chaque bouffée d'air qu'il aspirait. De l'autre côté de la table, une jeune femme, ravissante, était en train (il s'en rendit brusquement compte) de lui parler...

« On ne fait strictement rien d'amusant, dit Hélène.

– Nous avons vu des tas de choses, répondit son mari, sur la défensive.

– Les ruines de Berkeley, le Grand Ossuaire, les Arroyos – on dîne, et hop, au lit. C'est tout. Et ce qui se passe au lit n'est pas ce qu'il y a de plus passionnant dans le programme, n'est-ce pas ?

– Hier soir encore, nous avons été à la Casa Sigma...

– Si tu n'étais pas avec moi, je suis sûre que tu trouverais des trucs beaucoup plus intéressants, tu vois bien ce que je veux dire. »

Robert dut convenir que c'était vrai. Il fit semblant de se concentrer sur le fond de son verre, étudiant son expression à travers ses paupières à demi fermées. Elle avait donné un ton de bleu à sa chevelure, plus longue que d'habitude, ce soir-là, et la lumière de la lune y faisait naître des reflets d'une douceur luxuriante. Ça ne lui plaisait pas tellement, au fond. Elle avait adopté une nuance de peau très pâle pour la soirée, raffinement qui n'était pas très convaincant ; tout le monde comprenait, dans cette Californie baignée de soleil, que c'était artificiel. Mais en réalité, c'était peut-être tout à fait immatériel comme effet. Les petites tiges fines d'irritation autour de sa bouche la trahissaient ; contre elles, il semblait qu'il n'y eût rien à faire. Une heure après une séance de remodelage du visage, elles commençaient à réapparaître, aussi profondes qu'avant.

« Avant notre départ en voyage, tu m'avais dit que nous prendrions un bain d'épices.

– Pas ici, Helen, c'est illégal. Attends que nous soyons au Japon.

– Il doit bien y voir des endroits, ici, non ?

– Des endroits crasseux, oui. Les Américains nous dévisageraient – toi, en particulier. Ils n'y emmènent pas leurs femmes. Les Américains sont stricts. C'est comique, je le sais bien, mais...

– C'est toi qui es strict. »

Il décida de jouer son dernier atout. « Ces endroits sont pleins d'insectes ; les Américains s'en moquent. »

Elle eut un cillement. « Si j'étais seule dans un endroit aussi exotique, tu peux être sûr que j'irais dans tous les endroits comme ça.

– Les ballets motocyclistes... »

Elle s'esclaffa. « Nul. Un truc pour touristes. »

Il sentit monter sa colère. Il avait dépensé pas mal d'argent pour l'emmener à l'occasion de ce voyage d'affaires ; il l'avait si souvent laissée à la maison, par le passé. Il avait commencé à avoir mauvaise conscience. Quelques décennies auparavant, leur mariage constituait la chose essentielle de sa vie, un véritable accomplissement. Ce sentiment, peu à peu, s'était atténué. Il s'était laissé prendre par l'univers brutal et masculin de la compétition. Et il avait aimé les sensations fortes que lui donnaient les luttes au couteau, et le parfum capiteux de la victoire après la violence du combat.

Il se sentait néanmoins des devoirs envers elle. Mais voyager avec une femme que l'on n'aimait plus se révélait plus difficile que de vivre sous un même toit.

Il termina son verre et le reposa sèchement sur le marbre de la table. « Oh ! la la », fit-elle d'un ton espiègle.

Il se leva. Sa chaise grinça désagréablement, et un serveur, surpris, se précipita. De la main, Robert lui fit signe qu'il n'avait pas besoin de lui. « Parfait, dit-il d'une voix forte. Je trouverai quelque chose. Le genre d'endroit que tu veux. » Il avait craché les derniers mots.

Robert quitta l'hôtel à la décoration rococo et se mit à descendre la rue Ashby. Il éprouvait une sensation de chaleur, due au repas, à moins que ce ne fût à la colère, et il adopta un pas vif. Il ne remarqua pas, sur le coup, l'individu chétif qui vint marcher à sa hauteur et qui lui glissa, d'une voix grasse de sous-entendus : « Cherchez quelque chose ? »

Robert s'arrêta. « Je suis avec ma femme », fut tout ce qui lui vint à l'esprit de répondre, sur le moment.

« Un petit apéritif, alors ?

– Quoi ?

– Un jeune garçon ? »

Il se sentit envahi d'émotions fortes et troublantes. Il donna une bourrade au petit homme en grognant quelque chose d'incohérent.

Il repartit de son pas vif, qui sonnait vigoureusement sur le dallage mouillé du trottoir. Il dépassa deux coins de rue sans prêter attention à la profusion des néons ni aux boutiques louches.

Quelqu'un lui mit la main sur l'épaule et la retira. Il se retourna et vit toujours le même homme chétif, se tenant cette fois à distance respectueuse. Son visage avait une expression de confiance, matoise et mielleuse.

« Sensosphère ? » demanda-t-il.

Robert ne répondit pas tout de suite, surpris de constater que sa colère s'était évanouie, comme si la marche avait suffi à l'épuiser.

« Combien ? »

Entre le taxi et l'homme chétif, qui servait de guide, il y en avait pour plus de mille yens. Robert savait qu'il payait le tarif fort, à voir l'expression de l'homme, mais il s'en moquait. C'était la meilleure façon de mettre un terme au caquetage d'Helen à propos de tous ces « endroits », et peut-être s'amuseraient-ils, même. Ce serait mieux, au moins, que ce qu'était la réalité de la chose depuis pas mal de temps, maintenant. Il revint chercher Helen.

Ils empruntèrent une route allant vers Richmond, au nord, franchirent un canal fétide recouvert d'une croûte salée venant des régions nordiques désertifiées. Le taxi zigzagua dans des rues sinueuses, et s'arrêta devant un bungalow imposant qu'éclairaient à l'extérieur quelques ampoules jetant une lueur orangée affaiblie. « Parfaitement sinistre », murmura Robert pour lui-même, ce à quoi Helen se garda de répondre.

Ils montèrent quelques marches de bois qui grincèrent sous leurs pas, et passèrent en dessous d'un capteur solaire troué qui n'était pas encore complètement tombé du toit. « Est-ce un établissement commercial ? demanda Helen en prenant son bras.

– Bien sûr que non, répondit-il en s'écartant d'elle. Ici, c'est illégal. »

Ils traversèrent des pièces au sol recouvert de linoléum, vides pour la plupart. Le guide glissa finalement une clef dans une serrure, et un mur s'ouvrit. Ils se retrouvèrent dans une pièce où régnait une lumière rougeâtre, et au milieu de laquelle trônaient deux fauteuils moulés, en matière brillante, pris dans un fouillis d'appareillages électroniques. Un opérateur à l'expression ennuyée se leva de la couchette d'où il regardait un programme de tri-D. Il les aida à s'installer dans les fauteuils ; le matériel paraissait relativement récent, et disposait notamment des confortables jonctions cérébrales dont Robert avait vu la publicité en Europe. Il en conçut une meilleure opinion de l'endroit. Helen fit toutes sortes d'histoires lorsqu'il s'agit de placer les contacts à son cou et à ses poignets, puis elle se tut pour la première projection.

Celle-ci était en quelque sorte un hors-d'œuvre érotique. Un homme d'âge mûr rencontrait une femme plus jeune dans un restaurant. Après quelques préliminaires de pure forme, ils se rendirent dans l'appartement de la jeune femme, Le sensodrame était essentiellement constitué d'un badinage poussé, agrémenté de quelques fantasmes dont la traduction graphique était puissante et convaincante. Il éprouva la douceur satinée et languide de la peau de la femme, le jeu délicieux de ses muscles juvéniles, son odeur musquée, tandis qu'un âpre désir s'emparait de l'homme. Dans l'ensemble Robert apprécia beaucoup ce morceau, en dépit de la coiffure de la jeune femme qui lui rappelait quelqu'un qu'il avait connu et gâchait un peu les associations qu'il pouvait faire. Il soupçonna leur guide d'avoir choisi ce scénario parce que l'homme lui ressemblait vaguement et que le fait de prendre une femme plus jeune serait satisfaisant pour les deux protagonistes. Ce petit calcul le fit sourire.

Quand ce fut terminé, il se retrouva en train de haleter légèrement, et dit « Pas mal » avec une expression d'habitué.

« Et c'est tout ? Ce n'est pas très...

– Non non, le plat de résistance arrive ensuite. »

La scène, cette fois-ci, se déroulait dans une rue d'autrefois, au crépuscule. Un homme s'approcha d'une femme qui attendait à un arrêt d'autobus. Elle portait des vêtements plutôt chic ainsi qu'une décoration de tête, démodée depuis trente ans, qui laissait son visage dans l'ombre. La conversation qui suivit fut réduite. L'essentiel était suggéré par les attitudes provocantes de l'homme, les déhanchements de la femme, un échange de regards lourds. Les traits de leur visage, dans les dernières lueurs du couchant, étaient comme estompés, et le lampadaire proche ne permettait que de saisir les expressions à l'état de suggestions – d'où se dégageait une atmosphère de plus en plus érotique.

D'une inclinaison de la tête, la femme répondit à une invite murmurée. Robert goûtait beaucoup cette cour presque muette, toute suggérée, et appréciait les sensations que lui procurait le corps mince et musclé. L'homme était parcouru d'une tension électrique aiguë, celle-là même qui finit par disparaître avec l'âge.

Ils gagnèrent l'appartement de l'homme, qui n'était qu'à quelques pas. L'ambiance qui y régnait convenait parfaitement aux manières intimidantes et très latines de l'homme. Il se déshabilla en premier, révélant un buste solide et un corps couvert d'une toison très noire. La disposition des lumières donna quelque chose d'étrange à la femme au moment où elle s'allongea ; ses gestes trahissaient une excitation contenue.

L'homme jeta un coup d'œil dans un miroir en pied. Il s'agissait de permettre l'identification avec le personnage, mais en voyant le visage en pleine lumière, Robert le reconnut brusquement. Ce regard lourd, ce canapé élimé dans un coin, cette aquarelle française familière près du miroir...

L'homme commença par quelques caresses entre les jambes de la femme, et la sensation de l'humidité du lit envahit Robert, en train de se débattre avec ses souvenirs.

Oh ! la la. L'évocation de Susan, plus forte que les impressions de la sensosphère, le fit sursauter. L'homme avait bien réussi son effet.

Trop cru pour moi, pensa-t-il avec force, espérant pouvoir arriver à surmonter l'afflux de sensations qui montaient en eux. *Je préférerais arrêter ça.*

L'homme se déplaçait adroitement, avec l'adresse de l'expérience. Oui, pensa Robert en lui-même, il s'agissait bien d'adresse et de technique. De la simple technique. À l'époque il avait cru avoir affaire à une passion aussi absolue et nouvelle que la jeune femme. Il n'avait pas tenu compte que l'homme au torse puissant était de six ans plus âgé qu'elle, et infiniment plus raffiné.

Non. Je veux rester. Concentre-toi. Cela pourrait t'aider, ajouta-t-elle sèchement.

Je crois vraiment que...

Non. Si tu te retires, tout s'arrête, n'est-ce pas ? Et je veux continuer.

Robert savait bien qu'il pouvait arracher les contacts, en finir sur-le-champ. Il porta la main à l'un des câblages, le saisit, mais n'alla pas plus loin. Il y avait quelque chose en lui qui tenait à poursuivre l'expérience ; ses anciens souvenirs s'agitaient en lui.

L'homme embrassa la jeune femme, tandis que ses mains la caressaient avec précision. La femme – presque une fillette, en réalité – roula sur le côté à sa demande. En dépit de ce que la situation avait de peu naturel, ses mouvements avaient conservé toute leur spontanéité.

Pour procéder à l'identification au rôle d'Helen, elle se regarda dans le miroir.

Il sentit le rapide mouvement de surprise d'Helen.

C'est – elle est – c'est toi !

C'était moi. Il y a trente ans de cela. La jeune fille caressait le corps musclé et noir de poils, et Robert sentit le tremblement d'excitation qui soudain fit vibrer Manuel, l'homme.

Mais je – tu ne m'avais jamais dit – toutes ces années...

Je t'ai rencontré bien longtemps après.

Ce visage, ton visage – même avec l'âge et les changements, je peux voir que c'est le tien.

J'ai changé aussi peu que possible. J'ai fait redistribuer le poids du corps, altérer les taux d'hormones...

Tout ce temps...

oui.

Tu aurais pu me dire...

Non. Ma transformation devait être complète. Pas question de regarder en arrière.

Alors c'est pour ça que tu ne pouvais pas avoir d'enfant... Et moi qui croyais...

Oui.

Mon Dieu, je ne pense pas pouvoir...

Mais la bouffée d'émotion qui s'empara d'elle lui coupa

la parole. Robert éprouva la même irrésistible montée et ne fit rien pour lutter contre elle. C'était la même chaleur, les mêmes cris rauques que trente années auparavant qui s'emparaient de l'un comme de l'autre. Cela se poursuivit pendant de longs moments à la limite du supportable, les soulevant jusqu'à un orgasme simulé, fiévreux, aveuglant.

Dans le silence qui suivit, les images s'estompèrent, le chatouillis des sensations décrut. Dans leurs fauteuils brillants, au milieu du fouillis des câblages, deux personnes se retrouvaient elles-mêmes.

Ils n'échangèrent pas un mot pendant que Robert payait l'homme avant de monter dans le taxi. Une fois dans le véhicule, c'est Helen qui prit la parole.

« C'est révoltant, lança-t-elle. Apprendre ça de cette façon...

– C'est devenu de pratique courante maintenant.

– Pas parmi les personnes que nous connaissons, pas... » Elle se tut soudain.

« Je devais le garder secret. Je suis parti très loin ensuite, au Chili, dans un pays où personne ne savait que j'avais subi la transformation.

– Et... quel était ton nom ?

– Susan.

– Je vois », fit-elle d'un ton contraint.

À quoi s'attendait-elle, se dit-il avec amertume. À ce que j'aie changé Roberta en Robert par dérision ?

« Si j'ai bien compris, tu étais de ces femmes qui jouent dans les sensodrames ?

– Pour lui, oui.

– Il était repoussant.

– Mais quel magnétisme... Je m'en rends compte, maintenant.

– Pour t'obliger à faire des choses aussi dégradantes, il devait être...

– Est-il plus dégradant de les faire, ou d'avoir besoin de leur aide ? »

Son expression se raidit, et il regretta ce qu'il venait de lui dire. « Ce n'est pas moi qui ai besoin d'aide, lui rappela-t-elle d'un ton amer. Et ce n'est pas étonnant. Tu n'es pas réellement ce que tout le monde pense que tu es, n'est-ce pas ? »

Il ignora le ton sarcastique. « Je ne m'en suis pas si mal tiré que ça. Tu n'avais pas sujet de te plaindre, au début, si je me souviens bien. »

Elle garda le silence. Avec un bruit sifflant, le taxi se faufilait dans les rues mal éclairées. « Tu m'as trahie, finit-elle par lancer.

– Tout cela s'était passé bien avant notre rencontre.

– Si j'avais su que tu étais ainsi, déséquilibré au point de...

– C'est une décision que j'ai prise. Il le fallait.

– Pourquoi ? Cet homme devait avoir...

– Il... » fit Robert, marquant un temps d'arrêt. « Je l'aimais.

– Qu'est-il devenu, de son côté ?

– Il est parti. Il m'a laissée.

– Ça ne m'étonne pas. Pas une femme au monde n'accepterait de... » Elle frissonna, et son visage trahit les émotions conflictuelles qui l'envahissaient.

Le taxi les déposa devant l'hôtel. Aussitôt, des mendiants jaillis de l'ombre les assaillirent. Robert les chassa d'un geste. Ils montèrent en silence dans leur chambre. Dans le vieux couloir carrelé, leurs pas rendaient un son creux. Une fois dans la chambre, il s'aperçut, en retirant son pardessus, que son cœur battait très fort.

Soudain, elle se tourna vers lui, l'air décidé. « Je tiens à... à savoir comment c'était. Pourquoi tu...

– Le procédé était encore rudimentaire à l'époque, la coupa-t-il. Manuel venait de me quitter. Je croyais alors qu'il n'était plus amoureux de moi, mais en y repensant à la lumière de ce qui s'est passé ce soir...

– Oui ?

– Je ne sais plus. Peut-être s'est-il tout simplement lassé de moi.

– Mais il y a quelque chose qui t'a poussé...

– Oui. Tout cela est si loin, maintenant, je ne suis plus très sûr de ce que j'éprouvais alors ; c'est comme s'il y avait un épais brouillard entre ce sensodrame et moi.

– Tu ne l'as pas reconnu jusqu'au moment où... ?

– Non, en effet. Pendant deux années, ce furent les drogues, la dépression, la thérapie, les traitements. J'ai presque tout oublié, les tensions dans mon corps...

– Je n'arrive toujours pas à... peut-être cet homme – il était tellement hypocrite, il doit avoir fait des choses avec toi qui t'ont donné envie de changer ? »

Robert secoua la tête. Il se tourna brusquement et se dirigea vers la salle de bains. Il y resta longtemps, prit une douche comme si l'eau chaude pouvait emporter avec elle les événements de la soirée, et en sortit la peau toute rose. Il s'examina, détaillant le travail des années sur sa peau et dans ses muscles. Son corps lui semblait lourd, massif et avait quelque chose, bizarrement, d'une machine. Il se demanda ce qu'il serait devenu, si cette toute jeune fille dont il se souvenait à peine...

Lorsqu'il revint dans la chambre, toutes les lumières étaient éteintes. Il se rendit d'un pas lent et incertain jusqu'au lit, et entendit le bruit soyeux des draps.

« Viens près de moi », dit-elle.

Elle tendit un bras vers lui. « Tu... tu as été un bon mari pour moi. (Un léger attouchement.) Je me dis que je ne peux pas t'en vouloir pour un passé que tu as... gommé, avant même que nous... »

Il l'embrassa. Elle murmura : « Tu avais quelque chose de plus faible alors, sais-tu ? Je croyais que c'était une question d'âge et de manque d'expérience. Mais tu es devenu fort, avec les années. Je me souviens très bien que cela m'avait surprise. »

Il devina ce qu'elle voulait dire et compléta sa pensée. « Grâce à toi. »

Et c'était vrai. Elle commençait à se rendre compte que c'était elle, et les premières et glorieuses années de leur mariage qui l'avaient transformé en un homme véritable. Et cette prise de conscience la libérait peu à peu du tourbillon des émotions contradictoires.

Elle essaya ces choses qu'elle avait faites tant de fois auparavant ; à leur mutuelle surprise, la réaction ne se fit pas attendre. Les sentiments puissants agités par le sensodrame avaient peut-être touché quelque chose de très profond en lui.

Une tiède moiteur monta rapidement en elle, et il la pénétra, faisant les anciens mouvements qu'il savait convenir. Elle accéléra le rythme. Une partie de lui-même ne montrait qu'un intérêt moyen pour ce qui se passait, mais cela suffisait à y ajouter de l'agrément. Elle se mit à pousser des soupirs de plus en plus nombreux. Quelque chose, dans ce qui s'était passé au cours de la soirée, avait condensé le tourbillon de ses émotions en cet acte, une sorte d'excitation nouvelle était née du choc produit par le sensodrame. Et elle réagissait maintenant à lui comme s'il était quelque chose d'exotique.

Robert se souvint soudain de Manuel. *Seigneur, j'espère qu'il est mort, maintenant.* Les choses seraient encore plus simples si l'homme avait disparu du royaume des vivants. La thérapie avait étouffé et masqué tout ce qui touchait à Manuel ; les médecins avaient la conviction que c'était la meilleure méthode.

Helen s'agitait énergiquement sous lui, essayant de provoquer une passion qu'il n'arrivait plus à éprouver depuis longtemps. *Seigneur,* pensa-t-il. Il éprouva une empathie nouvelle pour elle, pour toute aide qu'elle pourrait trouver en son geste.

Il eut l'impression, tout d'un coup, de se trouver au-dessus des corps emmêlés qui s'agitaient sur le lit. Il contemplait ces débordements de passion d'un point de vue élevé, sans rien de dépréciatif, cependant, comme saisi d'une double vision de lui-même. Quelque chose de semblable aux multiples couches de sensations provoquées par le sensodrame, l'impression d'être plusieurs personnes à la fois. Mais en plus étrange, en plus profond.

Il comprit comment le simple fait de s'accoupler était entouré d'une aura, d'un halo d'associations différentes pour chaque sexe. Comment il s'agissait d'un acte essentiel d'autodéfinition. Il était vraiment difficile d'exprimer la profondeur de la différence.

De nouveau il pensa à Manuel, soulevé par une bouffée de souvenirs. Cette délicieuse et confiante gamine... elle l'avait tellement désiré ! Et lorsqu'il était parti, la seule manière qu'elle avait trouvée de garder prise sur lui avait été, bizarrement, de se fuir elle-même et de devenir ce qu'elle aurait voulu conserver.

Helen grogna et s'accrocha à lui, comme à la recherche d'un abri dans cette tempête privée, puis poussa un seul cri, bref et perçant. Il la caressa, se mit à pleurer et pour la première fois depuis bien des années, il vit réellement en Helen, comme dans cette fille qu'il avait été si longtemps auparavant, l'autre rive d'un fleuve large et muet qu'il ne pourrait jamais retraverser.

4.

Nigel frissonna. Le drame avait été plus intense et plus intime que toutes les expériences artificielles qu'il avait pu jamais faire. On avait de toute évidence choisi un scénario adapté à son âge et à son sexe – puis on avait brusquement tiré le tapis de sous ses pieds, bouleversant ce à quoi il s'attendait.

Il n'était pas cet homme plutôt fatigué et maussade et pourtant, pourtant, il y avait quelque chose... Même sa façon de parler avait des résonances britanniques, comme celles qu'aurait une personne ayant vécu à l'étranger pendant des dizaines d'années, ce qui était son cas. Oui, un scénario monté avec une habileté diabolique ; et qui n'avait rien d'amusant.

Le but de l'opération n'était pas de s'amuser. Puis tout se mit à se brouiller, à changer, à se mélanger, à se reformer...

Et il se retrouva dans la peau du petit homme chétif, battant le pavé de la miteuse rue Berkeley. Nigel sentit qu'il se déplaçait pour rejoindre la silhouette massive et distraite et lui murmurer : « Cherchez quelque chose ? »

À partir de là, le drame se déroulait exactement comme auparavant, mais en donnant à Nigel une vision plus distanciée des événements, qui laissait les émotions s'évanouir d'elles-mêmes.

Un autre moment de transition, flou et tourbillonnant. Nigel devint Helen.

« On ne fait strictement rien d'amusant », dit-il, sentant l'irritation monter, comme une guêpe en colère. Il savait ce qui allait arriver, et cependant les émotions qui lui parvenaient par l'intermédiaire d'Helen, personnage de fiction, arrivaient à le toucher. L'enchaînement des événements l'emportait. Robert mijota dans la colère qui lui durcissait les traits, le sensodrame commença, le choc que ressentit Helen le poignarda...

Et il comprit ce qui s'était passé avec Carlos – mais c'était pis. Il était atteint en profondeur. Une impression de trahison, de sentir le sol s'ouvrir sous ses pieds – du moins était-ce ce que ressentait Helen. Elle avait lutté pour faire toute la lumière sur son passé. Tout ce qu'elle avait senti, chaque jour, prenait maintenant une couleur différente. Cet étranger taciturne dans le fauteuil voisin savait absolument tout d'elle, alors qu'il s'était travesti lui-même – elle-même – chaque jour de leur vie commune. Helen l'avait caressé, elle l'avait accueilli en elle, avait accepté sa virilité, l'avait même savourée, tout cela sans penser un instant...

Helen se débattait tristement, s'efforçant de trouver une prise. Il allait falloir tout recommencer, apprendre à accepter Robert comme quelqu'un étant à la fois plus et moins que ce qu'elle avait toujours cru, se rendre elle-même...

Nigel s'arracha violemment au torrent des émotions. Il tapa la touche ARRÊT, et le monde de confusion disparut.

On rouvrit la cabine et une lumière crue y pénétra à flots. Il se tortilla pour se dégager. Le personnel arborait des sourires professionnels. Il ne prêta pas attention à leurs voix apaisantes et bien modulées ni à leurs questions polies. Il s'enroula confortablement dans une robe de chambre bleue en tissu-éponge et prit la direction du vestiaire.

« Un instant ! Votre consultation...

– Il n'y en a aucune.

– Mais elle fait partie de...

– Pas obligatoire, que je sache ?

– Non, mais nous...

– C'est bien ce que je me disais. Je n'ai rien à vous raconter, bande d'enfoirés, et je n'en ai foutrement pas l'intention.

– Ce sera noté, fit l'assistante qui l'avait apostrophé.

– Pauvre de moi... pitié !

– Les raisons ne sont-elles pas évidentes, lorsque l'on se montre aussi hostile à une analyse ? »

Nigel hésita, comprenant qu'il aurait dû se montrer plus courtois envers elle, si choqué qu'il fût. Il se sentit sur le point de céder, conscient de la pression qu'elle maintenait, se demandant comment la société du bord jugerait son comportement ; au bout d'un long moment, il se sentit envahi par le même sentiment de certitude qui l'avait habité naguère, et qu'il avait perdu depuis quelques années. « Allez vous faire foutre », dit-il clairement.

« Comment ça s'est passé ? » demanda Nikka.

Il était allongé, branché sur son moniteur médical de fortune. Il en sortait des bruits de succions, des gargouillis et des halètements de pompe, mais ça fonctionnait. Il en avait presque fini par ressentir une sorte d'affection pour le foutu machin. « À vomir », répondit-il.

Nikka poussa un soupir. « Ce n'est pas ça qui va te mettre dans les bonnes grâces de...

– Je sais, je sais.

– As-tu vu les cartes de cette lune ? Des cratères partout. Ils les appellent des Pustules ; il n'y a pas encore de nom officiel.

– C'est tout à fait ça. Crois-tu pouvoir magouiller pour une mission de surface ?

– Mission de surface ? fit-elle en se redressant. Il n'en a même pas été question sur le réseau.

– Je suis tombé sur une interface de systèmes dans le département moteur. Les réserves de ce bon vieux deutérium sont nettement en dessous de ce que l'on croyait. Avant de rallumer l'engin, il faudra bien aller en chercher un peu.

– Sur les, euh, pustules de la lune ?

– Exactement. »

5.

Regarde ça, mec, cette Pustules est aussi criblée de trous que Callisto et les autres lunes de Jupiter, on les compte par douzaines... On en a vu une on les a toutes vues

Intéressants ces flux de glace regardez là cet escarpement, méthane congelé peut-être

Ce serait pas mal d'envoyer des scientifiques avec l'équipe de mineurs

On pourrait pratiquer quelques forages en profondeur, peut-être même trouver un orifice naturel pour aller voir plus bas, et faire une estimation précise des taux de métaux, ce sont les exogéologues de la Terre qui seraient contents !

Le seul problème c'est que cette glace, c'est de l'acide carbonique, du méthane, de l'ammoniac, mais pas beaucoup d'eau

On ferait mieux de se servir de ce bidule sous-marin, non ?

Tu parles de l'espèce de submersible que nous avons en soute ?

Bien sûr, il a très bien marché sur Ganymède et on l'a emmené précisément pour ce genre de cas

Cette couche de glace mesure quelque chose comme quinze impulsions

Les fissures et les ouvertures n'y manquent pas, la sonde de reconnaissance les a déjà repérées

Très possible de les emprunter, le sub pourra facilement supporter la pression, la gravité n'est que de un cinquième de g, ici

Passez plutôt à travers la glace, bon sang !

Je ne sais pas si les forages miniers seraient plus sûrs, en plus, on peut toujours remonter si quelque chose cloche

D'accord, mais c'est trois fois plus de travail et il faut commencer par repérer des cours d'eau souterrains

Ouais, les sous-marins c'est mieux, ils peuvent en recueillir beaucoup et c'est de l'eau pure, pas d'impuretés d'origine météoritique

Je le recommande formellement, Ted, si tu as besoin de quelque chose d'officiel

Aucun problème avec ça, pas besoin d'être aussi formaliste Bob, on va envoyer une équipe importante je veux ce deutérium le plus vite possible

Aucune raison de traîner avec le Surveillant si près

Si je peux me permettre d'intervenir, l'idée d'aller creuser des trous sous le nez de ce Surveillant me paraît toujours risquée

Il n'y a guère d'autre solution, nous en avons parlé hier, Nigel, mais tu n'étais pas là ; il n'y a aucune autre lune avec cette topographie dans le secteur – ce ne sont que des cailloux

Tout le système est sec jusqu'à l'os, les éléments légers doivent être tous prisonniers des géantes gazeuses

Pustules est une lune en boule de neige typique, avec un rayon légèrement supérieur à deux mille impulsions, 90 pour cent de slotch à l'intérieur et une couche de glace.

Tout à fait comme Ganymède avec davantage de cratères et beaucoup de mouvements tectoniques

Nigel, tu retardes pas mal, faites-lui donc passer la récap complète de la sonde envoyée sur le Surveillant

Quoi ! Vous avez été foutre votre nez dans

Pique pas ta crise maintenant, dis-toi bien que nous ne faisions que mettre à l'épreuve la loi de Walmsley, pour lui donner une dernière chance

Echec sur toute la ligne, entre parenthèses

Regarde ; le robomobile s'est promené sur toute la surface du Surveillant, il a cogné sur la coque, il a pris des échantillons :

rien de spécial, alliage durci aux rayons gamma – il a fait des essais radio et aux I-R, bref

Il a trouvé des paquets de vieilles sondes sensorielles et tout un tas d'appareils aussi périmés que la voiture à pédales

Il a fait un trou d'environ vingt mètres, tous les circuits sont inactifs, aucune réaction acoustique, pas le moindre signe d'activité

Un matériel plutôt marrant, d'ailleurs, des circuits simplets, tout ça c'est foutu et c'est vieux comme l'enfer

N'empêche, vous ne pouvez pas savoir, bandes d'enfoirés, si vous n'avez pas réveillé quelque chose

Nigel, ici Ted, on a du boulot à faire, et tu peux revoir cette récap à loisir si tu veux, je te demande de quitter le réseau et de revenir quand tu

Ça le défrise, que sa loi ne marche pas !

Mais non, vous n'y êtes pas, je voulais simplement dire que

Nom d'un chien, Walmsley, ta théorie nous avons commencé par l'essayer, elle vaut pas un clou, cette lune a toujours été morte, regarde tous les sondages, pas la moindre trace de vie à la surface, pas d'atmosphère, rien que des paquets de glace et des rochers bombardés pendant des éternités

Autrement dit ce n'est pas la vie que le Surveillant cherchait ici, il est probablement tombé en panne en explorant le système et s'est arrêté là, d'ailleurs on dirait bien un engin assez rudimentaire, faible vitesse, consomme sa propre roche pour engendrer la réaction de masse

Technologie forgée au marteau, à mon idée

L'éternité pour aller jusqu'à une autre étoile

Eh bien, si vous vous voulez faire les cons pour l'éternité

Reconnais-le, Walmsley, les Surveillants ne sont pas tous identiques, ce sont des épaves d'armes ou d'engins d'exploration, aucune raison qu'elles aient un rapport entre elles

Un truc dure longtemps en orbite, c'est tout

Ma foutue loi mise à part, il y a trop d'indices pour ne pas tenir compte

Non, Nigel, ici Ted, j'aimerais que tu quittes le réseau, repose-toi, regarde le rapport d'explo, prépare-nous un rapport pour plus tard si tu veux dire ton mot, mais on ne va pas discuter du sexe des anges alors que nous avons un sacré calcul de risques mini-max à faire pour cette expédition de forage

Je voudrais dire

D'accord Ted, je vais faire comme ça mais

Bon, maintenant je veux un atterrissage et les premiers travaux d'excavation avant quarante-huit heures ; fais transférer ces subs dans les navettes, Sheila ; que toutes les équipes de maintenance restent en alerte aussi

Salut les gars

6.

Il n'avait jamais été question, entre Nikka, Carlotta et lui, de jouer à la famille nucléaire, mais entre eux était passé autrefois quelque chose qui s'était traduit par de violentes accélérations du pouls, tandis que glissaient les unes sur les autres leur peau moite, que des soupirs naissaient d'attouchements électrisants, les doigts caressant sans discernement les muscles que l'âge affaissait, s'abandonnant à la saillie d'une hanche. Il n'avait qu'un vague souvenir de la fureur de leurs assauts. Puis avait joué l'effet atténuateur du temps. Et maintenant d'anciennes ambitions gardées secrètes refaisaient surface, tandis que Carlotta s'emberlificotait dans son attirail de mec.

Nigel se débrancha avec précautions de son appareil. Il referma hermétiquement le dispositif qui accédait à la veine de sa cuisse. Des souvenirs lui revenaient souvent en mémoire, maintenant. Il avait retrouvé une bonne partie de son ancien équilibre mental, suffisamment, en tout cas, pour pouvoir se permettre de laisser les vieilles blessures comme les anciennes joies faire surface. Ce qui en lui avait été répressif, quelle qu'en fût l'origine, battait actuellement en retraite.

Nikka se leva pour venir l'aider, mais de la main il lui fit signe que c'était inutile. « Je me sens beaucoup mieux ; bien plus fort.

– Je préférerais tout de même que tu te reposes davantage. Tu travailles trop dans les jardins.

– Au contraire, tout juste assez. Je commence d'ailleurs à croire que ce déséquilibre sanguin, et que l'apparition de ces cellules malades – pourries, littéralement pourries – ne sont qu'une conséquence de ce qui s'est passé dans l'accident de nettoyage de la tuyère. » Il s'étira, goûtant avec plaisir les agréables craquements de ses jointures.

Nikka eut un sourire entendu. Comme elle ouvrait la bouche pour parler, il vit en un éclair sa fatigue, repoussée au fond d'elle-même, s'entassant comme des limons apportés par les courants du désespoir qui l'avaient parcourue au cours de toutes ces années pendant lesquelles elle l'avait vu décliner lentement et devenir apathique. Le réseau des petites rides qui entouraient ses yeux s'était creusé et affaissé. Son rire était devenu sec, et de plus en plus rare.

« Ça va aller mieux, maintenant, dit-il spontanément, je suis sûr de l'avoir vaincu.

– Oui », fit-elle en passant un bras autour de lui. « Oui. »

Il comprit qu'elle ne le croyait pas. Elle ne voyait dans sa remarque que l'optimisme de commande d'un homme qui sait qu'il va mourir, au plus profond de lui. « Non, je veux que tu le constates... regarde mieux. Je vais vraiment... »

On frappa à la porte. Ils passèrent dans la salle de séjour, fermant la porte de la chambre derrière eux pour cacher le matériel médical. Nigel alla ouvrir. Il garda une expression neutre lorsqu'il vit qu'il s'agissait de Carlos et de Ted Landon. Carlos passait régulièrement, mais Nigel avait décidé que le mieux, pour l'instant, était de ne se montrer ni amical ni hostile. Garder ses distances était peut-être la meilleure solution.

Carlos paraissait nerveux et transpirait. « Nigel, je t'avais averti que ça ne pourrait pas durer longtemps, attaqua-t-il sans autre préambule, d'échapper aux contrôles médicaux. Pendant que j'étais en cuve, un inventaire systématique automatique est tombé sur les irrégularités que j'avais couvertes. On vient seulement d'avoir les résultats et...

– J'ai pensé que c'était une bonne idée de venir avec Carlos pour qu'il puisse t'expliquer, intervint Ted d'un ton conciliant. Il ne t'a pas balancé. »

Nigel eut un haussement d'épaules.

« Je ne fais aucune critique à Carlos pour toute cette affaire, reprit Ted avec le plus grand sérieux. Il subissait une pression trop forte, comme nous le savons tous. Toi, en revanche, je te critique », ajouta-t-il en tapotant la poitrine de Nigel. « Alors en avant pour un contrôle complet, le grand jeu. Tout de suite. »

Nigel haussa de nouveau les épaules. « Normal. » Il jeta un coup d'œil à Nikka et vit qu'elle venait d'avoir la même idée que lui : il venait de filtrer son sang, peut-être ne verrait-on rien de particulier.

Carlos reprit la parole. « Je suis navré, mais il fallait bien que... »

Nigel éprouva une bouffée de sympathie pour lui, et lui tapa légèrement l'épaule. « Ne t'en fais pas. Oublie toutes ces vieilles histoires, et tout ce qui date d'avant ton passage en cuve. » Il voulait lui suggérer que le mieux serait de repartir sur des bases entièrement nouvelles, de les oublier, lui et Nikka, mais il comprit que c'était encore trop tôt.

Comme il était nu, Ted ne vit aucun inconvénient à ce qu'il se rendît dans la chambre pour passer quelque chose. Il en profita pour avaler un mélange d'anti-oxydants et d'autres éléments de contrôle dans la salle de bains, afin de cacher les traces par trop visibles de son nettoyage de sang. Quand il revint, l'humeur de Carlos avait changé, et il était en train d'expliquer à Nikka qu'il venait d'être accepté dans une des équipes devant aller travailler sur Pustules.

« Un boulot de cochon, par certains côtés, mais au moins je poserai le pied sur une planète. » Il eut un mouvement lourdaud – celui de quelqu'un qui n'est pas encore habitué à sa masse de muscles, mais qui n'a qu'une envie, s'en servir. Nikka paraissait contente. Nigel n'en revenait pas de voir avec quelle aisance elle cachait son angoisse. S'il traitait toute cette affaire sans s'énerver, et que les tests ne fussent pas trop probants, il pouvait s'en tirer.

« Allons, fit-il doucement, j'ai du boulot qui m'attend. Amène tes aiguilles. »

Ted l'accompagna jusqu'au centre médical. Une assemblée générale du vaisseau par réseau était prévue pour le jour même. Ted se montrait distrait. Il se fit prier pour reconnaître que les dernières retransmissions arrivées de la Terre étaient pleines de nouvelles. Le télescope à gravité avait observé deux autres systèmes planétaires. Chacun possédait un satellite de type terrestre, autour duquel orbitait un Surveillant. On en était maintenant à dix-neuf planètes découvertes de type terrestre ; quatorze avaient un Surveillant. Le tout sur trente-sept systèmes stellaires explorés.

« La vie se manifeste à peu près partout, j'ai l'impression, remarqua Ted. Mais pour se suicider tout aussi vite.

– Hummm.

– Ils sont débordés, là-bas, avec ce truc dans l'océan. Tout est arrivé d'un seul coup. Les analyses des systèmes planétaires traînent, à cause de cette affaire des Essaimeurs.

– Quelle affaire ?

– Je vais l'annoncer tout à l'heure. Ils vont à terre, et tuent les gens, je ne sais pas trop comment, au juste. »

Nigel hocha la tête en silence.

On le plongea dans un état de somnolence avancée pour les tests. Il ignora l'équipe médicale, et se concentra sur ce que Ted venait de lui apprendre. Il fallait comprendre cet événement ; un indice s'y trouvait caché. Mais le sommeil fut le plus fort.

7.

Quand il s'éveilla, cauchemar de petit garçon, il était mort.

Ténèbres totales, silence absolu. Le néant.

Pas d'odeurs. Il aurait dû percevoir les senteurs particulières – désinfectants, savons – d'un centre médical.

Pas le moindre bruit de pas en fond sonore, pas de bourdonnement de climatisation, aucun murmure lointain de conversation, pas de sonnerie de téléphone.

Il ne sentait rien de la pression de son propre poids. Pas de table froide ou de draps amidonnés au contact de sa peau.

Toutes ses terminaisons sensorielles externes avaient été déconnectées.

Il éprouva une violente bouffée de terreur. Perte des sens ; pour l'obtenir, il fallait toucher aux rameaux nerveux qui passaient par la moelle épinière. Commencer par les identifier. Ensuite un chirurgien les séparait de la pelote qu'ils formaient à hauteur de la nuque. Du travail d'orfèvre.

On le préparait donc pour la cuve. Le déconnecter aussi profondément ne pouvait signifier qu'une chose : on s'apprêtait à le remiser à la Trappe de manière quasi permanente. Autrement dit, l'examen médical en profondeur avait mal tourné pour lui, très mal, même.

Néanmoins, on n'encuvait jamais quelqu'un sans l'avertir. Même les personnes dans un état critique avaient le droit de dire au revoir aux leurs, de régler certains détails et de se préparer, dans la mesure du possible.

Autre conclusion : Ted avait menti. Avec sa façon diplomatique et tranquille d'amener Carlos avec lui pour détourner l'attention de Nigel sur l'autre – oui, c'était tout à fait son style. Eviter la confrontation, puis agir sans hésiter. Après l'échec de la loi de Walmsley, la découverte de sa supercherie médicale.... le moment était parfaitement choisi pour se débarrasser de cet empêcheur de danser en rond de Walmsley.

Sans doute le moniteur thérapeutique avait-il fait apparaître des éléments graves, mais rien qui aurait pu être suffisant pour justifier une mise en cuve d'urgence. Non, il devait s'agir d'un prétexte – il pourrait toujours le contester, dans quelques années, une fois sur Terre.

Il dut lutter pour ne pas laisser la confusion la plus totale s'emparer de son esprit. Il fallait absolument réagir, réfléchir.

Etait-il complètement mort ? Il attendit, laissant sa peur s'atténuer progressivement.

Se concentrer ; évoquer des images de paix, de calme, de tranquillité...

Oui. Là.

Il crut sentir un cognement, faible et irrégulier ; son cœur, sans doute.

Et derrière, mais très loin, comme un imperceptible frémissement d'ailes ; ses poumons.

C'était tout. Il savait que le système nerveux interne formait un réseau beaucoup moins serré. Il ne communiquait que des sensations vagues, approximatives. Mais cela suffisait pour qu'il sût que toutes les fonctions de base étaient en état de marche.

Il sentait une pression vague, qui pouvait venir de ses reins. En revanche, il ne lui arrivait rien de ses bras ni de ses jambes.

Il essaya de bouger la tête. Pas de réaction, rien.

Ouvrir un œil ? Le noir total.

Les jambes ? Il les essaya, l'une après l'autre, espérant que seules les sensations en avaient disparu ; peut-être pourrait-il en deviner le mouvement par une variation de pression en un autre endroit de son corps.

Toujours pas de réaction. Mais s'il avait pu sentir ses reins, il aurait dû éprouver quelque chose en remuant la jambe.

Cela signifiait que tout le contrôle moteur du bas de son corps avait été coupé.

Il sentit la panique s'emparer de lui. C'était une sensation froide et piquante. Normalement, une émotion d'une telle intensité s'accompagnait d'une respiration plus profonde, de battements de cœur accélérés, de contractions musculaires, d'un sentiment d'alerte. Il ne ressentit rien de tout cela. Il n'éprouvait qu'un tourbillon de pensées contradictoires, parcourant son cerveau avec les zigzags d'un éclair d'orage. Ainsi donc, voici ce qu'il en était d'être réduit à une chose analytique, à une pure machine, à une matrice de calculs, sans connexions chimiques ou glandulaires.

Ils n'en avaient pas terminé avec lui, sans quoi il ne se serait jamais réveillé. Un des techniciens avait dû faire une connerie. Couper un centre nerveux quelque part, à l'aide de ces interrupteurs gros comme des têtes d'épingle, ou peut-être pincer un filet nerveux de trop.

L'essentiel de l'intervention se situait au point de jonction entre le cerveau et la moelle épinière, à la base du crâne. C'était comme une sorte de gros câble aux brins multiples, au milieu desquels les techniciens devaient se frayer un chemin par rétroaction analytique. Il était facile de s'y perdre parmi les microfibres nerveuses microscopiques ; qu'un technicien travaillât un peu vite, en pensant à la pause-café, il pouvait réactiver les fonctions cérébrales conscientes et ne pas s'en rendre compte avant un moment.

Il lui fallait faire quelque chose.

Il éprouva une nouvelle flambée de cette panique froide et étrange qui l'avait déjà saisi. De l'adrénaline, laissée par quelque réaction physiologique antérieure plus profonde ? Il avait peur, mais il n'y eut pas de réaction généralisée de son organisme. Les sous-systèmes glandulaires étaient bien coupés.

Il n'avait aucun moyen de mesurer le temps qui passait. Il essaya de compter ses battements de cœur, mais le rythme cardiaque dépendait de tellement de facteurs...

Bon, d'accord ; de combien de temps disposait-il ? Il savait qu'il fallait des heures pour couper complètement un système nerveux, pour mettre en sourdine les zones lymphatiques, pour débarrasser le sang de ses résidus. Des heures. Et les techniciens confiaient une bonne partie du travail aux appareils automatiques.

Il se rendit compte qu'il éprouvait une très lointaine sensation de froid, qui lui parut se préciser comme il se concentrait dessus, remplir son corps et lui apporter une plaisante et douce... quiétude... lent glissement vers le sommeil...

Quelque chose, tout au fond de lui, cria *Non !*

Par un sursaut de volonté, il s'efforça de rester lucide dans les ténèbres et le froid qui l'envahissait insidieusement. Les spécialistes conservaient toujours une issue vers l'extérieur ; comme cela, si quelque chose allait de travers, le patient pouvait donner l'alerte. Une précaution pour faire face à des situations comme celle dans laquelle il se trouvait.

Les sourcils ? Il essaya de les hausser, ne sentit rien.

La bouche ? même chose.

Il se concentra sur les étapes nécessaires pour former un mot. Contraction de la gorge. Pousser l'air à une vitesse plus grande qu'en respirant, bouger la langue et les lèvres.

Toujours rien. Pas le plus petit écho dans les cavités des sinus pour l'avertir que ses muscles avaient joué, que l'air avait fait vibrer ses cordes vocales.

La méthode la plus simple d'encuvage consistait à couper systématiquement toute une partie de l'organisme. Sans doute était-ce ce qui se passait. Bon. Plus de tête, plus de jambes, et évidemment plus de pieds. Quant aux parties génitales, eut-il le temps de penser avec ironie, elles échappent au contrôle conscient, même dans le meilleur des cas.

Les bras, alors ? Il essaya le gauche. Pas d'impression de mouvement, pas de pression interne. Mais quel était l'effet réel de ses efforts ? Il était peut-être en train d'agiter la main en l'air, sans s'en rendre compte.

Essai du bras droit. Toujours aucun moyen de savoir.

Non, attends ! Une sensation diffuse, quelque chose...

Tenter de se rappeler quels muscles bouger. Mais lorsque l'on a passé toute une longue vie à recevoir des réactions instantanées de chacune de ses fibres musculaires, solidement ancré dans son corps, chaque mouvement prélude idéal au suivant... Il fallait maintenant tout analyser avec précision.

Comment faisait-il, au juste, pour lever un bras ? Il contractait certains muscles d'un côté de l'épaule ; d'autres, au contraire, devaient être relâchés. Il essaya.

Y avait-il une sensation de poids ? Vague, trop vague. Peut-être l'imaginait-il.

Il se pouvait très bien que son bras fût dressé tout droit, sans qu'il le sût. Les techniciens le verraient, cependant, et viendraient aussitôt aux renseignements, remettraient le contact... sauf s'il n'y avait personne. Sauf s'ils avaient été prendre leur café, en abandonnant le vieux corps aux chairs affaissées aux processus automatiques qui le conduiraient progressivement à la stase de longue durée, confiant au monithé le soin de s'assurer qu'il n'arrivait rien à la vieille carcasse...

À supposer que le bras ait bougé, et que quelqu'un l'ait vu : était-ce ce qu'il voulait ? Si on lui rendait le contrôle de sa tête, que ferait-il, demander le respect de ses droits ? Ted avait certainement déjà dû régler la question. L'équipe médicale avait sans aucun doute reçu l'ordre de le fourrer dans une cuve, même s'il protestait. *Pour son propre bien, vous comprenez ?*

Au désespoir, il arrêta de se concentrer, et relâcha son effort de contraction musculaire.

Il fut récompensé par un bruit sourd.

Il venait de heurter la table. Ça marchait, ça marchait fichtrement bien !

Il attendit. Rien ne se produisit dans ses ténèbres.

Aucun technicien ne vint trafiquer quelque chose pour corriger l'erreur.

Il était sans doute seul. Mais où ?

Pas dans une cuve ; il n'aurait jamais pu réfléchir aussi clairement. Sur la table d'intervention du moniteur, dans ce cas.

Il essaya de se souvenir de sa disposition. Les accès des terminaux se trouvaient de chaque côté, image en miroir du corps. Si bien que s'il tendait son bras droit, il pouvait atteindre la moitié des boutons de commande.

Il se concentra, et leva de nouveau le bras. Sans doute la main bougeait-elle ; la déconnecter indépendamment du bras n'avait pas de sens. Imaginant avec soin le dispositif, il abaissa le bras, le fit tourner...

Un coup sourd. Quelqu'un qui s'approchait ? Non, trop près. Le bras était retombé.

Il allait être difficile d'ajuster son effort. Il s'exerça à faire pivoter son bras sans le soulever. Aucun moyen de savoir si ça marchait ; certains mouvements lui paraissaient cependant familiers, corrects, d'autres non. Il agissait sans informations rétroactives, s'efforçant d'évoquer les sensations exactes que procure un bras qui pivote. Tâtonner sur le bord, passer par-dessus. Faire jouer ses doigts.

Il s'arrêta. S'il se trompait de bouton, il pouvait aussi bien déconnecter son bras. Ses terminaisons nerveuses extérieures coupées, comment dire s'il ne se trompait pas ?

Un quitte ou double. S'il l'avait pu, Nigel aurait haussé les épaules. Qu'est-ce que ça pouvait foutre ?

Il frappa, de ses doigts raidis. Rien.

Il tâtonna, et eut obscurément l'impression, sans qu'il pût dire par quel biais, d'être en train de tripoter le bord de la table d'intervention. Impression venue de nulle part et de partout à la fois, sans doute de terminaisons nerveuses internes. On ne pouvait pas couper l'organisme en parties parfaitement distinctes ; l'information débordait, et les reins, les intestins et le foie, habituellement muets, savaient, de façon indistincte, ce qui se passait à l'extérieur.

Une vague pression lui apprit que ses doigts venaient de se refermer sur quelque chose et le serraient. Il les fit tourner. Rien ne se produisit.

Ce n'était donc pas une manette pivotante. Un bouton, alors ?

Il frappa. Il crut sentir de légères secousses dans ses sinus. Sans doute devait-il cogner fort pour éprouver ce genre de réaction. Mais il n'avait aucun moyen de doser ses coups. Il frappa de nouveau ; une autre secousse. Encore. Encore et...

Un frisson glacial lui parcourut le mollet droit, suivi d'une sensation de douleur aiguë. Sa jambe s'agitait, prise de spasmes, se cognant partout, sur la table d'examen, contre les appareillages du monithé. L'afflux brutal de sensations le cueillit par surprise ; leur flot était tel qu'il ne savait plus si c'était douleur ou plaisir.

Sa jambe heurtait violemment la table, comme un animal devenu fou furieux. Ses systèmes automatiques tentaient de maintenir la température de l'organisme par cette réaction musculaire, pompant l'énergie que les tissus gardaient sous forme de sucres. Une réaction classique, et la raison pour laquelle on coupait les patients de leur corps.

Mais il avait réussi à réactiver un réseau nerveux, et c'était ce qui comptait. Il continua à frapper, à l'aveuglette, de ses doigts serrés.

Une bouffée glaciale au milieu de son corps. Encore.

Nouvelle sensation de froid, dans le pied droit, cette fois. Encore.

Chatouillis sur ses lèvres, sur ses joues. Mais rétablissement encore incomplet de ses sens ; il ne pouvait sentir ni sa poitrine ni ses bras. Il était sur le point d'appuyer sur un autre bouton lorsqu'il s'arrêta pour réfléchir.

Jusqu'ici, il avait eu de la chance. Il avait ouvert les réseaux sensoriels. Presque tout son côté droit lui retransmettait des informations de l'extérieur. Sa jambe tressautait moins maintenant qu'il en reprenait peu à peu le contrôle.

Mais si le bouton suivant qu'il touchait coupait les sensations de son bras, il était fichu. Il resterait ici, impuissant, jusqu'à l'arrivée des spécialistes.

Nigel ramena laborieusement son bras sur la table. Avec des gestes maladroits, il le fit passer par-dessus sa poitrine ; sans doute son contrôle moteur s'étendait-il jusqu'à ses épaules et au haut de son buste pour qu'il pût y arriver, mais sans informations sensorielles, il ne pouvait savoir exactement ce qu'il était en mesure de faire.

Il banda tous ses muscles dans un effort pour rouler sur sa gauche. Une étrange impression d'être bizarrement incliné l'envahit. Une tension, quelque part. Des muscles tendus, noués, contractés, et le tirant, le tirant, toujours plus...

Dur et chaud contre sa joue. Son nez s'écrasait contre quelque chose qui n'avait pas d'odeur. Le haut de la table d'examen. Il avait fait presque demi-tour.

Il sentit monter une impression de lassitude diffuse. Les muscles du bras signalaient leur épuisement au reste du corps, comme si les molécules ayant épuisé leurs réserves de sucre tiraient une sonnette d'alarme.

Pas le temps de se reposer. Les muscles devaient continuer à travailler. Il força son bras à se tendre vers le côté gauche de la table. Il ne sentait rien, mais au moins ne risquait-il pas de commettre une erreur fatale.

Il tapa au hasard. Une lance douloureuse s'enfonça dans son côté gauche, suivie d'une intense sensation de froid. Des masses de muscles se mirent à trembler violemment, envoyant des ondes de douleur dans toute la moitié de son corps.

Il continua à cogner du bout des doigts. Une lumière

brutale l'inonda. Il venait de rétablir le réseau nerveux oculaire. Impression d'une aveuglante rutilance. Il se rendit compte qu'il avait toujours les yeux fermés. Il les ouvrit. Or fondu. Il les referma pour amortir l'éclat, et frappa à nouveau.

Odeur fraîche d'hôpital. Un autre coup.

Une marée sonore déferle : un cliquètement mécanique, un bourdonnement lointain, le chuintement du conditionnement d'air. Pas de voix humaines.

Il plissa les yeux. Il était allongé sur une table d'examen blanche, aveuglé par des lampes fluorescentes. Maintenant qu'il avait récupéré la vue, il put rétablir rapidement le reste de ses connexions nerveuses. Il voulut porter la main à sa nuque, mais son bras partit dans la direction opposée. Il s'arrêta, bougea les doigts avec précaution. Son bras descendait de dessus sa tête au lieu de monter... voyons, mais c'était impossible ! Il déplaça l'autre bras. Il arriva dans son champ visuel d'au-dessus, comme l'autre.

Quelque chose clochait. Il ferma les yeux. Qu'est-ce qui pouvait bien... ?

Il se mit de côté, et parcourut des yeux la salle d'intervention. Sur la porte, le numéro, à l'envers, lui sauta à la figure. Il tendit la main pour saisir le rebord de la table – à l'envers aussi.

Il comprit tout de suite. Normalement, le cristallin envoie des images inversées sur le fond de l'œil, et le nerf optique se charge de filtrer le signal pour rétablir une vision correcte.

Autrement dit, le technicien qui l'avait traité avait aussi raté ça, et maintenant il voyait à l'envers. Y remédier ne devait pas présenter de grosses difficultés ; sans doute suffirait-il de déplacer d'une fraction de millimètre un point de jonction des fibres optiques. Mais Nigel ignorait tout de ce qu'il fallait faire, et n'aurait pu pratiquer lui-même l'intervention. Il allait falloir s'en accommoder.

Nigel commença par tâtonner dans le buisson de fils divers qui couraient sur tout son corps ; il y arrivait plus facilement s'il ne regardait pas. Il fallait déconnecter avec les plus grandes précautions les entrées qui créaient le maillage homme-machine. Le paquet qui était collé sur sa nuque ne se détacha qu'avec peine, se libérant d'un seul coup.

Une impression douloureuse et chaude monta de sa nuque et se répandit dans tout son crâne. Ses nerfs, à vif, bombardaient son cerveau d'impulsions et provoquaient des spasmes musculaires.

Il roula sur lui-même et examina la table de travail placée à côté de celle d'intervention. Il en sortait un vrai fouillis de connexions, d'éléments de micro-électroniques, de fils en paquets dont certains étaient minces comme des cheveux. Il aperçut enfin la pièce qui lui semblait convenir. Il tendit la main, et la manqua. Son cerveau corrigeait constamment ses mouvements de travers.

Il lui fallut trois essais avant d'arriver à surmonter sa mauvaise coordination, et il faillit laisser échapper la pièce une fois qu'il l'eut en main. Souple, de forme vaguement ovale, bardée de fils, elle s'adaptait parfaitement au trou qu'on lui avait ouvert dans la nuque. Il ne tâtonna que quelques instants avant qu'elle se mît en place avec un petit bruit sec. La douleur commença à diminuer.

Il s'assit ; des frissons spasmodiques le parcoururent, lui arrachant un hoquet de souffrance. Tous ses mouvements étaient douloureux. Mais il se sentait parfaitement éveillé et dans une colère noire. Il se trouvait dans une salle d'opération déserte.

Il étudia les affichages de cristaux liquides des différents cadrans de son moniteur thérapeutique. Le programme était avant tout constitué de chiffres, et il n'arrivait pas à pencher suffisamment la tête pour pouvoir les lire à l'endroit ; il entreprit de les déchiffrer tels qu'ils se présentaient à ses sens inversés, à l'envers. Au bout d'un moment, ce ne fut plus aussi difficile. Le programme numérique lui apprit que la mise en stase était prévue pour dans cinquante-sept minutes de plus.

Il se remit sur ses pieds, tremblotant, la tête vide. C'était tout de même agréable de retrouver l'usage de ses fonctions. Il éprouva la tentation de se reposer un moment, et de se laisser submerger par le flot ininterrompu des sensations. Même cette salle stérile baignée d'une lumière blanche et nue lui paraissait luxuriante et déborder de mille détails – des odeurs, des sensations subtiles. Jamais il n'avait autant aimé la vie, lui semblait-il.

Il n'était cependant pas en sécurité. Les pauses-café ne se prolongent pas éternellement ; il lui fallait retrouver ses vêtements et filer...

Il se dirigea vers une porte latérale. Il apprit tout de suite, dès les premiers pas, qu'il valait mieux avancer la tête penchée en avant, en regardant ses pieds. Il devait forcer ses yeux à se tourner dans un autre sens que celui qu'ils prenaient spontanément. Il se cogna au monithé et s'effondra à moitié sur un bureau. Au bout de quelques instants, il se sentit capable de naviguer au milieu des objets. Il avançait avec précaution, le côté gauche le labourant d'éclairs de douleur en manière de protestation, tandis que son bras droit ne cessait de trembler spasmodiquement.

Il atteignit enfin la porte ; il l'entrouvrit à peine et jeta un coup d'œil à l'extérieur. Il fallait un certain temps pour identifier les choses à l'envers ; sur leur portemanteau, les vêtements avaient l'air de se dresser vers le plafond. Les chaises y étaient posées. Il lui fallait constamment combattre une sensation de vertige. Ses yeux disaient à son cerveau qu'il marchait sur le plafond et quelque part au fond de lui, un système d'alarme ne cessait de se manifester.

Il aperçut des tiroirs d'instruments chirurgicaux ouverts, du matériel électronique. Une salle de préparation. Il la traversa.

Il découvrit ses vêtements suspendus dans un placard, défiant les lois de la gravité. Il trouva plus facile de les enfiler les yeux fermés, en se fondant sur ses sensations tactiles et kinesthésiques. Dommage de ne pas pouvoir marcher comme ça, se dit-il.

8.

L'air purifié, recyclé, lui coupait la gorge. Il suivait les longs couloirs claustrophobiques violemment éclairés, frôlant du coude les rares passants dont le visage s'illuminait à sa hauteur. Il finit par atteindre une ère de remise qui formait un recoin obscur dans laquelle il se glissa, se sentant étrangement ragaillardi. Il tapota son poignet de l'ongle et pinça un nodule derrière son oreille. Bourdonnement du réseau de bord :

... suggère qu'à la lumière des nouvelles arrivées de la Terre, nous passions rapidement sur ces questions mineures de trucs collectifs

L'écran de son pouce, comme il s'était branché en retard sur le circuit, afficha l'ordre du jour de l'assemblée convoquée par Ted. Le petit point rouge clignotant lui montra qu'on en était encore au tout début.

le problème posé par Nigel Walmsley, dont vous trouverez l'affaire exposée dans vos ordres du jour. Il a fait preuve d'une attitude, par le passé, que l'on ne peut caractériser que comme non communautaire. Il a délibérément ignoré un certain nombre de règles au cours de son service au sol à Isis. Il s'est montré peu constructif lors des réseaux d'analyse. Il s'agit d'aspects désagréables de la part d'un homme que, je le sais, beaucoup d'entre vous respectent pour le rôle qu'il a joué autrefois dans la découverte des premiers objets extraterrestres. Néanmoins, j'ai appris récemment – vous trouverez les faits et leurs preuves dans vos résumés – qu'il avait systématiquement trompé l'équipe médicale quant à sa santé déclinante. Il a agi ainsi dans le but apparemment respectable de

Nigel étudia les résumés, y compris la présentation détaillée de ses réactions lors des réseaux d'analyse, à l'affaire Carlotta-Carlos, aux suggestions de prendre sa retraite. Des faits, uniquement. Il retourna dans le couloir et écouta tout en marchant et en observant les visages de ceux qui passaient.

accumulation régulière de réactions sociopathiques, décrites en détail par les thérapeutes

Des hommes et des femmes le croisaient ou le dépassaient. Tous avaient été sélectionnés pour leur compatibilité, l'aisance de leurs rapports sociaux ; sinon, comment supporter l'interminable promiscuité sur la route des étoiles ? Ici aucun soleil ne se cachait derrière le voile des nuages, pas d'averses soudaines ou de sombres tempêtes pour faire sortir les esprits d'eux-mêmes. Rien que le murmure lent et régulier de brises en conserve, d'imperceptibles pressions, la duplication programmée de ce qui se passait sur la Terre lointaine. Ils vivaient tous sur un même rythme mesuré, et si parmi tous ces esprits ne se trouvait aucun fou, il n'y avait pas de Mozart non plus ni de fanatiques de l'extase. Rien que des gens qui tournaient le dos aux abysses de silence de l'autre côté des parois, ce long silence oppressant qui les emprisonnait, ce vide qui définissait leur lieu.

c'est en étudiant l'ensemble de ses réactions asociales, dont beaucoup sont sans aucun doute les conséquences de la détérioration de son état physique, que les thérapeutes ont découvert qu'il les trompait délibérément sur cet état

Ainsi donc Ted l'avait coincé sur les questions de thérapie, sachant au départ que ça l'aiderait à épaissir son dossier contre lui, soupçonnant sans doute l'existence de failles dans son bilan médical. Très habile.

et comme beaucoup d'entre vous le savent, il s'est accroché contre vents et marées au modèle excentrique qu'il avait proposé pour expliquer la situation à laquelle l'humanité doit faire face

Nigel marchait aussi vite qu'il le pouvait vers le grand auditorium où devait se trouver rassemblée une bonne partie de l'équipage du *Lancer*. C'était là qu'il affronterait Ted et qu'ils videraient leur querelle.

mais ses espoirs de le voir vérifié se sont évanouis et je crois qu'il serait charitable de ne pas le laisser dépérir ici, devenir de plus en plus chagrin et se couper encore davantage du reste de la communauté

Réellement très fort de la part de Ted de parler de ça avant les grandes nouvelles de la Terre que tout le monde attendait avec impatience.

si bien que si sa situation médicale n'est pas catastrophique, je recommande néanmoins

Il accéléra le pas. Un peu plus loin devant lui, deux officiers étaient debout près d'une paroi. Nigel hésita. Peut-être n'étaient-ils au courant de rien mais toutefois – il décida de faire un détour, et de se dépêcher.

qu'il soit placé en cuve de thérapie jusqu'à notre retour sur Terre. Je comprends bien que ce serait plus romantique s'il mourait au cours de ce voyage, mais la simple humanité

Il se rapprochait. Il allait y avoir discussion, ce qui lui donnerait du temps.

C'est pourquoi je mets cette question en discussion avant notre retour vers la Terre

Il était à quelques dizaines de mètres des portes de l'auditorium lorsque trois femmes de l'équipe senior l'aperçurent.

Son absence à cette assemblée de ses coéquipiers en dit plus long qu'un discours sur son attitude et traduit, à mon sens, sa honte de voir découverte sa tromperie enfantine

Les trois femmes se dirigèrent vers lui. Il recula et fonça le plus vite qu'il put vers un conduit de chute.

Eh bien, on dirait que personne n'envisage de s'opposer à ma recommandation et donc

Nikka ! Pourquoi n'avait-elle rien dit, ne s'était pas...

j'en viens au point suivant, les dernières nouvelles concernant les offensives des Essaimeurs contre les continents et les indices d'une campagne biologique concertée de leur part

Quoi que ce fût qu'elle eût pensé de lui, ce n'était tout de même pas cette affaire avec Carlos qui avait pu lui faire accepter ce qui se passait. Il descendit de trois ponts à la vitesse maximale par le conduit de chute. Il en sortit à proximité d'une équipe de travail qui déplaçait un carénage de tuyère, mais ils lui tournaient le dos, et personne ne fit attention à lui. Lorsque les femmes émergèrent à leur tour du conduit, il était penché sur le chariot, en train de faire semblant d'ajuster les stabilisateurs magnétiques. Il se faufila ensuite dans l'entrepôt de pièces détachées voisin, attendit un peu et revint sur ses pas. Les trois femmes avaient disparu.

il est aussi fait état – oui, je sais que cela paraît difficile à croire – d'une coopération entre les Chinois et certains éléments des Essaimeurs

Il essaya de joindre leur appartement, mais Nikka ne s'y trouvait pas. Il continua d'avancer. Si elle n'était pas à la réunion non plus, c'est qu'elle – bien sûr.

et étant donné que les informations les plus récentes sur cette transformation biologique de l'ennemi peuvent finir par nous donner un indice sur leur planète d'origine, j'estime que nous devrions commencer tout de suite à revoir les données à la lumière de

Il s'approcha avec lenteur et prudence du complexe médical, où il aperçut Nikka en train de discuter vivement avec un administrateur. Il attendit qu'elle jetât autour d'elle un regard d'exaspération pour se faire remarquer d'elle, et lui fit signe de garder le silence. Elle ne dit rien tant qu'ils furent en vue de la grande entrée du service.

« J'étais venue te chercher ! Qu'est-ce qui t'a pris tant de temps ? Ted a convoqué une...

– Je sais. » Il expliqua ce qu'il venait d'apprendre en quelques phrases brèves et hachées, tandis qu'une colère froide montait en lui. « Et, ajouta-t-il, il est inutile d'aller y faire une entrée fracassante, personne ne voudrait nous écouter.

– Il le faut, pourtant.

– Ted n'a pas les pouvoirs d'un capitaine, mais il a clairement obtenu le consensus. Et le consensus, mon chou, c'est partie gagnée pour lui.

– Dans une libre discussion...

– C'est exactement ça ; le problème, c'est qu'elle soit libre. J'ai l'impression que le vieux Ted commence à m'en vouloir sérieusement, depuis quelque temps. Il est très fort, ce type.

– Il est sans principes, il a une vue courte des...

– T'est-il venu à l'esprit que tout ce à quoi je m'opposais, c'était à un retour bien tranquille à la maison ?

– C'est plus que ça. Il s'agit, euh, de ta vie.

– Il s'agissait.

– C'est peut-être encore vrai.

– Difficile de trouver comment le coincer. » Il prit la tête de Nikka entre ses mains, et l'embrassa sur le front avec une tendresse lointaine, comme affaiblie. Il sentait s'ouvrir en lui des sources d'énergie inattendues, se constituer une résolution qu'il aurait cru impossible à retrouver.

« Nous pouvons retourner à l'appartement, et refuser de les laisser entrer. Demander du temps pour discuter de ton cas sur le réseau.

– Ted ne manque pas de preuves pour soutenir son point de vue.

– Des preuves sans consistance. »

Il s'appuya lourdement contre une cloison. Sous la pression des événements, il avait réussi à surmonter le handicap de sa vision inversée, mais il commençait à se ressentir de l'effort. Les mouvements de tête rapides lui donnaient la nausée. Vus à l'envers, les visages avaient des expressions inquiétantes, grotesques, souvent impossibles à déchiffrer.

« En vérité, je suis un véritable saligaud. Tu t'en es certainement aperçue. »

Nikka sourit, et prit une expression déterminée. « Ils ne vont pas...

– Attends, fit Nigel en levant la main. Ecoute, communication au vaisseau. »

On m'apporte à l'instant ce message urgent en provenance de la Terre. En voici le contenu : « Des armes nucléaires ont été employées aujourd'hui lors d'un affrontement militaire au large des côtes chinoises. Les belligérants sont la Chine, l'U.R.S.S. et les U.S.A., soutenus par des flottes moins importantes japonaises et brésiliennes. Les pertes sont inconnues. L'observation par satellite montre que la bataille se poursuit et s'étend, et que toutes les forces majeures des combattants s'y trouvent engagées. Cause du conflit inconnue. Peut-être déclenché par une tentative pour empêcher l'atterrissage d'Essaimeurs sur les côtes. Vous contacterons bientôt pour vous donner les éventuelles implications sur le réseau de communications spatiales. » Euh, je ne sais pas trop quoi dire...

Nigel donna un coup de poing contre la paroi. « Ça y est donc !

– Qu-quoi ?

– Ils ont mordu dans la pomme. Nos informations ne vont pas leur servir à grand-chose, maintenant.

– C'est... c'est peut-être une erreur...

– Sûrement pas. Tout cela était parfaitement prévisible, j'en ai l'impression. Si n'importe lequel d'entre nous avait été seulement moitié aussi rapide que... » Il poussa un soupir.

« Eh bien... », commença Nikka, un peu perdue. « Allons, allons à la maison. Nous pouvons oublier nos propres problèmes... »

Il acquiesça, l'air sinistre, et passa un bras autour de ses épaules, scrutant son visage cuivré et marqué de rides. « Mais ne comprends-tu pas ? Ce message est vieux de plusieurs années ! D'ici, nous ne pouvons avoir aucune influence sur les événements. Nous sommes seuls, tout seuls.

– Oui, bien sûr mais...

– Il peut bien s'être passé n'importe quoi sur Terre, le bon vieux Ted n'en continuera pas moins à appliquer sa chère politique. Autant faire aussi ce qui nous plaît. La Terre, c'est un autre problème.

– Je ne sais pas... tout... est arrivé si vite.

– Ecoute, il va encore se passer un bon moment avant que

nous n'ayons des nouvelles de la Terre. Les grands satellites de retransmission ont certainement dû avoir autre chose à faire que d'émettre dans notre direction.

– Oui, j'imagine.

– C'est pourquoi Ted va continuer. Nous devrions faire comme lui.

– Allons à la maison, je t'en prie.

– D'accord, pour une minute. Mais il ne nous reste plus qu'un seul endroit pour être réellement tranquilles, mon chou. »

9.

Ils s'accroupirent côte à côte dans le monte-charge, au milieu de caisses.

« Tu vas bien ? Et tes yeux ? demanda Nikka.

– Je crois que je commence à intégrer le changement. Me reposer m'a fait du bien.

– J'avais entendu parler de cette erreur de biotechnique. Il paraît qu'elle est courante et facile à faire.

– Ça fait toujours plaisir de le savoir, fit Nigel en étouffant un rire.

– Je ne crois pas pouvoir y remédier.

– Sans instruments de microchirurgie, sûrement pas.

– Cependant, je me souviens aussi que l'esprit s'y adapte. Finalement, tu vas voir les choses dans leur bon sens.

– Oui, mais au bout de combien de temps ?

– Quelques jours.

– Hum. Dis donc, j'ai l'impression que cela fait une éternité que je suis parti, joyeux et confiant, en compagnie de l'ami Ted. Tout ça a duré combien de temps ?

– Une demi-journée, répondit Nikka. Ils sont venus m'expliquer ; j'ai voulu discuter avec Ted, mais il était pressé. Carlos était là.

– Quelle a été sa réaction ?

– Il s'est montré attristé. Il était descendu sur Pustules par la navette du matin, juste après ton départ, et venait rendre compte de son nouveau travail ; pour lui, une chance de mettre à l'épreuve son entraînement. Je crois qu'il veut...

– S'en laver les mains. Tout à fait. Tu seras toujours là, pour l'attendre.

– Nigel, tu n'es pas juste.

– Qui prétend que je le sois ? Carlos est perturbé, mais il n'est pas idiot.

– Ne peut-on pas oublier tout ça ? avec tout ce qui se passe...

– Non, on ne peut pas. Ça pourrait nous être utile. » Il donna un coup sur le filtre médical portable posé à côté de lui. Le sifflement du monte-charge faisait vibrer le plancher métallique. Il avait fallu plus d'une heure à Nikka pour réduire l'appareil de fortune de Nigel à ses composantes essentielles et les caser dans quelque chose de portable. Leur appartement ne risquait plus d'être photographié pour *Maison et Décoration.*

Il espérait que le filtre continuerait à fonctionner. Quitter l'appartement avait aussi été délicat ; Ted n'avait pas fait mettre de gardes à leur porte, mais Nigel avait la conviction qu'on l'intercepterait s'il se montrait en public.

« Il va falloir que tu t'occupes de distraire l'équipe de chargement pendant que...

– Les chances que ça marche sont minces, dit-elle en acquiesçant.

– Et alors ? De toute façon, il ne nous en reste aucune, de chance. Si nous ne quittons pas le vaisseau, Ted nous coincera en quelques heures. »

Le monte-charge s'arrêta bruyamment dans la zone de gravité réduite. La porte s'ouvrit sur l'entrepôt arrière du vaisseau. Personne en vue.

« J'y vais en vitesse », dit Nigel, qui se glissa dans l'obscurité des soutes du vaisseau. Nikka poussa un profond soupir, et se mit à la recherche de l'équipe de manutentionnaires.

Pustules était d'une couleur gris métallique, striée de longs filaments, traces de la chute d'anciennes météorites. Des plaques rocheuses saillaient un peu partout sur les champs de glace d'un pourpre malpropre.

Nigel sentait l'intensité du froid qui régnait à travers sa tenue asservie, et se déplaçait avec la plus grande prudence sur la plaine craquelée. Nikka pointa en direction du sous-marin sphérique, encore posé sur son berceau en bordure d'un lac de vert et de vermillon clair. « D'après les affectations, c'est là que devrait travailler Carlos. »

Nigel s'aligna sur son pas ; ils tenaient le filtre médical chacun par un côté.

L'effort les faisait haleter. La glace pourpre crissait sous leurs bottes. Nigel régla son adaptateur optique pour voir à quoi ressemblait l'endroit quand l'image n'était pas trafiquée : un désert désolé, éclairé par un point rouge virulent. Haut dans le ciel, il aperçut la tache grise du Surveillant. On n'appelait plus la lunule par ce nom, sur le réseau d'analyse du vaisseau, mais il refusait d'en utiliser un autre. N'y avait-il pas comme un scintillement intermittent, là où le pâle soleil venait se refléter sur l'antique coque ? Il plissa les yeux. Une facette qui jouait le rôle de miroir. Ou plus probablement, se dit-il, encore un tour que lui jouaient ses yeux. Sa vision s'améliorait progressivement, mais il était encore victime d'illusions d'optique et de distorsions.

Ils se trouvaient à environ cinq cents mètres de la navette ; jusqu'ici, personne n'avait tenté de les arrêter. Il y avait bien eu quelques regards interrogatifs de la part de l'équipage, mais Nikka avait inventé une histoire plausible, apparemment. Ils avaient compté sur le fait qu'il n'existait aucun service de sécurité sur le *Lancer*, pas plus qu'il ne s'en trouvait sur un vaisseau ordinaire. Mais une fois que Ted Landon et ses amis auraient compris où ils s'étaient rendus...

« Hé là ! » Nigel resta figé sur place par cet appel inattendu. Il se retourna, mais personne ne les avait suivis. Le cri provenait d'une silhouette qui arrivait du submersible en trottinant et se dirigeait vers eux. Sur son casque, clignotait son identification : il s'agissait de Carlos.

« Qu'est-ce que c'est que cette histoire ? Nigel ne devrait-il pas se trouver...

– On t'expliquera dedans », fit Nikka d'un ton rude en poussant Carlos en direction du sous-marin, « allez, vite ! »

Nigel soufflait péniblement sous le ciel noir. Il avait choisi le chemin difficile, non sans y trouver une certaine satisfaction ; il ne demanda pas à Carlos de l'aider.

Des bulles se formaient et éclataient à la surface du lac, qui retrouvait ensuite son calme lisse, rougeoyant sous la lumière de braise qui tombait de Ross 128. Une boue sulfurée jaunâtre, au bord du lac, colla à leurs semelles.

« Epanchements, expliqua Carlos. Comme dans certaines marées, mais en pire. Ce lac, c'est de l'ammoniaque liquide qui se met à éructer tous les quelques jours. Des sels de potasse, du soufre, il faut à chaque fois nettoyer les écoutilles... »

Nikka lui fit signe de se taire. Elle regarda derrière eux : mais personne ne les suivait. Nigel se sentait en sécurité ; il la croyait capable de tenir tête à n'importe qui.

Il leur fallut plus de dix minutes pour se débarrasser de leur tenue et se retrouver dans la niche où dormait Carlos. Une fois là il se tourna vers eux, bloquant l'issue et dit : « Bon. Maintenant, écoutez bien. Après avoir reçu votre message, j'ai vérifié le manifeste de la navette. Vos noms n'y figuraient pas.

– Départ en vacances de dernière minute, fit Nigel, on a simplement pris le premier train disponible. »

Nikka eut un sourire compréhensif. « Il est facile de savoir quand la situation est désespérée, dit-elle. Il faut toujours qu'il fasse une plaisanterie.

– C'est à ça qu'elles servent », rétorqua Nigel, qui étira ses jambes sur la couchette de Carlos. Il se reposa pendant que

Nikka résumait à grands traits les derniers événements. Il prenait plaisir à entendre sa version des faits, racontée selon une perspective différente. Il trouvait particulièrement agréable de pouvoir se détendre complètement et laisser quelqu'un d'autre se charger de tout, comme l'avait fait Nikka depuis qu'ils étaient tranquillement montés à bord de la navette. Elle s'était merveilleusement bien débrouillée pour convaincre le pilote. En dépit de la tournure que risquaient de prendre les événements – et il ne se faisait pas trop d'illusions là-dessus –, il était délicieux de bouger et d'agir de nouveau. Ce qu'il y a de pis, dans la vieillesse, ce sont les sentiments d'impuissance et l'impression de ne plus être partie prenante dans la vie active. Les gens d'âge intermédiaire traitaient les vieux avec le même mépris serein et condescendant qu'ils manifestaient à leurs enfants. C'était cette attitude irréfléchie que l'on retrouvait derrière les décisions de Ted.

« Vous êtes stupides », la coupa bientôt Carlos, « complètement stupides. Quels que soient les torts de Landon, vous êtes en train de lui donner le bâton pour vous faire battre, à mon avis, et...

– Epargne-nous ça, tu veux bien ? Si nous étions restés sur le *Lancer*, nous serions gentiment en train de flotter dans nos cuves, à l'heure qu'il est. » Sur ces mots, Nigel s'étendit paresseusement, même s'il ne se sentait plus fatigué.

« Toi, peut-être ; mais pas elle.

– Nous sommes ensemble, dit simplement Nikka.

– Pas nécessairement, objecta prudemment Carlos.

– Je refuse d'admettre que l'on envoie Nigel en cuve contre son gré. Si on l'y met de force, je le suivrai. Comme ça nous ne perdrons pas de temps l'un pour l'autre.

– Je ne croyais pas que c'était ça que tu voulais dire. Tu as encore des tâches à accomplir, ici. Et toi et moi, nous avons besoin l'un de l'autre, tu dois aussi...

– Ça ne nous mènera strictement à rien de remâcher nos vieux griefs un peu rances pendant que l'horloge tourne,

Carlos, fit Nigel d'un ton forcé. J'ai besoin de protection. Et la seule question est : veux-tu ou non nous accorder asile ? »

Sur le visage de l'homme, Nigel vit jouer les émotions contradictoires. Il avait lancé le défi typiquement masculin, bien entendu, à savoir interrompre Carlos, changer brusquement de sujet et cogner. En général, pas très habile. Mais la personnalité de Carlos était profondément conflictuelle, et il ne savait pas encore très bien comment réagir devant ce genre de situation. C'était bien ce qu'espérait Nigel : que les réactions enfouies au plus profond de chaque sexe s'emmêleraient et obligeraient Carlos à céder. Nigel se souvint de l'idéal humain tel que décrit par William Blake : l'homme et la femme confondus dans un seul et même corps, *anima* et *animus* réunis, jumelés. Dommage que le poète ne soit pas là pour voir le résultat, se dit-il. Les rêves sont parfaits tant qu'on ne les concrétise pas.

Carlos choisit un procédé dilatoire. « Je ne peux rien faire. Dans quelques minutes, quelqu'un va certai...

– J'ai rédigé une plainte en bonne et due forme. Je l'ai placée dans le réseau intercom du vaisseau depuis l'appartement. Il faut que tout le monde l'entende. Même Ted ne peut empêcher cela.

– D'après le règlement, intervint Nikka, elle doit rester pendant douze heures sur le réseau ouvert. Et comme il est obligatoire de voter, personne ne peut l'ignorer. »

Carlos acquiesça de la tête. « Alors vous n'avez pas besoin de vous inquiéter !

– Ne fais donc pas l'âne. Si Ted veut me replonger dans la soupe avant la fin du vote, personne n'ira prendre le risque de me faire réanimer, sans nécessité absolue. Le fait accompli, ça pèse lourd.

– Tu penses vraiment qu'il le ferait ? demanda Nikka, songeuse.

– Il serait bien fou s'il s'en abstenait. Ted me considère comme le noyau des forces d'opposition. Pourquoi ne pas m'éliminer ainsi ? Cette expédition est en train de s'éventer comme une bière ouverte. Il a besoin d'événements dramatiques sur lesquels laisser son nom, à mon avis.

– Comme quoi ? demanda Carlos, le sourcil froncé.

– Il a peut-être fini par se rendre compte que le *Lancer* était une arme redoutable.

– Comment ça ? » Carlos paraissait reprendre un peu pied. Il se leva, nettement conscient de son poids et de sa force en comparaison des deux autres. « Ecoutez, vous avez l'air de plus en plus...

– *Carlos ! Ils sont avec vous ?* »

La voix provenait du circuit général, et remplit la petite cabine. « Eh bien, ça ne leur a pas pris longtemps, murmura Nikka.

– Tu es fichu, fit Carlos.

– Ça dépend. Tout le monde est bouleversé par ce qui se passe sur Terre, d'accord, ce qui lui donne une confortable marge de manœuvre vis-à-vis de nous. Personne ne donnera un clou si...

– *Carlos !* (puis plus doucement) *Où diable est-il donc passé ? Je croyais que tu les avais vus monter à bord avec lui.*

– Il faut que je réponde », dit Carlos.

Nigel acquiesça. Il alla vers le micro et l'enclencha. « Nous vous entendons.

– *Nigel ! Qu'est-ce que tu t'imagines que tu es en train...*

– Evident, non, pourtant ?

– *Ne commence pas avec ton humour de porte-monocle. Tu as quitté le centre médical sans autorisation, tu as ignoré une directive approuvée par l'assemblée générale du vaisseau et enfin tu...*

– S'il te plaît, épargne-moi cette ennuyeuse liste de mes péchés.

– *Le Conseil t'ordonne de te rendre sans délai au centre et...*

– Fiche-nous un peu la paix, veux-tu ? » répondit Nigel, le ton amer.

« ... espèce de foutu salopard ! Tu nous as échappé une fois mais fais-moi confiance, nous n'allons pas continuer longtemps à perdre du temps à cause de toi, quand...

– Arrête de faire ton numéro pour la galerie, hein ?

– *Mon numéro ! Ouais, on va t'en faire un, de numéro. J'ai des gars tout autour du submersible. Si tu n'ouvres pas de toi-même l'écoutille, ce sont eux qui vont rentrer. Tu n'es qu'un vieillard malade, et nous ne voudrions pas te bousculer. Mais nous sommes en pleine crise. Tu as trois minutes.* »

Nigel coupa son transmetteur personnel. « Il a l'air sérieux.

– Tu peux être sûr qu'il l'est, fit Carlos. Allons-y. Il n'y a aucun moyen de s'en sortir.

– Bien sûr que si, intervint vivement Nigel. On n'a qu'à descendre.

– Dans le lac ?

– Exactement. De toute façon, tu étais parti pour faire une petite plongée, non ? D'après l'emploi du temps.

– Mon... mon copilote n'est pas à bord.

– On ne restera pas longtemps, intervint Nikka, le ton raisonnable. Et ceux qui sont dehors vont reculer en vitesse quand ils entendront tourner le moteur.

– Mais je... », balbutia Carlos en les regardant tour à tour.

Nigel attendit, sachant que le moment crucial venait d'arriver. Le plan qu'il avait mis au point pendant la descente sur Pustules dépendait de ce qu'allait être la réaction de Carlos. Nigel ne répugnait pas non plus à utiliser les sentiments d'admiration sans bornes que l'homme vouait à Nikka. Carlotta s'était habilement glissée entre eux, mais avait brutalement changé les règles et le sens de leur étrange triade. Qu'il en soit ainsi, donc ; toutes les pièces ont deux côtés.

« J'ai besoin de temps pour réfléchir. Nikka, est-ce vraiment ce que tu souhaites ? » demanda Carlos en se penchant sur elle, la scrutant du regard avec quelque chose de désespéré.

« Du temps, nous n'en avons pas, remarqua Nikka.

– Te rends-tu compte qu'il s'agit d'une violation sérieuse du règlement. Tu pourrais...

– Décide-toi, dit Nikka. Nous avons eu des problèmes et pourtant nous sommes toujours tous les trois ensemble. Ou bien non ? »

Nigel sentit son cœur se gonfler, devant la façon calme et claire dont elle avait dit cela. Peut-être commençait-elle à voir Carlos comme lui-même. Un peu tard, mais...

Carlos se raidit. « D'accord. Ecoutez, je pourrais dire que j'avais de bonnes raisons personnelles. Et c'est la vérité. Il y a entre nous un certain nombre de choses, des choses qui n'ont pas été éclaircies... » Il se tut quelques instants puis reprit, d'un ton sinistre : « Que je sois pendu si je me laisse impressionner par cet animal de Ted. »

Nikka embrassa Carlos, et Nigel lui mit une main sur l'épaule.

« On va finir par se faire descendre », conclut Carlos, le ton bourru.

NEUVIÈME PARTIE

2061 La Terre

1.

Le garde conduisit Warren vers le centre de l'île en empruntant un sentier que le passage des soldats avait rendu égal en quelques jours. Ils dépassèrent une douzaine de techniciens en train de travailler sur du matériel acoustique et qui écoutaient les enregistrements des Raseflots, les séries de cris aigus qui formaient leur chant. Les militaires introduisaient les données, débitées en unités minimales, dans des ordinateurs, afin de pouvoir en trouver les constantes et être en mesure de les recomposer, c'est-à-dire de les rendre compréhensibles par les hommes. Le but étant l'espionnage, il fallait que ce fût parfait. Mais la façon dont les Raseflots parlaient aux Essaimeurs n'avait peut-être rien à voir avec les chants qu'ils échangaient entre eux.

Il était absurde de penser que les Raseflots pussent encore exercer un quelconque contrôle sur les Essaimeurs, se dit Warren tout en avançant sur le chemin boueux.

Complètement absurde. Quelque chose les avait amenés sur Terre et leur avait inoculé une maladie : c'était là que se trouvait le problème, et ce n'était pas le moment de s'amuser avec ce genre de machines que l'on mettait à l'eau.

Le déploiement des soldats s'était poursuivi, constata-t-il. Des unités d'artillerie de gros calibre étaient disséminées le long de la crête des collines, tandis qu'à proximité des plages les hommes creusaient des emplacements de manière à obtenir un feu croisé au-dessus des clairières naturelles.

Les hommes et les femmes qu'ils croisaient maintenant parlaient entre eux, et ne paraissaient plus faire preuve de cette efficacité silencieuse qui l'avait frappé au début. On lui jetait des regards méfiants. Il supposa que l'attaque nocturne les avait rendus nerveux, et que même le travail pénible d'agrandissement des clairières, dans cette chaleur humide, ne les avait pas calmés.

En redescendant le long de la crête rocheuse, Warren glissa sur une pierre et tomba. Le garde éclata d'un rire aigu et chevrotant et lui donna un coup de pied pour le faire se presser. Un peu plus loin, Warren aperçut un des buissons dont il savait les feuilles comestibles et, comme ils passaient à côté, il commença à en cueillir pour en bourrer ses poches. Le garde cria puis lui donna un coup de crosse dans le dos ; Warren trébucha, et son genou alla heurter violemment une grosse racine d'arbre. Le garde commença à lui donner des coups de pied dans les côtes, et le marin comprit que l'homme était à la fois énervé et mort d'ennui. C'était une situation dangereuse. Il se releva en faisant attention, marchant d'un pas incertain à cause de la douleur qui irradiait de son genou. Pour le faire entrer plus vite dans sa cellule, le garde lui donna encore un coup de pied. Warren tomba au sol et resta là où il se trouvait, immobile ; finalement, son tortionnaire poussa un grognement et claqua la porte.

Midi passa sans qu'on lui apportât de repas. Il mâcha les feuilles : compensation bien médiocre pour la douleur qu'il ressentait au genou. Il écouta les ordres criés et les bruits de l'activité du camp, et il eut l'impression que l'agitation était loin de se calmer, les sons allant d'un endroit à un autre. Il n'en voulait pas particulièrement aux Chinois pour la façon dont ils le traitaient. Toutes les grandes puissances se comportaient de la même manière, et ne tenaient aucun compte, dans la réalité, de ce qu'elles disaient dans leurs discours ;

Warren trouvait plus facile de les imaginer comme des sortes de machines géantes qui faisaient ce pour quoi elles avaient été conçues que comme des ensembles d'êtres humains.

La nuit tomba. Warren s'était habitué à ne pas penser à la nourriture lorsqu'il était sur son radeau, et il se sentit soulagé, au fond, de ne pas voir apparaître le garde. Le soldat athlétique au menton fuyant finirait par faire le tour de sa cellule et par trouver, derrière la table renversée, les tas de terre.

Allongé sur le sol rocheux, Warren écoutait le grondement du ressac sur les récifs. Il se demanda s'il n'allait pas de nouveau rêver de sa femme. C'était un rêve agréable, parce qu'il dissipait les souffrances qu'ils s'étaient mutuellement causées, et qu'il n'y avait plus que son odeur et sa saveur. Mais quand il commença à s'assoupir, il se retrouva dans les profondeurs où les claquements bruyants venaient d'au-dessus, des sons métalliques qui se mêlaient avec le bourdonnement sinistre, venant du bateau à moteur, qu'il avait entendu tout l'après-midi dans le lagon, jusqu'à ce qu'il se rendît compte que les deux bruits étaient les mêmes, et que les claquements bruyants n'étaient que la façon dont les Rase-flots l'entendaient. Il était difficile de réfléchir avec ce martèlement métallique dans la tête, et il essaya de nager et de sortir de l'eau pour ne plus l'entendre. Mais la pétarade ne fit que grossir et s'enfler en un puissant grondement, et il s'éveilla d'un seul coup, comme les parois de sa cellule se mettaient à trembler. Deux brefs coups de tonnerre tombèrent du ciel, accompagnés d'un violent éclair bleuté.

Warren alla regarder à travers le grillage épais de sa fenêtre, et aperçut des hommes en train de courir. Il n'y avait pas de lune, mais il put voir, à la lueur qui tombait des étoiles, qu'ils portaient des fusils ; des crépitements saccadés lui parvinrent soudain, venant du nord et de l'ouest. Il y eut d'autres explosions, auxquelles répondirent les tirs de la ligne de crête.

Il écouta s'enfler le vacarme et, à l'aide des éclats de lumière qui arrivaient par intermittence par les fenêtres, il se mit à chercher la carte que lui avait donnée Tseng. Il retira la natte de couchage pour dégager le trou qu'il avait commencé de creuser, et s'y engagea sans hésiter. Il le connaissait par cœur au toucher, et trouva sans peine, à son extrémité, la pierre qui lui servait d'outil. Il estimait à environ trente centimètres l'épaisseur de terre qui restait au-dessus de sa tête. Il s'était servi de son écuelle pour dégager le dernier mètre de terre boueuse, et il était resté avec une certaine idée de la résistance que le sol pouvait offrir ; mais quand il cogna avec la pierre, il ne céda pas. Il manquait de place pour prendre de l'élan avant de frapper, et au bout des trois coups suivants, pas la moindre motte ne s'était détachée. Warren était en sueur dans le tunnel étroit, la boue lui collait au visage, et les menus fragments qui se détachaient lui piquaient la peau. Près de la surface, le sol était compressé et dur, et plein de cailloux qui commencèrent à lui tomber dessus, le heurtant au visage et à la poitrine. Son bras ne tarda pas à lui faire mal et à fatiguer, mais il ne s'interrompit pas. Il changea cependant de main, et tout d'un coup, eut l'impression de frapper quelque chose de mou ; au-dessus, il n'y avait plus rien. La pierre venait de traverser la surface du sol, et il put voir des étoiles.

Il se mit à étudier attentivement les alentours. Un soldat passa en courant, portant le tripode d'une arme automatique. Les détonations, plus violentes que jamais, continuaient d'arriver du nord et de l'ouest.

Il y eut un éclair de lumière haut dans le ciel, et Warren rentra la tête, les yeux plissés, pour garder sa vision nocturne. Puis le flamboiement disparut et un grondement sourd roula sur le camp. Des mortiers, pas très loin. Il rampa hors de son tunnel pour gagner l'abri des arbres, à quelque distance. Mais à mi-chemin sa jambe plia sous lui et il s'effondra en jurant silencieusement. Son genou était en bien plus mauvais état que ce qu'il avait cru, et rester allongé sur le sol dur de la cellule n'avait fait que le rendre encore plus raide. Il se releva et se traîna jusqu'aux arbres, avec l'impression de sentir entre ses omoplates l'endroit où s'enfoncerait la balle de plomb, si jamais l'un des hommes en train de courir dans le camp apercevait sa silhouette hésitante. Le plomb n'arriva pas, mais un éclair l'aveugla comme il atteignait les premiers buissons. Il s'y jeta et roula sur le côté de façon à pouvoir continuer à voir la clairière. Pour l'instant, sa vision nocturne était presque réduite à zéro à cause de la lumière ; il attendit qu'elle revînt, et huma l'air nocturne. Le vent lui apportait une odeur lourde et musquée, en provenance de l'est ; il soufflait régulièrement, ce qui signifiait que la marée n'allait pas tarder à s'inverser et qu'il était minuit passé. Venant de cette direction, le vent ne pouvait lui apporter l'odeur de la poudre ; l'arôme musqué avait donc une autre origine. Il lui rappelait bien quelque chose, un goût, peut-être, mais il n'arrivait pas à se rappeler quoi, et ne voyait pas le rapport avec la marée. Il plissa les yeux, se recroquevilla dans son buisson et aperçut à ce moment-là un homme qui venait droit sur lui en partant du camp.

La silhouette s'arrêta à la porte de son ancienne cellule, et tâtonna à la hauteur de la serrure, tandis qu'arrivaient de l'autre côté du camp des détonations d'armes automatiques. L'homme fit un bond en arrière, appela quelqu'un, et revint essayer de déverrouiller la porte. Au loin, vit Warren, les éclairs soudains projetaient une lueur rougeâtre sur le camp. Le feu devenait de plus en plus nourri. Quand il reporta les yeux sur sa prison, il aperçut deux hommes ; l'un d'eux ouvrit enfin la porte. Warren rampa hors de son buisson desséché et une rafale d'arme automatique couvrit le peu de bruit qu'il aurait pu faire en se déplaçant. Il atteignit un premier bouquet d'arbres clairsemés, et se retourna. Une explosion lança son éclair jaune. Il reconnut le soldat au menton fuyant puis Guijan, qui sortait de la cellule en agitant le bras en direction du nord. Les deux hommes s'invectivèrent pendant quelques instants. Warren s'enfonça un peu plus loin sous l'abri des arbres. Il se trouvait à une cinquantaine de mètres de la cellule, maintenant, et vit les deux hommes s'emparer des fusils qu'ils portaient à l'épaule. Ils se tenaient prêts à tirer. Guijan fit un autre signe et les deux hommes se séparèrent, pour s'avancer écartés d'environ trente mètres. Ils se lançaient à sa recherche, et marchaient en direction des buissons. Guijan venait droit sur Warren.

Il pouvait encore se rendre facilement. Attendre une explosion et s'avancer dans la lumière en levant les bras bien haut. Il avait espéré être beaucoup plus loin avant qu'on s'inquiétât de lui. Néanmoins, avec l'obscurité et la bataille qui allait en s'intensifiant, les deux Chinois devaient être extrêmement nerveux et risquaient de tirer au premier mouvement qu'ils percevraient. À cette idée, Warren s'enfonça un peu plus au milieu des arbres, vers les endroits les plus sombres. Il avait connu pire sur son radeau. Il se traîna, avançant au jugé et au toucher dans l'obscurité.

Il atteignit une rangée de cocotiers qu'il suivit en direction du nord. Il était encore à environ cinq cents mètres de la plage, mais il y avait une grande clairière sur son chemin, et il obliqua donc en direction des collines. Des coups assourdis en provenance de l'ouest lui apprirent que les Chinois employaient les mortiers contre l'ennemi, quel qu'il fût, qui tentait de toucher terre. Cinq cris perçants espacés lui parvinrent sur le grondement en fond sonore de la bataille.

Warren supposa que les Japonais ou les Américains avaient décidé de s'emparer de l'île et essayaient eux-mêmes de communiquer avec les Raseflots. Peut-être voulaient-ils se servir de leurs propres machines et de leurs codes ; et qui sait s'ils n'avaient pas entendu parler de lui, également ? Les Chinois tenaient à le garder – sans quoi, Guijan ne serait pas venu avec le garde. Warren trébucha et heurta son genou contre un tronc d'arbre. Il s'arrêta, essoufflé, et s'efforça de deviner où se trouvaient ses poursuivants ; tandis qu'il attendait, il se dit que Guijan avait peut-être l'intention de le tuer pour l'empêcher de tomber aux mains des autres. Se rendre n'était pas forcément la solution la plus sûre.

Les cinq notes aiguës se reproduisirent, et Warren reconnut un signal de détresse lancé par un sifflet. Il venait de près ; Guijan appelait à l'aide. Mais les Chinois avaient sans doute fort à faire de l'autre côté de l'île à contenir les envahisseurs, et cette aide risquait de tarder à venir. Elle finirait bien cependant par arriver, et il se retrouverait de nouveau entre quatre murs.

Warren se tourna vers la plage. Il se déplaçait aussi vite qu'il le pouvait sans faire trop de bruit. Son genou le lâcha une fois de plus et il se rendit compte, en se relevant, qu'ils n'allaient pas avoir de peine à le rattraper. Ils l'avaient déjà pris en fourchette, ils possédaient des genoux en bon état, et d'autres soldats allaient venir à la rescousse. Jamais il ne pourrait les distancer. Il n'avait plus qu'une seule et unique chance de s'en sortir : tendre une embuscade à l'un d'eux – maîtriser un homme armé et bien entraîné à l'aide de ses mains nues – et filer avant l'arrivée de l'autre.

Il ramassa un caillou qu'il mit dans sa poche ; à chaque pas, il cognait contre sa cuisse. Un bruissement de feuilles lui parvint de derrière ; il accéléra, trébucha, et se retrouva au bord d'un petit ravin.

Un cri. Il sauta dans le ravin. Comme il touchait le sol, il y eut une détonation déchirante, et un bourdonnement aigu passa au-dessus de sa tête. La balle alla se perdre dans un tronc d'arbre, de l'autre côté du ravinement. Au moins Warren savait-il qu'il n'était plus question de revenir en arrière.

Il s'élança en trottinant dans le ravin creusé par l'érosion. Il était trop étroit pour que deux hommes pussent y avancer de front. Il essaya d'imaginer comment Guijan allait réagir. La meilleure solution était d'attendre l'arrivée des renforts et de passer la zone au peigne fin.

Mais Warren pouvait avoir gagné la plage entre-temps. Il valait mieux qu'un des deux hommes descendît le ravin, tandis que l'autre prenait par les arbres pour lui couper le chemin.

Warren s'avança pendant ce qu'il estimait être une centaine de mètres avant de s'arrêter et de tendre l'oreille. Un craquement de branche lui parvint, loin derrière lui, dans les ténèbres. Sur la gauche ? Il n'en était même pas sûr. Le ravin était encombré de rochers, ce qui ralentissait sa progression. Il y avait de bons endroits pour se cacher dans l'ombre et essayer de frapper l'homme qui le poursuivait quand il arriverait à sa hauteur. C'était mieux qu'au-dessus, au milieu des buissons. Le *hic* était qu'entre-temps, le second soldat l'aurait dépassé et serait entre lui et la plage.

Derrière lui, un léger bruit de galets. Il s'arrêta. À cet endroit les parois d'argile durcie du ravin, très raides, le dominaient d'environ trois mètres. À l'aide de quelques grosses racines que l'érosion avait dénudées, il put se hisser jusqu'à la hauteur du rebord, par-dessus lequel il jeta un coup d'œil précautionneux. Autour de lui, rien ne bougeait. Il rampa pour s'écarter de son point d'appui précaire, et il sentit sous son pied un rocher se mettre à jouer. Il se pencha et l'attrapa. Un élancement douloureux monta de son genou et il dut se mordre la langue pour ne pas crier.

Les fourrés étaient plus épais à cet endroit. Il roula jusqu'à un petit bosquet, prenant soin de ne pas se mettre dans la lumière qui venait des étoiles. Des brindilles s'accrochaient à ses vêtements.

Il y avait une chance sur deux pour que son deuxième poursuivant vînt de ce côté-ci du ravin ; s'il était passé de l'autre côté, Warren pourrait filer vers le nord. Mais Guijan avait sans doute deviné la direction qu'il désirait prendre, et il n'aurait guère d'avance une fois arrivé à la plage ; quant à la plage elle-même, il y serait exposé, et très facile à cueillir.

Warren rampa jusqu'à l'endroit le plus sombre qu'il put trouver sous les arbres et attendit, massant son genou douloureux. Le vent apportait une odeur désagréable, humide et lourde. Il se demanda si la marée avait changé.

Il mit la tête dans les mains pour se reposer, et sentit, contre sa paume, un muscle de sa joue qui tressaillait. Il sursauta. Ce n'était qu'en posant la main dessus qu'il s'en rendait compte. Tseng avait donc eu raison ; il était affligé d'un tic sans s'en rendre compte. Il fronça les sourcils, et se demanda ce qu'il fallait en penser. Il sentait le besoin d'éclaircir la chose ; mais, pour le moment, il délaissa la question et se mit à scruter la nuit.

Il tira le caillou de sa poche et le leva, tandis qu'à une quarantaine de mètres de lui se déplaçait une silhouette pâle. Warren, en position aussi accroupie que possible, entreprit de la suivre. Les ondes de douleur qui traversaient son genou étaient là pour lui rappeler comment le soldat au menton fuyant l'avait bourré de coups de pied et de crosse, mais ce souvenir ne changea rien, émotivement, à ses dispositions. Il avança.

Garder le silence absolu était difficile au milieu des buissons desséchés. Les bruits de détonation et d'explosion qui parvenaient d'au-delà du faîte des collines étaient assourdis, au moment précis où il aurait aimé qu'ils fussent encore plus bruyants. Mais tout était plus calme sous les arbres et il eut même la surprise d'entendre la respiration haletante du soldat ; l'homme se déplaçait lentement, l'arme braquée, un fusil qui paraissait énorme à la lumière des étoiles. Il restait dans les parties éclairées et scrutait les ombres. Très malin.

La respiration se faisait plus forte. Warren changea de place, soulageant son genou douloureux. Il allait devoir bondir d'un seul coup s'il voulait surprendre l'homme par-derrière.

La silhouette se rapprocha ; Warren se rendit compte, tout d'un coup, qu'elle portait un casque. Il fallait donc la frapper au visage, ce qui diminuait ses chances de réussite. Il devait tout de même essayer. L'homme s'arrêta, se retourna, regarda autour de lui. Warren se pétrifia et attendit. Le visage du soldat se détourna et Warren se rapprocha encore de lui, son genou ne cessant de l'élancer. Sa jambe risquait de se dérober au moment crucial de l'attaque ; il devait y faire attention, et l'obliger à le soutenir. Sous les arbres, l'air était calme et lourd, et l'odeur en provenance de la plage ne cessait d'empirer. La seule chose qui bougeait était la silhouette du soldat.

Dans l'alternance d'ombre et de parties éclairées, il était difficile de la suivre. Warren tendait déjà les mains en avant, les pieds rassemblés sous lui, lorsqu'il sentit quelque chose d'humide et de gluant sous lui, et comprit tout d'un coup que la respiration lente et rauque ne provenait pas du soldat mais d'un être vivant qui se tenait entre eux.

Il toucha le sol, porta la main à son nez et sentit la même puanteur que lui avait déjà apportée le vent. En avant de lui, dans la lumière ténue qui tombait entre deux palmiers, il vit la longue forme s'agiter et s'avancer en se traînant sur des pattes grossières. Elle aspirait l'air à chaque pas. Quelque chose d'épais et de lourd à la peau gris métallique, crevassée de trous ronds et de deux ou trois centimètres de diamètre. Warren entendit un léger vrombissement et quelque chose lui caressa le visage, s'attarda un instant, puis disparut. Un deuxième vrombissement suivit, presque imperceptible.

Les pattes-nageoires courtaudes de l'Essaimeur allaient et venaient mécaniquement, trimbalant son corps bouffi. Dans la lumière incertaine, Warren put distinguer les reflets brillants du fluide qui s'écoulait des trous humides. LES JEUNES SONT COUVERTS DE PLAIES. Encore un léger vrombissement, et il vit sortir, des trous noirs dans la peau de l'Essaimeur, une chose grosse comme son doigt, gluante d'humidité visqueuse, qui étira ses ailes. Elle commença à les agiter dans l'air épais et puant, et dégagea le reste de son corps du trou de cette manière. Elle s'éleva, fit un instant du surplace, ailes vibrantes, comme si elle cherchait quelque chose, avant de foncer dans la nuit, manquant Warren de peu. Le marin ne bougea pas. L'Essaimeur continuait sa progression. Sa respiration courte et rauque finit par attirer l'attention du soldat, qui se retourna et fit un pas. L'Essaimeur se ramassa sur lui-même et bondit.

Il atteignit l'homme à la jambe, et tourna sur le côté sa tête massive pour le saisir au mollet. Il referma ses mâchoires et par un mouvement de torsion fit tomber l'homme au sol. Warren entendit son hoquet d'effroi, suivi d'un hurlement tandis que l'Essaimeur se tordant sur lui-même, roulait sur sa victime. La grosse tête rectangulaire se dressa, puis plongea dans le ventre de l'homme dont le cri aigu d'épouvante s'arrêta brusquement.

Warren se redressa, aspirant maintenant la puanteur à pleines narines, et observa les deux formes en train de se débattre sur la langue de sable. L'homme tâtonnait, à la recherche du fusil qu'il avait laissé tomber, mais l'une des grosses nageoires de la bête cloua son bras au sol. Ils roulèrent sur le côté. La chose cherchait à le recouvrir en se vautrant sur l'homme, sur lequel elle répandait une bave gluante qui vint étouffer ses gémissements bas. Warren accourut et ramassa le fusil ; puis il recula un peu et fit sauter le cran de sûreté. Mais l'homme s'affaissa, un ultime soupir jaillit de ses poumons et l'extraterrestre s'immobilisa. Sa tête se tourna vers Warren, qu'il parut observer un moment, puis il ne s'en occupa plus et enfonça son museau dans le ventre de l'homme, qu'il se mit à dévorer.

Guijan avait certainement entendu les cris et ne tarderait pas à arriver. Il était inutile d'abattre l'Essaimeur et de lui indiquer ainsi la piste à suivre. Warren fit demi-tour, et s'éloigna des bruits de mâchoires en boitillant.

Il s'avança ainsi silencieusement au milieu des buissons, à pas inégaux. Le fusil comportait une baïonnette. Si un Essaimeur se présentait, il l'utiliserait au lieu de faire feu. Il préféra rester dans les zones éclairées, et sonder les ténèbres du regard.

Soudain, arriva de derrière lui le martèlement hargneux et violent d'une arme automatique. Warren fit un bond de côté, mais se rendit immédiatement compte qu'aucune feuille n'avait été arrachée par la mitraille. C'était Guijan, en train de tuer l'Essaimeur à une centaine de mètres de là.

Warren avait la certitude que les Chinois ignoraient la façon dont les Essaimeurs se rendaient à terre ; sans quoi, ils l'auraient poursuivi en groupe. À l'heure actuelle, Guijan devait se sentir secoué et incertain sur la conduite à tenir. Dans quelques minutes il aurait toutefois recouvré ses esprits, et compris ce qu'il avait à faire : courir jusqu'à la plage, en allant plus vite que Warren, pour essayer de lui couper la route.

Warren entendit un léger bourdonnement. Il regarda dans la direction d'où venait le bruit, entre les arbres, mais ne vit rien se déplacer devant les étoiles.

LE MONDE QUI ÉTAIT FAUX QUI EN A FAIT CE QU'ILS SONT, ILS NE SONT PLUS COMME ILS ÉTAIENT QUAND NOUS LES CONNAISSIONS DANS LE MONDE QUI ÉTAIT NOTRE MONDE, ILS NE PEUVENT PAS CHANTER MAIS ILS CONNAISSENT LES ENDROITS OÙ VOUS CHANTEZ LES UNS POUR LES AUTRES, ET IL Y EN A QUI COMMENCENT À Y ALLER AVEC LEURS PLAIES ILS SERONT PEUT-ÊTRE MÂCHÉS PAR VOUS MAIS IL Y EN A BEAUCOUP BEAUCOUP

Quelque chose vint heurter sa gorge avec un bruit mou.

Quelque chose d'humide, qui s'accrocha tout de suite à lui, comme si venait de se redresser une pelote d'épingles rétractiles. Warren y porta vivement la main et était sur le point de l'arracher lorsqu'une innommable puanteur se mit à lui emplir les narines. Un liquide épais coulait dans son cou de la chose flasque collée à lui.

Il redressa son fusil, pointa la baïonnette vers sa gorge et appuya, visant au jugé dans l'obscurité. Il sentit la pointe entrer dans la chose et il tourna la lame comme un barbier son rasoir : la larve d'un centimètre suivit le mouvement, avant que ses griffes eussent eu le temps d'assurer leur prise. Du sang se mit à couler par la plaie ouverte.

Il l'essuya de la manche, et leva la baïonnette dans la lumière diffuse des étoiles. La larve avait une blancheur malsaine d'asticot et se tordait mollement sur la lame. L'une de ses ailes tressaillait. L'autre avait disparu. La première, qui ne tenait que par un lambeau de chair, ne tarda pas à tomber à son tour. Il enfonça la pointe dans le sol pour la nettoyer, et se mit à piétiner le ver immonde qui continuait à gigoter spasmodiquement sur le sable. Quelque chose collait encore à son cou, qu'il arracha de la lame. L'autre aile et quelques aiguilles noires et fines y restèrent collées. Il s'en débarrassa en frottant la baïonnette sur le sable et, saisi d'une bouffée de peur, donna un dernier coup de talon à la larve.

Il était presque à bout de souffle en arrivant à la plage. Sa peur l'avait quitté lorsqu'il avait fallu chercher son chemin dans les parties éclairées, sans tenter de deviner ce qui se cachait dans les ombres. Les élancements de son genou l'aidaient à oublier. Il tendit toutefois l'oreille, à la recherche d'une respiration rauque, d'un bourdonnement faible, et huma le vent pour son odeur.

Il quitta, boitant bas, l'ombre de la dernière rangée de cocotiers et s'avança sur le sable qui étincelait sous les étoiles ; sa vue portait à une bonne cinquantaine de mètres, et il ne vit aucune forme sombre monter lourdement sur la plage. Venant du nord, il entendit quelques cris affaibli. Il ne s'en inquiéta pas, car il n'avait plus beaucoup de chemin à parcourir. Il prit donc la direction des cris, sans tenir compte des brefs éclairs jaillissant en série, suivis quelques instants plus tard d'un « boum » assourdi, qui montaient du barrage de mortiers. Des bateaux à moteur étaient à l'ancre près de la rive, surmontés de leur énorme ventilateur à l'arrière, mais il n'y avait personne à bord. Il s'empara d'un aviron et poursuivit son chemin.

Il atteignait la pointe la plus éloignée de la plage en forme de croissant, lorsqu'il aperçut tiré au sec, haut sur la plage, la tache sombre de son radeau. Il jeta le fusil à bord et commença à tirer l'embarcation vers l'eau. De gros rouleaux déferlaient en grondant sur les récifs.

Il atteignit les flots et se hissa à bord sans même regarder en arrière, puis poussa le radeau de son aviron jusqu'à ce qu'il le sentît emporté par le courant. De la vitesse, maintenant, de la vitesse.

La marée venait à peine de s'inverser. Le courant était encore lent, mais il ne tarderait pas à s'accélérer dans quelques minutes et à l'entraîner vers la passe. Une fois qu'il fut sûr de la direction qu'il prenait, il s'assit et reprit son fusil à tâtons. Il serait plus difficile à distinguer assis, et il cala l'arme contre son bon genou. La plaie de sa gorge ne saignait pratiquement plus, mais sa chemise était trempée de sang. Il se demandait si les choses volantes le sentiraient et le retrouveraient. Les Raseflots ne lui avaient jamais parlé des choses comme les asticots dotés d'ailes, et il avait la conviction que c'était parce qu'ils en ignoraient l'existence. Il n'y avait aucune raison que les Essaimeurs eussent développé de tels parasites dans le seul but de les aider à vivre sur terre. De plus, une fois les Raseflots chassés du lagon par l'arrivée massive de l'armée chinoise, il n'y avait plus rien pour empêcher les Essaimeurs d'arriver avec ces parasites.

Il aperçut quelque chose qui se déplaçait sur la plage ; il s'aplatit sur le radeau, et reconnut Guijan, arrivant au pas de course. Le Chinois s'arrêta, regarda droit dans la direction du radeau, fit demi-tour et courut en direction du nord.

Warren étreignit son fusil. Guijan n'avait pas tiré ; voulait-il le rattraper vivant ? Dans ce cas, il aurait dû courir au sud, vers les bateaux à moteur. À moins qu'il n'y eût également des bateaux au nord. Ou alors, l'homme avait entendu des cris dans cette direction, et allait-il chercher de l'aide.

Warren dégagea la sécurité et régla l'arme sur tir automatique. Il ne saurait ce qu'il avait à faire que lorsque Guijan lui-même aurait clairement manifesté ses intentions par son comportement. S'il l'interpellait en criant et lui demandait... ? Mais peut-être qu'il ne l'avait pas vu, après tout. En outre, il pouvait lui répondre un mensonge. Warren comprit qu'il ne pourrait se fier ni à ses paroles ni même à son silence ; cela revenait au même.

Soudain, la silhouette en train de courir lâcha son fusil et se frappa au cou, avant de tomber lourdement sur le sable, où elle se mit à se tordre en étreignant son cou. Elle resta ainsi quelques instants, luttant, les mains à la gorge, dont elle finit par arracher quelque chose qu'elle jeta à l'eau avec un cri d'effroi. Puis le Chinois se releva et se mit à la recherche de son fusil en titubant. Il paraissait sonné. Il redressa la tête, son regard passa sur Warren, continua, puis revint en arrière. Cette fois-ci, Guijan avait certainement aperçu le radeau.

Warren aurait aimé pouvoir lire l'expression de son visage. Guijan n'hésita que quelques instants ; il ramassa son arme, se tourna vers le nord et fit quelques pas ; Warren commençait à se détendre lorsqu'il le vit bouger le bras de façon curieuse. Le marin visa sans s'arrêter pour réfléchir, tandis que le fusil du Chinois se dirigeait vers lui. Il en sortit un éclair jaune intense tandis qu'une rafale partait dans un mouvement en éventail ; Warren tira en même temps. Il toucha Guijan tout d'abord à l'épaule, ensuite à la poitrine, ce qui le fit pivoter sur lui-même. Les éclairs cessèrent de jaillir de l'arme du Chinois, et Warren, comme hébété par les détonations assourdissantes de la sienne, continua à vider le chargeur sur la silhouette titubante qui se mit à rouler au sol, bientôt réduite à une bouillie de sang et de haillons.

Warren abaissa enfin son arme, haletant. Il n'avait jamais envisagé de tuer Guijan et venait pourtant de le faire, sans s'arrêter pour peser le pour et le contre ni se demander si c'était ce qu'il devait faire : c'était cela qui l'avait sauvé. Si

Guijan avait eu le temps de tirer une ou deux rafales de plus, il serait mort lui aussi.

Il scruta de nouveau la plage. Des voix, à proximité. Mais les dernières hésitations de la mer étale laissaient la place au courant descendant, qui commençait à entraîner l'embarcation. La passe se présentait comme une gueule noire au milieu du rugissement des brisants.

Il fallait s'éloigner au plus vite, maintenant, avant la venue des renforts, que les coups de feu n'allaient pas manquer d'attirer. Mais hisser la voile, c'était leur procurer une cible ; il ne pouvait faire autre chose qu'attendre que le courant le tirât au large, avec lenteur et régularité.

Quelque chose heurta le radeau par en dessous. Une fois, deux fois. Warren se redressa, l'arme à la main. Les planches commençaient à jouer les unes contre les autres, au fur et à mesure que le radeau s'avançait dans le clapot qui marquait toujours la sortie de la passe. Une lourde forme noire fendit l'eau et roula, énorme. Des yeux le regardèrent, et des nageoires devenues pattes battirent contre le courant. L'Essaimeur se tourna, vautré dans l'écume venue de la passe, puis il s'enfonça, la tête tournée vers la plage. Le lagon l'engloutit.

Warren se servit de l'aviron pour se dégager des rochers. Des vagues brisaient de tous côtés, mais la traction puissante du courant entraîna le radeau d'un seul coup. Derrière lui, Warren entendit un cri, solitaire, rauque et plein de surprise. Le feu roulant du combat continuait à rugir de l'autre côté de la ligne de crête, mais se perdait dans le déferlement continu des vagues qui luttaient contre un vent d'est soutenu ; il déboucha sur l'océan sombre, et le radeau se mit à se dresser et à plonger dans la forte houle du large.

Un bruit saccadé et sec. Un bateau à moteur arrivait à toute vitesse dans son sillage. Warren s'allongea sur son radeau, et tâtonna à la recherche de son fusil. Une balle passa en sifflant au-dessus de sa tête.

Ici, il ne pouvait plus leur échapper. Il visa l'emplacement du pilote, mais la houle était trop forte et il savait qu'il avait toutes les chances de le manquer. Puis vinrent les aboiements secs et brefs d'une arme automatique. Il entendit passer les balles, mais assez loin. Ils n'avaient pas besoin d'être bons tireurs s'ils possédaient suffisamment de munitions.

Le radeau vira sur bâbord et le bateau suivit le mouvement. Warren rampa jusqu'au bord, prêt à se laisser glisser à l'eau s'ils se rapprochaient trop. Ce serait toujours mieux que d'être haché menu, même avec les Essaimeurs qui rôdaient.

Le bateau bouchonnait sur la houle mais se rapprochait toujours. Il souleva son arme, sachant bien que ses chances étaient minces, extrêmement minces. Il vit un éclair jaillir d'un canon, et le pont l'arrosa des éclats de bois venus de l'impact.

Warren étreignit la crosse, plissa les yeux – et vit tout d'un coup quelque chose sauter par-dessus la proue du bateau. Une imposante silhouette, bientôt suivie d'une autre, qui atterrirent toutes deux devant le pilote et bondirent d'un seul mouvement de torsion par-dessus le pare-brise. Elles s'effondrèrent sur les hommes entassés dans le cockpit. Hurlements. L'une des silhouettes bleu-blanc envoie un homme par-dessus bord, en assomme un deuxième. Le bateau tourne sur tribord. Sous cet angle, Warren peut voir le pilote, accroché à son gouvernail et accroupi pour éviter les terribles coups de queue des Raseflots. Le bateau tangue et roule dans la houle, son moteur s'emballe.

Martèlement d'une arme automatique. L'un des Raseflots bondit et frappe l'homme de sa queue. Warren se dresse, et contrebalance l'effet de la houle pour mieux viser. Il tire deux courtes rafales sur l'homme. Celui-ci titube, le Raseflots le frappe sèchement, et il bascule par-dessus bord. Le pilote regarde autour de lui, voit qu'il est seul. Le Raseflots s'est arrêté de sauter. Warren ne laisse pas à l'homme le temps de réfléchir ; il fait feu sur la tache sombre qui se tient derrière le gouvernail, jusqu'à ce qu'elle s'effondre. Le moteur ralentit et se tait. Plus rien ne bouge.

Des cris lointains arrivent du rivage, mais on n'entend pas un seul autre bruit de moteur ; le bateau part à la dérive. Warren pense au Raseflots qui s'y trouve, mort. Il veut rejoindre l'embarcation mais le courant l'entraîne. Au bout d'un moment il a disparu dans l'obscurité, et l'île elle-même n'est plus qu'une ombre sinistre au-dessus de l'eau, sa crête éclairée par les explosions qui s'y succèdent.

2.

En milieu de journée, le lendemain, trois gros chasseurs-bombardiers déchirèrent le ciel de leur grondement, filant vers le sud. Après ce passage, des appareils sillonnèrent le ciel pendant des heures, à très haute altitude et en silence.

Après s'être éloigné de l'île à la faveur de l'obscurité, il avait hissé son lambeau de voile et couru vent arrière pour prendre de la distance. Il avait conservé la carte de Tseng ; les palangrotes étaient restées sur le radeau, avec leurs hameçons. Le chargeur du fusil était vide, mais sa baïonnette en faisait une gaffe acceptable. À l'aube, il attrapa un petit thon qui lui échappa au moment où il le montait à bord. Il espérait qu'il y en aurait davantage, maintenant que les Essaimeurs se rendaient à terre.

Il attrapa un petit poisson vers midi et un autre au crépuscule. Il dormit pendant presque toute la journée, sous le disque pâle et sans chaleur du soleil. Escarres et plaies ouvertes rendaient douloureuse la position allongée sur le dos.

Dans la nuit, il aperçut, très loin, un flamboiement orange soudain que réfléchirent les nuages à l'horizon. Son intensité se réduisit peu à peu et il finit par disparaître en perdant sa couleur. Il fut suivi d'un grondement puissant, prolongé et grave ; il y eut d'autres éclairs de lumière, mais moins intenses.

Très haut, des points d'argent dérivaient lentement sur fond de ciel nocturne. Ils s'évanouirent les uns après les autres, comme autant de lucioles jetant un dernier éclat, jaune ou bleu électrique. Guerre des satellites. Bientôt il n'y eut plus rien.

Dès son réveil, à l'aube du deuxième jour, il chercha des yeux le mince fil d'argent qui hier encore allait se perdre dans la voûte sombre du ciel.

On aurait dit qu'il était en train de s'enrouler sur lui-même ; Warren étudia le ciel en direction du soleil levant, la main devant les yeux, et découvrit une autre ligne pâle là où il n'y aurait dû rien y avoir.

L'Ombilic céleste était rompu. La partie supérieure se tournait vers le ciel, tandis que la partie inférieure tombait à terre. On l'avait sciemment coupé en deux.

Pendant un long moment, il observa le fil délicat en train de s'effondrer ; puis il le perdit de vue, dans l'éclat du soleil levant. Des hommes et des femmes travaillaient dans la partie inférieure de l'Ombilic, des ingénieurs ; et il essaya d'imaginer ce qu'ils avaient ressenti pendant leur longue chute, impuissants, jusqu'au moment où tout avait pris feu, comme une étoile filante, au contact des premières couches de l'atmosphère.

Son genou était enflé et l'empêchait de se tenir debout, si bien qu'il resta allongé dans l'ombre de la voile. Il sentait le sang battre dans la blessure de son cou, sur laquelle s'était formée une croûte épaisse à laquelle il ne toucha pas.

Il fut pris de fièvre, se mit à transpirer et délira. Il vit sa femme marcher vers lui sur la pente des vagues, et l'appela d'une voix pâteuse. Puis il se retrouva dans le lagon, dérivant paresseusement, perdu dans la contemplation des rayons de soleil qui jouaient sur lui tandis que le ronronnement d'un moteur lui emplissait les oreilles.

Il comprit qu'il n'y avait rien à craindre. Quelques brasses paisibles dans l'eau scintillante avant d'aller se reposer, un verre dans lequel des cubes tinteraient à la main ; manger des tartines rôties bien craquantes, couvertes de beurre, un steak bien persillé, puis du hachis de bœuf en boîte accompagné de pommes de terre roussies à point, et puis du thé glacé, plein de thé glacé, des pichets entiers, à boire à l'ombre.

Il cessa de transpirer et se remit un peu. Un banc de poissons passa ; il en attrapa un qu'il vida, écailla et dévora en moins d'une minute. Il en captura un deuxième un moment plus tard et put commencer à réfléchir.

Il avait envie d'interroger les Raseflots au sujet des larves, mais quelque chose lui disait qu'il n'apprendrait rien. Il avait la conviction qu'elles n'étaient pas des parasites naturels des Essaimeurs.

Il se souvint de ce qu'il avait écrit, il y avait si longtemps, lui semblait-il, une confusion d'idées. Les Raseflots haïssaient les machines qui avaient fait irruption dans leurs eaux natales. Ils avaient appris à les connaître au cours de leurs longues années de voyage – pendant qu'ils étaient déplacés, nourris mais aussi brutalisés par des choses qui bourdonnaient, s'agitaient, mais ne possédaient pas une vie véritable. Pas une vie comme celle qui s'élevait à partir de presque rien, partout où se formait une soupe chimique et où les rayons d'un soleil frappaient à travers une couche de gaz.

Leur haine était une longue, longue histoire. C'est pourquoi ils avaient immédiatement haï les bateaux des hommes, ces machines bruyantes et rudimentaires, quand ils les avaient vus.

Les machines qui s'étaient emparées d'eux l'avaient prévu. Voulu. Tellement simple.

Il continua à pêcher, mais n'attrapa plus rien.

Cette nuit-là il y eut d'autres éclairs vermillon sur l'horizon occidental.

Puis, au cours des heures qui précédèrent l'aube, des choses bougèrent dans le ciel. Des formes indistinctes parcouraient la nuit, qui attrapèrent bientôt les premiers rayons du soleil, lorsqu'elles sortirent de l'ombre de la Terre.

Elles se rapprochaient à grande vitesse, décrivant une orbite complète en moins d'une heure. Des choses énormes, de forme irrégulière, leur surface granuleuse et tachetée. Pour que Warren pût distinguer ces détails, il fallait qu'elles fussent infiniment plus grandes que les vaisseaux qui avaient amené les Essaimeurs et les Raseflots. De la taille d'astéroïdes.

Aucune salve défensive ne fut tirée contre ces objets. Il ne restait plus un seul satellite militaire ; plus un seul laser à haute énergie. Aucun canon à particules. Plus rien de l'arsenal qui avait maintenu la paix nucléaire entre les hommes pendant un demi-siècle.

Les objets absorbaient la lumière du soleil, qu'ils restituaient sous la forme d'une étrange lueur grisâtre. Ils commencèrent à se fendre en morceaux sous les yeux de Warren, qui les vit se rescinder en blocs de plus en plus petits tout en tombant dans le ciel.

Avec l'aube, le ciel s'éclaircit. Tout autour du radeau, l'eau paraissait décolorée ; sur un rayon d'une centaine de mètres elle était plus pâle et redevenait bleu foncé au-delà de cette frontière très nette.

Il y avait quelque chose en dessous du radeau, qui ne bougeait plus.

Sans affolement, Warren se mit à scruter l'eau.

Une machine ? Venue des vaisseaux gris ?

Mais elle ne bougeait pas.

Il enfonça l'aviron ; pas de résistance. Il n'y avait qu'une faible houle, et au bout d'un moment, il eut la certitude que le radeau ne subissait pas la pression régulière des vagues.

La chose qui était en dessous l'immobilisait.

Il fallait prendre le risque. Il se pencha d'un geste vif par-dessus bord et enfonça la tête dans l'eau. Partant du milieu du radeau, une ligne s'enfonçait vers quelque chose de blanc. Quelque chose d'apparence solide, parcouru par des lueurs phosphorescentes ambrées.

Il l'observa bien pendant une heure ; elle ne se déplaça pas, ne s'éleva pas, ne s'éloigna pas.

Aucun poisson ne s'en approchait. S'il ne faisait rien, il allait mourir de faim.

Son fusil ne servait à rien, mais restait la lame de la baïonnette. Il la prit, plongea, et s'enfonça rapidement vers le bas. Il se sentait moins vulnérable en dessous de la surface de l'eau.

Il fut trompé par la réfraction. L'objet était à une plus grande profondeur que ce qu'il avait estimé, il était beaucoup plus gros, et il faillit ne pas pouvoir l'atteindre.

Ses poumons commençaient à brûler. Des dessins couraient le long de parois nacrées. Il aperçut au travers des niveaux, des étages. À l'intérieur, rien ne bougeait.

Il y avait une ouverture un peu plus bas ; il se dirigea vers elle, la gorge en feu. Il fallait voir la chose d'en dessous, pouvoir se faire une idée du moteur ou de l'hélice qui l'entraînait. Comme il faisait demi-tour sur lui-même à la hauteur du rebord du trou, il eut un mouvement vers le haut, et sa tête émergea à l'air.

Il prit une grande bouffée. Il se trouvait dans une poche d'air confiné, emprisonnée entre deux niveaux. Il se laissa flotter pendant quelques instants, s'efforçant de comprendre la structure exacte de la chose que sa matière translucide dans laquelle jouaient les effets différents de l'air et de l'eau rendait brouillée et changeante. Dans ses parois nacrées, se réfractaient les reflets argentés de l'atmosphère et les rayons verts venus du soleil.

La chose n'avait rien de mécanique. Il passa à la nage d'un endroit en un autre en franchissant des frontières floues et rembourrées. Les surfaces étaient lisses et offraient une résistance douce et ferme quand on les pressait. Certaines étaient courbes, d'autres plates. Il trouva un rebord assez large sur lequel il se hissa.

Il s'y reposa, entouré du jeu d'une lumière filtrée, couleur de jade. La matière nacrée des parois était un assemblage, pratiquement sans trace de jointoyage, de ces mêmes blocs qui s'étaient échoués sur l'île et que Tseng lui avait montrés. Le rebord sur lequel il se tenait était étroit et bosselé. En rampant à demi dessus, il arriva jusqu'à une paroi basse par-dessus laquelle il passa ; au-delà se trouvait un plancher plat, dans lequel étaient percés, au hasard, des trous d'un mètre de diamètre ou presque. Cette même structure se continuait plus loin.

Il explora longuement le labyrinthe, avec prudence, glissant dans des couloirs étroits et gluants. Aucun plan ne semblait avoir présidé à son édification ; ce n'était qu'une succession de petites pièces et de passages tortueux. Environ un tiers de l'ensemble contenait de l'air emprisonné. Des conduits remplis d'eau venaient couper les salles irrégulières selon une espèce de logique curvilinéaire.

Il passa à l'étage au-dessus, guidé par les ombres projetées à travers les parois laiteuses. Là, du matériel empilé n'importe comment baignait dans l'eau. Des débris venus de bateaux naufragés, superstructures tordues, fouillis de pièces électroniques, de valves, de tuyaux et de câbles. Tout un système de combustion, en fait. Il y avait également du matériel radio compact, scellé contre l'eau de mer, intact, avec ses batteries de secours. Du bon matériel maritime, avec des bandes à haute fréquence.

Les débris n'avaient pas été triés, et se trouvaient éparpillés sur le plancher, lui aussi crevé de nombreux trous, d'une salle toute en longueur. Rien n'indiquait la façon dont ils étaient arrivés jusqu'ici.

Il travailla pendant un moment sur la radio. Quelques raccordements manquaient, mais en fouillant dans ce qui traînait autour, il put la remettre en état : elle marchait. L'ensemble était assez lourd, mais peut-être arriverait-il à le remonter jusqu'au radeau. Il se mit à examiner le câble qui y était rattaché.

Les rayons de soleil vert jade plongeaient obliquement dans l'eau, maintenant. Le crépuscule. Il trouva une ouverture dans le sol qui serpentait sur une dizaine de mètres et allait donner sur la paroi extérieure de la structure. Il respira à fond pendant deux minutes, chargeant au maximum son sang d'oxygène, puis il s'y glissa et enfila sans difficulté le tuyau, bien assez large pour lui, jusqu'à la mer. Une fois libre, la sensation d'oppression disparut ; il ouvrit la bouche et laissa filer l'air. Tandis qu'il montait vers la surface, la pression de l'eau diminuait et il se remplissait de davantage d'air, comme si une source apparemment intarissable coulait en lui, alors que de grosses bulles, ondulant, pirouettant, allaient toucher le radeau avant lui.

La houle frappait le bordage et faisait grincer les planches. Des poissons sautaient, et l'horizon était une ligne claire. La mer redevenait elle-même après l'épisode des Essaimeurs, elle s'épanouissait, les bancs de poissons réapparaissaient. Il était possible de vivre ici.

Il prit ses lignes et le fusil, et plongea avec le tout pour retourner dans la structure sous-marine. Au moment où la lumière se mit à baisser, des poissons se rassemblèrent dans les abris constitués par les ouvertures et les tuyaux. Il lança ses palangrotes et en attrapa trois.

L'obscurité tomba rapidement. Il s'allongea sur le sol. Il y avait suffisamment d'air dans le labyrinthe pour tenir toute la nuit, et il aurait tout le temps de réfléchir le lendemain. Il dormit d'un sommeil fiévreux, en proie à toutes sortes de pensées qui s'effilochaient sans qu'il pût les saisir.

Il n'y avait plus eu d'éclairs sur l'horizon. Le premier acte venait sans doute de s'achever, se dit-il. Dresser une forme de vie contre une autre. Mettre en péril l'équilibre précaire d'une biosphère et jeter les humains dans un combat contre ce qu'ils s'imaginaient être simplement un ennemi venu de la mer.

Les hommes s'étaient comportés comme ils l'avaient toujours fait en groupe et, d'une façon ou d'une autre, ils avaient perdu le contrôle des événements. Ils avaient même abattu l'Ombilic...

Tout cela en ignorant que, quelque part, quelque chose avait monté cette machination, par laquelle deux formes de vie s'anéantissaient mutuellement. Afin de nettoyer les lieux avant l'arrivée des vaisseaux gris qui se jetaient maintenant dans la mer, loin des batailles dérisoires qui se déroulaient sur les continents.

Quelque chose se déplaçait de l'autre côté des parois.

Il s'éveilla sur-le-champ, les muscles raides, et fouilla les faibles rayons de lumière nacrée qui l'entouraient. Air et eau se confondaient, jouaient avec les premières lueurs froides de l'aube, dans un effet de trompe-l'œil.

Là. Des mouvements vifs et rapides. Les Raseflots.

Ils se glissèrent dans les parties tubulaires remplies d'eau, et vinrent nager à proximité de l'endroit où il avait élu domicile. À leur façon, ces Raseflots savaient ce qui s'était déjà passé, étaient au courant des lents et difficiles progrès des efforts de communication et de la patience qu'ils exigeaient.

Il fallut des heures pour comprendre, encore plus pour trouver les bons mots. Ils avaient apporté avec eux quelque chose qui, dans leur idée, devait certainement permettre d'écrire. C'est à peine si la plume grossière arrivait à griffer les pages huileuses et froissées qu'ils lui donnèrent. Il réussit à écrire, ils lui répondirent, et il essaya d'élucider les groupes de mots mis pêle-mêle.

LES CHOSES GRISES FLOTTENT LOIN EN BAS. ILS CREUSENT DES MINES LEURS USINES TAPENT NOUS POUVONS LES ENTENDRE. LEURS BRUITS PRISONNIERS DES EAUX PARCOURENT DE LONGUES DISTANCES. ILS FONT DAVANTAGE DE COPIES D'EUX-MÊMES. LES ESSAIMEURS SONT PARTIS SUR LA TERRE LES CHOSES GRISES PENSENT QU'ELLES SONT EN SÉCURITÉ.

Warren se connaissait comme quelqu'un de dur, peu porté à s'exprimer, jamais à l'aise avec les autres membres de l'équipage, qui ne s'était jamais bien senti qu'avec sa femme – et encore pendant quelques années seulement, avant que ne descendît entre eux quelque chose qu'il voyait comme un rideau gris et opaque. Il y avait une sorte de vide en lui, pour lequel il ne ressentait ni manque ni honte, qu'il voyait simplement comme un espace neutre, une vacance de l'âme qui lui permettait de saisir le murmure du vent et le clapotis des vagues tels que ces bruits étaient en eux-mêmes et non pas comme le fond sonore de l'incessante et insensée logorrhée humaine : un chant séparé, la respiration de la planète. Il avait donc une sensibilité particulière aux Raseflots comme à tout ce qui était signifié ou montré sans être dit. Il en faisait maintenant des mots parce qu'il était tout de même irréductiblement humain, et que l'écriture était un moyen d'en fixer le souvenir – simple réaction humaine contre l'usure du temps. On pique les mots au bout d'épingles. C'est cette vacuité d'esprit qui l'avait sauvé ; toutes ces années de silence intérieur se concrétisaient maintenant dans un calme solide, presque indestructible.

ILS CROIENT ÊTRE EN SÉCURITÉ. ILS PENSENT QU'IL N'Y A QUE NOUS PRISONNIERS DE CE NOUVEAU MONDE. NOUS VOUS AVONS APPORTÉ DES OUTILS. NOUS CONNAISSONS LES EAUX. LES MACHINES GRISES BOUGENT MAINTENANT. NE SENTENT PAS NE PEUVENT PAS SAVOIR : NE PEUVENT PAS GOÛTER L'EAU.

L'après-midi, les Raseflots lui apportèrent de nouveaux débris de bateaux, les tirant maladroitement à plusieurs à l'aide de cordages de leur fabrication. Il les tria, les classa et réfléchit. Un peu plus tard, ils lui amenèrent une bonite qu'il mangea.

Il était en train de bricoler une antenne à l'aide de câbles divers, lorsque la lumière diminua brutalement. Il leva les yeux, et aperçut une grande ombre qui se rapprochait de son radeau. Le dessous était fait d'un assemblage invraisemblable de poutres et de planches.

L'ombre accosta son radeau, et Warren se demanda un instant, terrifié, si elle ne provenait pas des choses grises, quelque chose destiné à repérer les éventuels survivants. Il s'accroupit au milieu du fouillis de pièces détachées, les yeux levés, ne voyant aucun Raseflots dans les parages.

Une forme heurta l'eau et engendra une cascade de bulles, se contorsionna et s'agita. Warren se rendit soudain compte qu'il s'agissait d'une femme venue inspecter la grande silhouette sombre d'en dessous. Elle tira sur quelque chose, en constata la solidité, et continua. Elle regarda à un moment donné vers le bas, s'interrompit, et resta immobile, en contemplation. Il avait l'impression que son regard pénétrait les parois de matière nacrée et qu'elle pouvait le voir. Juste avant de manquer d'air, elle eut un geste bref et sec de la main, et fila vers la surface en laissant derrière elle une traînée de bulles.

Des gens. D'autres hommes et d'autres femmes ayant appris à vivre eux aussi sur l'eau. Des survivants.

Un Raseflots arrivait maintenant sans se presser, suivi de quelques autres, et Warren comprit qu'ils avaient guidé ces gens et leur grand radeau vers lui.

Regroupement disparate d'une poignée de survivants et d'extraterrestres sans mains, à la dérive sur un océan déjà infesté de machines grises.

Bien peu de choses restaient à leur disposition. Des épaves, des espars ; peut-être un bateau ayant réussi à fuir la terre ferme, où la mort continuait à faire ses ravages. Il fallait imaginer des solutions.

Il avait la conviction que s'il arrivait à monter l'antenne sur le radeau, il pourrait atteindre les satellites en orbite spatiale lointaine, leur faire savoir qu'il y avait des survivants – si les stations elles-mêmes existaient encore.

Il allait falloir construire une antenne parabolique afin de diffuser dans un cône étroit. Ils auraient une chance d'être détectés si un vaisseau en orbite passait exactement dans le cône.

De toute façon, il devait y avoir d'autres humains perdus en mer. La méfiance s'imposait, s'ils ne voulaient pas être repérés.

Les choses grises attendraient la fin des combats sur terre. Puis elles débarqueraient pour s'emparer des continents. Pour cela, elles allaient devoir traverser une partie des océans, auparavant, des eaux où s'étaient réfugiés des hommes et des Raseflots – la vie qui avait combattu et perdu, qui avait fait face, avait combattu de nouveau et continué en silence, scrutant l'avenir, recherchant d'instinct les autres formes de vie, se faisant toute petite en attendant le prochain mouvement des choses grises – mais une vie encore puissante et exigeante comme l'est la vie, toujours dangereuse et prête à resurgir.

Il finit la bonite et attendit. Puis le dais argenté qui le surmontait se creva de joyaux aux mille feux, et la femme apparut au milieu des bulles, nageant avec vigueur vers le bas. Elle décrivit des cercles, étudiant la structure de nacre. Même à cette profondeur, il ressentait encore le lent mouvement des vagues, qui la faisait craquer.

Il se leva. Elle le vit et agita la main. Pris d'une soudaine excitation, il leva les deux bras et fit de grands gestes désordonnés, tout en criant – alors qu'il savait qu'elle ne pouvait pas l'entendre.

DIXIÈME PARTIE

Pustules

1.

Vers le bas, dans un océan de ténèbres. Le submersible faisait l'effet d'une boule de Noël aux couleurs criardes et brillantes, parcourue de points lumineux. Il projetait une vague lueur sur les plaques massives d'acide carbonique congelé qui tapissaient les parois de l'ouverture. Les moteurs vrombissaient. Dans l'étroite cabine, la température baissa et la pression augmenta.

Les sondes de reconnaissance du *Lancer* avaient repéré les points chauds par douzaines à la surface de Pustules. Il s'agissait de fissures dans la couche de glace, en des endroits où les courants chauds sous-jacents étaient montés en profitant des fractures qui séparaient les continents de glace ; les massifs, constitués de roches ou de glaces, se déplaçaient en fonction des forces tectoniques en jeu, ce qui entraînait ruptures, plissements, éclatements.

Cette lune était plus grosse que Ganymède. En dessous de sa couverture de glace, circulait une énorme masse, mélange de liquide et de boue. Au centre, un noyau rocheux et métallique devenait de plus en plus chaud au fur et à mesure de la dégradation des éléments radioactifs. La Terre elle-même devait une bonne partie de sa chaleur interne à un tel processus de dégradation du radium et de l'uranium. Sur Pustules, cette chaleur cherchait une issue et pesait donc sur la fine pellicule sphérique de glace, profitant d'une ouverture naturelle ici, d'un point faible là, et finissait par la rompre en victoires de courte durée.

Lorsque le flux arrivait en force, les liquides en fusion créaient des volcans. Des vapeurs s'élevaient en permanence de leurs flancs et de leur sommet. Ils laissaient des plaines couvertes de petits lacs lorsque le flot de lave tarissait. Les équipes de reconnaissance avaient choisi une résurgence paisible, afin de ne pas avoir à lutter contre des turbulences trop fortes lorsqu'il faudrait y immerger les submersibles.

L'ouverture allait en s'élargissant vers le bas ; des blocs de glace dérivaient dans la lumière ambrée des projecteurs. Ils descendirent de plusieurs kilomètres dans une solution d'ammoniaque, de boue d'acide carbonique, de cristaux de méthane et de minuscules débris scintillants. La rotation de l'astre entraînait les petits fragments rocheux, qui formaient une sorte de rideau en suspension, brillant de tous ses feux, devant les projecteurs.

Ils atteignirent enfin une zone où l'eau était relativement pure. Carlos déploya un sac géant, et plaça le sous-marin face au courant. Il ondoya et se remplit sans se rompre, en dépit de sa ténuité : il était épais d'une molécule. Carlos montra à Nikka comment attacher des flotteurs aux extrémités du sac quand il longeait les bords de l'appareil ; puis il se plaça dans un fort courant ascendant. À son signal, elle lâcha les flotteurs, et le sac se scella automatiquement. Entraîné par les flotteurs, il s'éleva dans le gouffre. Il finirait par faire surface, où une équipe le récupérerait et où un spectromètre de masse séparerait les rares éléments de deutérium du reste. Les moteurs à fusion du *Lancer* pouvaient brûler ce deutérium pour renforcer les réactions qui se produisaient dans le coup de bélier.

« Les détecteurs d'impuretés repèrent des tas de choses, remarqua Nigel.

– C'est un échantillonnage très complet, là-dedans », murmura Carlos. Il n'avait fait aucun commentaire depuis le début de la descente. Sous la pression de pensées conflictuelles son visage restait tendu, et il portait toute son attention sur la console de contrôle en demi-lune de l'appareil.

« À quoi ça ressemble ? » demanda Nikka après avoir libéré manuellement les flotteurs.

« Potage poireaux-pommes de terre, vraiment. Ou l'équivalent sur Ross 128 », fit Nigel de la couchette sur laquelle il s'était allongé.

« Les scientifiques doivent faire une descente dans quelques jours, intervint Carlos, pour procéder à des prélèvements en profondeur.

– Intéressant. Des molécules lourdes. Des radicaux libres, également.

– Cette eau est trop froide pour produire des radicaux libres spontanément, remarqua Nikka ; pas de source d'énergie. »

Nigel fronça les sourcils. « En effet. Il faudrait imaginer...

– *Carlos ? Nous aimerions bien dire quelques mots à tes passagers.*

– C'est la cinquième fois qu'il appelle », dit Carlos.

Nigel bâilla. « Le pauvre vieux. Demande-lui quelles sont les nouvelles.

– Ted ? Cette situation est réellement incontrôlable et je voudrais m'en tenir simplement à...

– *Je comprends. Tout ça t'est tombé sur la tête d'un seul coup, et tu es en train de vivre un conflit d'allégeance, je sais, Carlos.* »

Nigel ne put s'empêcher de lancer : « Quel bon sens, quelle mansuétude ! C'est l'homme universel, ce Ted ! »

Nikka sourit et lui fit signe de se taire.

« Un merveilleux acteur. Je n'avais encore jamais pleinement apprécié son talent, jusqu'à ce jour. »

Carlos n'avait presque rien dit, au cours de l'heure précédente. Le fait de pouvoir s'adresser à une tierce personne servit de déclencheur. Il était incapable de cacher l'état d'incertitude et de confusion dans lequel il se trouvait, mais seulement dans la mesure où on voyait qu'il répugnait à revendiquer son geste ; c'était du moins ainsi que Landon allait l'interpréter, supposa Nigel. Ted eut un échange avec les responsables des opérations sur Pustules. Les équipages de surface se montraient furieux de cette violation flagrante du règlement et arguaient des risques qu'elle faisait courir – essentiellement au matériel ; il fallait distinguer entre ce qui était remplaçable et ce qui ne l'était pas – au cas où Carlos aurait un problème. Toutefois, s'il restait éloigné des parois du puits, il n'était pas absurde de le laisser continuer, repérer les courants d'eau pure et remplir quelques sacs en forme de larme. Landon posa quelques questions de plus, puis finit par approuver la poursuite provisoire de la mission. Si quoi que ce soit changeait, ou bien si l'état de Nigel se détériorait, néanmoins...

« J'ai un filtre avec moi, précisa Nigel.

– *Je me demandais quand j'allais entendre parler l'âme de ce noir complot. Je dois dire que cette histoire est en conformité avec le reste de ta carrière. Sous la pression, tu craques.* »

En dépit de sa courtoisie de bon aloi, le ton de Ted était glacial. Bien entendu, les deux protagonistes parlaient surtout à l'intention de l'éventuelle commission qui serait chargée d'étudier les enregistrements de cette conversation.

« Je suis en train d'opérer une phase de transition, l'expression me paraît plus juste. Tout à fait merveilleux, vois-tu. Les angles sont adoucis ; les tensions internes diminuent.

– *Bon. Nous attendrons la fin du vote sur ton communiqué. Ne t'imagine pas qu'un consensus quelconque va venir cautionner cette escapade.*

– Je l'ai accompagné, Ted, dit Nikka. As-tu l'intention de me sanctionner, moi aussi ?

– Ne t'en mêle pas, lança brusquement Carlos. Ted, j'espère que tu perçois dans quel état d'excitation elle se trouve et que...

– *Je sais, je sais. Je me serais fort bien passé de ce coup tordu de ta part, Nigel. Il y a pas mal d'agitation, ici, avec les dernières nouvelles de la Terre. Nous attendons une autre mise à jour, et il va peut-être falloir réviser complètement nos plans...*

– Quelles sont ces nouvelles ? demanda Nikka.

– *Nous n'avons reçu qu'une communication entrecoupée. De nouvelles attaques thermonucléaires, semble-t-il. La bataille de satellites paraît s'être déroulée exactement comme tout le monde l'avait prédit : il ne reste plus rien. On signale également des vaisseaux extraterrestres en orbite ; certains seraient tombés dans les océans.*

– Mon Dieu, fit Nikka.

– *Ouais, et c'est le moment que choisit Nigel pour nous faire une de ses crises.*

– Un peu rapide, la relation de cause à effet, non ? intervint sèchement Nigel. Tu disposais déjà d'informations sur la situation terrestre qui auraient dû t'alerter ; ça fait une semaine que ça mijote. Si bien que tu as imaginé pouvoir m'encuver tranquillement pendant que tout le monde pensait à autre chose. Ce n'est pas un hasard si tout arrive en même temps. Sauf que les choses ne se passent pas comme tu les avais prévues.

– *C'est de la parano, Nigel, il n'y a pas d'autre mot !*

– Nous verrons bien. S'il me reste quelques amis décidés à voter pour moi...

– *Après ça ? N'y compte pas trop.* »

Nigel eut une grimace d'irritation. « Cette discussion est sans objet. Carlos, qu'est-ce que c'est que cet écho sur le sonar ? Un gros truc, à seize heures.

– On file ! aboya Carlos. Le boulot avant tout. » Il vira sur bâbord dans un courant descendant.

« Mais non, c'était juste pour que nous nous débarrassions de lui, fit doucement Nigel. Il ne faut pas avoir peur de tout, comme ça !

– Si nous heurtions un de ces icebergs...

– Ce n'est pas une raison pour s'en éloigner de plusieurs kilomètres. On pourrait même faire un petit peu d'exploration en attendant le bourreau.

– Nikka, peux-tu déployer un sac ? Les pourcentages sont bons, dans ce coin. »

Nikka retourna aux commandes manuelles. Les flotteurs se mirent en place, les sacs soigneusement disposés dans la grande soute qui constituait l'essentiel du submersible. Le tableau de contrôle était placé juste à côté de l'écoutille donnant sur cette soute. « Sacs libérés. » Un coup sourd suivi d'un chuintement lui répondit.

Carlos acquiesça de la tête. Nigel alla s'installer sur la couchette du copilote et se mit à étudier le tableau de bord. Il éprouva une impression de picotement dans tout le corps. Carlos était penché sur ses cadrans, complètement absorbé. Il avait eu des réactions typiquement masculines pendant la conversation avec Landon. Les choses se passaient souvent ainsi quand les échanges avaient lieu entre hommes ; chacun mourait d'envie de dire ce qui lui tenait à cœur, attendant avec impatience que l'autre ait terminé afin de saisir la précieuse occasion d'imposer son point de vue. Nigel avait suffisamment pratiqué ce genre d'approche pour le reconnaître. Mais ce qui était nouveau pour lui, justement, était cette reconnaissance. Il avait passé toute sa vie tendu en avant, manipulant les échanges pour les faire aller dans la direction de son choix. Se concentrant, toujours se concentrant. Il existait d'autres façons de travailler, des méthodes moins exigeantes. Il n'y était venu que lentement, petit à petit. L'apparition de telles manifestations dans le comportement de Carlos montrait que l'homme était encore à la recherche de son identité. Bon. Il fallait s'attendre à des problèmes au cours des heures à venir.

« Parée au largage ? demanda Carlos.

– Système de scellement déployé. Un, deux trois ! » Nikka revint à l'avant, s'essuyant les mains sur sa salopette cramoisie.

« Pourrais-tu appuyer un peu au nord-ouest ? demanda doucement Nigel.

– Pourquoi ? Le courant ne porte pas par là.
– Quelque chose dans la partie invisible du spectre.
– Bon, d'accord. »

Dans la purée. Ils tombaient dans les ténèbres, le sifflement des moteurs créant une sorte de gémissement aigu permanent en fond sonore, auquel ils ne prêtaient pas attention. L'obscurité les entourait de partout, les privant du sens de la direction, réduit à la seule pression de la légère gravité de Pustules. Ils cherchaient quelque chose, un reflet, mais dans les courants instables, le vaisseau ne put maintenir son cap.

Quelle ironie de l'histoire, tout de même, pensa Nigel ; ce vaisseau était la conséquence directe d'une doctrine stratégique classique. Près d'un siècle auparavant, les sous-marins nucléaires étaient devenus les vecteurs de choix dès la mort thermonucléaire. Les grandes puissances s'étaient dotées d'une flotte de submersibles pouvant supporter des pressions colossales, rechercher l'ennemi où qu'il fût, survivre pendant des mois, et poursuivre sa chasse dans les ténèbres les plus totales. On trouva naturel d'utiliser ces engins pour l'exploration des lunes de Jupiter, afin d'aller sous la croûte de glace voir ce qui se passait dans les abysses. En dépit de petites chamailleries, le mariage de la science et de la guerre continuait. C'est pourquoi le *Lancer* disposait d'une flottille de sous-marins : au cas où les océans ouverts seraient rares, et où on aurait besoin d'étudier ce qui se passait sous une croûte de glace.

Il plissa les yeux pour scruter tout ce noir qu'il avait en face de lui. Il savait, avec une certitude absolue, que jamais il n'irait plus loin. Il avait tout fait pour ralentir le temps, mais maintenant, il en avait assez. Il avait gagné quelques heures, lancé un dernier défi, un geste sans signification – et il fallait s'attendre à un retour qui n'aurait rien de triomphal. Tristesse et amertume.

De la merde, tout ça. Pas question d'y aller, se dit-il brusquement.

Il y avait certaines choses qu'un homme ne pouvait faire.

2.

Ils fouillèrent le gouffre pendant des heures. Ils mangèrent, discutèrent, prélevèrent des échantillons, déployèrent des sacs qu'ils lâchèrent dans le puits, tirés par des groupes de flotteurs.

Ils parlèrent avec fièvre, sans véritablement faire de progrès. Nigel, qui s'était déjà trouvé pris dans une triade profondément conflictuelle, reconnaissait des réactions qui lui étaient familières. Il se demanda s'il ne recherchait pas ce genre de situations émotionnelles complexes parce qu'elles le soulageaient en partie de la pression de certaines exigences et lui permettaient de rêver et de paresser, réfugié dans son propre monde intérieur. Révélation qui fut loin de lui faire plaisir ; le fait qu'elle arrivât à la fin de sa vie impliquait néanmoins qu'il était devenu capable d'accepter ce genre de vérités, même s'il était trop tard, maintenant, pour faire quoi que ce soit. Cette idée le fit rire, ce qui lui valut un regard perplexe de Nikka (laquelle se doutait probablement des raisons de son hilarité), car ce genre de réflexion n'était au fond qu'une manière intellectuellement confortable d'échapper à la pression du changement. La connaissance de soi qui se produit trop tard perd son énergie. Il rit de nouveau.

« On recueille de plus en plus de ce truc moléculaire, fit Carlos d'un ton bourru.

– Alors, il faut encore descendre, dit Nigel. Aller renifler plus bas.

– Je n'ai pas d'ordre à recevoir, nom d'un chien !

– Je ne faisais que suggérer...

– Tu ne fais toujours que "suggérer" et "conseiller", n'est-ce pas ?

– Tu as parfaitement raison. Je ne dirai plus rien. » Carlos hésita, toujours furieux. En acceptant aussi rapidement ses reproches, Nigel venait de lui couper l'herbe sous les pieds. Il ne s'occupa plus que de sa console et de ses contrôles, et au bout de quelques instants, l'appareil se mit à suivre la direction donnée par les capteurs chimiques. C'était de toute évidence ce qu'il y avait de mieux à faire.

Peu à peu – si bien qu'au début ils se demandèrent s'ils n'étaient pas victimes d'une illusion – une vague lueur verdâtre commença à se détacher sur le fond noir. Les instruments avaient relevé quelque chose, mais seul l'œil pouvait donner forme et substance à l'apparition.

Le vert se changea soudain en une sorte d'orange brûlé ; quelque chose se dirigeait vers eux surgissant du néant. Quelque chose de long et de délicat, dont les parties disjointes ployaient et pivotaient tandis qu'il passait, dans un mouvement glissé et silencieux. Derrière lui, tourbillonnaient de longs filaments. Puis il disparut.

« Qu'est-ce que...

– C'est exactement la question !

– Il s'éclaire lui-même, dit doucement Nikka.

– Oui. À l'aide des radicaux libres, je le parierais.

– Pas d'yeux.

– Aucune raison d'évoluer dans un tel milieu.

– Qu'imagines-tu...

– Regardez, dans cette direction ! »

Une autre faible lueur. Le vaisseau descendit avec des craquements aigus.

« Qu'est-ce que c'est que ça ?

– Impossible à dire.

– Trop loin, sans doute. Résolution insuffisante.

– Il faut qu'il soit drôlement lumineux...

– Exact, drôlement lumineux !

– Pas de la même famille que le truc que nous venons juste de voir.

– Non, c'est plus gros, beaucoup plus gros. »

La chose grandissait à vue d'œil. Des barres de lumière jaune jouaient dans le brouet de particules en suspension. Le submersible se cabra et changea de cap ; il venait de tomber sur un nouveau courant.

« Ça bouge.

– Pas n'importe comment ; regarde, le mouvement se répète.

– Il tourne sur lui-même.

– Ouais, environ deux minutes pour faire un tour complet. »

La chose grandissait toujours ; elle était énorme, et piquée de feux. Des vagues d'or brun et d'orangé balayaient sa tête. De chacun des points lumineux jaillissaient des cascades de bulles qui paraissaient lutter contre le feu intérieur.

« Ce sacré truc est à plus d'une impulsion de nous.

– Oui. Est-ce que tu vois ces gros sacs qui ont l'air attachés ?

– On dirait des ballons.

– Pour le faire flotter ?

– Pas d'autre explication ; d'après le spectromètre, il s'agirait de roche. De la roche brûlante.

– Les radicaux libres.

– En plein dans le mille.

– Ils viendraient de là ?

– Une bonne grosse source d'énergie.

– Les échantillonneurs sont prêts ?

– Ouais, ils le sont. Des paquets d'énergie moléculaire.

– De la nourriture.

– Pour... »

Mal à l'aise, les trois êtres humains bougèrent sur leur couchette. Les projecteurs se perdaient dans l'obscurité chargée de débris. Ils observaient la chose, qui tournait lentement sur elle-même, prise de pulsations irrégulières et lançant des jets d'or, de rouge, d'orangé et de vert bronze, des averses de bulles bouillantes. Ils se penchaient tous les trois en avant, comme pour voir plus loin.

« Beaucoup de radioactivité.

– Je... je me sens devenir nerveuse.

– Ouais. Tu le sens aussi, Nigel ?

– Quoi ?

– On dirait... qu'il y a quelque chose qui se déplace là-dehors.

– Au-delà de nos lumières... oui.

– Nous sommes dans le courant ascendant, maintenant. L'aiguille du Geiger s'agite de plus en plus.

– Taux dangereux ?

– Non. Les gamma ne peuvent pas franchir le blindage.

– Des rejets de ce truc.

– C'est ce que je pense. Ce gros caillou...

– Eh oui, c'est un réacteur nucléaire rudimentaire.

– Les éléments chimiques passent dedans, ils sont bombardés...

– Et on obtient des formes moléculaires excitées.

– Quelle est la source des molécules organiques ?

– Là en dessous ? Il y a bien quelque chose qui doit les fournir.

– Exact ; il faut s'occuper du feu.

– Mais pourquoi dans l'axe d'un puits ?

– Et pourquoi aller sur la côte d'Azur ? Il y fait plus chaud.

– Non, attends, c'est exactement le contraire. Le gouffre, là, le puits, n'est ici que pour...

– Qu'à cause de cela !

– Tout ce bazar est artificiel !

– Les volcans, les lacs, tout ça serait fait par des choses comme ça ?

– Loi de Walmsley.

– Des courants chauds, de la nourriture...

– Et un chemin vers la surface.

– Mais pour quoi faire ? demanda Carlos. Je veux dire...

– Comment le saurais-je ? répondit Nigel.

– Pourquoi murmurons-nous ? intervint Nikka.

– Peut-être peuvent-ils entendre, hurla Nigel.

– Seigneur !

– Ou peut-être pas », conclut Nigel en s'allongeant de nouveau sur sa couchette. « S'ils entendent, ça fait un bon moment qu'ils ont dû repérer nos moteurs », reprit-il au bout d'un moment. « Et si on y pense, ce serait assez logique ; l'ouïe est aux poissons des profondeurs ce que la vue est à l'aigle.

– La chose qui est passée près de nous était lumineuse, remarqua Nikka.

– Et alors ?

– Il doit y avoir une raison ; peut-être pour trouver des proies.

– Ou pour les attirer, murmura Nigel.

– Ce serait peut-être une bonne idée d'atténuer l'éclairage de la cabine, dit Carlos.

– Une excellente idée, même. »

Carlos tourna plusieurs boutons. La console en forme de mi-lune resta seule éclairée, lançant des ombres aux formes angulaires dans la cabine.

D'un ton de voix paisible, Nigel remarqua : « Il faudrait appeler le vaisseau, les mettre au courant. »

Carlos appela. Mais avant qu'il ait pu dire quoi que ce soit, Landon prenait la ligne. « Nous avons un vote largement majoritaire sur ta pétition, Nigel. Je suis désolé. »

Nigel se secoua pour sortir de la rêverie dans laquelle il était plongé. « Quoi ? Oh ! oui... Et alors ?

– Tu as perdu. Sors de là. »

Nigel soupira ; Ted Landon était manifestement d'humeur joyeuse. « Dis-lui, Carlos. »

Pendant que la discussion se poursuivait, Nigel se sentit pris de fatigue, une fatigue qu'accompagnait une ancienne impression de certitude. Ted était très à cheval sur le règlement, spécialement sur les décisions officielles dûment notifiées par la foutue assemblée du peuple bien-aimé.

Carlos parlait avec assurance, alignait les faits de manière logique, ordonnée et avec autorité. Plus il se faisait une idée claire de lui-même, plus il deviendrait difficile de traiter avec lui.

Nigel se leva et se dirigea tranquillement vers l'arrière de l'appareil.

« Nécessité naturelle », dit-il à Nikka. Il ne pouvait risquer un clin d'œil de connivence.

3.

Les tenues tous usages étaient disposées sur des armatures articulées pivotantes. Il en éjecta une qui vint se mettre en place sur la plate-forme d'endossage, et vint s'y présenter à reculons. Il se contorsionna pour glisser les bras dans les manches, puis passer la tête à travers l'anneau à la base du casque. La tenue se resserra alors sur lui, dans un mouvement qui évoquait régulièrement pour Nigel la poignée de main que l'on donnerait à un cadavre. Il se raidit, et l'endosseur remonta la fermeture à glissière, fit retomber la visière et verrouilla le casque dans un claquement sec. Lui assurant une isolation thermique parfaite grâce à un lourd générateur, le costume pesait sur lui comme une épaisse couverture.

Il s'avança d'un pas pesant dans la soute d'équipement, sans tenir compte des protestations, sous l'effet du poids supplémentaire, de l'une de ses chevilles. Un cadre hexagonal se trouvait disposé dans le berceau de lancement, avec les six flotteurs destinés au sac suivant. Nigel défit les attaches qui maintenaient le sac, enleva les deux flotteurs du milieu et s'installa à leur place.

L'ensemble allait être mal équilibré ; il regarda autour de lui, à la recherche de quelque chose susceptible de faire poids. Il aperçut son filtre sanguin, rangé là et oublié quelques heures auparavant.

Pourquoi pas, au fond ? Cette machine infernale lui rappelait les heures innombrables qu'il avait passées dans ses griffes... Il s'apprêtait à accomplir un ultime geste, mais qui sait si l'engin ne l'aiderait pas à maintenir ses moyens au meilleur niveau, et à combattre les nausées si elles revenaient ? Et, de toute façon, il avait besoin de lest. Il s'en empara et le verrouilla sur le milieu du cadre, faisant aussi vite que possible.

Parfait. C'était le moment d'y aller.

Il enclencha les contrôles manuels et se pencha en arrière. Le tapis roulant emporta le cadre dans le sas, tandis que Nigel s'y attachait par l'un des émerillons de sa ceinture. Puis il tapa les instructions destinées à sa tenue, et le sas se referma derrière lui. L'atmosphère fut aspirée, la pression tomba, il se prépara...

Le diaphragme de l'écoutille extérieure s'ouvrit en bourdonnant. La plate-forme catapulta le cadre, et il se trouva éjecté au milieu de tourbillons de bulles, dans un grondement d'eau. Les flotteurs se libérèrent et commencèrent à gonfler. Il se mit à tourbillonner, sans poids, au centre de forces jouant en sens opposé, tandis que sa tenue grinçait, que ses oreilles se bouchaient et qu'une averse de bulles montaient à côté de lui, brillantes et denses comme un vol d'étourneaux. Puis les ténèbres retombèrent.

Il se redressa et aperçut en dessous de lui les lumières du submersible ; les flotteurs, déjà à demi gonflés, l'entraînaient vers le haut. Il n'avait pas calculé son équilibre de flottaison avec assez de précision, et il se rendait compte qu'il était encore trop léger.

Qu'est-ce que... on dirait qu'un sac est parti tout seul, Nikka va donc à l'arrière vérifier que...

Il s'éloignait à toute vitesse de la boule lumineuse et scintillante. Très loin en dessous, le réacteur de pierre rougissait les eaux. De son point de vue, il avait l'impression d'avoir affaire à deux créations remarquablement semblables de la technologie.

Un sac s'est libéré ? Mais comment cela a-t-il bien pu se produire ?

Non, je pense, attends !

Ted dit que nous devrions nous éloigner de ce truc, ne t'inquiète pas pour le matériel, c'est peut-être un déréglage de pression, de toute façon il faut dégager en vitesse et laisser la place aux exobiologistes

Il montait trop rapidement, et le cadre allait filer à ce rythme jusqu'à la surface gelée avec un poids aussi faible à entraîner. Nigel prit soudain conscience que si sa tenue pouvait subir des pressions très fortes, elle ne pouvait cependant pas s'ajuster immédiatement à des changements de profondeurs quand ils étaient trop rapides. S'il continuait de monter ainsi...

Où est-il, Carlos ? Je n'arrive pas.

Les oreilles de Nigel se mirent à sonner ; il leva les yeux vers les flotteurs qui continuaient à gonfler tout en montant. L'obscurité devenait de plus en plus complète maintenant que le vaisseau se réduisait à un point lumineux. Il n'osa pas tout d'abord se servir de l'éclairage, mais il allait bien falloir, s'il voulait se débarrasser d'un ou deux flotteurs dont il devinait à peine la masse au-dessus de lui.

Tu veux dire que tu crois qu'il

Dans l'eau, la tenue tous usages était encombrante et rendait ses mouvements maladroits, et il dut tâtonner pour retrouver le petit tableau de commande sur son bras gauche. Il ôta la sécurité et leva le bras. Normalement, le troisième bouton devait...

Une ligne bleue, brillante, fendit l'eau en laissant des tourbillons de vapeur derrière elle. Le faisceau laser de découpage, mince colonne d'eau bouillante, finit par trouver un flotteur ; la poche se plissa, devint brunâtre...

Explosa. L'air s'en échappa. Nigel fit de nouveau feu, en direction opposée cette fois. Le passage du faisceau provoquait une agitation silencieuse de l'eau, se frayant un chemin en la dévorant, trait d'un bleu électrique entouré d'un halo de vapeur. Si jamais ses batteries s'épuisaient avant que...

C'est de la folie furieuse, mierda seca ! Ce vieux saligaud est La tous-usages tiendra le coup, mais écoute-moi, nom d'un chien, braque les projecteurs en l'air, on doit pouvoir le suivre

Le deuxième flotteur explosa ; le rayon le pénétra et alla crever la partie supérieure. Nigel eut l'impression de se sentir retomber, puis le cadre ralentit et finit par se trouver en équilibre hydrostatique.

Je vais appeler Ted, il va

Plus tard. Tu ne vois rien ? Il devrait y avoir le système d'éclairage de la tenue. Essaye le pisteur.

Quelque chose ne va pas. Aucun signal visible

Regarde toi-même, les contrôles indiquent que la tenue est en état non opérationnel, il a dû bricoler ça avant de filer

Il flottait ; temps, poids et lumière sont abolis. Il avait l'impression d'être un peu dans le même état que sur la table d'intervention, coupé de l'incessant grignotement du monde. Se retrouver dans le vide extrême et noir de l'espace était assez semblable aux ténèbres cotonneuses qui régnaient ici. Ses mouvements étaient ralentis, amortis par le milieu liquide. Pas un bruit. Lorsque l'une de ses bottes cognait une entretoise du cadre, c'est à peine s'il entendait un coup sourd au lieu d'un tintement sonore. Il pendait à ce cadre de façon lâche, attendant que quelque chose se produisît.

Ecoute, Ted est en ligne et il nous dit qu'il est trop occupé pour se soucier de ce vieil énergumène, il vient de recevoir d'autres nouvelles de la Terre, ça se passe très mal, on dirait, une assemblée générale doit commencer dans quelques minutes

On ne peut tout de même pas le laisser ici ! Appelle les équipes au sol, qu'ils préparent un deuxième sous-marin et

Nikka, ici Ted. Il semblerait que Nigel ait eu raison sur un point, je veux dire – bref, la loi de Walmsley et tout le bazar. On dirait qu'il s'agit d'un Surveillant et le service des Opérations signale des signes d'activité, sans doute en réaction à la présence des équipes au sol autrement dit

Alors envoie un submersible en vitesse, sinon

Ecoute il y a trop de choses qui arrivent en même temps, Nikka, je n'ai pas le temps d'aller à la chasse de ce bâtard, pour l'instant il n'a qu'à mijoter

Il l'a fait pour gagner du temps, ne comprends-tu pas cela ?

Réaction stupide, qui ne fait qu'augmenter la pagaille générale ici

Ted, j'en appelle à

Il se conduit comme un trou-du-cul pour des bêtises ! J'en ai ras le bol de ses conneries ! Peut-être s'est-il imaginé gagner ainsi de la sympathie et du soutien, mais ce truc-là ne marchera jamais, je peux te le garantir

Il se sentit entraîné par un courant qui le faisait dériver loin du submersible. Jamais il n'avait été aussi loin ; il était à l'extrême bout de la longe. Il valait mieux agir ainsi.

Je vous sors d'ici le plus vite possible et si monsieur n'est pas à l'appel tant pis pour lui

Cela va prendre des heures

D'accord, vous pouvez chercher pendant un moment en attendant le début de la réunion, dix minutes, pas davantage, mais je vous avertis : d'ailleurs s'il a branché sa radio il peut m'entendre. Nigel, c'est le moment ou jamais de

Il ignora les aboiements de Ted. Quelque chose de plus immédiat venait d'attirer son attention.

Ondulations de courants. Il alluma la lampe à phosphore de son casque. Autour de lui, jaunes et rigides, apparurent les longerons du cadre.

Rien à proximité. Sensation de traction, une nouvelle direction...

Quelque chose scintille faiblement. Devient plus gros. Une boule de nuages roussâtres. Qui gonfle et s'enfle au fur et à mesure qu'il s'en rapproche, très vite...

À l'intérieur, bougent des choses. Des petits points pris dans le nuage. Qui dérivent, dans tous les sens. Il s'efforce d'estimer les dimensions de la chose, mais privé de perspective, il ne peut...

La couleur. Un rouge un peu atténué, comme celui de braises que la cendre étouffe peu à peu...

Il s'accroche à l'un des longerons, tandis que le cadre bascule sur le côté. Où donc a-t-il déjà vu... ?

Les points ne se déplacent pas au hasard. L'amoncellement de nuages est en fait un ensemble de collines sur lesquelles marchent lentement les points, au milieu de tourbillons de poussière. Ils sont grands, imposants même, et ont quatre jambes articulées...

Des E.M.

Non pas, cependant, les êtres à la tête énorme qu'il connaissait ; ceux-ci, grands et élancés, déambulaient d'une démarche grave et gracieuse à la fois.

Pas véritablement les E.M., puisqu'ils ne possédaient pas les têtes contenant un récepteur parabolique et la lourde carapace abritant un système digestif modifié.

Mais plutôt les E.M. tels qu'ils étaient primitivement.

Tels qu'ils étaient avant que la pluie d'astéroïdes ne vînt broyer leur biosphère. Avant qu'ils fussent obligés de se transformer en quelque chose que les Surveillants pussent prendre pour des machines.

Ils se trouvaient dans une immense sphère, qui devait bien faire cinq kilomètres de diamètre. À l'intérieur, il y avait des collines, des cours d'eau, des nuages de poussière et de hautes forêts, bleues ou brunes. Ce paysage lui faisait penser à ces jouets d'enfant qui représentent une scène d'hiver sur laquelle tombe la neige lorsqu'on les secoue. Si ce n'est qu'ici le liquide était à l'extérieur et gardait prisonnier tout un monde d'air et de vie. L'enveloppe de la sphère luisait et répandait une lumière roussâtre à l'intérieur. Au-dessus étaient suspendues des masses sombres. Du lest ? Des stabilisateurs ?

La sphère commença à diminuer ; les courants qui la contournaient l'en éloignaient maintenant. Il fit feu de son rayon laser par-dessus sa tête, et dessina un arc bleuté. L'une des hautes silhouettes lui sembla s'arrêter un instant, et tourner les yeux vers le haut.

L'auraient-ils aperçu ? Savaient-ils ce qui était arrivé aux survivants de ceux de leur espèce, sur leur planète d'origine ? Qu'ils avaient dû se déformer, qu'ils survivaient dans un univers hostile, mais qu'ils s'accrochaient avec opiniâtreté ?

Ils savaient sans aucun doute quelque chose. Ils étaient vraisemblablement tout ce qui restait d'une époque ancienne – cette époque au cours de laquelle leur race avait construit des vaisseaux spatiaux et était partie explorer les étoiles voisines. Ils avaient trouvé un refuge à l'intérieur de cette lune.

Et voici qu'ils étaient si près de lui ! Dire qu'il connaissait leurs descendants, qu'il aurait pu leur raconter que leur monde résistait toujours ; si seulement il avait pu leur faire un signe, leur adresser un geste symbolique par-delà les abysses...

Le monde rouge se mit à se rapetisser rapidement. Il eut un seul geste de la main, un salut désolé, puis il s'appuya lourdement contre le filtre sanguin. Il n'avait pu saisir cette chance unique.

Il ferma les yeux et laissa le temps passer. L'image des grandes créatures à l'air grave s'estompa peu à peu.

4.

Quelque chose bougea.

Il s'éveilla en sursaut. Il secoua la tête et se demanda pendant combien de temps il avait pu dormir. La tenue le maintenait au chaud, et il s'y sentait confortable, même au milieu de cette bouillie noire. Il avait essayé de mettre ensemble tous les morceaux...

Tu vois quelque chose ?

Non. Pas la moindre trace. Mais comment diable a-t-il pu aller si loin aussi vite ?

Il se demanda pourquoi le submersible ne pouvait pas le repérer à l'aide du sonar à longue distance. Il ne pouvait tout de même pas s'être éloigné de lui à ce point, alors qu'il était pris dans le même courant porteur que lui-même.

Regarde donc cette image vidéo de la Terre. L'une de ces choses en orbite, là. Ça ressemble drôlement à un Surveillant, non ?

S'il se trouvait suffisamment près pour arriver à capter les transmissions générales de l'appareil, ils ne pouvaient pas ne pas le voir. À moins d'avoir quelque chose derrière lui, quelque chose qui les empêchait de voir son image se détacher.

Sensation de mouvement, de nouveau.

Il brancha la lampe à phosphore du casque. Le dessin précis et net du cadre métallique bondit de l'obscurité, avec le filtre sanguin, les tuyaux d'aluminium brillant et, au-dessus, les flotteurs qui ballottaient...

Quelque chose, oui, un peu plus loin. Quelque chose qui rôdait dans l'ombre.

Un mur gigantesque surgissait des ténèbres et s'approchait de lui.

Des pores gris. Des bandes vermillon et pourpre, tachetées.

Une vaste ouverture ovale dans la paroi de chair, bordée de plis cartilagineux.

Elle vint frotter contre le cadre ; des ventouses latérales vinrent s'emparer des entretoises de soutien, tandis que des vrilles brunes et lisses s'enroulaient autour du métal.

Pour goûter ? Quelle que fût la raison, le mouvement s'interrompit. Nigel attendit. Il secoua le cadre ; la prise se raffermit.

La chose n'avait pas l'air de vouloir le dévorer. Etait-elle en train de l'étudier, d'une manière ou d'une autre ? Attendre et voir venir, c'était ce qu'il avait de mieux à faire. Il n'entendait plus rien en provenance du submersible de Carlos et Nikka. La masse de l'entité devait sans doute tout bloquer.

Le temps passa. Il sentit la vieille et familière faiblesse s'emparer de lui, signe que son corps recommençait à faire des siennes. Ce regain soudain d'activité, sans intervalles de repos, avait déséquilibré sa délicate chimie interne. Il examina l'énorme créature qui s'était accrochée au cadre, et se demanda si elle avait une idée de son identité. Ou du genre de chose qu'il était.

Faiblement :

Allons-nous jamais le trouver, là-dedans ? C'est plein de débris flottants. Suis les courants, et reste éloigné de ce gros truc

Il se doutait bien qu'ils n'étaient pas loin d'ici, mais se tenant tout de même à l'écart de l'étrange appareil qui venait de faire intrusion en crachant ses fumées, et qui remontait à contre-courant dans un ronronnement désagréable.

Tout tenait dans une hypothèse : que cette intrusion n'ait pas eu de précédents, que les Surveillants n'aient jamais envoyé d'appareils fouiner sous la couche de glace, à la recherche de la vie où qu'elle fût, qu'il ait attendu prisonnier de son orbite rigide, se contentant de scruter le sol avec dans l'idée que la vie n'était pas dangereuse tant qu'elle restait confinée dans sa coquille de glace. Les Surveillants étaient des machines patientes et quasi indestructibles, qui en savaient plus que les hommes sur la vie, et n'ignoraient pas qu'elle pouvait se manifester n'importe où, pourvu que de l'énergie passât dans un milieu chimique – entraînant des processus qui ridiculisaient l'entropie, des processus créateurs d'ordre.

Tel était le secret que Pustules leur livrait : au cœur de l'astre, des isotopes nucléaires regroupés transmettaient leur chaleur à un océan de matériaux élémentaires, et cela suffisait.

Finalement les molécules arrivaient à constituer des chaînes, donnaient naissance à des copies grossières obligées de se développer dans cet océan intérieur, autour du pseudo-soleil qui irradiait au centre même du monde sous d'écrasantes pressions, dans des ténèbres opaques, sans éclairs pour venir ensemencer la soupe primitive ni la chaude lumière d'un astre, mais purement et simplement à partir du silencieux barattage de la dégradation nucléaire, de même que la vie jaillit d'un tas d'humus humide abandonné dans un coin, à l'aide de l'énergie montée des profondeurs dans un océan encapuchonné de glaces, les cellules thermiques mélangeant les éléments chimiques lancés à la recherche passionnée les uns des autres – tout d'abord les innocentes plantes nées de la photosynthèse, suivies du couple proie-prédateur baigné dans les riches courants porteurs de vie nés au milieu du jaillissement perpétuel des radicaux libres. Des composés soufrés, comme ceux qui lâchaient des bulles aux évents des volcans sous-marins de la Terre, capables de métaboliser cette jungle turbulente grâce à une énergie ne faiblissant jamais.

La nature de la vie, ici, était d'être constamment rejetée, obligée de s'élever sous la poussée thermique vers les zones supérieures d'obscurité, loin des brasiers moléculaires, une biosphère condamnée à explorer des ténèbres brûlantes. Lorsque le cœur se refroidissait, une fois passé les demi-vies radioactives, elle était alors vouée à une compétition farouche, voyait ces marges de manœuvre se réduire comme lors des sécheresses qui, en Afrique, avaient autrefois aiguisé l'intelligence des primates. Au fur et à mesure que s'éteignaient les feux centraux, la vie avait dû tout d'abord se contenter de lutter pour les meilleurs emplacements, à proximité des foyers bouillonnants ; puis avec le temps, certains êtres avaient compris qu'il était possible de contrôler la chaleur, de s'en emparer, de s'en servir pour se déplacer – vers le haut à travers l'obscurité uniforme et sans poids, contre la glace, puis pour aller au-delà –, et s'étaient mis à exploiter les roches contenant les éléments radioactifs, puis à fouiller le vide hostile et glacial.

Sans doute y avait-il eu une époque où ils avaient lutté pour comprendre la nature de leur chape de glace, et où ils s'étaient peut-être arrangés pour découvrir l'électricité et commencer à manipuler les ondes radio, une époque qui avait vu l'apparition des prédécesseurs immédiats des E.M. d'Isis, où les espèces s'étaient rencontrées. Des contacts réduits à l'extrême, tout d'abord ; mais ces premiers balbutiements avaient suffi pour révéler leur présence dans une bulle d'ondes se gonflant à la vitesse de la lumière.

C'est ainsi que dans la nuit brillante finit par apparaître une chose grise, très ancienne, riche d'un long savoir, qui se mit à lancer des rochers, à bombarder les glaciers et à repousser les créatures, les obligeant à retourner dans la mer intérieure primitive ; et maintenant, à l'aide d'outils grossiers, ils continuaient à veiller tandis que leur science fruste leur servait à arracher la roche au noyau incandescent et à la faire flotter, à concevoir les courants chauds ascendants pour conserver des ouvertures libres dans la croûte glacée, à permettre toutes sortes de possibilités nécessaires à ces êtres imposants.

Mais cette voie était une impasse ; la lente pulsation du temps battait contre ces êtres aveugles, contre les premiers E.M. ayant fui vers le bas avec eux. Pour un temps ils étaient en sécurité, grâce à la passivité des Surveillants. Dix kilomètres de glace pouvaient arrêter n'importe quelle explosion thermonucléaire, absorber l'impact d'un astéroïde et contenir la fournaise d'un soleil se transformant en nova – système que la civilisation des machines avait employé contre Aquila auparavant. C'est ce qu'avait appris Nigel par les archives de l'épave sur la lune, même si les astronomes croyaient en des explications plus conventionnelles. Ainsi donc, le Surveillant attendait.

Impasse. Ils restaient, duraient, mais étaient prisonniers, enfermés dans leur sinistre océan, assurés qu'au bout du compte la pierre dans le ciel finirait par gagner. Ils n'avaient pas la liberté d'en sortir, d'aller apprendre le réseau des lois newtoniennes qui gouvernaient la vie lorsqu'elle s'était arrachée à l'eau, pour se mettre à dépendre de la gravité ; ils n'avaient pas les moyens d'affronter et de détruire leur Surveillant.

C'est pourquoi on devait retrouver dans leurs chants l'histoire de temps héroïques et fous pendant lesquels les plus courageux d'entre eux avaient affronté le vide, avant d'être bombardés et écrasés, puis repoussés sous la glace pour y créer leurs contes et nourrir leur rage contre la chose qui les attendait là-haut. Le fait de conserver ouverts ces puits qu'ils entretenaient comme un feu qui ne doit jamais mourir signifiait néanmoins que ces contes étaient toujours vivants, et que l'impitoyable jugement de l'histoire ne les avait pas fait plier, ne les avait pas fait se réfugier autour du noyau primordial, comme une tribu frileuse rassemblée autour des dernières braises de son feu mourant en attendant de disparaître elle-même.

D'accord, continue à chercher, mais je te dis qu'il a disparu
Reste à cette profondeur, Carlos, pas question de repartir

D'accord, d'accord, mais je veux écouter le rapport

La ferme ! Hé, pas de lumière en cabine ! Je ne peux rien voir avec

Je veux simplement

La ferme !

Il a l'impression d'avoir les jambes molles ; chaque mouvement lui coûte une énorme dépense d'énergie. Il tend la main, saisit le filtre sanguin. Il a l'air intact. Les prises...

Il pousse un juron. Le bottier d'interface a disparu. Les tuyaux de raccordement pendent, ouverts, sur le côté. Il a dû être arraché lorsqu'il s'est heurté à la créature.

Il était donc fichu. Dans moins d'une heure, l'accumulation des résidus dans son sang se traduirait par des nausées, puis des spasmes et enfin un coma miséricordieux. Sans système récepteur, sans une fibre finement tissée pour retenir la boue que le filtre pompait en lui, l'appareil ne pouvait pas fonctionner. Il soupira. Finalement trahi par une valve manquante. Aucune leçon philosophique à en tirer en dehors de celle, éternelle, qui veut que nous mourions d'entropie.

Il regarda vers le bas. Aucun signe du submersible. Il fallait les appeler. S'ils le trouvaient à temps, très bien. C'était un geste temporaire, irrationnel dans le meilleur des cas, une tentative – comprenait-il maintenant – pour établir un contact même fugace avec la vie qu'il savait devoir rôder au-delà des limites de leurs projecteurs. Il sourit de sa propre folie. Ainsi donc...

Quelque chose le fit se tourner vers la peau grumeleuse et trouée de pores à côté de lui. Elle remplissait la moitié de l'espace, muette comme de la pierre attendant le ciseau. Il fronça les sourcils.

Seigneur, as-tu entendu cela ? Une guerre ! Madre de Dios !

S'il se trouvait le bon type de fibre sous cette peau...

Destruction à 90 pour cent, conflit nucléaire total entre les quatre superpuissances, Seigneur !

Mais alors d'où vient le message ?

Stations en orbite. Elles sont encore intactes, mais ils disent qu'il n'y a aucun moyen de continuer à transmettre plus longtemps, les besoins en énergie sont trop importants en ce moment

Nigel reste suspendu tandis que les nouvelles s'infiltrent en lui ; il demeure un long moment incapable de réfléchir. L'humanité mise à genoux. Foudroyée de ses propres mains.

Le flot des paroles le traverse, venant du submersible, puis du *Lancer* lui-même. L'assemblée générale a commencé. Il écoute, et cependant le poids des mots ne se fait pas encore complètement sentir. Ses défenses amoindrissent instinctivement la nouvelle, gomment les détails, brouillent les séries de chiffres et les noms des villes rasées, des pays ravagés, des territoires réduits en cendres.

Lentement, il se remet à bouger. Il bloque ce torrent de mots. Il se retire en lui-même et oblige ses mains à faire ce qu'il sait devoir faire en dépit du chaos d'émotions qui se bousculent en lui.

Détacher le filtre. Couper une partie de la tubulure du cadre porteur. Aiguiser l'élément pour en faire une pointe, à l'aide du rayon laser.

Attacher le morceau de tuyau. Bricoler une commande.

Même sous ces pressions et dans ce froid, l'appareil fonctionnait encore à plein rendement. Il l'accrocha aux entrées thérapeutiques de sa tenue. Pour le moment, une simple intraveineuse suffirait.

La paroi de chair luisait à la lumière des lampes à phosphore. Des bandes molles, écarlates et pourpres, serpentaient dessus. Un dessin complexe, des arabesques tarabiscotées, des taches grumeleuses. Ainsi, il s'était donc trompé : dans cet océan qui était tout un univers, vivait quelque chose qui pouvait voir ces dessins ; sans quoi ils n'auraient pas évolué. Peut-être l'être lumineux et agile qu'ils avaient vu un peu plus tôt ? Sans doute y avait-il ici un écosystème complexe et vaste, des bancs de choses comme des poissons sur lesquels d'autres êtres se nourrissaient, une pyramide de vie. L'arrivée du submersible les avait probablement fait fuir.

Il se rendit compte qu'il était en train de faire de la théorie, de retarder le moment d'agir. S'en rendre compte le libéra de la tempête d'émotions qui le secouait.

Il enfonça de toutes ses forces la pointe du tuyau dans la masse de chair. Le mouvement projeta une ombre mouvante et gigantesque sur la plaine verticale.

La pièce pénétra de moitié ; Nigel poussa, l'enfonça encore davantage. Il ne sentit aucune réaction, pas de frémissements, pas le moindre signe de souffrance. Se déplaçant avec lenteur, il assura son accrochage. Brancha les pompes. Et se détendit, se laissant aller dans un état de paresseuse hébétude, tandis que battait en lui une pulsation étrange.

5.

Inerte. À la dérive. Déconnecté du système glandulaire et de la chanson du sang. Eveillé, mais non pleinement conscient.

Ainsi en allait-il, peut-être, pour un Surveillant comme pour les machines qui l'avaient construit. Patientes et calculatrices, dans le principe semblable à la vie par leurs fonctions analytiques et par des lois évolutives agissant sur un matériau qui était du silicone-germanium et non de l'A.D.N., ces machines n'étaient cependant point présentes au monde comme la vie biologique l'était ; elles n'avaient jamais franchi les frontières des lois moléculaires dans lesquelles elles étaient enkystées, elles ne luttaient pas dans l'univers des essences – pour employer l'expression du Dahu, quand il avait cherché un terme humain pour exprimer ce qu'il savait devoir rester éternellement hors de portée de ses instruments cybernétiques – et c'est ainsi qu'elles redoutaient et haïssaient les choses organiques qui leur avaient donné naissance avant de mourir à leur tour.

Peut-être que les termes « redouter » et *haïr* ne convenaient pas au monde glacial dans lequel la pensée n'engendrait aucune sécrétion d'hormones pour aimer, fuir ou combattre, un monde où régnait l'analyse, construit avec les pierres des syllogismes, connaissant les dures nécessités de la compétition mais non ce sentiment d'intégrité organique allant de pair avec celui d'une inévitable mortalité.

Les Surveillants n'en avaient pas moins des choses en commun avec la vie organique. Comme la loyauté vis-à-vis de leur espèce.

Ils avaient complètement ravagé la planète qui tournait autour de Wolf 359 et continuait depuis à patrouiller dans ce système. Mais ils ne s'étaient pas occupés des robots consciencieux qui allaient piocher de la glace dans les lunes extérieures et l'envoyaient s'écraser sur ce qui avait autrefois été leur planète natale. Un Surveillant tournait autour de ce monde, pour le protéger de toute forme organique – de cette vie qui risquait à tout moment d'apparaître dans les étangs ou les mers créés par la fonte de ces glaces sous l'action du soleil.

Il aurait pourtant été plus simple de détruire également ces robots, de tout transformer en un désert absolu, sans espoir. Mais le Surveillant laissait faire ces fidèles domestiques, sachant sans doute qu'ils finiraient bien un jour par se détraquer en s'autoréparant ou en s'autoreproduisant, et donneraient naissance à de nouvelles générations de machines.

La vie mécanique voulait donc ainsi que sa propre diversité se dispersât dans toute la galaxie, y créât constamment de nouvelles formes – tout en se protégeant de l'apparition de nouvelles biosphères comme celles que les patients et loyaux robots étaient en train d'élaborer – afin que les sociétés de machines ne demeurassent pas statiques et ne devinssent pas en fin de compte vulnérables, quelle que fût leur puissance actuelle.

Ils avaient besoin de nombreuses fonctions semblables à celles de la vie – les transporteurs de pétrole se rendant dans quelque métropole lointaine, les Dahus pour explorer, rendre compte, et rêver dans leur exil qui n'en finissait jamais, les Surveillants pour bombarder éternellement d'astéroïdes les mondes biologiques renaissants.

Ils devaient cependant avoir connaissance, sans aucun doute, des gigantesques festins chimiques qui avaient lieu dans les nuages comme celui qu'avait traversé le *Lancer.* Et savoir que toute planète susceptible d'être fécondée le serait un jour ou l'autre par l'un d'eux. Savoir, enfin, que ce conflit se perpétuerait éternellement ; aucune victoire n'était possible, rien que la guerre, une guerre amère.

Mais si les machines avaient écrasé la vie partout où elles le pouvaient, comment l'humanité avait-elle pu seulement apparaître ? Quelque chose devait sans doute avoir veillé sur elle.

Le rôle des Surveillants était aussi de signaler aux autres l'intrusion d'une forme biologique arrivée au stade spatial, comme l'avait fait celui d'Isis en lançant vers Ross 128 le message par micro-ondes que le vaisseau avait capté en cours de route. L'épave de Mare Marginis était la preuve que quelqu'un avait détruit le Surveillant de la Terre, quelqu'un appartenant à une race disparue depuis un million d'années maintenant.

Les pré-E.M. ? L'espèce vivante qui s'était remodelée sur Isis ?

Cette idée lui vint brusquement à l'esprit. Pourquoi pas ? Le temps effaçait tant de choses...

Quelle que fût l'espèce venue sur Terre, elle y avait laissé la biopropulsion, signe indiscutable que l'épave sur la lune transportait des êtres organiques : seuls de tels êtres pouvaient utiliser une chose se reproduisant à l'aide d'un code génétique moléculaire. Outre un indice, la biopropulsion était également un cadeau : la clef qui ouvrait le chemin des étoiles.

La pulsation qui battait en lui était en train de se transformer en un chant, dont les harmoniques lui rappelaient la longue plainte gémissante des E.M., se mêlaient à elle dans une forme intemporelle où se retrouvait l'énorme créature aveugle pour créer un même hymne pesant et lent à la vie dans la galaxie – la vie pourchassée et malmenée mais cependant porteuse d'un espoir indestructible, appelant la vie.

Il sentit ses idées devenir plus claires.

Il vérifia les contrôles du filtre. Tout se passait bien ; aucune trace de réactions anormales. Avec précaution, il se détacha de la masse silencieuse et solide. Puis retira le tuyau effilé.

Les vrilles qui retenaient le cadre porteur furent saisies d'une sorte de frisson, d'un spasme de rejet. Le cadre trembla et se trouva dégagé.

Le filtre sanguin se détacha de son amarrage. Se tordant sur lui-même, Nigel réussit à le rattraper d'un geste désespéré qui le suffoqua à demi.

De son autre main il s'accrochait au cadre, et un élancement douloureux lui remonta tout le long du bras. Il tint bon.

Ecartelé entre deux chevaux lancés au triple galop, pensa-t-il, affolé. Le cadre se plia sur un côté. Ses articulations craquèrent. *Je ne pourrais pas tenir longtemps.* À la lueur affaiblie de la lampe, il aperçut le jeu des longerons en train de tournoyer lentement, remorquant des sacs informes. La plupart des flotteurs avaient été écrasés.

Il tombait. Au-dessus de lui, la masse gigantesque s'estompait dans la lueur ambrée de la lampe, mais elle avait de telles proportions qu'elle ne paraissait pas diminuer de taille alors qu'il voyait qu'il s'en éloignait. Il n'en distinguait pas les limites.

Nigel lutta pour trouver une prise pour ses pieds. Le cadre culbuta. Un courant s'empara de lui, comme s'il voulait lui arracher le filtre, détacher ses mains des montants.

Il essaya de résister – puis se rendit soudain compte qu'il n'avait plus besoin du cadre porteur ; celui-ci tombait aussi, ses flotteurs crevés. Il le lâcha. L'obscurité engloutit le squelette métallique.

Il venait de perdre son ultime gage de sécurité. Il tombait dans des ténèbres d'un noir absolu, accroché de façon un peu ridicule à son filtre sanguin, tandis qu'autour de lui des courants invisibles tourbillonnaient et gargouillaient.

La douleur dans son bras s'estompa peu à peu et il prêta attention aux bribes de discussion qui lui arrivaient, en provenance de l'assemblée générale du vaisseau.

Les Essaimeurs ont quelque chose à voir là-dedans bien entendu, ne sois pas idiot

Mais il n'y a aucune preuve du moins aucune preuve bien nette

C'est pourtant aussi visible que le nez au milieu de ta figure qu'ils ont joué le rôle d'avant-garde

Ouais, ces vaisseaux en orbite, là, ils ressemblent drôlement à ceux dans lesquels les Essaimeurs sont arrivés, regarde donc

Tous mélangés

La voix de Nikka se surimposa : « *Nigel ! Nigel ! Le temps est en train...*

– Oui, j'entends.

– Je suis sûre que tu avais de bonnes raisons, mais trop de choses sont en train de se produire, j'ai peur et je ne veux pas que tu restes là-dehors pendant que...

– Bien sûr. Je... je suis désolé. J'étais vanné, crevé à mort, et ça m'a semblé en fin de compte la seule façon de... Je n'avais jamais pu poser le pied sur une autre planète, je n'ai jamais eu la chance... de vraiment... je... » Sa voix mourut. Il sentait la présence d'anciens blocages, de son inaptitude à communiquer les choses profondes qui se trouvaient au-delà du langage.

« *Enclenche ton mouchard. Il fonctionne, au moins ?*

– C'est fait. Je suis en train de tomber, ajouta-t-il d'une voix douce.

– *Mais comment est-ce...*

– Une histoire à mourir d'ennui.

– *Nous arrivons. Attrapes-tu les communications du vaisseau ? Je les ai branchées sur le circuit ouvert.*

– Oui. Atroce. » Rien d'autre ne lui venait à l'esprit. Tout le poids des événements lui tomberait dessus un peu plus tard, il le savait. L'esprit faisait ce qu'il pouvait pour tenir le coup.

« *J'ai ta position à quelques impulsions de nous mais tu te déplaces vite, rien à côté de toi*

– Seigneur, il faut absolument le rattraper tout de suite, pouvons-nous au moins

Nigel se détendit, et écarta tous ses membres de façon à offrir un maximum de résistance à la chute. Ses oreilles tintèrent ; la tenue tous usages s'ajustait.

« *C'est impossible, avec les moyens limités de cet appareil en fait de manœuvres*

– La ferme, Carlos, il va t'entendre

– Mais ce... écoute, nous pouvons y aller mais, Madre de Dios, il va nous falloir dix minutes pour y arriver, minimum, et à ce moment-là nous irons trop vite »

Ses articulations nouées sont douloureuses, ses muscles sont engourdis de fatigue, son cœur cogne stupidement dans l'obscurité sans fin.

« Passez... passez sous moi. Puis... déployez... un sac. » Longue chute glissée dans une nuit moelleuse. Vol plané ralenti. Ce qui allait arriver dépendait de son degré de relaxation, de l'écoute de ses sensations. Pas question de se raidir : ses vieux muscles devenus fragiles seraient fatigués avant le moment où il en aurait besoin. Il fallait se laisser aller.

6.

Des décennies auparavant, après la mort d'Alexandra, M. Ichino lui avait dit : *Je vous souhaite la force de laisser aller.*

Il en avait besoin, maintenant. Tant que le submersible ne serait pas en vue et qu'il ne saurait pas dans quelle direction se placer, il ne pouvait rien faire de productif. Soit on le récupérerait à temps, soit il s'enfoncerait de plus en plus dans les ténèbres épaisses et froides, et sa tenue tous usages finirait par céder sous des pressions trop fortes ; il serait écrasé comme du raisin dans un pressoir.

Des bribes de phrases lui parvenaient toujours de la réunion du *Lancer :*

Tout a commencé avec ces foutus Essaimeurs, c'est évident

Ouais, l'histoire du Cheval de Troie

Je ne sais pas ce qui a déclenché les tirs nucléaires, mais lorsque ces Essaimeurs ont commencé à s'attaquer aux continents qu'est-ce qu'il fallait que fassent les Chinois ? C'était une question de survie si ce qu'ils ont raconté aux Américains est vrai.

Etait vrai, tu veux dire – l'Amérique du Nord a disparu, réduite en cendres

Ces bombes à fort rayonnement, il en suffit d'une pour ficher le feu à un continent

Le continent asiatique a reçu moins de charges nucléaires, dans l'intérieur des terres, on dirait bien que les Essaimeurs ont dérouillé sérieusement par là grâce à Dieu

Merde je ne

Ces choses qui volent – des horreurs, on les a vues, vraiment des horreurs – si l'on tient compte de ce rapport fait sur le terrain qui dit que les Essaimeurs ne les utilisent pas pour se reproduire, c'est encore un élément de plus, si je comprends bien

Saloperies d'Essaimeurs, tout ça devait avoir été préparé depuis longtemps, ils ont dû se trafiquer eux-mêmes biogénétiquement

Le point important est que tout est lié – les Surveillants, ces vaisseaux spatiaux gris, et les Essaimeurs – tout ça marche ensemble

Il sentait l'eau s'écarter devant lui dans un gargouillis murmuré qui arrivait jusqu'à son oreille. Il avait l'impression d'être sans poids et sans forme et de s'écarteler de plus en plus, comme si ses jambes et ses bras se trouvaient détachés de son corps, comme s'il était un drapeau rempli par le vent. Un brouhaha dans lequel il saisissait soit un mot soit des bouts de phrases lui arrivait en provenance du *Lancer* et du submersible, mais tout ce bavardage lui paraissait creux et distant, et en fin de compte sans intérêt.

Il se demanda si l'énorme créature se rendait compte de sa présence, lui qui était par rapport à elle comme un moucheron en train de tomber ; une bulle brillante qui montait à sa rencontre l'intrigua.

Comment ça s'est passé ? Mais bon Dieu, c'est clair comme de l'eau de roche

Bon sang, Ted, il faut faire quelque chose

Les dernières nouvelles sont l'envoi de charges à fragmentation pour les faire sauter à dix mille impulsions dans l'espace, et essayer de détruire quelques-uns de leurs vaisseaux en orbite

Ils peuvent avoir quelques-uns des petits, mais pour ce qui est des grands

Sur sa gauche, il aperçut un fin trait de lumière rougeâtre peu intense, qui oscilla et se tordit puis fila comme une flèche, et il crut entendre au même moment une longue note grave qui résonna dans l'eau comme un bourdon lointain. Le son évoqua pour lui le chant des E.M., et tandis qu'il plongeait paresseusement vers le cœur de ce monde-océan, il comprit tout d'un coup le rapport qu'il avait avec les Essaimeurs, et comment toutes les formes de vie se retrouvaient maltraitées et combattues : parce qu'il était en fin de compte impossible pour les machines d'arrêter la vie, de la supprimer, de l'éliminer définitivement, tant ses formes se renouvelaient avec une opiniâtre persistance pour lutter avec les machines et leur disputer espace et ressources. C'est pourquoi les machines avaient fini par enrôler certaines de ces formes de vie pour arrêter leurs ennemis les plus redoutables – ceux qui accédaient au stade technologique.

Cela faisait extrêmement longtemps que les machines connaissaient la Terre ; elles y avaient livré une bataille titanesque trois millions d'années auparavant – bataille qu'elles avaient perdue, et dont l'épave de Mare Marginis était l'unique et muet témoignage. Ce revers leur avait fait craindre d'utiliser une méthode aussi rudimentaire que le bombardement d'astéroïdes, ou toute autre qui pût être mise en échec par ce qui restait des installations sur la Lune, voire par les humains eux-mêmes. Si elles se contentaient d'un bombardement, comme elles avaient fait sur Isis, et que les hommes arrivassent à s'emparer de l'un de leurs vaisseaux et à deviner où se trouvaient leurs centres de décision, alors l'effroyable campagne militaire risquerait de se répandre d'étoile en étoile et de les trouver dans leurs repaires comme de déchaîner le mariage explosif de l'esprit et de l'instinct – choses qu'elles ne possédaient pas – et de détruire tout ce qu'avaient construit les êtres cybernétiques avec leur patience implacable.

Non, il était plus facile de dresser les formes organiques les unes contre les autres, ce qui avait l'avantage d'attirer ailleurs leur attention, et de frapper à ce qui était le point faible de tous les êtres nés du bouillon chimique et qui se présentait aussi bien sous une forme biologique que sociale à laquelle on donnait bien des noms : cancer, réactions immunitaires inappropriées, par exemple.

Là se trouvait la clef. Tellement plus simple de faire qu'humains et Essaimeurs s'entre-détruisent. Tellement plus simple de jouer sur les antagonismes ancestraux et primaires que toutes les formes organiques ressentent pour ce qui leur est étranger, pour ce qui est l'autre venu d'ailleurs, l'envahisseur.

Nom de Dieu, moi je dis que nous devons apprendre quelque chose sur ces saloperies et non pas nous contenter de filer la queue entre les jambes

Tout ce que nous pourrons apprendre sera d'une aide inestimable pour la Terre, ce sont exactement les mêmes qui leur sont tombés dessus

Oui mais il y a des années de ça, il ne faut pas l'oublier, on parle d'une crise qui s'est déroulée il y a neuf ans de cela !

Ça ne change rien au fait que nous sommes les seuls à en savoir autant sur ces trucs et qu'ici, précisément ici, nous avons une chance de tester leur résistance

De la lumière. Un vague brouillard phosphorescent. De plus en plus net.

Nigel ? Ça y est le sac est déployé en dessous de toi, l'entrée grande ouverte

Il s'incline sur la gauche, éprouve la direction des courants, à l'écoute d'un son à peine perceptible, un chant profond de basse. De nouveau ses oreilles tintent. La pression de la tenue est trop élevée ; il y a surcharge. La gravité de Pustules est faible, si bien que la pression ne s'y élève qu'à une vitesse dix fois inférieure à celle de la Terre, mais il sent que les contraintes commencent à être trop fortes sur la tenue tous usages. En dessous de son menton, des lampes de contrôle clignotent au rouge avec colère.

Il tombe trop vite, nous sommes encore trop loin

Réduis la vitesse, nom de Dieu, il a besoin que le sac soit stationnaire

Pas moyen d'approcher davantage

« Gardez cette trajectoire ! »

Une boule bleu-jaune et ambre. Il se voit lui-même, semblable à une aile qui tourbillonnerait, entraînée par un courant. Il s'efforce d'agir au bon moment, d'altérer sa trajectoire pour attaquer sous un angle plus aigu ; puis il se sert du contrepoids du filtre pour se redresser de nouveau sur la droite. Un coup vers le bas, un coup sur le côté, la boule brillante devient plus grosse, les gros projecteurs fouillent les eaux boueuses de leurs doigts de lumière. Le fait d'être obligé de se raidir, de se tendre, le fait grogner de douleur. Son pouls s'est accéléré. Mais il se présente enfin sous un angle favorable, et aperçoit droit devant lui la structure arachnéenne du sac dont l'ouverture est béante, tandis que les flotteurs, qui n'ont pas encore été libérés, en retiennent le fond tourné vers le bas.

« *Ça y est, je te tiens dans la sonde optique. Comment ça se passe ?*

– Pas trop mal.

– Laisse tomber le paquet, Nigel, tu as une meilleure chance d'y arriver sans ce truc.

– Je crains bien... d'en avoir besoin... », dit-il, la voix haletante.

Glissade, vol plané. Un grain de poussière dans l'obscurité engorgée de débris, un insecte venant se brûler à la violente lumière d'une lampe.

L'ouverture l'avale.

7.

Nigel se réveilla au moment de l'accostage.

Dormir lui avait fait du bien. Il avait presque recouvré la vision, et de brusques mouvements de la tête n'entraînaient plus qu'une confusion passagère.

Installé par Nikka sur une couchette, il avait d'un geste refusé toute conversation. Il allait se produire quelque chose, il le sentait en écoutant la mitraille des bavardages sur le réseau de communication. Aussi avait-il dormi pendant le long voyage qui les avait ramenés en haut de l'ouverture. Il se reposait maintenant, étendu, en écoutant les communications du *Lancer*.

Sacrénom, il faut bouger

Ouais, va savoir ce que nous fera cette chose si on essaye de filer après ça

Diable oui, sûr que ce Surveillant a reçu comme nous des infos de la Terre

Regardez, il y a encore des trucs qui bougent sur sa surface

Rien que des lueurs selon moi

Bob tu ferais bien d'envoyer une escouade asservie jeter un œil là-dessous

Nan tu pourrais pas y aller franco pour une fois, on n'a pas de temps à perdre en demi-mesures

Ted ! Je ne crois pas que nous devrions tenter quelque chose d'aussi dangereux, tu sais, le Surveillant autour d'Isis nous a laissé partir

Écoutez-moi celui-là qui rampe sur le ventre et qui dit que cette chose nous laissera peut-être partir si on est bien sage et qu'on cause pas d'ennuis nom de Dieu

Inutile d'essayer d'intervenir dans le brouhaha qui agitait le *Lancer*. Il n'avait jamais eu aussi peu de crédit, même si la Règle de Walmsley avait fini par se révéler exacte.

Ils quittèrent le submersible et s'avancèrent sur la glace d'un pourpre morne. Carlos jacassait à propos du consensus du *Lancer*, de la rage, de l'horreur, mais les mots glissaient sur Nigel sans l'atteindre.

Il s'appuya sur Nikka quand, leurs bottes crissant sur la glace, ils s'éloignèrent du lac en traînant des pieds. Une fatigue ténue s'insinua dans tout son corps, amenant avec elle une lucidité vertigineuse.

Sa tenue portait des marques brunes à l'endroit où l'immense créature avait apparemment tenté de le saisir. Il ne s'en était pas rendu compte jusqu'ici.

Près des fissures, une substance d'un curieux gris pâle recouvrait la glace. Elle s'étendait en longs doigts à travers la plaine, semblant par endroits rechercher tout le rayonnement solaire émis par Ross.

« Qu'est-ce que c'est que ça ? s'enquit Nigel en la désignant.

– Une espèce de plante qui pousse dans le vide, on dirait », répondit Nikka.

Nigel s'arrêta pour inspecter la chose. Elle était recouverte d'une espèce de croûte. Il la frappa du poing : elle se recroquevilla. « Ça a l'air de s'agripper à la glace. Formidable. »

Ce maigre vestige le réconforta. La vie avait même réussi à s'incruster dans cet endroit hostile et désolé. La vie continuait, tout simplement. En aveugle, certes, mais invaincue.

« Ça ressemble un peu à de l'algue, ajouta-t-il en s'accroupissant. Tu as vu comme elle s'accroche à la glace ? » Il tenta d'en soulever une extrémité. Il lui fallut un effort considérable pour parvenir à décoller un morceau épais de deux ou trois centimètres et pas plus gros que son poing. Dessous, la glace marquée de multiples piqûres exsudait un liquide transparent. Quand il la relâcha, la crêpe d'algue se recolla à la glace.

« Allez, viens », dit Nikka, travailleuse comme toujours prudente et efficace, « mettons-nous à l'abri.

– J'arrive, darling », répondit Nigel en parodiant l'accent britannique.

Il ressentait une étrange allégresse. Des courants d'émotion s'agitaient en lui.

Il observa les équipes travailler sur la plaine, sous le ciel noir. Il essaya un instant de voir ces humains à la façon du Surveillant : des sacs de tripes noueuses, une peau luisante de graisse, des restes de nourriture entre les dents, écailleux et perdant à chaque pas des cellules en perpétuelle décomposition, des détritus ambulants, de la graisse jaune coincée entre de fragiles os blancs, des muscles filandreux qui se contractaient et s'étiraient pour déplacer une cage de tiges de calcium, des créatures suintant et puant...

Il se secoua. Les cultures mécaniques étaient depuis longtemps dans la galaxie, depuis le suicide nucléaire du premier monde habité. Elles n'étaient qu'une conséquence accidentelle de l'univers, issue de la réaction inappropriée des êtres organiques. Mais cela ne voulait pas dire qu'elles régnaient en maître, que leur vision du monde était plus juste que sa propre perspective oblique.

La Terre a besoin de toutes les informations possibles
Avec neuf ans de délai ?

Tu as entendu ce message qu'ils ont reçu du Pacifique. Il y a là-bas des gens sur des radeaux qui collaborent avec les Raseflots, qui leur parlent, attendent que ces trucs amphibies gris remontent à la surface après avoir atterri...

Il a raison, nous devons rassembler des informations, découvrir ce qu'il se passe, comment fonctionnent ces Surveillants, et envoyer tout ça à la Terre pour les aider.

Sacrément juste Ted il faut le faire

Bon, écoutez, ce délai me barbe autant que vous, mais je tiens à obtenir un consensus massif sur ce sujet

Mais enfin, qu'est-ce que tu racontes ?

Ted, si tu n'agis pas, ça ne nous prendra pas longtemps pour te remplacer, vraiment pas longtemps...

Il y a plein de gens capables de prendre ta place au pied levé.

Bien sûr, écoutez, ce Surveillant n'est peut-être pas au courant de tout ce qui s'est passé sur Terre, ces vaisseaux gris qui l'informent doivent être pas mal occupés

Celui-là est vieux, lent

Si on l'attaque maintenant on doit pouvoir le prendre par surprise

Arrête ton baratin, Ted

Ouais tu as compris le sentiment de l'assemblée

Ted, soit tu agis, et vite, soit nous te désavouons

C'est aussi simple que ça

Je comprends votre préoccupation mais si vous me laissiez seulement réfléchir un peu

Je demande un vote, M. le Président

Non attendez, rien qu'une question... Bob ?

Euh, oui, Ted ?

Tout est paré ?

Ça roule.

Très bien, dans ce cas j'ordonne à la Propulsion d'allumer le coup de bélier

Super !

Je suppose que vous êtes tous d'accord ? Quelqu'un a-t-il quelque chose à ajouter ?

Nous sommes fin prêts, Ted
L'équipe est parée, ici

Nigel se secoua. Ted, qui avait si longtemps usé du consensus, en était maintenant devenu le jouet.

« Tu ne crois pas que nous devrions aller à l'intérieur ? demanda Nikka.

– Cette bulle d'air ne nous protégera pas. Ce sera même plutôt le contraire, si tu enlèves ton casque.

– Regardez ! s'écria Carlos. Ils font tourner le *Lancer.* » Puis, d'une voix plaintive : « Ils ne vont même pas nous évacuer d'abord.

– Le Surveillant est en activité. Il pourrait pulvériser notre navette », lui répondit Nigel tout en le dévisageant.

Carlos s'efforçait désormais d'afficher plus d'autorité : il énonçait d'une voix plus grave des phrases plus abruptes. Sans pourtant être convaincant. *Réaction inadéquate.* Oui, là résidait le cœur du problème, la mauvaise réponse à l'une des difficultés inhérentes à la vie organique. Le sexe était inutile aux machines, qui pouvaient se reproduire sur plans. Et se modifier à volonté, dans une forme d'évolution volontaire.

Les êtres organiques étaient quant à eux éternellement divisés en deux sexes qui les liaient et les séparaient tout à la fois, divisés entre deux visions du monde, deux dynamiques qui ne se recouvraient que partiellement ; deux êtres se désiraient l'un l'autre mais ne pouvaient jamais devenir vraiment l'autre, même si la chirurgie comme la simulation vous promettaient une libération fausse et fugitive du problème de rester pour toujours celui que vous étiez réellement, à savoir séparé, différent et languissant dans les ténèbres que vous vous étiez créées.

Au-dessus de leurs têtes, le *Lancer* se déplaça dans la nuit noire.

Il pivota sur son axe et orienta l'échappement de sa propulsion vers le Surveillant. Sur la plaine aride, hommes et femmes se levèrent pour observer le point d'argent qui était leur foyer. Le *Lancer* palpitait d'une énergie toute neuve. Les champs magnétiques s'assemblèrent, guidés par la biopropulsion que l'on venait de réveiller.

« J'espère qu'ils vont réduire ce salopard en cendres, gronda Carlos d'un ton féroce.

– Nigel, tout ça ne me plaît pas, murmura Nikka.

– Écoute, dit laconiquement Nigel, ils appellent ça une attaque exploratoire.

– C'est de la vengeance.

– Ne sois pas si peureuse, intervint Carlos avec brutalité. Il est grand temps que quelqu'un agisse enfin. »

Les sourcils de Nigel se soulevèrent en voûte comme deux chenilles gris acier. « Oui, effectivement. Mais pas de cette manière. »

Des lumières d'un orange marbré parcoururent le Surveillant. Des bandes bleues s'y entrecroisèrent. Un halo de minuscules dards de couleur jaune brûlé apparut autour du *Lancer* lorsqu'il enclencha la propulsion. Un mélange de deutérium et d'autres isotopes était nécessaire pour enflammer le coup de bélier.

« Il n'a jamais dû voir de propulsion à fusion avant, sinon il serait plus... » eut le temps de dire Carlos avant que le ciel n'explose.

Une bouffée de flammes sortit en se recroquevillant de l'échappement du *Lancer*. Le déclenchement de la fusion cracha un trait grondant de plasma ionisé qui frappa de plein fouet le Surveillant.

« Jésus ! s'exclama Carlos. Si avec ça il n'est pas carbonisé... »

Sans un bruit, le flux s'amplifia, éclaboussant de bleu, d'or et d'écarlate la roche grise et le métal terni du Surveillant.

« C'est juste pour la frime », dit Nigel. L'arc du plasma, en éclairant la plaine autour d'eux, projetait des ombres grotesques. « Ce sont les rayons gamma à haute énergie qui lui infligeront vraiment des dégâts.

– Combien de temps peut-il ?... s'enquit Nikka.

– Le *Lancer* peut tenir des heures comme ça, mais... tiens, regarde, la réaction provoque déjà une modification de son orbite.

– Ce salopard aura complètement grillé d'ici que... »

Un mouvement sur le Surveillant.

Un fin faisceau de feu orange vif en jaillit et franchit si vite la distance qui le séparait du *Lancer* qu'on aurait pu croire à l'apparition instantanée d'une barre lumineuse entre eux. Il s'enroula autour des lignes de flux magnétiques des tuyères et de l'échappement, léchant le vaisseau et le dévorant, s'incurvant le long des tunnels magnétiques, giclant dans les tubes de poussée, brûlant tout, rongeant les délicats systèmes électroniques, la biopropulsion et les humains.

La propulsion du *Lancer* toussota. S'éteignit. Dans un silence mortel qui s'épaississait de seconde en seconde, le faisceau ardent issu du Surveillant continua sans répit à couper, à brûler, à vaporiser.

Un faible gémissement s'éleva sur l'intercom. Nigel se tenait debout, rigide, la poitrine bloquée, cherchant une prise sur les événements.

On aurait dû l'appeler Vérole, pensa-t-il. Il regarda les cratères aveugles autour de lui : des orbites qui ne cillaient jamais.

Là-haut, une toute petite partie du Surveillant explosa dans une averse d'écarlate et de violet. De la fumée et des débris se répandirent sans bruit en un brouillard gris. « Le faisceau de rayons gamma a dû toucher quelque chose qui a engendré une réaction à retardement », murmura Nigel.

... et il se sentit à nouveau, après tant d'années, vivant dans un endroit absolument vierge et attendant que chaque moment s'y inscrive, le temps s'y écoulant comme de l'eau, cette qualité que les extraterrestres de Mare Marginis avaient tenté d'apporter aux humains et dont Nigel avait perçu un fragment – ils étaient venus porteurs de Lumières, de cette union à l'univers qui échappait aux machines et qu'elles ne percevaient que comme un néant qui les aspirait.

Nigel vit en un instant, tandis que refroidissait la lance de feu du Surveillant, qu'il avait perdu tout cela des années auparavant – il s'était laissé ficeler aux événements par les soucis que ces derniers lui procuraient, il les avait laissés le submerger et l'entraîner sous les vagues – et qu'il venait de le retrouver, lors de sa chute dans cette grande nuit perpétuelle qui régnait sous ses pieds, qu'il venait de le retrouver en laissant enfin aller. Il se tenait maintenant là, vide, dépouillé de son passé sans valeur, libéré du poids de l'âge et de la mort et n'ayant plus qu'à être le Fou de Walmsley, libre à nouveau de mesurer chaque instant à l'aune de ce qu'il était, *filons tous d'ici une de ces nuits.*

Nous avons des pertes ! Mon Dieu il y en a tellement regardez-moi ces indicateurs

Qu'est-ce qui s'est passé qu'est-ce qui a mal tourné

l'intarissable bavardage entrecroisé, humains, E.M. ou Raseflots, jaillissant des profondeurs, le caquetage bruyant d'esprits à qui l'intégration mutuelle était interdite pour toujours mais qui la cherchaient pourtant en parlant, en jacassant, en rabâchant

Panne électrique générale à bord on dirait que

Où sont les indicateurs des fonctions vitales j'en obtiens quasiment aucune

Il prit un grand bol d'air, s'aperçut qu'il avait retenu son souffle.

Il pensa aux créatures, là-dessous. Une alliance naturelle avec elles était possible, elles connaissaient l'angoisse de la mortalité, elles éprouvaient cette poussée immémoriale qui les faisait aller de l'avant *et en avant pour des aventures à tout casser chez les Injuns.*

au milieu de la ruée et des ruines

sur leur territoire mais tous étaient désormais sur ce territoire, au pays de l'étrange – reliés toutefois à la Terre, aux Raseflots et aux énormes choses muettes et gorgées de sang d'en dessous par les cycles de la parole, du signe et de la mort inévitable

Surveillant endommagé mais toujours en activité Monsieur j'en reçois des impulsions

Bon Dieu on l'a pas eu

Faible signal en provenance du Lancer, *rien sur son intercom*

Énormément de pertes, il en a eu la plupart dans le grand hall

Et Ted ? Des nouvelles de Ted ?

Rien

Ted n'avait jamais été capitaine et n'avait jamais commandé de vaisseau

La propulsion est morte ! Il l'a complètement bousillée ! On n'a plus rien pour rentrer chez nous...

Les voix continuaient, blanches de panique.

Lui s'était déjà trouvé ici, sur le territoire de la défaite apparente. Eux, non.

Il se souvint des clameurs radio qui soutenaient les E.M. dans leur monde rouge et ravagé, des chants sonores qu'il avait entendus dans l'océan sous ses pieds, du message dense reçu de la Terre à peine quelques heures plus tôt et qui parlait d'un homme, un nommé Warren, et des gribouillis qu'il avait obtenus des Raseflots, il se souvint que l'humanité lui avait semblé un océan infini de paroles – irréfléchies, automatiques, comme la respiration.

Toutes ces myriades de voix, *et moi j'ai dit d'accord, ça me convient.* Il pouvait toutes les entendre – E.M., Raseflots, humains – sur Pustules, inutile de revenir sur la Terre : ce bavardage organique incessant et insensé se poursuivrait.

Nikka murmura : « Tant d'êtres humains... disparus...

– Oui.

– Du coup nous voilà... nous voilà comme les Raseflots. Loin de chez nous et sans possibilité de retour. »

Carlos éclata en sanglots. Il s'effondra sur la glace pourpre et rugueuse qu'il se mit à marteler du poing. « Nous sommes seuls ! hurla-t-il. Nous allons mourir ici ! »

Un long silence plana sur l'âpre plaine nue. Puis :

« Probablement », dit Nigel. Et pour une raison ou pour une autre, il sourit.

8.

Il attendait que le Surveillant émerge.

Le cœur de Nigel palpitait encore d'excitation. Quelque chose en lui se souvenait de ces jours si lointains où, à bord d'un vaisseau transatmosphérique, il avait émergé de la mince couche d'air terrestre. Il avait alors ressenti la même petite poussée d'accélération régulière lorsque l'avion apathique avait glissé sur la fine atmosphère. Dans un grondement, la partie fusée de l'hybride s'était ensuite éveillée pour le projeter dans la rudesse du ciel bleu-noir. Il était ainsi monté, lors de sa première mission dans l'espace profond, jusqu'à l'astéroïde Icare dans son manteau gazeux. Mais ce petit monde s'était révélé être une épave de vaisseau, ce qui avait lancé sa longue carrière, basée sur une prise de risques digne d'un varappeur ainsi que sur une désobéissance atypique pour un astronaute.

Son cœur se souvenait maintenant de cette époque-là. Il cognait agréablement, heureux de chevaucher une torche qui l'emmenait en apesanteur. Il sentit se réduire la pression de l'accélération. Il flotta avec cette ardeur soudaine qui, pour un homme vieillissant, était synonyme de jeunesse retrouvée. Son imbécile de cœur réclamait des conflits, de l'exploration, le piment de l'aventure, la férocité du vide et les vélocités noires.

Il glissa au-dessus de Pustules en une parabole gracieuse dirigée vers le Surveillant.

Tout va bien ? lui demanda Nikka via l'intercom. Il se retourna pour lui adresser un signe de la main. Ils se tenaient sur des entretoises de fortune, douze personnes entassées dans la navette prévue pour cinq. Calé entre eux dans une fente, Carlos étudiait l'écran de visualisation de ses yeux angoissés.

C'était l'instant de vérité. Ils avaient décollé de Pustules et entreraient sous peu dans le champ de vision du Surveillant. S'il les voyait, ils étaient morts.

Nigel examina l'espace devant lui. Il utilisa la commande prioritaire pour réclamer un gros plan du Surveillant dès que celui-ci se dessinerait sur l'horizon courbe de Pustules. Puis il se mit à la recherche du projectile qu'ils avaient lancé sur le Surveillant. Ce projectile représentait leur seul espoir.

Là. Une vague tache grise se détachait contre le noir intransigeant de l'espace.

S'ils lui avaient expédié un objet métallique, le Surveillant l'aurait aussitôt détecté. Les métaux constituaient le langage et le substrat des machines. Leurs textures et leurs reflets électromagnétiques étaient aussi naturels pour le Surveillant que la peau et l'odeur pour des humains.

Et c'était là son point faible. Du moins Nigel le supposait-il. Et pariait-il sa vie dessus.

Ils avaient mis des jours à ramasser la drôle d'algue gris pâle qui subsistait dans le vide total. L'évolution, toujours obstinée, s'était débrouillée pour pousser vers le haut cette vie d'origine marine, jusqu'à ce qu'elle sorte par les fissures de la glace. L'algue s'était adaptée à ce monde froid et privé d'air. Elle avait appris à tirer sa subsistance de la glace. Le lichen était protégé des ultraviolets perçants de Ross, l'étoile de Pustules, par sa surface supérieure, une solide armure riche en silicone. Celle-ci récupérait la chaleur de Ross et la transmettait à la face inférieure, ce qui permettait de faire très légèrement fondre la glace pour mijoter une petite photosynthèse. Le macchabée de vase s'agrippait fermement à tout ce qu'il trouvait.

Il pouvait survivre un certain temps dans le vide sans s'accrocher à la glace. Il pouvait supporter la poussée d'une mise en orbite.

Encore mieux : ne contenant pas une once de métal, il était transparent aux radars.

Le petit groupe d'humains isolés avait donc bricolé quelques propulseurs et construit une espèce de ballon rempli d'algue. Ils avaient travaillé pendant que le Surveillant se trouvait de l'autre côté de Pustules afin de ne pas attirer son attention.

Nigel avait passé de longues heures à écrémer cette gadoue. Elle se cramponnait à son rocher et à son désert de glace. Il avait grogné sous l'effort en l'arrachant. Cela lui avait rappelé le jardinage dans la lointaine Pasadena, et tous ces chauds effluves de vie dont l'air terrestre était parfumé. La besogne l'avait remis d'aplomb. Son boitillement avait disparu. Son rythme cardiaque s'était calmé. Il s'était senti de dix ans, non, de vingt ans plus jeune.

Puis ils avaient procédé au lancement.

La dégueuvase s'approche du Surveillant, transmit quelqu'un.

Nigel se raidit un instant, puis se détendit en se traitant d'idiot.

L'écran montrait la goutte grise qui, sur la même orbite qu'eux mais avec quelques minutes d'avance, cabotait vers la courbure de l'horizon. Dans un instant, comme en réponse au ballon plein de vie, la silhouette du Surveillant apparaîtrait au-dessus de Pustules et de sa rondeur lisse.

Des secondes critiques. Le Surveillant les apercevrait bientôt. Et ils n'avaient aucune défense contre lui. Mais d'abord...

Toc. La charge qu'ils avaient placée sur la proue du ballon venait d'exploser. Le bruit qu'il fit en se déchirant parvint à Nigel par l'intercom. Un bruit paisible et léger.

Vas-y, dégueuvase !

Devant eux, la masse grise se déploya vers l'extérieur. Un coup de canon organique tiré sur...

La coque rugueuse du Surveillant se profila au-dessus de Pustules. Des doigts gris s'allongèrent à tâtons vers lui... le touchèrent... et envahirent la surface la plus proche, recouvrant le Surveillant d'une marée avide et absorbante.

Ça marche !

En plein dans le mille !

Bouffe-le, dégueuvase !

Nigel sourit. Il sentit se répandre en lui une force issue de quelque ressource enfouie.

Avoir raison en théorie est assez agréable. Mais il avait déjà assez donné durant toutes ces années sur le *Lancer*, merci. Il valait bien mieux agir et gagner. Il avait soumis aux autres l'idée de l'algue, s'attendant presque à ce qu'ils l'accueillent avec dédain. Il était sûr qu'ils auraient préféré avoir Ted à leur tête, malgré les récents événements. Ce bon vieux Ted, si malin. Mais ils étaient désespérés. Son idée avait fait mouche.

Tout comme l'algue elle-même venait de faire mouche et rampait sur le Surveillant, couvrant ses yeux et ses oreilles. Dévorant ses fragiles senseurs. L'aveuglant.

Permettant aux humains dans leur frêle esquif d'approcher sans qu'il les foudroie.

J'aimerais vraiment pas avoir de ce bouffeur de glace sur moi, transmit Nikka.

« Toute forme de vie est notre alliée », murmura Nigel. Les réponses de la vie n'étaient pas toutes inappropriées.

Il se préparait déjà pour la bataille.

Le Surveillant était un labyrinthe. Difficile à pénétrer, même avec ses senseurs externes recouverts par l'algue vorace. Ils durent en brûler une partie pour dégager la coque et découvrir un moyen d'accéder à l'intérieur.

Après avoir forcé l'entrée à un volumineux sas, les douze humains se retrouvèrent à flotter le long de couloirs qui zigzaguaient comme des spaghettis. Certains de ces corridors se rétrécissaient jusqu'à n'être gère plus larges que la paume de la main. D'autres s'élargissaient tellement qu'un éléphant aurait pu y gambader.

Un bourdonnement étrange parcourait les murs laqués. Des sons voletaient d'un bout à l'autre du spectre électromagnétique. Nigel descendit derrière Carlos dans un tube qui semblait tomber dans les profondeurs de l'infini. Des panneaux rouges répandaient d'erratiques lueurs sur les cloisons et les équipements complexes. Nigel essaya de repérer un motif dans ces illuminations, mais la plupart semblaient être jetées au hasard sur la nudité lisse de la roche et du métal.

Le Surveillant était à moitié astéroïde, exactement comme ce vieux vaisseau Icare. Quelque chose avait installé une technologie avancée dans le carbone et le métal brut d'une planète mineure. Et quoi que ce fût qui était aux commandes, il se tapissait là, quelque part. Nigel attira Nikka contre lui et suivit Carlos. Le silence des lieux flottait comme un avertissement.

Ils n'eurent pas longtemps à attendre.

De longues choses serpentines giclèrent des orifices. Des machines plus massives, tubulaires et maladroites, s'élancèrent des couloirs inférieurs.

Il y en avait des quantités désespérantes. Les humains ouvrirent sans trop d'espoir le feu sur les machines les plus proches. Éclairs de laser et rayons-e de coupeurs s'élancèrent.

Ils furent presque étonnés de voir leurs tirs infliger de tels dégâts aux machines. Des pièces volèrent. Des arcs électriques brillèrent bleu-blanc avant de s'éteindre. Hors de contrôle, les machines culbutèrent et s'écrasèrent contre les parois.

Il y en a trop ! cria Carlos, un laser dans chaque main et deux cartouches d'énergie sanglées sur le corps.

Mets-toi de profil pour être moins exposé, lui conseilla Nikka.

Par ici, en bas ! appela Nigel.

Ils fuirent les hordes. Nigel rebondit rapidement sur trois parois pour foncer vers un tube étroit. L'apesanteur lui avait rendu une habileté-réflexe qui lui avait trop longtemps manqué. Dès que Carlos et Nikka l'eurent rejoint, il obliqua vers un passage secondaire. Deux fines machines, brillant de leur céramique vitrifiée, se portèrent à leur rencontre. Il les transperça toutes deux d'un éclair d'électrons concentrés.

*Qu'est-ce que...*commença Carlos.

Nigel envoya un signal dans le couloir qu'ils venaient de quitter. Une lumière écarlate les entoura. Un crépitement de mort électromagnétique ricocha dans leur réseau de communication.

« Dispositifs à implosion de mon invention, expliqua Nigel. Ça balance du bruit électromagnétique. J'en ai lâché tous les cent mètres.

– Je vois, dit Nikka. Ça va les cramer ?

– J'espère bien. »

Souhait exaucé. Les essaims qui peuplaient le Surveillant avaient été construits pour le protéger des intrusions. Mais le temps fait toujours son office, y compris sur ces machines flegmatiques. Bien que celles qui s'usaient étaient remplacées, chaque gravure des instructions de base dans de nouvelles mémoires de silicone ou de ferrite comportait inévitablement une faible probabilité d'erreur. Le poids de ces erreurs s'accumulait, comme des feuilles d'automne que le vent souffle dans un coin du jardin en un tas d'une épaisseur invraisemblable.

Ainsi s'étaient dégradés les laquais du Surveillant, désormais lents, mous, et peu habiles dans ces mortels arts de combat que la vie ne pourrait jamais se permettre de négliger. Les penchants guerriers de l'humanité se révélaient maintenant rentables.

Il leur fallut des heures pour se frayer un chemin à travers le Surveillant. Des petites machines se lançaient sur eux au moindre mouvement. Certaines explosaient en kamikaze.

D'autres se tenaient en embuscade pour leur sauter dessus. Des mines détonaient en visant jambes et poumons.

Nigel joua au chat et à la souris en s'enfonçant toujours plus bas dans les couloirs sombres. Il déployait tout son arsenal de ruses et de stratagèmes et, à sa grande surprise, survivait.

D'autres hommes et d'autres femmes décollèrent de la base sur Pustules. Ils se glissèrent à bord comme des pirates et se joignirent à la bataille.

Les machines finirent par battre en retraite. Elles démontrèrent encore moins d'habileté dans la fuite, et beaucoup furent mises en pièces ou grillées à coups de micro-ondes. Toutes se battirent jusqu'au bout. D'évidence, ce qui avait conçu le Surveillant n'avait pas vraiment envisagé qu'il puisse être pris à l'abordage. Le vaste vaisseau était après tout destiné à bombarder des planètes, voire à embraser des soleils dans le but d'accélérer leur combustion. Le corps à corps n'était pas son genre.

Pourtant, plus de la moitié des humains qui pénétrèrent dans le Surveillant en ressortirent sous forme de cadavres. Nombreux aussi furent ceux qui, gravement blessés, gémirent des souffrances occasionnées par leurs plaies. Les autres se mordaient les lèvres, leurs jurons révélant un orgueil meurtri et un amour-propre en lambeaux. Ils prirent grand plaisir à réduire en petits morceaux informes les dernières machines qu'ils rencontrèrent, désormais cachées au fond de trous obscurs.

***

Ils ne comprendraient jamais à quoi servait la plus grosse partie du labyrinthe, cette forêt de surfaces vitrifiées et de câbles emmêlés, enchevêtrement inexplicable de technologies totalement étrangères aux modes de pensée humains.

Mais ils comprirent parfaitement le petit astronef qu'ils découvrirent.

Il était enfoui à proximité du centre du vaste complexe. D'un bizarre lustre bleu-blanc, comme si le métal provenait d'un fourneau incroyablement chaud. Il s'ouvrit pourtant sans difficulté, d'une simple action sur un panneau de commandes.

« Il n'est pas de la même conception que le reste du Surveillant, dit Carlos. Il a l'air plus délicat. Le Surveillant est costaud, mais fruste. Ce truc-là... »

Nigel acquiesça d'un signe de tête. Quoique long d'une centaine de mètres, l'astronef semblait minuscule comparé au monstrueux Surveillant. Sa fonction se déduisait de ses surfaces en arabesque et de l'impression de grâce, de légèreté et de promptitude qu'il dégageait.

« C'est un vaisseau rapide », constata Nikka en passant la main sur les circuits qui retrouvèrent aussitôt une vie d'ambre.

« Je suis d'accord, dit Nigel. Le Surveillant est un tromblon, et celui-là un stylet, ou peut-être une flèche. »

Carlos toucha les surfaces d'albâtre, dures et faiblement éclairées. Ils se tenaient dans ce qui avait dû être une salle de contrôle. Les écrans fleurirent d'affichages incompréhensibles quand ils s'en approchèrent. « Pilotage par robots, j'imagine, dit Carlos. Ils ont dû construire le Surveillant autour.

– Peut-être bien. » Nigel calculait intérieurement. Ils avaient déjà découvert des preuves du très grand âge du Surveillant, peut-être de l'ordre du milliard d'années. Les techniques de datation par isotopes se montraient assez précises, même pour de telles durées. Si cet astronef-là se révélait encore plus vieux, cela indiquait une civilisation technologique d'une ancienneté inimaginable.

« Je me demande si nous arriverions à l'utiliser, à comprendre ses commandes », murmura Nigel.

Carlos s'anima : « Pour retourner sur Terre ? Mon Dieu, ce serait...

– Sur Terre ? » Ce n'était pas ce à quoi Nigel avait pensé.

Ils avaient tous parfaitement conscience d'être comme des pêcheurs avalés par une baleine.

Quelque part au sein de l'énorme Surveillant se trouvait

l'intelligence qui le guidait. Ses laquais hors service, elle s'était repliée. Mais elle n'abandonnerait pas la partie.

Elle finirait par trouver un moyen de contre-attaquer la vermine qui l'avait envahie. Le Surveillant avait tout son temps. Il pouvait agir avec subtilité et prudence.

Il leur sembla que les corridors se teintaient d'une vigilance lourde de menaces.

Personne ne se déplaçait seul.

Cela leur prit trois jours pour découvrir le cœur.

Un membre d'équipage conduisit Nigel jusqu'à une petite pièce compacte située près du centre géométrique de l'énorme masse du Surveillant.

« J'aurais plutôt appelé ça une galerie d'art », dit Nigel après un long examen des parois bombées.

C'était un enchevêtrement fou de courbes. Sur les murs, rien n'était de niveau. De petites surfaces ornées se pressaient les unes contre les autres, ondulant de détails incrustés. Des motifs couraient, fusionnaient, resurgissaient. Alors qu'il observait le glissement sans fin de la structure à travers la pièce, Nigel fut saisi de la sensation vertigineuse d'être en train de voler.

« C'est ici qu'il pense ? s'enquit-il.

– Probable, répondit l'homme près de son épaule. Apparemment, toutes les fonctions mènent là-dedans.

– C'est quoi, ça ? » Un trou béant révélait des éclats de traverses brisées.

« Un mécanisme de défense qui a tué Roselyn quand elle est entrée. Je l'ai détruit avec mon brouilleur. »

Nigel s'aperçut que certains panneaux étaient constellés de mouchetures brunes pas tout à fait sèches. Le Surveillant faisait payer chacun de ses secrets au prix fort.

Il poussa un soupir et pointa le doigt. « Et ça ? »

L'homme haussa les épaules.

Un motif allait et venait, comme au loin une énorme épave

marine que le mouvement des vagues cacherait par intermittence.

C'était d'abord une ligne, puis une ellipse, ensuite un cercle. Sur sa surface se redessinaient inlassablement les détails subtils d'un éphémère réseau de tuyaux. On aurait cru qu'une image était intégrée dans les parois et qu'elle résistait au passage de faits mineurs. Nigel fronça les sourcils. Quelle manière dérangeante et terriblement étrangère de fournir une information. Si toutefois son interprétation était correcte.

La séquence réapparut. Ligne, ovale, cercle, ovale, ligne. Il comprit brusquement. « C'est la galaxie.

– Quoi ? Nikka venait d'arriver. Qu'est-ce que c'est que ce truc ?

– Regarde. » Il lui désigna une zone. « Tu vois cette grosse ligne de points lumineux ? C'est la galaxie, vue de côté. C'est l'aspect qu'elle a de la Terre, une espèce d'avion vu de face. Regarde bien, maintenant. » Ses mains ridées fendirent l'air.

La ligne s'épaissit et scintilla en une cascade de lumière. Elle enfla en un ovale tandis que d'autres données traversaient l'image à toute vitesse, comme des nuages fonçant au-dessus d'un continent profondément endormi. Des feux s'allumèrent dans l'ovale. Des filigranes le parcoururent. Il se dilata en un cercle. Les torons qu'il contenait se tordirent et se répandirent en lumière.

« Tu as repéré les bras en spirale ? demanda Nigel. Là. Les contours flous contre ces points lumineux.

– Eh bien... peut-être, oui. » Elle n'avait pas l'air convaincue.

« Tu vois ces points bleus ? » Des gouttes de lumière bleue se détachaient parmi d'autres petites lueurs qui manifestement symbolisaient toutes des étoiles. Mais... « Je me demande ce qu'elles représentent ?

– D'autres Surveillants ? avança Nikka.

– Possible. Mais réfléchissons. Nous avons devant nous une carte de toute cette fichue galaxie. » Il avait parlé d'un ton calme mais cela eut un effet sur la foule qui remplissait maintenant la salle. « Vue sous tous les angles. Ce qui signifie que quelqu'un – *quelque chose* – a dressé cette carte, a navigué assez loin au-dessus du disque entier et l'a regardé de là-haut. À fait le relevé des poches de gaz et de poussière et celui des soleils éteints. À tout vu. »

Dans le silence de l'étrange pièce, ils observèrent la rotation de la galaxie. Elle bougeait avec une lenteur majestueuse. Des mouvements solennels et fantomatiques la modifiaient. Des lueurs apparaissaient un court instant. De vagues présences grises couraient sur sa surface. S'attardaient. Disparaissaient.

Un spécialiste que Nigel connaissait vaguement, un astronome élancé et robuste, prit la parole : « Je crois que je reconnais une partie de ce motif.

– Lequel ? demanda Nigel.

– Vous voyez ce quadrant ? Je pense que c'est le nôtre. »

Maintenant qu'on le lui montrait, ce segment de la galaxie semblait effectivement, aux yeux de Nigel, un peu plus encombré et plus lumineux que les autres. Il fronça des sourcils tandis que de fines brumes semblaient se répandre comme un liquide sur le segment en forme de portion de tarte. « Vous arrivez à identifier les étoiles ?

– D'une certaine manière, oui, répondit l'astronome avec une précision non dépourvue d'une certaine affectation. Mais pas les étoiles optiques. Les pulsars.

– Où ça ?

– Vous voyez celles d'un bleu profond ?

– Oui, je me posais justement la question...

– C'est là que devraient se trouver les pulsars. »

Nigel se souvenait vaguement que le phénomène des pulsars s'expliquait par des étoiles à neutrons en rotation rapide. En tournant, les cœurs comprimés de ces étoiles denses libèrent des flux de plasma. Ces essaims lumineux claquent comme un drapeau en quittant l'étoile et émettent des gouttes de bruit radio. La rotation de l'étoile projette au loin ces faisceaux radio, comme un phare balaye de sa lumière un navire éloigné. Quand un faisceau passe dans la direction de la Terre, les astronomes peuvent le voir et mesurer sa fréquence de balayage.

« Ils sont très visibles sur cette carte, continua l'homme. Bien plus lumineux qu'en réalité.

– Sans doute pour souligner leur importance ? proposa Nikka.

– Mmm. » L'astronome se renfrogna. La fatigue marquait son visage, mais la fascination du lieu effaçait le passé. Même en plein drame, la curiosité était une démangeaison qu'il fallait gratter. « Possible. Comme des balises de navigation, peut-être. »

Nigel repensa à l'analogie qu'il avait établie avec les phares. Des signaux bipant à travers les abysses aveugles ?

Mais il y avait des moyens plus simples de trouver son chemin parmi les étoiles. Il montra autre chose du doigt. « Pourquoi cette grande tache bleue au centre, dans ce cas ? »

L'astronome eut l'air encore plus intrigué. « Il n'y a pas de pulsar au centre galactique.

– Il y a quoi, alors ? Uniquement des étoiles ? demanda Nikka.

– Eh bien, beaucoup de gaz, des turbulences, et peut-être un trou noir. C'est la région la plus active de la galaxie, bien entendu, mais...

– Se pourrait-il que le centre galactique et les pulsars aient un point commun ? » s'enquit Nikka.

Les lèvres du spécialiste se pincèrent, comme s'il lui déplaisait d'effectuer de tels sauts. « Eh bien... Il y a beaucoup de plasma.

– De quel genre ? demanda lentement Nigel.

– De toute sorte, précisa l'autre avec un brin de condescendance. Du gaz chaud rendu encore plus chaud. Jusqu'à ce que les électrons se séparent des ions et que tout le système devienne électriquement actif. »

Nigel secoua la tête, ne sachant pas lui-même où il allait. Quand on patine, on va où la glace vous emmène. « Pas autour des pulsars, ça je m'en souviens. »

L'astronome cligna des yeux. Concentré comme il l'était, le poids des derniers jours le quitta et sa physionomie se dérida. « Oh, oh. Vous avez raison. Les pulsars émettent un plasma *vraiment* relativiste. Tout ça jaillit hors de la surface de l'étoile à neutrons à une vitesse proche de celle de la lumière. »

Nigel n'était pas d'humeur à suivre une conférence. Un mot pourtant retint son attention. « Quelle sorte de plasma ?

– Sans aucun ion lourd, presque sans protons. Rien que des électrons et leurs antiparticules.

– Des positrons, dit Nigel.

– Exact, des positrons. Les électrons interagissent d'une manière ou d'une autre avec les positrons pour provoquer cette émission radio. Nous...

– Et au centre galactique ? » insista Nigel.

L'astronome cilla. « Euuh, ouais... Il y a eu ce rapport il n'y a pas si longtemps... il parlait de positrons détectés au centre galactique. » Sa voix s'affirma et un enthousiasme émerveillé y naquit. « Oui, c'est ça, des positrons. Quand un positron ralentit et rencontre un électron, les deux s'annihilent et émettent un rayonnement gamma. Un radiotélescope gamma sur la Terre, je crois que c'était le groupe de Jacobson, a vu la raie d'annihilation. »

Nigel sentit une certitude grandir lentement en lui. « Ces points bleus...

– Le Surveillant garde la trace des apparitions naturelles de positrons dans la galaxie », dit doucement Nikka.

Ils s'imprégnèrent de la signification de cette déduction. La tâche principale du Surveillant consistait à exterminer toute vie organique, aucun doute à ce sujet. Mais quelque chose avait ordonné à l'antique vaisseau de repérer les pulsars et les plasmas positroniques qu'ils vomissaient dans la galaxie. Un phénomène qui survenait aussi au centre galactique –

mais sur une bien plus grande échelle, apparemment, si l'on en jugeait par la grande zone bleue au cœur même du tourbillon.

Perplexe, l'astronome reprit la parole : « Il ne peut pas y avoir autant de pulsars au centre de la galaxie !...

– Et pourtant il y a ce globe bleu », dit Nigel.

Il se passait quelque chose au centre galactique. Quelque chose d'important.

Quelque chose que la civilisation des machines jugeait vital, de la même importance, peut-être, que l'oblitération de cette levure organique qu'elles haïssaient tant.

De plus en plus sûr de lui, Nigel dit doucement : « Si un jour nous devons nous occuper de ces trucs et de leurs Surveillants, de leurs Dahus et de tout leur fichu zoo mécanique... une confrontation est nécessaire. »

Nikka comprit où il voulait en venir : « Mais... et la Terre ! On a ce qu'il faut pour rentrer, maintenant. Il y a tant à faire. »

Il secoua la tête. Parcourant du regard l'étrange pièce et ses myriades d'étendues de pensée extraterrestre qui coulissaient sur les parois, il examina ses compagnons et leurs visages hâves sur lesquels jouaient des reflets lumineux.

Des visages qui masquaient une intelligence vorace et intransigeante. Des visages marqués, usés par une angoisse muette que tous ressentaient par leur simple présence en ce lieu.

Le Surveillant ne leur laisserait aucun répit. Il fallait sortir. Poursuivre leur chemin.

Mais pas pour rentrer tout simplement chez eux. La Terre n'était pas un refuge. Dans toute la galaxie grouillante, il n'y avait plus aucun endroit où se réfugier dans l'insouciance.

« Non. Nous avons les moyens : ce petit astronef que nous avons découvert. Il doit être rapide. Je parie qu'il est venu ici superviser la construction de ce Surveillant.

– Nigel... » Nikka ne termina pas son objection.

« Ce vaisseau fonctionne encore. Il peut repartir. Retourner là d'où il vient. Là où nous devons aller. »

Un murmure de protestations s'éleva.

Un petit groupe d'humains, leurs discussions incessantes rebondissant sur des panneaux extraterrestres. Nigel sourit.

Leurs rêves les poussaient vers la Terre. Il fallait les convaincre.

filons tous d'ici une de ces nuits

Mais il savait qu'il y parviendrait. Le reste de l'humanité titubait sous une guerre et un joug immense et brutal. Si leur petit groupe ne saisissait pas cette opportunité, l'humanité resterait à jamais dans l'obscurité de l'ignorance. En victimes. En proies.

et en avant pour des aventures à tout casser chez les Injuns

Non, faire demi-tour n'était plus envisageable. Peut-être tourner le dos à ce qui se trouvait là-bas n'avait-il d'ailleurs jamais été possible. Il le sentait depuis longtemps, depuis ces premiers picotements de compréhension vaguement ressentis, à l'époque si lointaine du Jet Propulsion Laboratory et de son ensoleillement. Bizarrement, il éprouvait presque une certaine nostalgie de cet endroit, maintenant.

Maintenant qu'il avait la certitude de ne jamais le revoir.

Car l'appel de l'inconnu qui s'ouvrait devant lui retentirait toujours, et l'emporterait toujours.

sur leur territoire

Il pointa le doigt sur le disque sombre et en rotation formée par l'agglomération d'innombrables étoiles enfiévrées. Des messages incompréhensibles glissaient d'un bout à l'autre de surfaces striées.

et moi j'ai dit d'accord, ça me convient

« En route », dit-il, et il désigna le centre galactique.

DANS LA MÊME COLLECTION

Peter S. Beagle, *La Dernière Licorne*
Gregory Benford
Dans l'océan de la nuit
À travers la mer des soleils
James P. Blaylock, *Sonne le glas de la terre*
Philippe K. Dick
L'intégrale des nouvelles 1947-1953 (Tome 1)
L'intégrale des nouvelles 1953-1981 (Tome 2)
Greg Egan, *Isolation*
Jack Finney, *Le Voyage de Simon Morley*
(Grand Prix de l'Imaginaire)
Edmond Hamilton, *Les Loups des étoiles* (l'intégrale)
Barry Hughart,
La Magnificence des oiseaux (World Fantasy Award)
La Légende de la pierre
George R.R. Martin & Lisa Tuttle,
Elle qui chevauche les tempêtes
Michel Pagel, *Les Flammes de la nuit* (l'intégrale)
Christopher Priest,
eXistenZ(tm)
Les Extrêmes (Prix de la British Science Fiction Association)
Le Prestige (World Fantasy Award)
René Reouven, *La Partition de Jéricho*
Barbara Sadoul présente, *Le Bal des Loups-garous*
Lewis Shiner, *Fugues* (World Fantasy Award)
Robert Charles Wilson, *Darwinia*
Roger Zelazny & Jane Lindskold, *Lord Démon*

Cet ouvrage
a été transcodé par I.G.S. - Charente Photogravure à L'Isle-d'Espagnac (16)
et achevé d'imprimer
sur Roto-Page
en mars 2001
par l'Imprimerie Floch
à Mayenne.

D.L., mars 2001.
Éditeur, n° 99385.
Imprimeur, n° 51026.
Imprimé en France.